westermann

W0297982

Horst Brübach, Karl-Heinz Laubersheimer, Klaus Schäfer

Technische Mathematik für Elektroberufe

Industrie und Handwerk

10. Auflage

Bestellnummer 44022

Zusatzmaterialien zu Technische Mathematik für Elektroberufe

Für Lehrerinnen und Lehrer

Lösungen zum Schulbuch: 978-3-427-44023-9
Lösungen zum Schulbuch Download: 978-3-427-44024-6

BiBox Einzellizenz für Lehrer/-innen (Dauerlizenz)
BiBox Klassenlizenz Premium für Lehrer/innen und bis zu 35 Schüler/-innen (1 Schuljahr)
BiBox Kollegiumslizenz für Lehrer/-innen (Dauerlizenz)
BiBox Kollegiumslizenz für Lehrer/-innen (1 Schuljahr):

Für Schülerinnen und Schüler

BiBox Einzellizenz für Schüler/-innen (1 Schuljahr)
BiBox Einzellizenz für Schüler/-innen (4 Schuljahre)
BiBox Klassensatz PrintPlus (1 Schuljahr)

Druck und Bindung: Westermann Druck GmbH, Georg-Westermann-Allee 66, 38104 Braunschweig

ISBN 978-3-427-44022-2

Vorwort

Das vorliegende Buch „Technische Mathematik für Elektroberufe“ ist eine Überarbeitung der 9. Auflage.

Jedes fachbezogene Kapitel beginnt mit einem Informationsteil, mit dessen Hilfe die nachfolgenden Aufgaben gelöst werden können.

Technologische Hinweise erleichtern das Erkennen von Zusammenhängen.

Auf eine Zuordnung der Themengebiete zu einzelnen Lernfeldern wurde bewusst verzichtet, da nicht alle Lernfelder Berechnungen enthalten.

Den Verfassern ist durchaus bewusst, dass manche Probleme nicht erschöpfend behandelt werden, viele Aufgabengebiete können nur angedeutet werden.

Die Autoren

Inhaltsverzeichnis

1 Grundkenntnisse der technischen Mathematik

1.1 Bruchrechnen

1.1.1 Darstellung von Brüchen

Brüche entstehen bei der Division

von ganzen Zahlen	von Variablen	von Variablen und Zahlen
z. B.: $\frac{1}{2}; \frac{6}{7}; \frac{9}{11}$	z. B.: $\frac{a}{b}; \frac{bd}{c}; \frac{x}{mn}$	z. B.: $\frac{3}{b}; \frac{a}{4}; \frac{2x}{3y}$

Kennzeichnung eines Bruches

$$\text{Bruch} = \frac{\text{Zähler}}{\text{Nenner}} \qquad \text{allgemein: } \frac{a}{b} = a : b$$

Kürzen

Werden Zähler und Nenner durch dieselbe Zahl dividiert, ändert sich der Wert des Bruches nicht.
Z. B.: Kürzen von 3/9 durch 3:

$$\frac{3}{9} = \frac{3:3}{9:3} = \frac{1}{3}$$

Erweitern

Werden Zähler und Nenner mit derselben Zahl multipliziert, ändert sich der Wert des Bruches nicht.
Z. B.: Erweitern von 3/4 mit 5:

$$\frac{3}{4} = \frac{3 \cdot 5}{4 \cdot 5} = \frac{15}{20}$$

Aufgaben

Wie können die Brüche durch Kürzen vereinfacht werden?

1. a) $\frac{9}{15}$ b) $\frac{12}{6}$ c) $\frac{15}{35}$ d) $\frac{39}{52}$ e) $\frac{21}{39}$ f) $\frac{39}{169}$ g) $\frac{9}{27}$ h) $\frac{49}{7}$

2. a) $\frac{8a}{12}$ b) $\frac{12y}{6y}$ c) $\frac{6a}{9ab}$ d) $\frac{4n}{18m}$ e) $\frac{4ab}{6ab}$ f) $\frac{14x}{7ax}$ g) $\frac{25ab}{135a}$ h) $\frac{18xy}{9y}$

Wie lauten die Brüche nach der Erweiterung?

3. a) $\frac{2}{3}$ mit 3 b) $\frac{3}{8}$ mit 2 c) $\frac{2}{5}$ mit 4 d) $\frac{1}{3}$ mit a e) $\frac{3}{7}$ mit $2x$ f) $\frac{4}{9}$ mit $3ab$

4. a) $\frac{x}{2}$ mit 2 b) $\frac{2}{a}$ mit y c) $\frac{a}{b}$ mit m d) $\frac{x}{y}$ mit $2b$ e) $\frac{3b}{cx}$ mit $3m$ f) $\frac{2ab}{3mn}$ mit $4xy$

5. a) $\frac{5}{8} = \frac{?}{24}$ b) $\frac{3}{7} = \frac{12}{?}$ c) $\frac{2}{9} = \frac{?}{9a}$ d) $\frac{2}{3} = \frac{6x}{?}$ e) $\frac{1}{4} = \frac{?}{12ax}$ f) $\frac{a}{3b} = \frac{?}{15bx}$

6. a) $\frac{5x}{3} = \frac{20ax}{?}$ b) $\frac{8a}{7b} = \frac{?}{21by}$ c) $\frac{2}{3a} = \frac{12bx}{?}$ d) $\frac{3}{4x} = \frac{?}{12cx}$ e) $\frac{4y}{3b} = \frac{20ay}{?}$ f) $\frac{ab}{2c} = \frac{3aby}{?}$

1.1.2 Addition und Subtraktion

Gleichnamige Brüche

Regel 1: **Der gemeinsame Nenner wird zum Hauptnenner, die Zähler werden addiert oder subtrahiert.**

Beispiel:

$$\frac{3}{7}+\frac{5}{7}-\frac{4}{7}=\frac{3+5-4}{7}=\frac{4}{7}$$

Ungleichnamige Brüche

Regel 2: **Der Hauptnenner wird ermittelt, die Zähler entsprechend erweitert, dann addiert oder subtrahiert.**

Beispiel:

$$\frac{1}{4}+\frac{7}{8}-\frac{5}{6}=\frac{1\cdot 6+7\cdot 3-4\cdot 5}{24}=\frac{7}{24}$$

Vorzeichenregeln

$-\left(+\frac{a}{b}\right)=-\frac{a}{b}$

z. B.: $-\left(+\frac{3}{4}\right)=-\frac{3}{4}$

$+\left(-\frac{a}{b}\right)=-\frac{a}{b}$

z. B.: $+\left(-\frac{5}{7}\right)=-\frac{5}{7}$

$-\left(-\frac{a}{b}\right)=+\frac{a}{b}$

z. B.: $-\left(-\frac{1}{2}\right)=\frac{1}{2}$

$\frac{-a}{b}=-\frac{a}{b}$

z. B.: $\frac{-4}{5}=-\frac{4}{5}$

$\frac{a}{-b}=-\frac{a}{b}$

z. B.: $\frac{6}{-7}=-\frac{6}{7}$

$\frac{-a}{-b}=+\frac{a}{b}$

z. B.: $\frac{-2}{-5}=\frac{2}{5}$

Aufgaben

Wie lauten die Lösungen, wenn die Brüche nach den angegebenen Regeln zusammengefasst werden?

1. **a)** $\frac{3}{5}+\frac{2}{5}+\frac{4}{5}+\frac{1}{5}$ **b)** $\frac{4}{7}+\frac{6}{7}-\frac{5}{7}+\frac{3}{7}$ **c)** $\frac{1}{9}+\frac{7}{9}-\frac{5}{9}+\frac{2}{9}$ **d)** $\frac{3}{8}+\frac{7}{8}-\frac{5}{8}+\frac{9}{8}$

2. **a)** $\frac{3}{4}+\frac{1}{6}+\frac{5}{5}+\frac{7}{12}$ **b)** $\frac{2}{3}-\frac{5}{5}+\frac{7}{9}$ **c)** $\frac{2}{5}-\frac{3}{4}+\frac{1}{2}-\frac{4}{6}$ **d)** $\frac{3}{4}+\frac{5}{8}-\frac{2}{3}-\frac{4}{12}$

3. **a)** $\frac{2}{3}-\frac{-3}{4}$ **b)** $\frac{1}{2}-\frac{2}{-3}$ **c)** $\frac{1}{7}-\frac{-2}{-3}+\frac{-5}{6}$ **d)** $-\frac{2}{-3}+\frac{-5}{-6}-\frac{2}{-9}+\frac{-8}{3}$

4. **a)** $\frac{3a}{4}+\frac{2a}{4}$ **b)** $\frac{2x}{a}-\frac{x}{a}$ **c)** $\frac{2a}{2x}+\frac{3b}{3x}-\frac{c}{4x}$ **d)** $-\frac{x}{2a}+\frac{2x}{3a}-\frac{3y}{a}+\frac{-y}{-a}$

5. **a)** $\frac{1}{a}+\frac{1}{b}+1$ **b)** $\frac{2x}{a}-1+\frac{2y}{b}$ **c)** $1-\frac{-a}{b}+\frac{b}{-a}$ **d)** $2-\frac{3a}{-x}+\frac{1}{-y}$

6. **a)** $1\frac{2}{3}+\frac{1}{3}$ **b)** $2\frac{1}{2}-3\frac{2}{3}$ **c)** $1\frac{2}{5}-\frac{-3}{4}$ **d)** $2\frac{7}{8}-\frac{3}{-4}+1\frac{2}{3}-3$

7. **a)** $2\frac{2}{3}a-3\frac{1}{6}a$ **b)** $\frac{3}{4}x-1\frac{2}{6}x$ **c)** $\frac{3a}{4}+1\frac{2}{3}a$ **d)** $1\frac{3}{4}c-2\frac{1}{3}c+3\frac{5}{6}c+\frac{3c}{2}$

8. **a)** $\frac{2}{3}a+\frac{1}{4}b-\frac{1}{2}a-\frac{1}{8}b$ **b)** $\frac{3}{4}x+\frac{1}{3}y-\frac{1}{2}x-\frac{2}{3}y$ **c)** $\frac{3}{4}x+\frac{2}{3}y-\frac{1}{2}x-\frac{2}{3}y$

9. **a)** $2\frac{1}{2}x+\frac{3}{4}y-\frac{3}{4}x-\frac{2}{3}y$ **b)** $1{,}5a-\frac{1}{3}a-\frac{2}{5}b+3b$ **c)** $2{,}4m+3{,}4n-1\frac{1}{3}m-2\frac{1}{4}n$

1.1.3 Multiplikation

Ganze Zahl mal Bruch

Regel 3: **Die ganze Zahl wird mit dem Zähler multipliziert, der Nenner bleibt erhalten.**

Beispiel:

$$4 \cdot \frac{3}{7} = \frac{4 \cdot 3}{7} = \frac{12}{7} = 1\frac{5}{7}$$

Bruch mal Bruch

Regel 4: **Die Zähler sowie die Nenner werden getrennt miteinander multipliziert.**

Beispiel:

$$\frac{4}{7} \cdot \frac{3}{5} = \frac{4 \cdot 3}{7 \cdot 5} = \frac{12}{35}$$

Ganze Zahl mal gemischte Zahl

Regel 5: **Die gemischte Zahl wird in einen unechten Bruch umgewandelt und nach Regel 3 multipliziert.**

Beispiel:

$$5 \cdot 4\frac{3}{4} = 5 \cdot \frac{19}{4} = \frac{95}{4} = 23\frac{3}{4}$$

Gemischte Zahl mal gemischte Zahl

Regel 6: **Die gemischten Zahlen werden in unechte Brüche umgewandelt und nach Regel 4 multipliziert.**

Beispiel:

$$2\frac{1}{4} \cdot 1\frac{6}{7} = \frac{9}{4} \cdot \frac{13}{7} = \frac{117}{28} = 4\frac{5}{28}$$

Aufgaben

Wie lauten die Lösungen der nachfolgenden Brüche?

1. a) $\frac{3}{4} \cdot 7$ b) $6 \cdot \frac{5}{7}$ c) $-\frac{2}{5} \cdot 3$ d) $\frac{-4}{9} \cdot 4$ e) $\frac{6}{-7} \cdot 2$ f) $-\frac{2}{-3} \cdot 5$ g) $6 \cdot \frac{-3}{4}$ h) $4 \cdot \frac{3}{-5}$ i) $\frac{-2}{5} \cdot 6$ j) $-3 \cdot \frac{2}{-6}$ k) $-4 \cdot \frac{-3}{8}$ l) $8 \cdot \left(-\frac{3}{4}\right)$ m) $-2 \cdot \left(-\frac{-2}{5}\right)$ n) $-3 \cdot \left(\frac{4}{-7}\right)$ o) $-4 \cdot \left(-\frac{-2}{-3}\right)$

2. a) $\frac{2a}{3} \cdot 2$ b) $2 \cdot \frac{-3}{2x}$ c) $\frac{x}{6y} \cdot 3$ d) $\frac{-x}{ab} \cdot 2a$ e) $\frac{2a}{6b} \cdot \frac{b}{2x}$

3. a) $\frac{4}{5} \cdot \frac{2}{3}$ b) $-\frac{3}{7} \cdot \frac{3}{4}$ c) $-\frac{-5}{7a} \cdot \frac{5}{-3}$ d) $\frac{-3}{8} \cdot \frac{-3}{5}$ e) $\frac{2a}{6b} \cdot \frac{3b}{2x}$

4. a) $4\frac{2}{5} \cdot 3$ b) $4\frac{3}{4} \cdot (-2)$ c) $-3 \cdot 3\frac{1}{5}$ d) $3\frac{1}{2} \cdot 4a$ e) $5x \cdot 2\frac{2}{3}$

5. a) $3\frac{1}{3} \cdot 2\frac{3}{4}$ b) $1\frac{4}{5} \cdot 4\frac{1}{3}$ c) $2\frac{1}{2} \cdot 3\frac{2}{3}$ d) $1\frac{2}{5}x \cdot 4\frac{2}{3}$ e) $1\frac{1}{6} \cdot 2\frac{6}{3}a$

6. a) $4a \cdot \frac{3}{8}$ b) $3b \cdot \frac{2a}{-6}$ c) $5x \cdot \frac{3b}{15}$ d) $\frac{5}{6}b \cdot (-2ac)$ e) $\frac{2a}{5} \cdot \frac{3b}{2}$

7. a) $3\frac{1}{2}x \cdot 3y$ b) $\frac{3}{4}a \cdot (-3b)$ c) $1\frac{4}{5}b \cdot 2x$ d) $-2\frac{3}{4}x \cdot \left(-1\frac{2}{3}a\right)$ e) $\frac{-4a}{5b} \cdot \frac{5b}{-2a}$

8. a) $3\frac{3}{3}ab \cdot \frac{1}{ax}$ b) $2\frac{1}{5}x \cdot \frac{-3x}{11x}$ c) $4\frac{1}{5}bx \cdot \frac{-a}{7b}$ d) $2\frac{2}{3}xy \cdot \left(-\frac{3ab}{2xy}\right)$ e) $\frac{6ax}{-15c} \cdot \frac{3bc}{2ax}$

1.1.4 Division

Bruch durch ganze Zahl

Regel 7: **Der Nenner wird mit der ganzen Zahl multipliziert, der Zähler bleibt erhalten.**

Beispiel:

$$\frac{1}{4} : 3 = \frac{1}{4 \cdot 3} = \frac{1}{12}$$

Ganze Zahl durch Bruch

Regel 8: **Die ganze Zahl wird mit dem Kehrwert des Bruches multipliziert.**

Beispiel:

$$4 : \frac{3}{5} = 4 \cdot \frac{5}{3} = \frac{20}{3} = 6\frac{2}{3}$$

Zwei Brüche oder Doppelbrüche

Regel 9: **Der erste Bruch wird mit dem Kehrwert des zweiten Bruches multipliziert.**

Beispiel:

$$\frac{2}{3} : \frac{5}{7} = \frac{2}{3} \cdot \frac{7}{5} = \frac{14}{15}$$

Regel 9': **Der Zählerbruch wird mit dem Kehrwert des Nennerbruches multipliziert.**

Beispiel:

$$\frac{\frac{4}{5}}{\frac{3}{8}} = \frac{4}{5} \cdot \frac{8}{3} = \frac{32}{15} = 2\frac{2}{15}$$

Aufgaben

Welche Lösungen ergeben sich bei Division nach den oben angegebenen Regeln?

1. a) $\frac{1}{2} : 2$ b) $\frac{3}{5} : 6$ c) $\frac{4}{7} : 3$ d) $\frac{3}{4} : (-2)$ e) $\frac{-2}{5} : 3$ f) $\frac{12}{-5} : 6$ g) $\frac{-9}{4} : (-3)$ h) $\frac{12}{-7} : 4$ i) $\frac{2a}{-3} : (-5)$ j) $\frac{-15x}{2a} : (-5x)$ k) $\frac{-7}{8x} : (-3)$ l) $\frac{12x}{-5a} : 3$ m) $\frac{5x}{-4x} : 2x$ n) $\frac{-4b}{10a} : 4c$ o) $\frac{ab}{-a} : (-b)$

2. a) $5 : \frac{3}{3}$ b) $-3 : \frac{3}{4}$ c) $7 : \frac{5}{3}$ d) $4 : \frac{-3}{5}$ e) $2 : \frac{1}{-2}$ f) $-1 : \frac{-3}{7}$ g) $3a : \frac{1}{-4}$ h) $2b : \frac{4}{3}$ i) $-4c : \frac{-2}{8}$ j) $-2a : \frac{3a}{-4}$

3. a) $\frac{2}{3} : \frac{4}{9}$ b) $-\frac{3}{4} : \frac{6}{9}$ c) $\frac{-4}{5} : \frac{8}{15}$ d) $\frac{-5}{-9} : \frac{15}{-3}$ e) $\frac{-6}{7} : \frac{12}{14}$ f) $\frac{7}{-9} : \frac{-7}{12}$ g) $\frac{-3}{14} : \frac{-9}{7}$ h) $\frac{3}{10} : \frac{6}{15}$ i) $\frac{-2}{-8} : \frac{-8}{14}$ j) $\frac{a}{b} : \frac{1}{b}$

4. a) $\frac{2a}{3b} : \frac{4a}{6b}$ b) $-\frac{3x}{8n} : \frac{9}{12n}$ c) $-\frac{5x}{6y} : \frac{-5}{3y}$ d) $\frac{-3b}{6a} : \frac{2ab}{8ab}$

5. a) $\frac{\frac{2}{3}}{\frac{4}{9}}$ b) $\frac{\frac{-2}{7}}{\frac{4}{14}}$ c) $\frac{\frac{-7}{12}}{\frac{14}{-3}}$ d) $\frac{\frac{b}{a}}{\frac{x}{a}}$ e) $\frac{\frac{-x}{y}}{\frac{2}{y}}$ f) $\frac{\frac{-b}{2a}}{\frac{3b}{-a}}$ g) $\frac{\frac{7x}{3a}}{\frac{14x}{6ay}}$

1.2 Rechnen mit Klammerausdrücken

Addition und Subtraktion

Bei positivem Vorzeichen der Klammer bleiben die Rechenzeichen der Klammerwerte erhalten:	Bei negativem Vorzeichen der Klammer ändern sich alle Rechenzeichen der Klammerwerte:
$a + (b - c + d) = a + b - c + d$	$a - (b - c + d) = a - b + c - d$

Multiplikation und Division

Klammer mal Faktor	Klammer durch Divisor
Jeder Wert in der Klammer wird mit dem Faktor multipliziert:	Jeder Wert in der Klammer wird durch den Faktor dividiert:
$a \cdot (b + c - d) = ab + ac - ad$	$(a + b) : c = \frac{a + b}{c} = \frac{a}{c} + \frac{b}{c}$
Klammer mal Klammer	**Klammer durch Klammer**
Jeder Wert der ersten Klammer wird mit jedem Wert der zweiten Klammer multipliziert:	Jeder Wert der ersten Klammer wird durch die zweite Klammer dividiert:
$(a + b) \cdot (c - d) = ac - ad + bc - bd$	$(a + b) : (c - d) = \frac{a + b}{c - d} = \frac{a}{c - d} + \frac{b}{c - d}$

Aufgaben

Zahlen und Variablen sind soweit wie möglich zusammenzufassen.

1. a) $2 + (3 - 4 + 8)$ b) $3 - (2 - 4 + 5)$ c) $a - (2a - 6a)$ d) $2b + (3b - 5) - (4b - 4)$
2. a) $x - 2y + y - x$ b) $2b + (4a - 5b)$ c) $2x - (5 - 6)x$ d) $20A - (15 + 3 - 14)A$
3. a) $2(a + b)$ b) $3(2x + 2)$ c) $a(x + y)$ d) $x(3a - 2b)$
4. a) $(2a + 4b) : 2$ b) $(a - b) : 3$ c) $(2ax + 2ay) : a$ d) $(3a + 6b - 9c) : 3x$
5. a) $\frac{15a - 12ax}{3a}$ b) $\frac{8am + 12an}{2a}$ c) $\frac{6am - 18my}{2a}$ d) $\frac{3ax - 6by - 9xy}{3xy}$
6. a) $(a + 2)(a + 3)$ c) $(m + n)(a + 2)$ e) $(x + y)(a + b)$ g) $(m + n)(x - y)$
   b) $(-2 + b)(c + 3)$ d) $(x + 4)(a - b)$ f) $(a + b)(a + b)$ h) $(a - b)(a - b)$
7. a) $\frac{2x + 6c + 8}{2}$ b) $\frac{-4x + 8xy}{-4x}$ c) $\frac{6ab - 12ac}{3a}$ d) $\frac{4a(2x - 4y)}{8a}$
8. a) $\frac{a + 9}{2a + 18}$ b) $\frac{12m - 18}{6m - 9}$ c) $\frac{4ab - 8ax}{b - 2x}$ d) $\frac{(m - n)(m + n)}{2m + 2n}$
9. a) $\frac{4 - 4a}{8 - 8a}$ b) $\frac{3a + 9}{a + 3}$ c) $\frac{2ab - 8a}{ab - 4a}$ d) $\frac{3a(a + b)}{6a - 6b}$

1.3 Dreisatzrechnen

Direkte Zuordnung (= Proportionalität)	**Indirekte Zuordnung** (= umgekehrte Proportionalität)
Je mehr – desto mehr ↑ ↑ Je weniger – desto weniger ↓ ↓	Je mehr – desto weniger ↑ ↓ Je weniger – desto mehr ↓ ↑
Beispiel: Acht Arbeiter verdienen an einem Tag 960,00 €. Wie viel verdienen in derselben Zeit sechs Arbeiter? ▼	*Beispiel:* Vier Auszubildende benötigen für eine bestimmte Arbeit 96 Stunden. Wie viele Stunden benötigen dazu fünf Auszubildende? ▼
Mathematische Darstellung: 8 Arbeiter: 960 € 6 Arbeiter: x	**Mathematische Darstellung:** 4 Auszubildende: 96 h 5 Auszubildende: x
„wenn Arbeiter ↓, dann Geld ↓“ $x = \frac{960 \cdot 6}{8}$; $x = 720{,}00$ €	„wenn Azubis ↑, dann Zeit ↓“ $x = \frac{96h \cdot 4}{5}$; $x = 76{,}8$ h
Sechs Arbeiter erhalten 720,00 €.	Fünf Auszubildende benötigen 76,8 h.

Aufgaben

1. Wie teuer ist ein zehn Meter langes Kabel, wenn zwei Meter 1,80 € kosten?
2. Ein Auszubildender benötigt zum Anschluss einer Leuchtstofflampe 45 Minuten. Wie viele Lampen kann er in sechs Stunden anschließen?
3. Eine Rolle Draht mit einer Länge von 500 m hat eine Masse von 30 kg. Wie viele Meter wurden verbraucht, wenn noch 12,5 kg übrig sind?
4. Sechs Auszubildende benötigen 1,5 Stunden zur Montage von 30 Lampen. In welcher Zeit bewältigen acht Auszubildende diese Arbeit?
5. Um eine Wanne mit Wasser zu füllen, werden 16 Eimer mit je neun Liter benötigt. Wie viele 12-l-Eimer füllen die Wanne?
6. Ein Lebensmittelvorrat reicht für acht Personen 15 Tage. Wie lange reichen die Lebensmittel, wenn zusätzlich zwei Personen verpflegt werden müssen?
7. Fünf Pumpen fördern innerhalb von sechs Stunden 30 000 m^3 Wasser. Wie viele Pumpen werden benötigt, wenn diese Wassermenge in zehn Stunden gefördert werden soll?
8. Eine 14-stufige Treppe mit der Stufenhöhe 18 cm wird durch eine gleich hohe Treppe mit zwölf Stufen ersetzt. Welche Stufenhöhe hat die neue Treppe?
9. Ein Reparaturauftrag wurde auf 42 Stunden geschätzt und mit 2100,00 € veranschlagt. Um welchen Betrag erhöhen sich die Kosten bei 56 tatsächlich geleisteten Stunden?
10. Ein Flugzeug erreicht bei der Reisegeschwindigkeit 500 km/h nach 155 Minuten den Zielort. In welcher Zeit wird diese Flugstrecke mit 720 km/h zurückgelegt?
11. Zur Herstellung von Messingschrauben werden 3,78 kg Kupfer und 2,22 kg Zink benötigt. Wie hoch sind die Kupfer- und Zinkanteile, wenn 25 kg Messing verwendet werden?
12. Für eine Fahrstrecke von 500 km verbraucht ein Pkw 40 Liter Superbenzin E 10.
    a) Wie weit kann er mit einer Tankfüllung von 60 Litern fahren?
    b) Welchen Betrag muss er für die nach a) ermittelte Strecke bei einem Benzinpreis von 1,59 € bezahlen?

1.4 Potenzrechnen

1.4.1 Darstellung von Potenzen

Die Multiplikation gleicher Faktoren kann als Potenz geschrieben werden:

$a \cdot a \cdot a \ldots \cdot a$ (n Faktoren) $= a^n$ (gelesen: „a hoch n")

z. B.: $5 \cdot 5 \cdot 5$ (3 Faktoren) $= 5^3$ (gelesen: „5 hoch 3")

Potenz

Basis (Grundzahl) → a^n ← Exponent (Hochzahl)

⇓

Erweiterter Potenzbegriff

$a^{-n} = \frac{1}{a^n}$ | $a^{\frac{1}{n}} = \sqrt[n]{a}$ | $a^{\frac{n}{m}} = \sqrt[m]{a^n}$

z. B.: $10^{-3} = \frac{1}{10^3}$ | z. B.: $5^{\frac{1}{3}} = \sqrt[3]{5}$ | z. B.: $7^{\frac{2}{3}} = \sqrt[3]{7^2}$

Vorzeichenregeln

Bei positiver Basis bleibt der Potenzwert positiv.

Bei negativer Basis und geradzahligem Exponenten (2, 4 ...) wird der Potenzwert positiv.

z. B.: $(-3)^2 = (-3)(-3) = +9$

Bei negativer Basis und ungeradzahligem Exponenten (3, 5 ...) bleibt der Potenzwert negativ.

z. B.: $(-3)^3 = (-3)\,(-3) = -27$

Aufgaben

Welche vereinfachte Potenzschreibweise kann für die Aufgaben verwendet werden?

1. **a)** $4 \cdot 4 \cdot 4$ **b)** $3 \cdot 3 \cdot 3 \cdot 3 \cdot 3$ **c)** $a \cdot a$ **d)** $b \cdot b \cdot b \cdot b$ **e)** $3a \cdot 3a$ **f)** $ax \cdot ax$ **g)** $2bx \cdot 2bx$

2. **a)** $4a \cdot 3a$ **b)** $3b \cdot 4b \cdot 2b$ **c)** $a^2 \cdot a^2$ **d)** $b \cdot b^2 \cdot b^3$ **e)** $3a \cdot 3a^2$ **f)** $ax^2 \cdot a^2 \cdot x$ **g)** $b^3x \cdot 2bx^3$

Welche Schreibweise ist unter Anwendung des erweiterten Potenzbegriffes möglich?

3. **a)** $\frac{1}{100}$ **b)** 10^{-6} **c)** 4^{-3} **d)** $\sqrt{3}$ **e)** $7^{-\frac{1}{2}}$ **f)** $x^{-\frac{1}{2}}$ **g)** $3^{-\frac{2}{3}}$

Welche Potenzwerte ergeben die nachfolgenden Aufgaben?

4. **a)** $1 \cdot 10^2$ **b)** $2 \cdot 10^{-2}$ **c)** $2{,}1 \cdot 10^3$ **d)** $1{,}2 \cdot 10^4$ **e)** $5 \cdot 10^{-2}$ **f)** $1{,}2 \cdot 10^2$ **g)** $2{,}1 \cdot 10^{-3}$

5. **a)** 2^2 **b)** 3^4 **c)** 5^3 **d)** 12^2 **e)** $2 \cdot a^2$ **f)** $(2a)^2$ **g)** $(2ax)^3$

6. **a)** $(-3)^2$ **b)** $(-4)^3$ **c)** $(-2)^4$ **d)** $(-3)^5$ **e)** $(-a)^2$ **f)** $(-2a)^2$ **g)** $(-2ax)^3$

7. **a)** 2^{-2} **b)** 3^{-3} **c)** $(-4)^{-2}$ **d)** $(-3)^{-3}$ **e)** a^2 **f)** $(-x)^2$ **g)** $(-2ax)^{-3}$

8. **a)** $\sqrt{4}$ **b)** $\sqrt{8}$ **c)** $\sqrt{25}$ **d)** $\sqrt{16}$ **e)** $\sqrt[3]{8}$ **f)** $\sqrt[3]{27}$ **g)** $\sqrt{4a^2}$

9. **a)** $2 \cdot \sqrt{25}$ **b)** $3 \cdot \sqrt{16}$ **c)** $a + \sqrt{4}$ **d)** $2\sqrt{81a^2}$ **e)** $a \cdot \sqrt[3]{8b^6}$ **f)** $\sqrt[4]{81a^2}$ **g)** $\sqrt[3]{8a^3b^6}$

1.4.2 Dezimale Vielfache und Teile von Einheiten

Bei großen und kleinen Größen eignet sich die Darstellung mit Zehnerpotenzen (z. B. 10^3), die als Vorsatzzeichen (z. B. k) vor Einheiten geschrieben werden:

Auszug der Vorsätze nach DIN 1301

	Faktor		Vorsatz	Vorsatzzeichen
Vielfache	1 000 000 000 000 000	$= 10^{15}$	Peta ...	P
	1 000 000 000 000	$= 10^{12}$	Tera ...	T
	1 000 000 000	$= 10^{9}$	Giga ...	G
	1 000 000	$= 10^{6}$	Mega ...	M
	1 000	$= 10^{3}$	Kilo ...	k
Teile	0,00 1	$= 10^{-3}$	milli ...	m
	0,000 001	$= 10^{-6}$	mikro ...	µ
	0,000 000 001	$= 10^{-9}$	nano ...	n
	0,000 000 000 001	$= 10^{-12}$	pico ...	p
	0,000 000 000 000 001	$= 10^{-15}$	femto ...	f

Beispiele:

$7\ \text{km} = 7 \cdot 1000\ \text{m} = 7 \cdot 10^3\ \text{m}$

Der Faktor 10^3 wird ersetzt durch den Vorsatz k, Zahlenwert und Einheit bleiben erhalten:

$7000\ \text{m} = 7\ \text{km}$

5 µm

Der Vorsatz µ wird ersetzt durch den Faktor 10^{-6}, Zahlenwert und Einheit bleiben erhalten:

$5\ \mu\text{m} = 5 \cdot 10^{-6}\ \text{m} = 0{,}000005\ \text{m}$

Aufgaben

Welche Vorsätze können sinnvoll für die gegebenen Größen verwendet werden?

1. a) 1500 m **c)** 0,002 m **e)** 1 200 000 V **g)** 0,000007 6 F **i)** 340 000 000 000 W
b) 2500 A **d)** 0,005 V **f)** 340 000 000 Hz **h)** 0,000 05 F **k)** 0,000 000 000 089 F

2. a) $3{,}4 \cdot 10^3$ m **c)** $3{,}8 \cdot 10^6$ Hz **e)** $5{,}8 \cdot 10^9$ Hz **g)** $240 \cdot 10^5\ \Omega$ **i)** $380 \cdot 10^{10}$ W
b) $4{,}1 \cdot 10^{-6}$ F **d)** $1{,}7 \cdot 10^{-3}$ A **f)** $2{,}4 \cdot 10^{-9}$ F **h)** $120 \cdot 10^{-12}$ F **k)** 0,8 · 10– 8 m

Wie lautet der Faktor anstelle der Vorsätze?

3. a) 1,7 nF **c)** 6,9 MV **e)** 2,5 pF **g)** 3 µF **i)** 3 kV **k)** 3,4 TW
b) 4,6 GHz **d)** 9,8 kA **f)** 1,2 mm **h)** 5 mA **j)** 8,5 MΩ **l)** 1,8 pF

Welche Zahlen, Einheiten oder Potenzen fehlen in den nachfolgenden Aufgaben?

4. a) 0,375 kV =? V **c)** 0,8 MHz =? kHz **e)** 0,005 kA =? A **g)** 0,005 pF =? nF
b) 5,2 km =? m **d)** 0,03 kV =? V **f)** 0,002 GHz =? Hz **h)** 13500 Ω =? kΩ

5. a) 12 mm =? m **c)** 360 m =? km **e)** 0,0125 kA =? A **g)** 34600 mm =? m
b) 0,08 µF =? nF **d)** 0,75 mm =? µm **f)** 0,025 GHz =? Hz **h)** 0,000 35 µF =? nF

6. a) $3{,}3\ \text{km} = 3{,}3 \cdot 10^3?$ **c)** 0,68 MV = 680? **e)** $12{,}8 \cdot 10^{-8} = 1{,}28?$ **g)** 3450 000 kΩ = 3,45?
b) $1{,}25\ \text{pF} = 1{,}25 \cdot 10^{-6}?$ **d)** 0,034 µF = 34? **f)** $344 \cdot 10^{-7} = 34{,}4?$ **h)** 0,000 5 mF = 0,5?

7. a) 0,05 MV =? V **c)** 0,04 A =? mA **e)** 0,9 kΩ =? Ω **g)** 0,067 Mhz =? kHz
b) 0,3 nF =? pF **d)** 200 V =? kV **f)** 0,014 mA =? µA **h)** 1400 mm =? m

Wie können nachfolgende Größen mithilfe der Vorsatzzeichen sinnvoll umgewandelt werden?

8. a) 2000 V **c)** 4800 m **e)** 1 500 000 Hz **g)** 0,000003 5 F **i)** 34000 kW
b) 120000 A **d)** 950000 Ω **f)** 0,0015 m **h)** 12500 V **j)** 0,000 000 004 F

9. a) $8 \cdot 10^3$ A **c)** $4 \cdot 10^6\ \Omega$ **e)** $36 \cdot 10^6$ Hz **g)** $1{,}5 \cdot 10^{-6}$ F **i)** $44{,}8 \cdot 10^{-8}$ F
b) $2 \cdot 10^{-3}$ V **d)** $7 \cdot 10^{-8}$ F **f)** $0{,}7 \cdot 10^{-2}$ A **h)** $3 \cdot 10^{-3}$ V **j)** $0{,}048 \cdot 10^7\ \Omega$

1.4.3 Grundrechenarten mit Potenzen

Addition und Subtraktion

***Regel 1:* Nur Potenzen mit gleichen Basen und gleichen Exponenten lassen sich addieren oder subtrahieren.**

$a^n + \ldots + a^n$ (m Summanden) $= m \cdot a^n$

z.B.: $2^3 + 2^3 + 2^3$ (3 Summanden) $= 3 \cdot 2^3$

Multiplikation und Division

***Regel 2:* Bei gleichen Basen wird die Basis mit der Summe oder der Differenz der Exponenten potenziert:**

$a^m \cdot a^n = a^{(m+n)}$ oder $\frac{a^m}{a^n} = a^{(m-n)}$

Beispiele:

$5^3 \cdot 5^2 = 5^{(3+2)} = 5^5 = 3125$

$4^5 : 4^3 = \frac{4^5}{4^3} = 4^{(5-3)} = 4^2 = 16$

***Regel 3:* Bei gleichen Exponenten wird das Produkt oder der Quotient der Basen mit dem Exponenten potenziert:**

$a^m \cdot b^m = (a \cdot b^m)$ order $\frac{a^m}{b^m} = \left(\frac{a}{b}\right)^m$

Beispiele:

$2^3 \cdot 3^3 = (2 \cdot 3)^3 = 6^3 = 216$

$6^4 : 3^4 = \left(\frac{6}{3}\right)^4 = 2^4 = 16$

Aufgaben

Wie lauten die Lösungen der folgenden Aufgaben?

1. a) $2^2 + 2^2$ **b)** $3^3 + 3^3 + 3^3$ **c)** $2 \cdot 2 + 2^2$ **d)** $3 \cdot 2 - 2^2$ **e)** $3 \cdot 2^2 + 4 \cdot 2^2$

2. a) $5^2 + 2 \cdot 5^2$ **b)** $3 \cdot 4^3 - 4^3$ **c)** $5 \cdot 2^4 - 7 \cdot 2^4$ **d)** $4 \cdot 3^2 - 9 \cdot 3^2$ **e)** $4 \cdot 2^2 - 4 \cdot 2^3$

3. a) $a^2 + a^2$ **b)** $x^2 + x^2 + x^2$ **c)** $2a^3 + a^3$ **d)** $3b^2 + 4b^2$ **e)** $3y^3 + y^3$

4. a) $2a^4 - 3a^5$ **b)** $2 \cdot 3b^3 - 5b^3$ **c)** $6y^4 - 4a^3$ **d)** $8y^4 - 3 \cdot 3a^3$ **e)** $3y^3 - 4 \cdot 2y^3$

5. a) $2^2 \cdot 3^2$ **b)** $2^3 \cdot 3^3$ **c)** $3^2 \cdot 2^3$ **d)** $4^3 \cdot 2^4$ **e)** $4^2 \cdot 4^3$

6. a) $a^2 \cdot a^2$ **b)** $x^2 \cdot x^2 \cdot x^2$ **c)** $b \cdot b^2 \cdot b^3$ **d)** $m^3 \cdot m^2$ **e)** $y^2 \cdot y^3 \cdot y^4$

7. a) $2a^2 \cdot a^2$ **b)** $3x \cdot 4x^2$ **c)** $(2b)^2 \cdot b^2$ **d)** $x \cdot 4x^2$ **e)** $3a \cdot 2a^2 \cdot (2a)^2$

8. a) $2^3 : 2^2$ **b)** $4^3 : 4$ **c)** $3^2 : 3^4$ **d)** $5^4 : 5^2$ **e)** $8^3 : 8$

9. a) $a^3 : a^2$ **b)** $x^4 : x^3$ **c)** $a^3 : b^3$ **d)** $y^2 : y^3$ **e)** $2a^4 : a^3$

10. a) $3a^3 : a^2b$ **b)** $a^2b^3 : ab^2$ **c)** $3a^3 : 6a^2$ **d)** $(ab)^2 : ab^2$ **e)** $8a^4x^3 : (2xa)^2$

11. a) $\frac{x^3}{x^2}$ **b)** $\frac{ax^3}{ax^4}$ **c)** $\frac{b^2y^3}{(by)^2}$ **d)** $\frac{ax^3y^2}{a^2xy^2}$ **e)** $\frac{4a^3b^2c^4}{(2abc)^3}$

12. a) $\frac{2x^3}{4x^2}$ **b)** $\frac{3a^2b}{6ab^2}$ **c)** $\frac{4x^2y^4}{2x^3y^5}$ **d)** $\frac{3ab^2}{9a^2b}$ **e)** $\frac{2x^3}{4x^2y^3}$

13. a) $\frac{3a}{4b} \cdot \frac{2b^2}{9a^3}$ **b)** $\frac{2x^2}{y^3} : \frac{3y^5}{4x^4}$ **c)** $\frac{3ab^2}{2x^2y} \cdot \frac{x^3y}{3ab}$ **d)** $\frac{4x^3y}{3b^4} \cdot \frac{6b^3}{8xy}$ **e)** $\frac{3a^2c}{5x^3y} \cdot \frac{5xy^2}{6ac^3}$

14. a) $\frac{2ab^2}{3x^3} : \frac{a^2b}{3x^2}$ **b)** $\frac{3xy^3}{4nm^2} : \frac{6x^2y^2}{8n^3m^4}$ **c)** $\frac{a^3x^2}{2b^2y^3} : \frac{3a^2x}{5by^3}$ **d)** $\frac{3(ab)}{2xy^2} : \frac{3a^2b}{4x^2y^3}$ **e)** $\frac{2am^3}{3bx} : \frac{2am^3}{3b^2x^2}$

1.4.4 Potenzieren und Radizieren

Potenzieren

Regel 4: Ein Produkt wird potenziert, indem jeder Faktor einzeln potenziert wird:	**Regel 5:** Ein Bruch wird potenziert, indem Zähler und Nenner einzeln mit dem Exponenten potenziert werden:	**Regel 6:** Eine Potenz wird potenziert, indem die Basis mit dem Produkt der Exponenten potenziert wird:
$(a \cdot b)^m = a^m \cdot b^m$	$\left(\frac{a}{b}\right)^m = \frac{a^m}{b^m}$	$(a^m)^n = a^{m \cdot n}$
z. B.: $(2a)^2 = 2^2 \cdot a^2 = 4a^2$	*z. B.*: $\left(\frac{3}{5}\right)^2 = \frac{3^2}{5^2} = \frac{9}{25}$	*z. B.*: $(2^3)^2 = 2^{3 \cdot 2} = 2^6$

Radizieren

Radizieren ist umgekehrtes Potenzieren. Es gelten alle Potenzregeln.

„x hoch n gleich a" $x^n = a \Leftrightarrow \sqrt[n]{a} = x$ „n-te Wurzel aus a"

z. B.: $16 = 2 \cdot 2 \cdot 2 \cdot 2 = 2^4 \Leftrightarrow \sqrt[4]{16} = 2$ „4-te Wurzel aus 16"

Wurzelexponent → $\sqrt[n]{a}$ ← Radikand

Aufgaben

Welche Lösungen haben die Aufgaben nach dem Potenzieren?

	a)	b)	c)	d)	e)	f)	g)
1.	$(2 \cdot 3)^2$	$(4 \cdot 3)^3$	$(3 \cdot 5)^2$	$(2 \cdot 2 + 3)^2$	$(2^4 + 3^2)^3$	$(3^3 + 3^2)^2$	$(2^4 + 3^2)^2$
2.	$(2a)^2$	$(3x)^3$	$(2ab)^2$	$(3xy)^3$	$(a + b)^2$	$(x + y)^2$	$(2 + b)^2$
3.	$\left(\frac{1}{3}\right)^2$	$\left(\frac{1}{2}\right)^3$	$\left(\frac{2}{5}\right)^3$	$\left(\frac{a}{2}\right)^2$	$\left(\frac{3}{x}\right)^3$	$\left(\frac{a^2}{x}\right)^3$	$\frac{3ab^4}{6a^2b}$
4.	$(2^2)^2$	$(a^2)^3$	$(ay^2)^2$	$(4\ \text{A})^2$	$(220\ \text{V})^2$	$(5\ \Omega)^2$	$(ay^2)^3$

Wie lauten die mit dem Taschenrechner ermittelten Ergebnisse?

	a)	b)	c)	d)	e)	f)	g)
5.	$\sqrt{2}$	$\sqrt{3}$	$\sqrt{5}$	$\sqrt{9}$	$\sqrt{16}$	$\sqrt{18}$	$\sqrt{25}$
6.	$\sqrt[3]{3}$	$\sqrt[3]{9}$	$\sqrt[3]{5}$	$\sqrt[3]{18}$	$\sqrt[3]{27}$	$\sqrt[3]{45}$	$\sqrt[3]{81}$
7.	$\sqrt{4a^2}$	$\sqrt{9b^4}$	$\sqrt{16x^2}$	$\sqrt{25\ \text{V}^2}$	$\sqrt{50\ \Omega^2}$	$\sqrt{144\ \text{A}^2}$	$\sqrt{9a^2}$
8.	$\sqrt[3]{8x^3}$	$\sqrt[3]{18a^3}$	$\sqrt[3]{27b^6}$	$\sqrt[3]{64y^6}$	$\sqrt[3]{125\ \text{A}^3}$	$\sqrt[3]{27\ \Omega^3}$	$\sqrt[3]{a^3x^3}$

$\sqrt[2]{\ } \Rightarrow$ Quadratwurzel wird ohne Wurzelexponent $(\sqrt{\ })$ geschrieben: $\sqrt[2]{9} = \sqrt{9} = 3$

1.5 Gleichungen

1.5.1 Gleichungen mit Summen und Differenzen

Gleichheitsaussagen

linke Seite ist gleich rechte Seite

z.B.: $6 + 4 = 3 + 7$
$10 = 10$

Wird auf beiden Seiten die gleiche Zahl oder Variable addiert (subtrahiert), bleibt die Gleichheitsaussage erhalten:

z.B.: $6 + 4 = 3 + 7 \quad | + 3$
$6 + 4 + 3 = 3 + 7 + 3$
$13 = 13$

z.B.: $6 + 4 = 3 + 7 \quad | - 2$
$6 + 4 - 2 = 3 + 7 - 2$
$8 = 8$

Gleichungen

Ist eine Zahl oder Variable unbekannt, soll sie auf der linken Seite allein stehen:

z. B.: $x - 4 = 10 \quad | + 4$
$x - 4 + 4 = 10 + 4$
Lösung: $\mathbf{x = 14}$

z. B.: $x + b = c \quad | - b$
$x + b - b = c - b$
Lösung: $\mathbf{x = c - b}$

Vereinfachter Lösungsweg: Bei Gleichungen, die nur Summen und/oder Differenzen enthalten, kann jede Größe mit dem entgegengesetzten Vorzeichen auf die andere Seite gebracht werden:

z. B.: $x + 4 = 10 \Rightarrow x = 10 - 4 \Rightarrow x = 6$

Aufgaben

Wie lauten die Lösungen für die Variable x?

1. a) $x - 2 = 0$ **b)** $2 - x = 0$ **c)** $x - 4 = 0$ **d)** $3 + x = 0$ **e)** $-x - 5 = -1$

2. a) $x - a = 0$ **b)** $a - x = 0$ **c)** $x - 2b = b$ **d)** $2m + x = m$ **e)** $2y - x = y$

3. a) $x + 6 = 6$ **b)** $x - 6 = 6$ **c)** $12 + x = 18$ **d)** $-6 - x = 2$ **e)** $-b + x = b$

4. a) $22 + x = 33$ **b)** $-8 + x = 12$ **c)** $12a - x = 24a$ **d)** $-9 - x = -10$ **e)** $5y - x = y$

5. a) $8 + x = 2x$ **b)** $2x + 3 = x + 6$ **c)** $x - 6 = 4x - 3$ **d)** $2x + 5 = 3x - 4$ **e)** $-b + x = b$

6. a) $2a + x = 2x - a$ **b)** $4x - 3b = 3x + b$ **c)** $4x - 2m = 2x + 8m + 3x$

7. a) $5x - 3ab = 4x - 2ab$ **b)** $12 + 2x = a + x$ **c)** $7x - 2mn = 8x + mn$

8. a) $x + \frac{1}{2} = \frac{3}{2}$ **b)** $-\frac{2}{7} + x = \frac{2}{7}$ **c)** $x + \frac{1}{4} = \frac{3}{8}$ **d)** $\frac{2}{3} + x = \frac{5}{6}$ **e)** $\frac{x}{4} + 3 = \frac{3}{4}x$

9. a) $\frac{x}{4} + \frac{1}{4} = -\frac{3}{4}x - \frac{5}{6}$ **b)** $x - \frac{1}{2}a = 2x - \frac{3}{4}a$ **c)** $x + \frac{2}{3}b = 3x - 4a$

10. a) $x + \frac{3}{4}y = \frac{5}{4}x - \frac{4}{6}y$ **b)** $a + \frac{1}{5}x = 2x - \frac{1}{4}a$ **c)** $x + \frac{1}{3}y = 3x - \frac{2}{3}y$

1.5.2 Gleichungen mit Produkten und Quotienten

Gleichheitsaussagen: Zahlenwert der linken entspricht dem Wert der rechten Seite

z. B.: $6 \cdot 2 = 3 \cdot 4$
$12 = 12$

Werden beide Seiten mit der gleichen Zahl (oder Variablen) multipliziert oder durch die gleiche Zahl (oder Variable) dividiert, bleibt die Gleichheitsaussage erhalten:

z. B.: $6 \cdot 2 = 3 \cdot 4 \quad | \cdot 3$
$(6 \cdot 2) \cdot 3 = (3 \cdot 4) \cdot 3$
$36 = 36$

z. B.: $6 \cdot 2 = 3 \cdot 4 \quad | : 3$
$(6 \cdot 2)\ 3 = (3 \cdot 4) : 3$
$4 = 4$

Gleichungen:

Ist eine Zahl oder Variable unbekannt, soll diese auf der linken Seite allein stehen:

z. B.: $2x = 12 \quad | : 2$
$\frac{2x}{2} = \frac{12}{2}$

Lösung: $\mathbf{x = 6}$

z. B.: $\frac{x}{5} = 4 \quad | \cdot 5$
$\frac{x}{5} \cdot 5 = 4 \cdot 5$

Lösung: $\mathbf{x = 20}$

Vereinfachter Lösungsweg: Enthält eine Gleichung nur Faktoren und/oder Quotienten, erscheint ein Faktor auf der anderen Seite der Gleichung als Divisor, ein Divisor auf der anderen Seite als Faktor:

$3x = 9 \Rightarrow x = \frac{9}{3} \Rightarrow$ Lösung: $x = 3$

$\frac{x}{4} = 2 \Rightarrow x = 2 \cdot 4 \Rightarrow$ Lösung: $x = 8$

Aufgaben

Welchen Wert muss die Unbekannte *x* haben, damit die Gleichungen erfüllt sind?

1. a) $2x = 6$ **b)** $3x = 9$ **c)** $5x = 20$ **d)** $3x = -6$ **e)** $4x = 4$ **f)** $8x = 16$ **g)** $6x = -9$

2. a) $\frac{x}{2} = 2$ **b)** $\frac{x}{3} = -1$ **c)** $\frac{-x}{4} = -3$ **d)** $\frac{x}{-2} = 2$ **e)** $\frac{-x}{3} = 2$ **f)** $\frac{2x}{3} = 2$ **g)** $\frac{-2x}{6} = 3$

3. a) $5x + 2 = 7$ **b)** $4x - 3 = 2x$ **c)** $3 - x = 5$ **d)** $x - 1 = 2x$ **e)** $2 + 4x = 5x$

4. a) $3x + 4 = 2x$ **b)** $4x + 3 = 2x$ **c)** $3 + x = 6 - 2x$ **d)** $x - 5 = 3x$ **e)** $2 - 3x = x - 2$

5. a) $3(2x - 4) = 9$ **b)** $8x = 2(x - 3)$ **c)** $5(x - 1) = 3(x - 1)$ **d)** $4(2 - x) - 3(x - 3)$ **e)** $3x + 5 = 8$

6. a) $(x + 2)^2 = x^2$ **b)** $(3x + 1)^2 = 9x^2$ **c)** $8x - 3 = 5(x + 1)$ **d)** $(x + 1)^2 = x^2 + 4$ **e)** $(1 + 2x)^2 = 4x^2$

7. a) $1 + \frac{1}{x} = \frac{3}{x}$ **b)** $\frac{3}{4x} + \frac{2}{x} = 2$ **c)** $\frac{4}{5} = \frac{24}{x + 5}$ **d)** $\frac{2}{x} = \frac{3}{x} - 6$ **e)** $\frac{2x - 2}{x + 2} = 2$

8. a) $\frac{2}{3 - x} = \frac{3}{x - 2}$ **b)** $\frac{1}{2x} = \frac{3}{4x} + 1$ **c)** $\frac{x}{2} - \frac{x}{3} = \frac{x}{4} - 2$ **d)** $\frac{3}{x - 1} = \frac{4}{x + 1}$ **e)** $\frac{1}{x + 3} = \frac{2}{x - 3}$

Wie lauten die nachfolgenden Gleichungen, wenn nach den gesuchten Größen umgestellt wird?

9. a) $U = l \cdot 4;\ l = ?$ **b)** $A = l \cdot b;\ b = ?$ **c)** $W = U \cdot I \cdot t;\ t = ?$ **d)** $V = l \cdot b \cdot h;\ h = ?$ **e)** $U = I \cdot R;\ R = ?$

10. a) $A = \frac{g \cdot h}{2};\ h = ?$ **b)** $S = \frac{d_2 \cdot \pi}{4};\ d = ?$ **c)** $U = \frac{2 \cdot I \cdot l}{\pi \cdot A};\ I = ?$ **d)** $V = \frac{n \cdot \pi \cdot d}{60};\ n = ?$ **e)** $V = \frac{\pi \cdot d^3}{6};\ d = ?$

11. a) $\frac{a}{b} = \frac{c}{d};\ a = ?$ **b)** $\frac{a}{b} = \frac{c}{d};\ d = ?$ **c)** $\frac{uv}{c} = \frac{b}{ax};\ b = ?$ **d)** $\frac{uv}{c} = \frac{b}{ax};\ b = ?$ **e)** $\frac{uv}{c} = \frac{b}{ax};\ v = ?$

1.6 Prozentrechnen

Prozent (%) heißt: vom Hundert

$$1 \text{ Prozent} = \frac{1}{100} = 1\,\%$$

Grundwert *G*
= Gesamtmenge

Prozentwert *W*
= Teilmenge entsprechend dem Prozentsatz

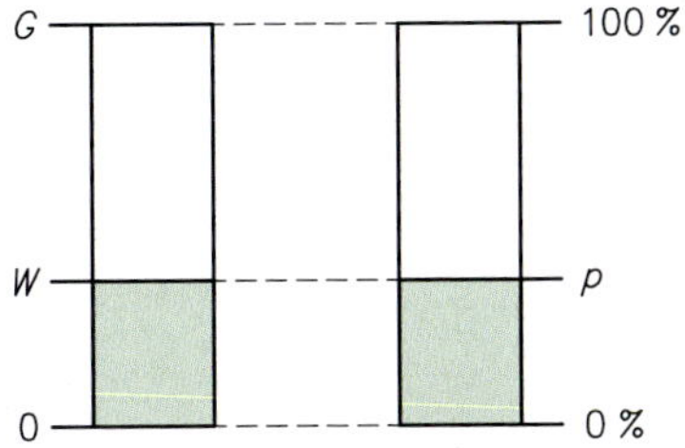

Prozentsatz *p*
= Teil des Grundwertes in Prozenten

$$\frac{W}{G} = \frac{p}{100\,\%}$$

Aufgaben

Beispiel: Auf eine Rechnung über 1800,00 € wird bei Zahlung innerhalb von acht Tagen ein Skonto (Preisnachlass) von 3 % gewährt. Um wie viel Euro vermindert sich der Rechnungsbetrag?

Gegeben: $G = 1800{,}00$ €; $p = 3\,\%$

Gesucht: W

Lösung: $W = \frac{G \cdot p}{100\,\%} = \frac{1800{,}00\text{ €} \cdot 3\,\%}{100\,\%} = \mathbf{54{,}00\text{ €}}$

1. Ein Vertreter wird mit 5 % am Umsatz beteiligt. Wie groß ist sein Verdienst, wenn er für 1200,00 € Waren verkauft hat?
2. Ein Werkstück wiegt nach seiner Fertigstellung 25 kg. Wie viel Material wurde benötigt, wenn bei der Herstellung 38 % Verschnitt entstanden?
3. Bei der Übung eines Sportlers stieg der Pulsschlag von 70/Minute auf 90/Minute. Um wie viel Prozent erhöhte sich der Puls?
4. Für einen Gebrauchtwagen mit dem Neuwert 22 500,00 € werden noch 17 000,00 € geboten. Wie groß ist bei einem Verkauf der Wertverlust in Prozent?
5. Zur Herstellung von Messing wird 58 % Kupfer, 40 % Zink und 2 % Blei verwendet. Wie groß sind die jeweiligen Materialanteile für 80 kg Messing?
6. Der Barzahlungspreis einer Musikanlage beträgt bei 3 % Skonto 2425,00 €. Welcher Preis wäre ohne Skonto zu bezahlen?
7. Ein Messinstrument hat einen zulässigen relativen Fehler von 1 % vom Skalenendwert 200 V. Um welchen Betrag darf die Anzeige vom tatsächlichen Wert abweichen?
8. Die monatliche Miete einer Lagerhalle wird um 150,00 € erhöht. Das entspricht einer Mietpreissteigerung um 6 %. Wie viel Euro betrug die Miete vor der Erhöhung?
9. Dreht sich ein Motor mit einer Drehfrequenz von 600 min^{-1}, so entspricht das 30 % seiner Nenndrehfrequenz. Wie groß ist die Nenndrehfrequenz?
10. Ein Wäschetrockner kostet 575,00 €. Aufgrund eines Lackschadens wird der Preis um 60,00 € reduziert. Wie hoch ist der prozentuale Nachlass?
11. Der Barpreis eines Fernsehgerätes beträgt 1380,00 €. Bei Teilzahlung wird ein Aufpreis von 180,00 € berechnet. Wie groß ist der prozentuale Aufpreis?

1.7 Körperberechnungen

1.7.1 Längen (Umfang) und Flächen

Einheit der Länge ist das Meter: $[l] = \text{m}$

mit: 10^{-3} km = 1 m = 10 dm = 10^2 cm = 10^3 mm

Beispiele:

Umfang *U*

Quadrat	Rechteck	Dreieck	Kreis
$U = 4a$	$U = 2 \cdot (l + a)$	$U = g + a + b$	$U = d \cdot \pi$

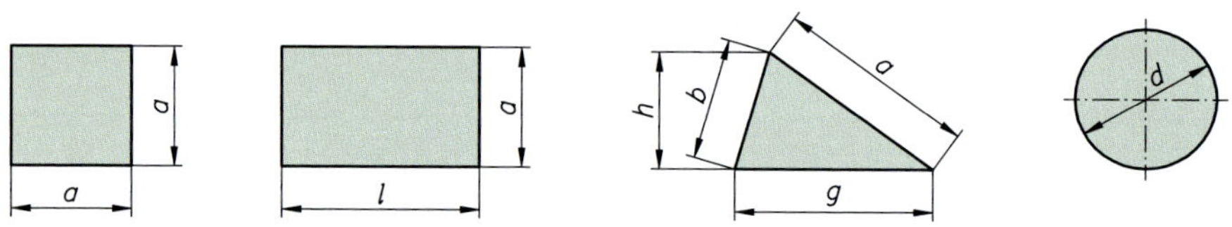

Fläche *A*

Quadrat	Rechteck	Dreieck	Kreis
$A = a^2$	$A = l \cdot a$	$A = \frac{1}{2} \cdot g \cdot h$	$A = \frac{d^2 \cdot \pi}{4}$

Einheit der Fläche ist das Quadratmeter: $[A] = \text{m}^2$

mit: 1 m² = 10^2 dm² = 10^4 cm² = 10^6 mm²

Aufgaben

Beispiel: Eine Kreisfläche von 1963,5 mm² wird durch eine quadratische Fläche genau abgedeckt.

a) Welchen Durchmesser und Umfang hat der Kreis?

b) Wie groß sind Umfang und Fläche des Quadrates?

Gegeben: $A_{\bigcirc} = 1963{,}5\ \text{mm}^2$

Gesucht: $d;\ U_{\bigcirc};\ U_{\square};\ A_{\square}$

Lösung: **a)** $A_{\bigcirc} = \frac{d^2 \cdot \pi}{4} \Rightarrow d = \sqrt{\frac{A_{\bigcirc} \cdot 4}{\pi}} = \sqrt{\frac{1\,963{,}5\ \text{mm}^2 \cdot 4}{\pi}} = \mathbf{50\ mm}$

$U_{\bigcirc} = d \cdot \pi = 50\ \text{mm} \cdot \pi = \mathbf{157\ mm}$

b) $U_{\square} = 4 \cdot d = 4 \cdot 50\ \text{mm} = \mathbf{200\ mm}$

$A_{\square} = d^2 = (50\ \text{mm})^2 = \mathbf{2500\ mm^2}$

1. Wie groß sind Umfang und Fläche eines

a) Rechteckes mit den Seiten $a = 30$ m, $b = 35$ m?

b) rechtwinkligen Dreiecks mit $a = b = 6$ cm?

c) Kreises mit dem Durchmesser $d = 15$ m?

2. Nach Skizze sollen 15 Löcher gleichmäßig verteilt in einen Flachstahl gebohrt werden. Wie groß sind die Abstände der Lochmittelpunkte?

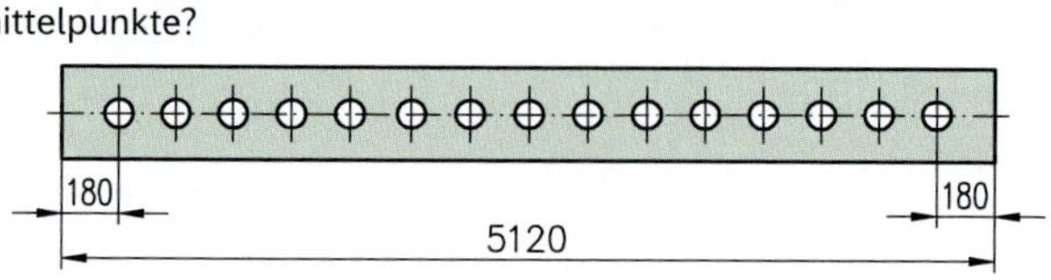

3. Ein rechtwinkliger Wohnraum (Länge 6,2 m; Breite 4,8 m; Höhe 2,3 m) soll renoviert werden. Wie groß sind Wand- und Deckenflächen?

4. Welche Fläche hat ein Dreieck mit der Grundseite 2,5 m und der Höhe 2,5 m?

5. Wie viel Meter Kabel werden eingespart, wenn das Kabel in einem rechteckig umbauten Hof (8,5 m × 6,7 m) nicht entlang der Gebäude, sondern diagonal verlegt wird?

6. Zwischen zwei Abzweigdosen wird eine 11,2 m lange Leitung auf Putz verlegt. Wie viele Schellen sind notwendig, wenn der Abstand der Bohrungen 40 cm beträgt?

7. Die nutzbare Fläche eines Gebäudes beträgt 250 m^2. Das Büro hat die Fläche 54 m^2, das Lager die Abmessungen 5,2 m × 3,6 m. Welche Fläche kann als Werkstatt benutzt werden?

8. Für die Befestigung von drei Rohren werden Schellen aus verzinktem Bandstahl nach nebenstehender Skizze gefertigt. Wie lang müssen die Bandstahlstücke zur Herstellung einer Schelle sein?

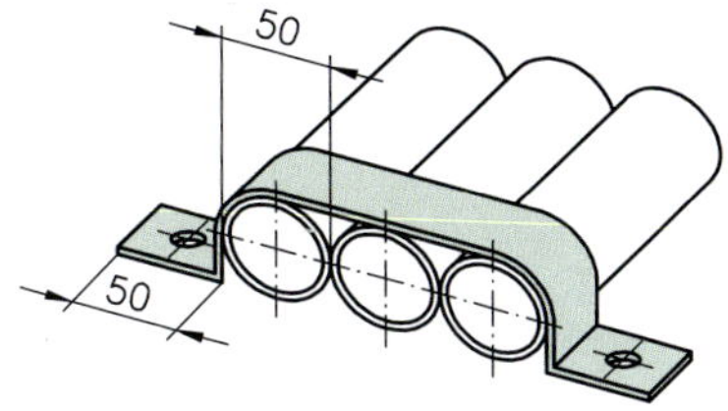

9. Welche Material-Querschnittsfläche hat ein Rohr mit dem Außendurchmesser 25 mm und der Wandstärke 5 mm?

10. Ein geschlossener zylindrischer Behälter hat 1,5 m Außendurchmesser und 4 m Höhe. Wie groß ist die Oberfläche des Behälters?

11. Auf einen zylindrischen Spulenkörper mit dem Durchmesser 4,8 cm sind 28 Windungen Kupferdraht mit 0,6 mm^2 Querschnittsfläche einlagig gewickelt.
 a) Wie groß ist die Wickellänge *l* der Spule?
 b) Welche Länge hat der Kupferdraht?

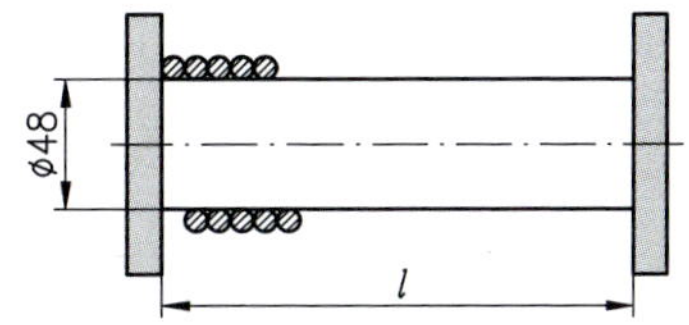

12. Aus 2 mm dickem Flachstahl sind Ringe mit dem Innendurchmesser von 100 mm zu biegen. Wie viele Ringe können aus 12 m langem Stahl hergestellt werden, wenn 2 mm Sägezugabe pro Schnitt erforderlich sind?

13. Auf einer Rolle, Durchmesser 25 cm, sind einlagig 30 Windungen Kupferdraht von 3 mm Durchmesser aufgewickelt. Wie viel Meter Draht sind auf der Rolle?

14. Eine Reflektorleuchte strahlt mit einem Winkel von 40° nach unten. Wie groß ist die beleuchtete Bodenfläche, wenn die Lampe 2,5 m hoch hängt?

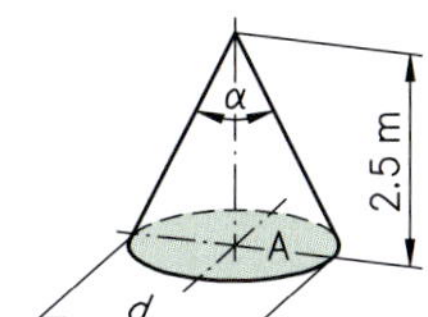

15. In eine rechteckige Schaltanlagenfront von 2 m Höhe und 3,2 m Breite werden 14 quadratische Messgeräte eingebaut. Die Aussparungen sollen 14 cm Seitenlänge haben.
 a) Welche Fläche hat die Schaltanlagenfront?
 b) Wie groß ist der prozentuale Verschnitt durch die Aussparungen?

16. Die Innenbahn in einem Stadion ist 400 m lang. Welchen Vorsprung erhält ein 400-m-Läufer auf der Außenbahn, wenn die Laufbahnen jeweils einen Meter breit sind?

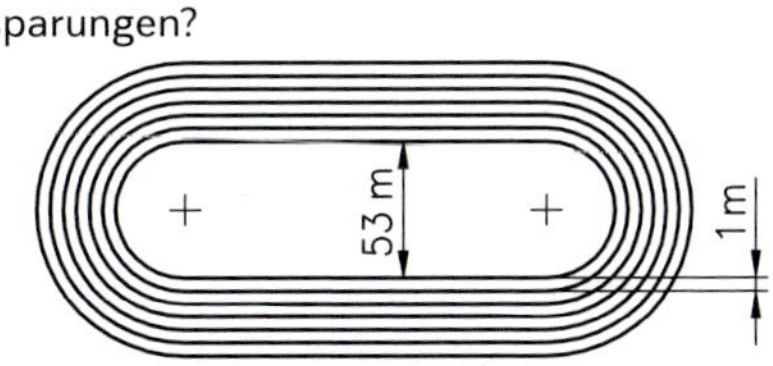

17. Das gegebene Gelände mit einem Schwimmbecken soll eingezäunt werden.
 a) Welche Zaunlänge ist erforderlich?
 b) Wie groß ist der Schwimmbeckenumfang?
 c) Welche Grundstücksfläche ist vorhanden?
 d) Wie groß ist die Schwimmbeckenoberfläche?

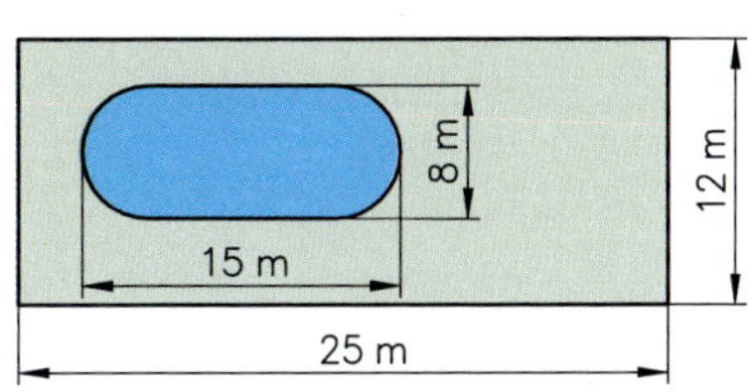

1.7.2 Volumen und Masse

Einheit des Volumens ist der Kubikmeter: $[V] = \text{m}^3$

mit: $1\ \text{m}^3 = 10^3\ \text{dm}^3 = 10^6\ \text{cm}^3 = 10^9\ \text{mm}^3$ *)

Volumen

Gleich dicke Körper:	Spitze Körper:
Grundfläche x Höhe	**$\frac{1}{3}$ Grundfläche x Höhe**
$V = A_G \cdot h$	$V = \frac{1}{3} A_G \cdot h$

z. B.: Zylinder

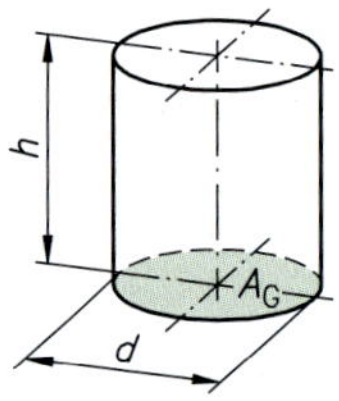

$$V = \frac{d^2 \cdot \pi}{4} \cdot h$$

z. B.: Prisma

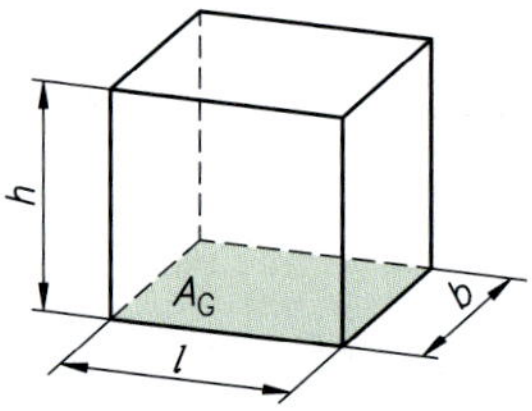

$$V = l \cdot b \cdot h$$

z. B.: Pyramide

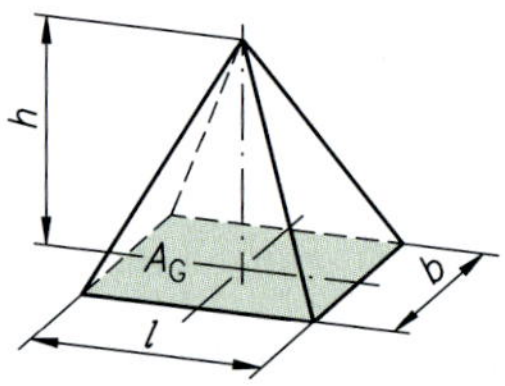

$$V = \frac{1}{3} l \cdot b \cdot h$$

Masse *m*

$$m = V \cdot \varrho$$

ϱ Dichte eines Körpers, volumenbezogene Masse in $\frac{\text{kg}}{\text{dm}^3}$

Einheit der Masse ist das Kilogramm: $[m] = \text{kg}$

mit: $(10^{-3}\ \text{t}) = 1\ \text{kg} = 10^3\ \text{g} = 10^6\ \text{mg}$

Aufgaben

Beispiel: Wie groß sind Volumen und Masse eines 200 m langen Kupferdrahtes mit dem Durchmesser 2,5 mm und der spezifischen Dichte 8,9 kg/dm³?

Gegeben: $l = 200\ \text{m}$; $d = 2{,}5\ \text{mm}$; $\varrho = 8{,}9\ \text{kg/dm}^3$

Gesucht: V; m

Lösung:

$$A = \frac{d^2 \cdot \pi}{4} = \frac{(2{,}5\ \text{mm})^2 \cdot \pi}{4} = \mathbf{4{,}91\ mm^2}$$

$$V = A \cdot l = 4{,}91 \cdot 10^{-4}\ \text{dm}^2 \cdot 2 \cdot 10^3\ \text{dm} = \mathbf{0{,}982\ dm^3}$$

$$m = V \cdot \varrho = 0{,}982\ \text{dm}^3 \cdot 8{,}9 \frac{\text{kg}}{\text{dm}^3} = \mathbf{8{,}74\ kg}$$

*) Für 1 dm³ ist die Bezeichnung ein Liter üblich und erlaubt.

1. Wie schwer ist ein Kupferwürfel mit einer Kantenlänge von 0,20 dm, wenn die spezifische Dichte 8,9 kg/dm³ beträgt?

2. Welche Höhe hat ein zylindrischer Behälter mit dem Fassungsvolumen 2 l und einem Innendurchmesser von 50 mm?

3. Ein Klassensaal hat die Grundfläche 12,5 m × 7,5 m und die Höhe 3 m. Wie groß ist das Luftvolumen?

4. Welche Masse hat eine Kupferschiene mit der Länge 2,5 m und der spezifischen Dichte 8,9 kg/dm³ bei einem Querschnitt von 20 mm × 200 mm?

5. Ein Auszubildender soll ein 65 m langes Vierkantrohr 30 mm × 40 mm mit Mennige streichen. Wie viel Kilogramm Farbe sind notwendig, wenn pro Quadratmeter 200 g gebraucht werden?

6. In einer Gießerei wird eine 2 m hohe Säule mit dem Außendurchmesser 250 mm aus Stahlguss hergestellt. Welche Masse hat die Säule, wenn der Innendurchmesser 200 mm und die Dichte 7,8 kg/dm³ betragen?

7. Eine Kohlenhalde nach nebenstehender Skizze soll verladen werden.
   a) Welches Volumen hat die Kohlenhalde?
   b) Wie viele Eisenbahnwagen zu je 20 t werden zum Abtransport benötigt, wenn die Kohle das spezifische Gewicht 1,3 kg/dm³ hat?

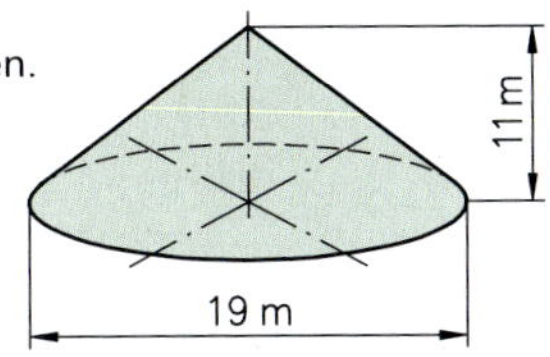

8. Zum Bau eines Schaltpultes werden 3,8 m² Stahlblech ($\varrho = 7{,}85$ kg/dm³) mit der Blechstärke 2 mm verarbeitet. Welche Masse hat das Schaltpult?

9. Der Inhalt eines rechteckigen Behälters mit der Bodenfläche 400 mm × 500 mm hat die Höhe 600 mm. Wie groß ist das Volumen des Behälters in Liter?

10.a) Wie viel Kubikmeter Erde müssen bewegt werden, damit ein 300 m langer Graben nach nebenstehender Zeichnung entstehen kann?
   b) Zum Abtransport der Erde werden Lastwagen mit dem Beförderungsvolumen 7,5 m³ verwendet. Wie viele Wagenladungen ergibt der Aushub?

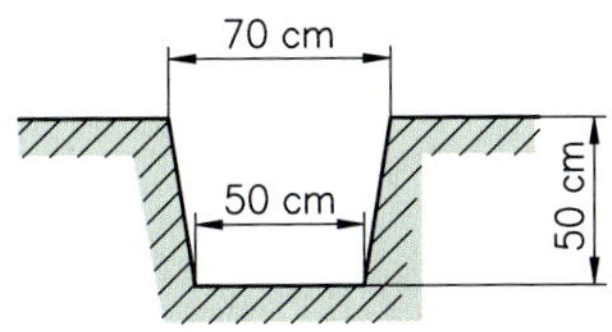

11. Ein rechteckiger Ölbehälter aus Stahl mit der Wandstärke 2,5 mm hat die äußere Grundfläche 2,5 m × 6,0 m und eine Höhe von 2,0 m.
   a) Wie groß ist die benötigte Blechfläche und die Masse des Behälters, wenn die spezifische Dichte 7,85 kg/dm³ beträgt?
   b) Welche Masse hat die Ölfüllung mit der spezifischen Dichte 0,85 kg/dm³?

12. Der Inhalt eines zylindrischen Stahltanks ist mit 15 000 Liter angegeben.
   a) Wie hoch ist der Behälter bei 2,5 m Innendurchmesser?
   b) Welche Masse hat der Tank bei 5 mm Wandstärke ($\varrho = 7{,}85$ kg/dm³)?

13. Wie groß ist der Inhalt einer Pyramide mit den Grundseiten von 2 m × 3 m und einer Höhe von 2,5 m?

14. Wie groß ist in der nebenstehenden Zeichnung
   a) die Oberfläche,
   b) das Volumen,
   c) die Masse ($\varrho = 7{,}85$ kg/dm³)?

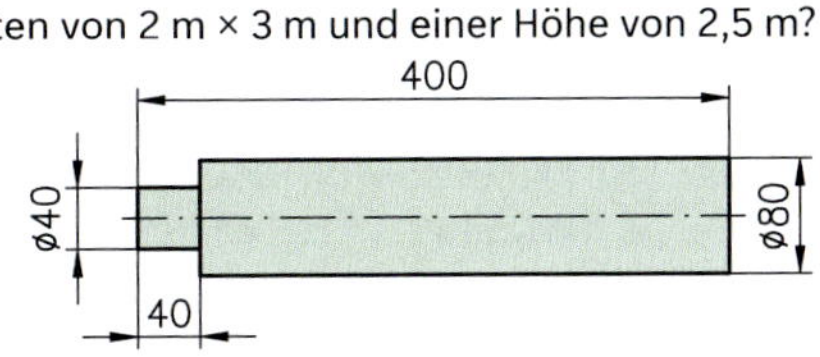

15. Die zylindrische Welle eines Motors ist 500 mm lang und wiegt 7,7 kg. Sie besteht aus Stahl und hat eine spezifische Dichte von 7,85 kg/dm³.
   a) Welches Volumen hat die Welle?
   b) Wie groß ist der Durchmesser der Welle?

16. Welche Masse hat ein Stahlrohr von 2,5 m Länge, Wandstärke 10 mm, Außendurchmesser 100 mm und der spezifischen Dichte 7,8 kg/dm³?

17. Das gegebene Schwimmbecken hat eine Tiefe von 1,8 m.
   a) Welche Oberfläche hat das Schwimmbecken?
   b) Wie groß ist das Wasservolumen, wenn das Becken bis zum Rand gefüllt ist?
   c) Welche Masse an Wasser befindet sich bei vollständiger Füllung im Schwimmbecken?

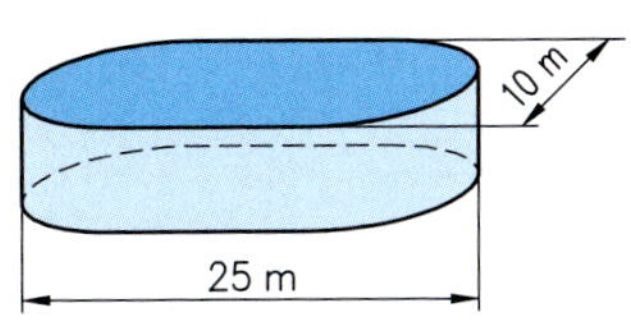

1.8 Kraft, Arbeit, Leistung und Wirkungsgrad

Eine Kraft ist die Ursache einer Beschleunigung.*)

Gleichförmige geradlinige Bewegung	$\overset{F}{\Rightarrow}$ m $\overset{a}{\rightarrow}$	Gleichmäßig beschleunigte Bewegung
$v = \frac{s}{t}$; $[v] = \frac{m}{s}$	$F = m \cdot a$ $[F] = 1\ kg\frac{m}{s^2}$ $1\ kg\frac{m}{s^2} = 1\ N$ (Newton)	$a = \frac{v}{t}$; $[a] = \frac{m}{s^2}$

Arbeit wird verrichtet, wenn eine Kraft längs einer Strecke wirkt.

mechanische Arbeit	$W = F \cdot s$ $W = m \cdot g \cdot h$ $[W]$ = Nm (Newtonmeter)	Hubarbeit

⇓

Die Leistung ist der Quotient aus der Arbeit und der für sie benötigten Zeit.

$$P = \frac{W}{t} \quad [P] = \frac{Nm}{s}$$

⇓

Wird Arbeit bzw. Leistung in eine andere Form umgewandelt, gilt:

Nutzungsgrad ζ (zeta)	Einheitenzusammenhänge:	**Wirkungsgrad** η (eta)
$\zeta = \frac{W_{ab}}{W_{zu}}$	**1 Nm = 1 Ws = 1 J**	$\eta = \frac{P_{ab}}{P_{zu}}$
mechanische ⇒ elektrische Arbeit 1 Nm = Ws	mechanische ⇒ Wärmearbeit 1 Nm = 1 J (Joule)	elektrische ⇒ Wärmearbeit 1 Ws = 1 J

Bei mehreren Umwandlern: $\eta_G = \eta_1 \cdot \eta_2 \cdot \eta_3 \cdot ... \cdot \eta_N$

Aufgaben

Beispiel: Ein Kran befördert in 12 s eine Masse von 500 kg auf 8 m Höhe.

a) Welche Arbeit wird dabei verrichtet?

b) Mit welcher Geschwindigkeit wird die Last gehoben?

c) Wie groß ist die Leistung des Kranes?

d) Mit welchem Gesamtwirkungsgrad arbeitet der Kran, wenn 5 kW aus dem Stromnetz aufgenommen werden?

Gegeben: $t = 12$ s; $m = 500$ kg; $h = s = 8$ m; $P_{zu} = 18$ kW

Gesucht: W_{ab}; P_{ab}; η_g

Lösung: **a)** $F = m \cdot g = 500\ kg \cdot 9{,}81\frac{m}{s^2} = 4\ 905\ N$ $W = F \cdot s = 4905\ N \cdot 8\ m = \mathbf{39\,240\ Nm}$

b) $v = \frac{s}{t} = \frac{8\ m}{12 s} = \mathbf{0{,}67\frac{m}{s}}$ **c)** $P_{ab} = \frac{W}{t} = \frac{39\ 240\ Nm}{12 s} = 3\,270\frac{Nm}{s} = \mathbf{3\ 270\ W}$

d) $\eta = \frac{P_{ab}}{P_{zu}} = \frac{3\,270\ W}{5\,000\ W} = \mathbf{0{,}65}$

---

*) Sonderfall: Erdbeschleunigung $g = 9{,}81\ \frac{m}{s^2}$

1. Wie groß ist auf der Erde die Gewichtskraft einer Masse von 5 kg?

2. Ein Motorrad erreicht aus dem Stand nach 6,8 s eine Geschwindigkeit von 100 km/h. Wie groß ist die durchschnittliche Beschleunigung?

3. Welche Geschwindigkeit hat ein Schnellzug nach 30 s, wenn er konstant mit 0,6 m/s^2 beschleunigt?

4. Ein Kraftwagen mit der Masse 990 kg beschleunigt auf ebener Strecke mit 2,5 m/s^2. Wie groß ist die Antriebskraft?

5. Die Anzugskraft eines Güterzuges beträgt 280 kN. Wie groß ist seine Masse, wenn er eine Beschleunigung von 0,15 m/s^2 erreicht?

6. Bei einem Auffahrunfall mit 50 km/h wird der Fahrer (75 kg) innerhalb 0,5 s zum Stillstand abgebremst.
   a) Wie groß ist die Beschleunigung (Verzögerung)?
   b) Welche Kraft wirkt auf den Sicherheitsgurt?

7. An einem Kran hängt eine Masse von 160 kg.
   a) Welche Kraft wirkt in dem Kranseil?
   b) Wie groß ist die Kraft, wenn die Last mit 1 m/s^2 nach oben beschleunigt wird?
   c) Wie groß ist die Seilkraft, wenn die Last mit 9,81 m/s^2 nach unten beschleunigt wird?

8. Zwei unterschiedliche Massen sind mit einem Seil über eine Rolle verbunden.
   a) Wie groß ist die Beschleunigung der Massen, wenn die Bremse gelöst wird?
   b) Nach welcher Zeit haben die Massen eine Geschwindigkeit von 1 m/s erreicht?
   c) Beide Massen werden um 100 kg erhöht. Nach welcher Zeit wird jetzt eine Geschwindigkeit von 1 m/s erreicht?

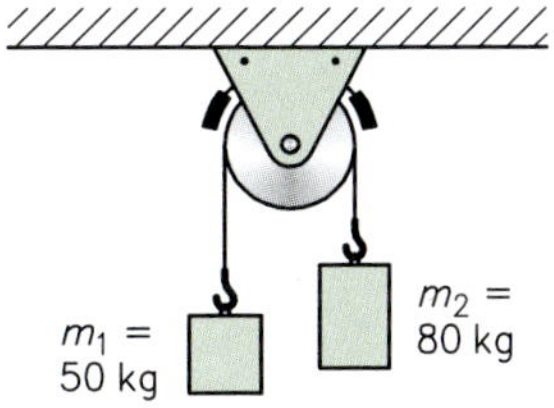

9. Welche Geschwindigkeit erreicht eine Masse von 2300 kg, wenn der Motor eines Kranes eine Leistung von 5,5 kW besitzt?

10. Der Motor eines Kranes hat eine Arbeit von 1 kWh verrichtet. Wie hoch wurde dabei eine Masse von 30 t gehoben?

11. Ein Lastenaufzug mit 3 kW Nennleistung befördert Lasten in 9 s auf eine Höhe von 18 m. Welches Gewicht darf bei 40 kg Förderkorbmasse zugeladen werden?

12. Aus einem Brunnen werden 2 m^3 Wasser in einen 6 m höher gelegenen Vorratsbehälter gepumpt. Wie groß ist die Leistung der Pumpe, die diese Arbeit in 5 min verrichtet?

13. Wie groß ist der Wirkungsgrad eines Elektromotors, der eine elektrische Leistung von 1,5 kW aufnimmt und eine mechanische Leistung von 1,1 kW abgibt?

14. Ein Elektromotor mit 75 % Wirkungsgrad gibt eine mechanische Leistung von 2 kNm/s ab. Welche elektrische Leistung nimmt er aus dem Netz auf?

15. Ein Elektromotor mit 80 % Wirkungsgrad treibt eine Seilwinde mit 75 % Wirkungsgrad an. Die Last von 500 kg wird mit 1,5 m/s befördert.
   a) Wie groß ist die Leistung der Winde?
   b) Welche Leistung nimmt die Winde auf?
   c) Welche Leistung nimmt der Motor auf?
   d) Wie groß ist der Gesamtwirkungsgrad?
   e) Welche Arbeit verrichtet die Seilwinde, wenn die Last um 4 m angehoben wird?
   f) Welche elektrische Arbeit wird dabei aus dem Netz aufgenommen?

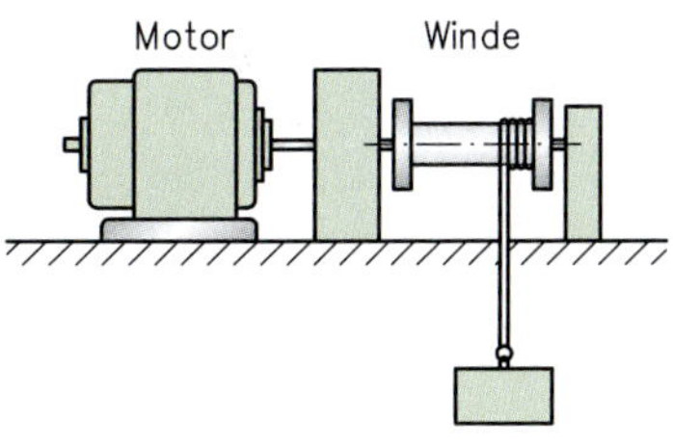

16. Eine Masse von 800 kg soll mit einem Kran in einer Minute auf eine Höhe von 15 m befördert werden.
   a) Wie groß ist die Arbeit, die dabei verrichtet wird?
   b) Mit welcher Geschwindigkeit wird die Last angehoben?
   c) Für welche Leistung muss der Kran mindestens ausgelegt sein?
   d) Der Kran soll mit einem Wirkungsgrad von 0,7 arbeiten. Welche elektrische Leistung wird benötigt?

1.9 Gesetze im rechtwinkligen Dreieck

1.9.1 Satz des Pythagoras

Das Quadrat über der Hypotenuse ist gleich der Summe der Quadrate über den Katheten.

Seiten *a* und *b*: **Katheten** bilden den rechten Winkel

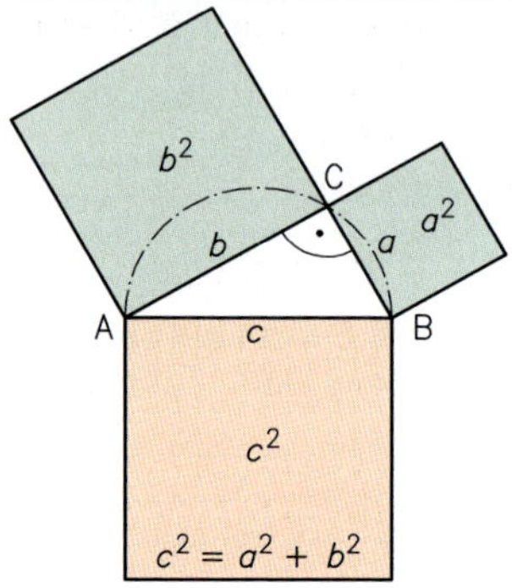

Seite ***c***: **Hypotenuse** liegt gegenüber dem rechten Winkel

$a = \sqrt{c^2 - b^2}$ $\quad$ $c = \sqrt{a^2 + b^2}$ $\quad$ $b = \sqrt{c^2 - a^2}$

Aufgaben

Beispiel: Ein Fußballfeld hat die Maße 107 m × 70 m. Um wie viel Meter kürzer ist der diagonale Weg l_1 gegenüber der Strecke l_2 entlang den Außenlinien?

Gegeben: $a = 107$ m; $b = 70$ m

Gesucht: Δs

Lösung: $\Delta s = l_2 - l_1 = 177\text{m} - 127{,}86\ \text{m} = \mathbf{49{,}14\ m}$

$l_1 = \sqrt{a^2 + b^2} = \sqrt{(107\ \text{m})^2 + (70\ \text{m})^2} = 127{,}86\ \text{m}$

$l_2 = \frac{U}{2} = a + b = 107\ \text{m} + 70\ \text{m} = 177\ \text{m}$

1. Eine rechteckige Platte hat die Abmessungen 3 m × 5 m. Wie lang sind die Diagonalen?
2. Welche Länge haben die Diagonalen eines Quadrates, dessen Umfang 32 m beträgt?
3. Ein 7,5 m hoher Mast wird mithilfe eines Seiles im Abstand von 5 m im Erdboden verankert. Welche Länge hat das Seil von der Spitze des Mastes bis zum Befestigungspunkt am Boden?

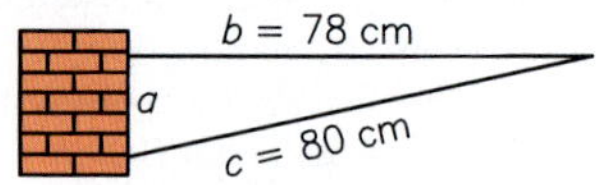

4. Wie lang ist die Strecke *a* in der dargestellten Konsole?

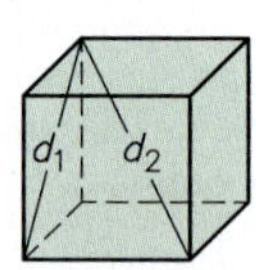

5. Der Würfel hat die Kantenlänge 10 cm.
   a) Wie lang sind die Seitendiagonalen?
   b) Um wie viel Prozent ist die Raumdiagonale größer als die Seitendiagonale?

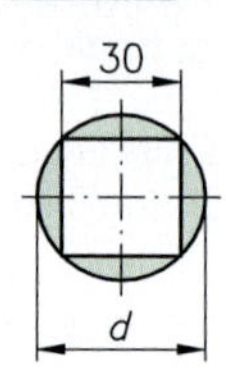

6. Am Ende eines Rundstahles ist ein Vierkant mit den Abmessungen 30 mm × 30 mm nach nebenstehender Skizze zu feilen. Welchen Durchmesser muss der Rundstab mindestens besitzen?

1.9.2 Trigonometrische Funktionen

Das Verhältnis von zwei Seiten wird beschrieben durch die trigonometrischen Funktionen:

$$\sin\alpha = \frac{\text{Gegenkathete}}{\text{Hypotenuse}}$$

$$\cos\alpha = \frac{\text{Ankathete}}{\text{Hypotenuse}}$$

⇙ Für den Winkel α gilt: ⇘

Seite b: **Ankathete**
Seite a: **Gegenkathete**

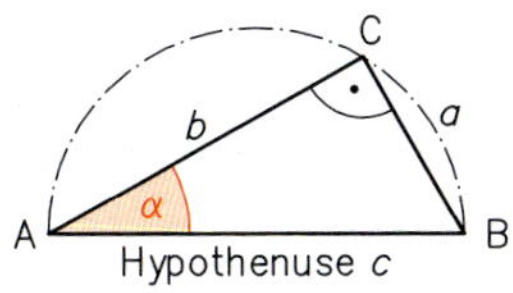

$$\tan\alpha = \frac{\text{Gegenkathete}}{\text{Ankathete}}$$

$$\cot\alpha = \frac{\text{Ankathete}}{\text{Gegenkathete}}$$

$\sin\alpha = \frac{a}{c}$ $\cos\alpha = \frac{b}{c}$ $\tan\alpha = \frac{a}{b}$ $\cot\alpha = \frac{b}{a}$

Ist das Verhältnis bekannt, ergibt sich der Winkel über die entsprechende Umkehrfunktion*).

Aufgaben

Beispiel: Wie groß sind die unbekannten Winkel und die Seite b in dem abgebildeten Dreieck?

Gegeben: $a = 5$ cm; $c = 8$ cm

Gesucht: $\alpha; \beta; b$

Lösung: $\sin\alpha = \frac{a}{c} = \frac{5\text{cm}}{8\text{cm}} = 0{,}625 \Rightarrow \sin^{-1} \Rightarrow \alpha = \mathbf{38{,}68°}$

$\alpha + \beta = 90° \Rightarrow \beta = 90° - \alpha = 90° - 38{,}68° = \mathbf{51{,}32°}$

$\cos\alpha = \frac{b}{c} \Rightarrow b = c \cdot \cos\alpha = c \cdot \cos 38{,}68° = 8\text{ cm} \cdot 0{,}78 = \mathbf{6{,}24}\text{ cm}$

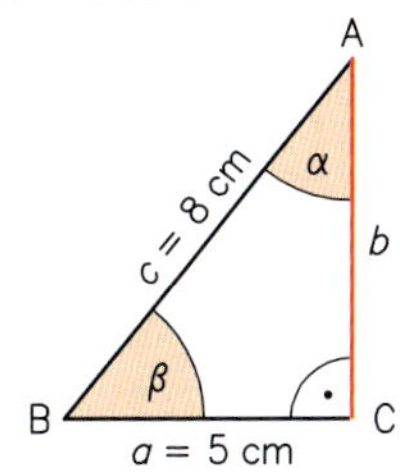

1. Von einem rechtwinkligen Dreieck sind die Seite $a = 6$ cm und der Winkel $\alpha = 35°$ bekannt. Wie groß sind die fehlenden Seiten und Winkel?

2. Ein 8,2 m hoher Mast wird von seiner Spitze aus mit einem 8,5 m langen Seil im Boden verankert.
   a) Wie weit ist die Verankerung vom Mast entfernt?
   b) Wie groß ist der Winkel zwischen Mast und Seil?

3. Der Schatten eines Kirchturmes ist 50 m lang. Wie hoch ist der Turm, wenn die Sonnenstrahlen mit dem Winkel 31° auf den Erdboden treffen?

4. Ein Skilift überwindet zwischen Tal- und Bergstation eine Höhe von 1500 m. Welche Entfernung besteht zwischen den Stationen, wenn der Winkel $\alpha = 23°$ beträgt?

5. Welches Gefälle (Winkel) hat eine Straße, die auf einer Strecke von 15 km einen Höhenunterschied von 1 000 m überbrückt?

6. a) Wie groß ist die Dachneigung α?
   b) Kann eine Person mit 1,75 m Körpergröße in der Mitte des Dachbodens aufrecht stehen?

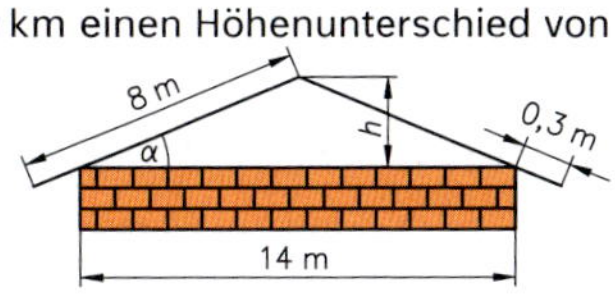

7. Eine Straßenlampe ist nach nebenstehender Skizze angebracht.
   a) Welcher Winkel α besteht zwischen Seil und Hauswand, wenn das Seil 1,2 m durchhängt?
   b) Wie lang muss das Seil sein?

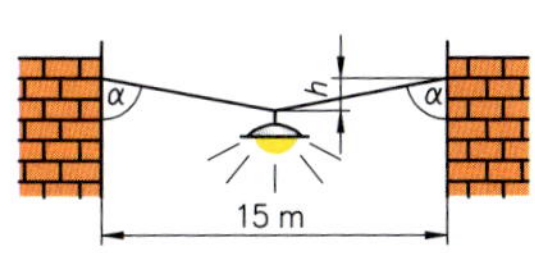

---

*) Die Werte der Umkehrfunktionen werden auf dem Taschenrechner mit den Tasten $\sin^{-1}$, $\cos^{-1}$ oder mit der Taste INV in Verbindung mit der entsprechenden Funktion ermittelt.

2 Zusammenhänge im elektrischen Stromkreis

2.1 Ladung, Spannung und Stromstärke

Spannung U	Ladungsmenge Q	Stromstärke I
$U = \frac{W}{Q}$	$Q = n \cdot e^{-}$ *)	$I = \frac{Q}{t}$
$= \frac{\text{Arbeitsaufwand}}{\text{Ladungsmenge}}$	Bewegung von Ladungen	$= \frac{\text{Ladungsmenge}}{\text{Zeit}}$
$[U] = \frac{V \cdot A \cdot s}{A \cdot s} = V$	$[Q] = C$ (Coulomb) $1C = 1A \cdot s$	$[I] = \frac{A \cdot s}{s} = A$

*) Elementarladung $e = 1{,}602 \cdot 10^{-19}$ As

Aufgaben

Beispiel: Ein Elektromotor verrichtet eine Arbeit von 752 kNm. Dabei wurde bei einer Stromstärke von 0,9A die Ladungsmenge 3240 C bewegt.

a) Wie lang war der Motor eingeschaltet?

b) An welche Spannung war der Motor angeschlossen?

Gegeben: $I = 0{,}9$ A; $Q = 3240$ C $= 3240$ As; $W = 752$ kNm $= 752 \cdot 10^3$ Ws

Gesucht: t; U

Lösung: **a)** $I = \frac{Q}{t} \Rightarrow t = \frac{Q}{t} = \frac{3240\text{ As}}{0{,}9\text{ A}} = 3600\text{ s} = \mathbf{1h}$

b) $U = \frac{W}{Q} = \frac{752 \cdot 10^3\text{ VAs}}{3240\text{ As}} = \mathbf{232{,}1V}$

1. Mit einem Arbeitsaufwand von 1,6 mNm wird eine Ladung von 40 µAs transportiert. Wie groß ist die elektrische Spannung?
2. Durch eine Spannung von 30 V ist eine Ladung von 15 µC bewegt worden. Welche Arbeit wurde verrichtet?
3. Durch eine Spannung von 24 V ist eine Arbeit von 1Nm verrichtet worden. Welche Ladung wurde bewegt?
4. Über welche Strecke ist die Ladung 0,1 mC mit einem Kraftaufwand von 1 N bei einer Spannung von 1 V transportiert worden?
5. Eine Ladung von 80 µC wird um 2 cm verschoben. Welche Kraft muss bei einer Spannung von 10 V aufgewendet werden?
6. Durch einen Leiter fließt in 1 min eine Ladung von 500 C. Wie groß ist die Stromstärke?
7. Beim Laden einer 12-V-Batterie fließt 12 h lang ein Ladestrom von 3 A. Wie groß ist die dabei verrichtete Arbeit?
8. Wie viele Elektronen fließen bei einer Stromstärke von 1 A in 1 s durch einen Leiter?
9. Wie groß sind die Werte in der nachfolgenden Tabelle?

	a)	b)	c)	d)	e)	f)	g)
Q	0,006 As	?	?	?	?	0,25 As	?
U	?	0,8 V	12 V	30 mV	?	4,5 V	15 V
W	18 mWs	57,6 mWs	?	7,83 µWS	0,2 Ws	?	0,3 Ws
t	?	2,4 s	60 s	?	20 s	?	?
I	2 mA	?	10 mA	0,58 mA	91 mA	13,9 mA	0,45 A

2.2 Stromdichte

Werden elektrische Leitungen vom Strom durchflossen,
so ist die Eigenerwärmung abhängig von Stromstärke und Leiterquerschnitt.

$I\uparrow$, dann $\vartheta\uparrow$

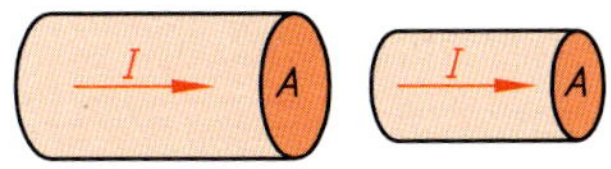

$A\downarrow$, dann $\vartheta\uparrow$

Elektrische Stromdichte J

$$J = \frac{I}{A}$$

$$[J] = \frac{\text{A}}{\text{mm}^2}$$

$\vartheta\uparrow$, wenn $J\uparrow$

Aufgaben

Beispiel: Die Stromdichte in der Wicklung eines Elektromagneten darf 4/mm² nicht überschreiten. Wie groß muss der Leiterdurchmesser bei 8 A Bemessungsstrom sein?

Gegeben: $J = 4\ \text{A/mm}^2$; $I = 8\ \text{A}$

Gesucht: A; d

Lösung:

$$J = \frac{I}{A} \Rightarrow A = \frac{I}{J} = \frac{8\ \text{A mm}^2}{4\ \text{A}} = \mathbf{2\ mm^2}$$

$$A = \frac{d^2 \cdot \pi}{4} \Rightarrow d = \sqrt{\frac{4\,A}{\pi}} = \sqrt{\frac{4 \cdot 2\ \text{mm}^2}{\pi}} = \mathbf{1{,}6\ mm}$$

1. Wie groß ist die Stromdichte in einer Kupferleitung mit einem Querschnitt von 1,5 mm², wenn ein Strom von 12 A fließt?
2. Welchen Querschnitt hat ein Kupferleiter, wenn bei einer Stromstärke von 7,2 A die Stromdichte 4,8 A pro mm² beträgt?
3. Wie groß ist der Strom in einem Kupferleiter mit einem Querschnitt von 2,5 mm² bei einer Stromdichte von 8 mA/mm²?
4. In einer Sammelschiene mit einem rechteckigen Querschnitt 10 mm × 100 mm fließt ein Strom von 1200 A. Wie groß ist die Stromdichte?
5. Die Stromdichte im abgebildeten Hohlleiter beträgt 2 A/mm². Welcher Strom fließt durch den Leiter?

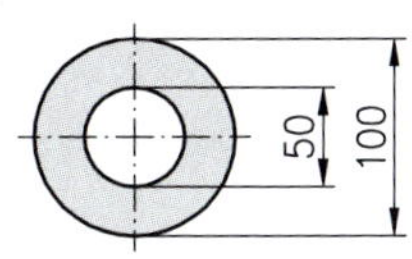

6. Der Glühdraht einer Glühlampe mit einem Durchmesser von 0,18 mm wird von 0,17 A durchflossen. Wie groß ist die Stromdichte im Glühdraht?
7. Die Stromdichte in einem Leiter quadratischen Querschnitts darf 3000 kA/m² nicht überschreiten. Welche Abmessungen muss die Schiene mindestens haben, wenn sie einen Strom von 500 A führen soll?
8. Ein Kupferleiter mit 15 mm Außendurchmesser und 1,5 mm Wandstärke wird von 100 A durchflossen. Wie groß ist die Stromdichte?
9. Der Glühwendel einer 40-W-Glühlampe für 235 V hat einen Durchmesser von 0,18 mm. Wie groß ist die Stromdichte in dem Glühwendel?
10. Die Stromdichte in der Wicklung eines Elektromagneten soll 4 A/mm² nicht überschreiten. Wie groß muss der Leitungsdurchmesser bei einem Nennstrom von 0,5 A mindestens sein?
11. Bei einem von 400 A durchflossenen Kupferrohr mit 18 mm Außendurchmesser soll eine Stromstärke von 10 A/mm² nicht überschritten werden. Wie groß muss die Wandstärke mindestens sein?

2.3 Der elektrische Widerstand

2.3.1 Das ohmsche Gesetz

Schaltung

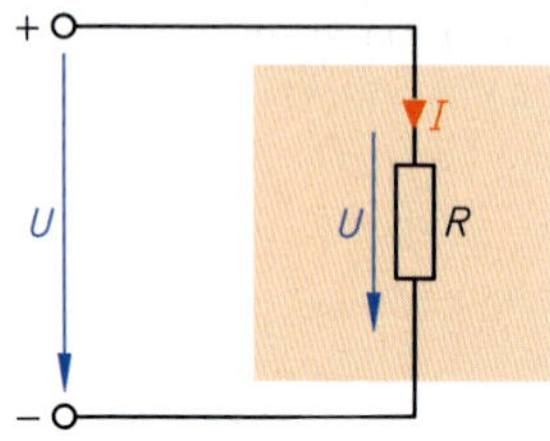

$I \uparrow$ wenn $U \uparrow$ *)
oder
$I \downarrow$ wenn $U \downarrow$

Kennlinie $I = f(U)$

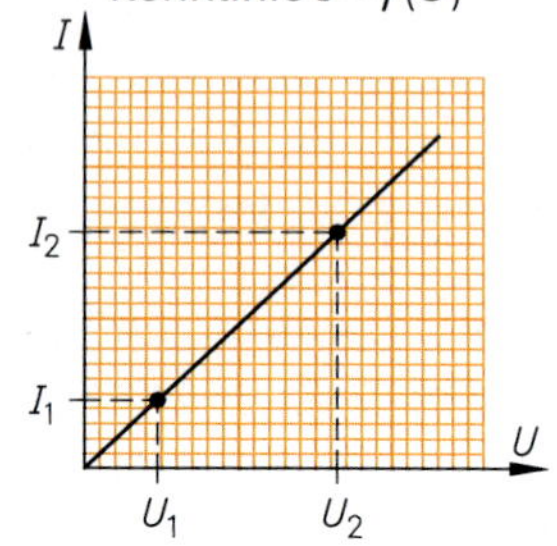

$$\boldsymbol{I = G \cdot U}$$

▼

Elektrischer Leitwert G
$[G] = \frac{A}{V}$; $1\frac{A}{V} = 1$ S(Siemens)

$$G = \frac{1}{R}$$

Elektrischer Widerstand R
$[R] = \frac{V}{A}$; $1\frac{V}{A} = 1\,\Omega$ (Ohm)

▼

Ohmsches Gesetz:

$$\boldsymbol{I = \frac{U}{R}}$$

$I \uparrow$, wenn $U \uparrow$ und/oder $R \downarrow$

*) Die Stromstärke I erhöht sich, wenn die Spannung U erhöht wird.

Aufgaben

Beispiel: Liegt an einer Heizwicklung eine Spannung von 230 V, fließt ein Strom von 4,5 A. Wie groß ist die Stromstärke, wenn die Spannung auf 210 V absinkt?

Gegeben: $U_1 = 230$ V; $I_1 = 4{,}5$ A; $U_2 = 210$ V

Gesucht: I_2

Lösung: $R = \frac{U_1}{I_1} = \frac{230\text{ V}}{4{,}5\text{ A}} = 51{,}11\,\Omega$ $\quad I_2 = \frac{U_2}{R} = \frac{210\text{ V}}{51{,}11\,\Omega} = \mathbf{4{,}11\ A}$

1. Ein Widerstand von 10 Ω liegt an einer Spannung von 230 V. Wie groß ist der aufgenommene Strom?
2. An welcher Spannung liegt ein 47-Ω-Widerstand, wenn 2,8 A fließen?
3. Wie groß ist der Leitwert eines 33-Ω-Verbrauchers?
4. Wie groß ist der Widerstandswert eines Verbrauchers, wenn bei Anschluss an 42 V Gleichspannung ein Strom von 0,7 A fließt?
5. Laut VDE-Vorschrift 0100 gelten 50-V-Spannungen als gefährliche Berührungsspannung. Welche Stromstärke ist als gefährlich anzusehen, wenn der Widerstand des Menschen mit 1 kΩ angenommen wird?
6. Ein hochohmiger Verbraucher mit 1,2 MΩ Widerstand liegt an einer Spannung von 110 V. Welcher Strom fließt durch den Verbraucher?

7. Bei welcher Spannung fließt durch einen 33-kΩ-Widerstand ein Strom von 15 mA?

8. Durch einen Verbraucher fließt bei Anschluss an 20 kV ein Strom von 6 A. Wie groß sind Widerstand und Leitwert des Verbrauchers?

9. Ein Widerstand von 4,7 kΩ wird an 250 V angeschlossen. Wie groß ist der aufgenommene Strom?

10. An welcher Spannung liegt ein 3,3-kΩ-Widerstand, wenn er einen Strom von 3,64 mA aufnimmt?

11. Wie groß ist der Innenwiderstand eines Spannungsmessgerätes, wenn bei einer Anzeige von 13,5 V ein Strom von 1,35 mA durchfließt?

12. Durch einen Widerstand fließt ein Strom von 450 µA. Wie groß ist der Leitwert des Widerstandes, wenn er an einer Spannung von 14 mV liegt?

13. In einem Stromkreis fließt ein Strom von 2,5 A. Wie groß ist die Stromstärke, wenn der Widerstand verdoppelt und die Spannung halbiert wird?

14. Die Isolierung eines Elektrogerätes wird überprüft. Bei Anlegen einer Spannung von 3 kV fließt ein Strom von 150 µA durch die Isolierung. Wie groß ist der Isolationswiderstand?

15. Das nebenstehende Schaubild zeigt die Kennlinien von drei Widerständen. Welche Widerstandswerte sind dargestellt?

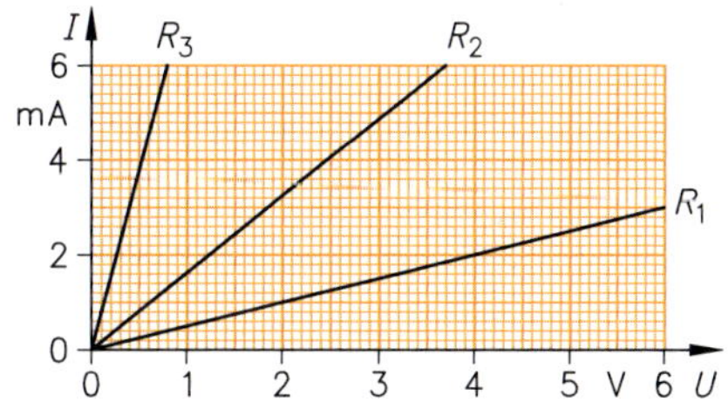

16. Ein Stromkreis in einem Haushalt ist für einen maximalen Strom von 10 A ausgelegt. Die Netzspannung schwankt zwischen 220 V und 235 V. Wie groß ist die Stromstärke bei 220 V, wenn bei 230 V gerade 10 A fließen?

17. An einem Stellwiderstand wurde die nebenstehende Kennlinie bei konstanter Spannung aufgenommen.

a) Wie groß war der Strom bei einem Widerstandswert von 2 kΩ?

b) Bei welcher Spannung wurde die Kennlinie aufgenommen?

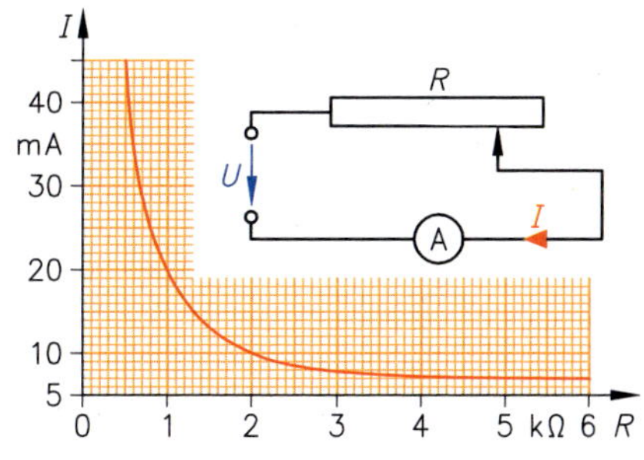

18. Durch ein Elektrogerät, das an 235 V angeschlossen ist, fließen im Jahr $123 \cdot 10^{25}$ Elektronen. Wie groß ist

a) die Ladungsmenge, die durch den Verbraucher fließt,

b) die Energie, die beim Ladungsausgleich frei wird,

c) der Strom durch das Elektrogerät,

d) der elektrische Widerstand,

e) der elektrische Leitwert?

19. Ein Widerstand von 100 Ω war eine Minute lang an einer Spannung von 12 V angeschlossen.

a) Wie groß ist der Leitwert des Widerstandes?

b) Welcher Strom ist in dieser Zeit durch den Widerstand geflossen?

c) Wie hoch war die elektrische Ladung durch den Widerstand?

d) Welche Energie wurde dabei freigesetzt?

20. Legt man an einen Widerstand 10 V an, so wird innerhalb von 10 Minuten eine Ladung mit 100 As durch den Leiter bewegt.

a) Wie groß ist der Strom, der durch den Widerstand fließt?

b) Welchen Widerstandswert hat das Bauelement?

c) Wie hoch ist die elektrische Energie, die der Widerstand aufnimmt?

d) Bei welchem Widerstandswert fließt die Ladung nur eine Minute?

21. Bei einer Verdopplung der Spannung und Halbierung des Widerstandes in einem Stromkreis erhöhte sich die Stromstärke um 10 A. Welcher Strom ist vor der Änderung durch den Widerstand geflossen?

2.3.2 Abhängigkeiten von Leitergrößen

wenn $A \uparrow$, dann $R \downarrow$

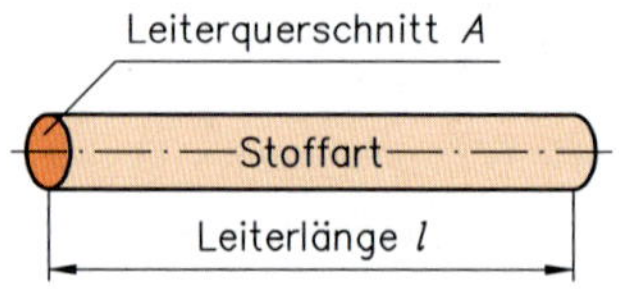

wenn $l \uparrow$, dann $R \uparrow$

Für die Stoffart wird eine Werkstoffkonstante (vgl. Seite 214) eingesetzt:
der spezifische elektrische Widerstand **oder** die elektrische Leitfähigkeit

rho ϱ $\quad [\varrho] = \frac{\Omega \cdot mm^2}{m}$

gamma γ $\quad [\gamma] = \frac{m}{\Omega \cdot mm^2}$

$$\boldsymbol{R = \varrho \frac{l}{A}} \quad \Leftarrow \quad \varrho = \frac{1}{\gamma} \quad \Rightarrow \quad \boldsymbol{R = \frac{l}{\gamma \cdot A}}$$

z. B.: $\varrho_{Cu} = 0{,}01786 \frac{\Omega \cdot mm^2}{m}$

z. B.: $\gamma_{Cu} = 56 \frac{m}{\Omega \cdot mm^2}$

Aufgaben

Beispiel: Welchen Durchmesser muss ein 1 km langer Kupferdraht haben, wenn der elektrische Widerstand 4 Ω betragen soll?

Gegeben: $l = 1\ km = 1000\ m; R = 4\ \Omega; \gamma = 56 \frac{m}{\Omega \cdot mm^2}$

Gesucht: $A; d$

Lösung:

$$R = \frac{l}{\gamma \cdot A} \Rightarrow A = \frac{l}{\gamma \cdot R} = \frac{1000\ m\ \Omega mm^2}{56\ m \cdot 4\ \Omega} = \mathbf{4{,}46\ mm^2}$$

$$A = \frac{d^2 \cdot \pi}{4} \Rightarrow d = \sqrt{\frac{4A}{\pi}} = \sqrt{\frac{4 \cdot 4{,}46\ mm^2}{\pi}} = \mathbf{2{,}38\ mm}$$

1. Ein 112 m langer Kupferdraht hat eine Querschnittsfläche von 1,5 mm². Welchen Widerstandswert besitzt der Draht?

2. Wie lang darf ein Kupferleiter mit einem Querschnitt von 16 mm² sein, damit sein Widerstandswert nicht größer als 25 mΩ wird?

3. Welchen Querschnitt hat ein 35 m langer Kupferleiter mit einem Widerstandswert von 0,41 Ω?

4. Aus welchem Leitermaterial besteht ein 108 m langer Leiter mit einer Querschnittsfläche von 2,5 mm² und einem Widerstand von 1,2 Ω?

5. Eine Relaisspule wird aus Kupferlackdraht von 0,15 mm Durchmesser gewickelt.
- **a)** Wie groß ist der Leiterquerschnitt?
- **b)** Wie groß ist die erforderliche Drahtlänge, wenn der Widerstand der Spule 80 Ω sein soll?

6. Eine Aluminiumsammelschiene hat einen rechteckigen Querschnitt von 100 mm × 10 mm und ist 10 m lang.
- **a)** Wie groß ist der Widerstand?
- **b)** Bei welcher Querschnittsfläche hat eine Kupferschiene den gleichen Widerstandswert?

7. Um wie viel Ohm ändert sich der Widerstandwert eines 1 m langen Kupferleiters, wenn sein Querschnitt von 10 mm² auf 16 mm² erhöht wird?

8. Ein Kupferleiter mit 2 mm² Querschnitt und 1 m Länge wird so ausgewalzt, dass sein Querschnitt nur noch 1 mm² beträgt.
- **a)** Wie lang ist der ausgewalzte Leiter?
- **b)** Um wie viel Ohm hat sich der Widerstandswert geändert?

9. An einen 20 m hohen Schornstein wird ein Blitzableiter aus 10 mm dickem Rundstahl angebracht. Wie groß ist der Widerstand des Blitzableiters? (ϱ stahl = 0,13 mm²/m)

10. Ein 4,7-kΩ-Widerstand wurde aus 285 m Draht mit 0,1 mm Durchmesser gewickelt. Wie groß ist der spezifische Widerstand des Materials?

11. Auf einen Spulenkörper ist ein 356 m langer Kupferdraht gewickelt. Bei Anschluss an 24 V fließen 50 mA.
- **a)** Wie groß ist der Leiterquerschnitt?
- **b)** Wie groß ist der Drahtdurchmesser?

12. Durch eine Spule aus Kupferdraht mit 0,03 mm² Querschnitt soll bei Anschluss an 24 V ein Strom von 0,4 A fließen. Wie lang muss der Draht sein?

13. Auf dem abgebildeten Spulenkörper soll ein Kupferlackdraht mit 1 mm Durchmesser gewickelt werden. Der Widerstand der Spule betrage 0,2 Ω.
- **a)** Wie viele Windungen sind aufzubringen?
- **b)** Wie lang muss der Spulenkörper sein, wenn die Wicklung einlagig aufgebracht wird?

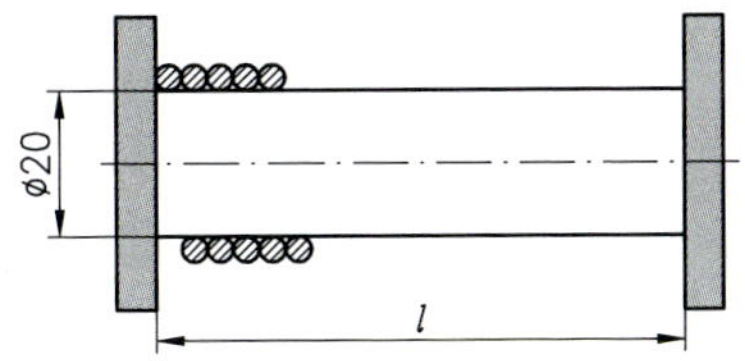

14. Wie groß ist der Widerstand eines 6 m langen Heizungsrohres aus Kupfer mit 15 mm Außendurchmesser und 13 mm Innendurchmesser?

15. Ein Kupferdraht mit einem Durchmesser von 0,2 mm ist auf einen Spulenkörper gewickelt. Zur rechnerischen Bestimmung der Drahtlänge wird eine Strom- und Spannungsmessung durchgeführt: An 6 V fließen 42 mA. Wie lang ist der Spulendraht?

16. Eine Aluminiumleitung mit 4 mm² Querschnitt wird durch eine Kupferleitung ersetzt. Welchen Querschnitt muss diese erhalten, damit der Widerstand gleich bleibt?

17. Der Widerstand einer zweiadrigen Leitung beträgt für eine Ader 0,75 Ω. Wie groß ist der Spannungsverlust (Spannungsfall) auf der Leitung, wenn 4,5 A fließen?

18. Eine Kupferleitung mit 6 mm² Querschnitt ist 80 m lang. Welcher Strom darf höchstens fließen, damit der Spannungsfall 6,6 V nicht überschreitet?

19. Durch eine 23 m lange Kupferleitung fließt ein Strom von 20 A. Wie groß ist der Querschnitt bei einem Spannungsfall von 6,6 V?

20. Ein Gleichstrommotor mit einem Bemessungsstrom von 34 A ist über eine 56 m lange Kupferleitung an 175 V angeschlossen. Der Spannungsfall auf der Leitung darf höchstens 4 % betragen. Welcher Querschnitt ist mindestens zu verlegen?

21. An eine 40 m lange Kupferleitung mit einem Querschnitt von 1,5 mm² ist ein Konstantan-Heizwiderstand mit der Aufschrift 220 V/10 A angeschlossen. Die Spannung am Anfang der Leitung beträgt 230 V.
- **a)** Welche Widerstandswerte haben Heizwiderstand und Leitung?
- **b)** Wie groß ist der Spannungsfall in Volt und in Prozenten?

22. Wie groß sind die fehlenden Werte der stromdurchflossenen Leiter?

	a)	b)	c)	d)	e)	f)
ϱ	0,01786 Ωmm²/m	?	0,02857 Ωmm²/m	?	?	?
γ	?	56 m/Ωmm²	?	35 m/Ωmm²	56 m/Ωmm²	18,2 m/Ωmm²
l	6 m	35 m	?	8 km	?	?
A	1 mm²	1,5 mm²	4 mm²	40 mm²	1 mm²	2,5 mm²
R	?	?	3,5 Ω	?	?	?
G	?	?	?	?	?	?
U	?	2,3 V	?	?	30 V	40 V
I	2,5 A	?	10 A	1750 A	5 A	15 A

23. Eine 10 m lange Kupferleitung mit einer Querschnittsfläche von 1,5 mm² wird auf eine Länge von 10,5 m gezogen. Welche Widerstandsänderung hat das zur Folge?

24. Auf einen Spulenkörper ist ein Kupferdraht gewickelt. Beim Anschluss an 12 V fließt ein Strom von 65 mA. Wie lang ist der Kupferdraht mit dem Durchmesser von 0,1 mm?

2.3.3 Abhängigkeit von der Temperatur

Lineare Widerstände

z. B.: Draht-, Kohleschicht-, Metallschichtwiderstände

Ändert sich die Temperatur eines Widerstandes um ΔT, ändert sich der Wert des Widerstandes um ΔR:

Anfangswert:	Änderung:	Endwert:
$\vartheta_1 = 20\,°C$	$\Delta T = \vartheta_2 - \vartheta_1$	ϑ_2
Widerstandwert bei 20 °C: R_{20}	$\Delta R = R_\vartheta - R_{20}$	R_ϑ

mit dem Temperatur-Koeffizienten α_R (vgl. Seite 214)

$$z.\,B.: \alpha_{Cu} = 0{,}0039 \frac{1}{K}$$

$$\Delta R = \alpha_R \cdot R_{20} \cdot \Delta T$$

⇓

Widerstandswert bei der Endtemperatur ϑ_2

$$R_\vartheta = R_{20}\,(1 + \alpha_R \cdot \Delta T)$$

Temperaturskalen

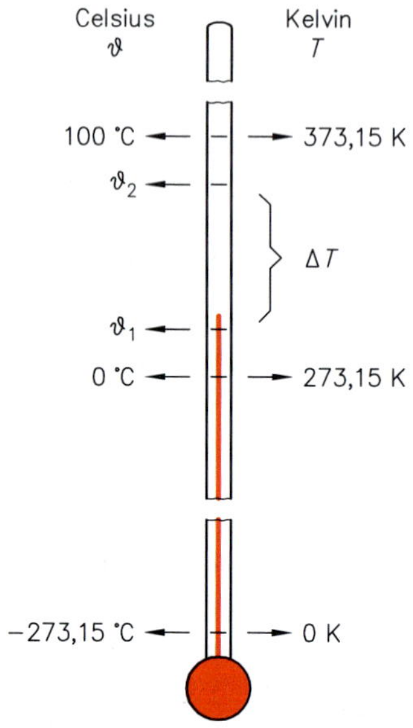

Aufgaben

Beispiel: Bei 20 °C beträgt der Widerstand eines Kupferleiters 21 Ω. Bei Stromdurchfluss erhöht sich seine Temperatur auf 55 °C.

a) Wie groß ist die Temperaturänderung?
b) Wie groß ist die Widerstandsänderung?
c) Welchen Wert hat der Widerstand bei 55 °C?

Gegeben: $\vartheta_1 = 20\,°C$; $R_{20} = 21\,\Omega$; $\alpha_{Cu} = 0{,}0039 \frac{1}{K}$; $\vartheta_2 = 55\,°C$

Gesucht: ΔT; ΔR; R_{55}

Lösung:
a) $\Delta T = \vartheta_2 - \vartheta_1 = 55\,°C - 20\,°C = \mathbf{35\,K}$
b) $\Delta R = \alpha_{Cu} \cdot R_{20} \cdot \Delta T = 0{,}0039\,K^{-1} \cdot 21\,\Omega \cdot 35\,K = \mathbf{2{,}87\,\Omega}$
c) $R_{55} = R_{20} + \Delta R = 21\,\Omega + 2{,}87\,\Omega = \mathbf{23{,}87\,\Omega}$

1. Nach einer Temperaturerhöhung um 45 K hat sich der Widerstand einer Kupferwicklung um 23 Ω erhöht. Wie groß ist der Widerstandswert bei 20 °C?
2. Eine Spule aus Kupferdraht besitzt bei 20 °C einen Widerstand von 60 Ω. Wie groß ist der Widerstandswert, wenn sich die Temperatur der Spule auf 76 °C erhöht?
3. Bei einer Temperatur von 20 °C beträgt der Widerstand der Kupferwicklung eines Elektromotors 300 Ω. Nach längerer Betriebszeit wird der Widerstand mit 360 Ω bestimmt. Wie groß ist die Wicklungstemperatur?
4. Wie groß ist der Widerstand einer Kupferwicklung bei −15 °C, wenn bei 20 °C ein Widerstandswert von 100 Ω gemessen wird?
5. Ein Kohleschicht-Widerstand mit dem Temperaturkoeffizienten −0,00045 1/K hat bei 20 °C den Widerstandswert 33 Ω. Wie groß ist der Wert bei 50 °C?
6. Bei 20 °C beträgt der Widerstandswert eines Kohleschichtwiderstandes 47 kΩ ($\alpha_R = -0{,}0005\,K^{-1}$). Wie hoch ist die Temperatur, wenn der Widerstandswert auf 47,5 kΩ ansteigt?
7. Bei einer Temperatur von 5 °C wird der Widerstand einer Kupferwicklung mit 600 Ω gemessen. Wie groß ist der Widerstandswert bei 20 °C?

8. Ein Drahtwiderstand besitzt bei 20 °C einen Widerstandswert von 1,5 kΩ. Bei 75 °C steigt der Widerstandswert um 123,75 Ω an. Aus welchem Material ist der Draht?

9. Eine 3 km lange Kupferfreileitung hat einen Querschnitt von 35 mm². Im Laufe des Jahres treten Temperaturen zwischen –25 °C und 60 °C auf. Welche Höchst- und Mindest-Widerstandswerte treten dabei auf?

10. Wird eine Kupferspule an 235 V angeschlossen, so fließt nach dem Einschalten ein Strom von 1,2 A. Nach längerer Betriebszeit sinkt die Stromstärke auf 1,1 A. Wie groß ist die Betriebstemperatur der Spule, wenn die Umgebungstemperatur 20 °C beträgt?

11. Durch den Wolframwendel (α_R = 0,0046 1/K) einer Glühlampe fließt beim Anschluss an 220 V ein Strom von 0,273 A. Bei einer Spannung von 1 V fließt ein Strom von 15,4 mA.

a) Wie hoch ist die Betriebstemperatur des Wolframwendels?

b) Wie groß ist der Einschaltstrom?

12. Ein Widerstand aus Kupferdraht nimmt bei 0 °C und einer Spannung von 42 V einen Strom von 21 A auf. Wie groß ist die Stromaufnahme bei einer Betriebstemperatur von 85 °C?

13. Die Spule eines Relais besteht aus 2500 m Kupferdraht mit einem Durchmesser von 0,2 mm. Welche Temperatur hat die Spule, wenn der Widerstand der Spule 1600 Ω beträgt?

14. Bei 20 °C nimmt die Kupferspule eines Relais an 42 V einen Strom von 60 mA auf. Durch Erwärmung sinkt die Stromstärke auf 50 mA. Auf welche Temperatur hat sich die Spule erwärmt?

Nicht lineare Widerstände

15. Der NTC-Widerstand dient als Außenfühler einer Heizungsanlage. Wie groß ist die Widerstandsänderung bei einem Temperatursturz von 20 °C auf 0 °C?

PTC-Thermistor (Kaltleiter)
Kennlinie $R_\vartheta = f(\vartheta)$

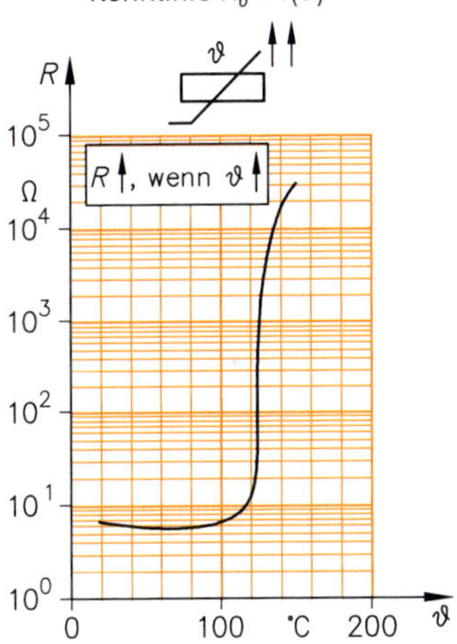

NTC-Thermistor (Heißleiter)
Kennlinie $R_\vartheta = f(\vartheta)$

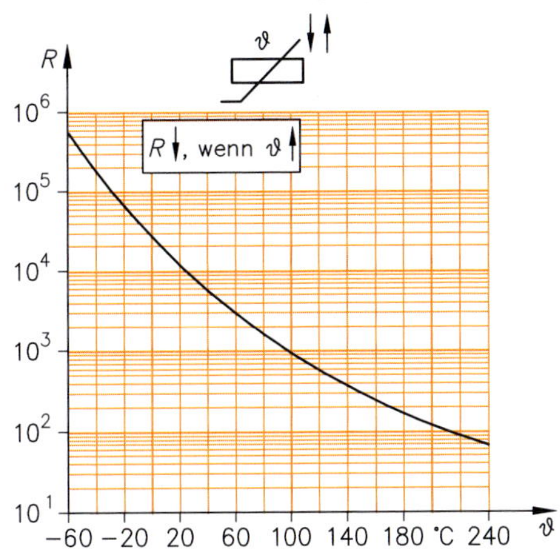

16. Der PTC-Widerstand ist an die konstante Spannung 6 V angeschlossen. Ein Strommessgerät in der Zuleitung soll auf °C geeicht werden. Welcher Strom entspricht einer Temperatur von

a) 100 °C,

b) 140 °C?

17. Wie groß sind die fehlenden Werte in der gegebenen Tabelle?

	a)	b)	c)	d)	e)	f)	g)	h)
ϑ_1	20 °C	20 °C	20 °C	20 °C	20 °C	20 °C	20 °C	20 °C
ϑ_2	?	75 °C	64 °C	?	?	–15 °C	70 °C	?
ΔT	40 K	?	?	?	50 K	?	?	?
α_R	0,0039 1/K	0,0048 1/K	0,0041 1/K	0,0039 1/K	–0,00451/K	0,0048 1/K	0,0039 1/K	0,0041 1/K
R_{20}	470 Ω	180 Ω	?	56 Ω	?	820 Ω	?	120 Ω
ΔR	?	?	1,2 Ω	12,1 Ω	–40,5 Ω	?	28 Ω	47 Ω

3 Schaltung von ohmschen Widerständen

3.1 Reihenschaltung

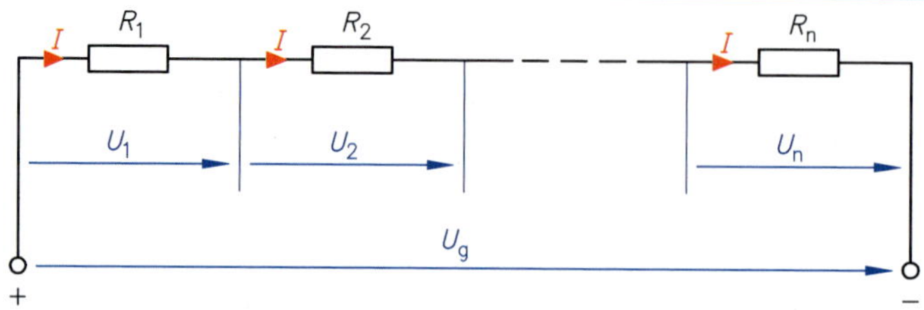

Alle Widerstände werden vom gleichen Strom *I* durchflossen.

Gesamtspannung U_g

$$U_g = U_1 + U_2 + ... + U_n$$

⇓

2. Kirchhoffsches Gesetz
$\sum U = 0\ V$ *)

Gesamtwiderstand R_g

$$R_g = R_1 + R_2 + ... + R_n$$

Die Spannungen verhalten sich wie die zugehörigen Widerstände:

z. B.: $\frac{U_1}{U_2} = \frac{R_1}{R_2}$

$$\frac{U_k}{U_l} = \frac{R_k}{R_l}$$

z. B.: $\frac{U_g}{U_2} = \frac{R_g}{R_2}$

Aufgaben

Beispiel: Ein 30-Ω-Widerstand liegt mit einem 50-Ω-Widerstand in Reihe an 12 V.

a) Wie groß ist der Gesamtwiderstand?
b) Welcher Strom fließt in der Schaltung?
c) Welche Spannung liegt am 30-Ω-Widerstand an?

Gegeben: $R_1 = 30\ \Omega$; $R_2 = 50\ \Omega$; $U_g = 12\ V$

Gesucht: R_g; I; U_1

Lösung: **a)** $R_g = R_1 + R_2 = 30\ \Omega + 50\ \Omega = \mathbf{80\ \Omega}$

b) $I = \frac{U_g}{R_g} = \frac{12V}{80\ \Omega} = \mathbf{0{,}15\ A}$

c) $U_1 = I \cdot R_1 = 0{,}15\ A \cdot 30\ \Omega = \mathbf{4{,}5\ V}$

1. Die Widerstände $R_1 = 820\ \Omega$, $R_2 = 1{,}3\ k\Omega$ und $R_3 = 4{,}6\ k\Omega$ sind in Reihe geschaltet. Wie groß ist der Gesamtwiderstand?

2. Eine Reihenschaltung aus vier Widerständen hat einen Gesamtwiderstand von 3,6 kΩ. Welchen Widerstandswert hat R_2, wenn $R_1 = 520\ \Omega$, $R_3 = 800\ \Omega$ und $R_4 = 1{,}4\ k\Omega$ hat?

3. In einer Reihenschaltung werden die Spannungen 12,4 V, 3,8 V und 0,9 V an den einzelnen Widerständen gemessen. Wie groß ist die Gesamtspannung?

4. Die Gesamtspannung in einer Reihenschaltung von drei Widerständen beträgt 220 V. Am Widerstand R_1 wird die Spannung 78 V, am Widerstand R_3 die Spannung 54 V gemessen. Welche Spannung wird an R_2 gemessen?

---

*) In jedem geschlossenen Stromkreis und in jeder Netzmasche ist die Summe aller Spannungen gleich 0 V.

5. Eine Reihenschaltung mit 15 gleichen Widerständen hat den Gesamtwiderstand 10,2 kΩ. Wie groß ist jeder Einzelwiderstand?

6. Eine Lichterkette mit Kleinspannungslampen der Bemessungsspannung 2,5 V wird in Reihenschaltung an 230 V angeschlossen. Wie viele Lampen sind für die Schaltung erforderlich?

7. Drei in Reihe geschaltete Widerstände von 60 Ω, 80 Ω und 0,1 kΩ sind an 110 V angeschlossen.
- **a)** Wie groß ist der Gesamtwiderstand?
- **b)** Wie groß ist der Strom?
- **c)** Welche Teilspannungen werden an den einzelnen Widerständen gemessen?

8. Einem Messwiderstand von 300 Ω wird ein zweiter von 1,2 kΩ in Reihe hinzugeschaltet. Am ersten Messwiderstand wird eine Spannung von 85 mV gemessen. Welchen Wert zeigt das Spannungsmessgerät am zweiten Messwiderstand an?

9. In einer Reihenschaltung von zwei Widerständen wird die Teilspannung $U_1 = 0{,}05$ kV, die Gesamtspannung $U = 380$ V und der Gesamtstrom $I = 16$ A gemessen. Wie groß sind die beiden Widerstände?

10. Das Spannungsmessgerät zeigt 65 V an, wenn 0,25 A fließen; $R_2 = 100\ \Omega$ und $R_3 = 250\ \Omega$.
- **a)** Wie groß ist die Gesamtspannung?
- **b)** Welchen Widerstandswert hat R_1?

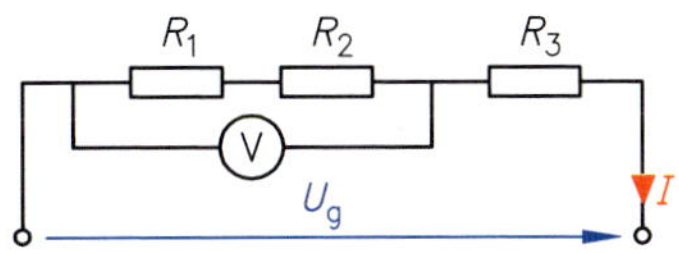

11. Wie groß sind die fehlenden Widerstände, Spannungen und Ströme in den Schaltungen?

a)

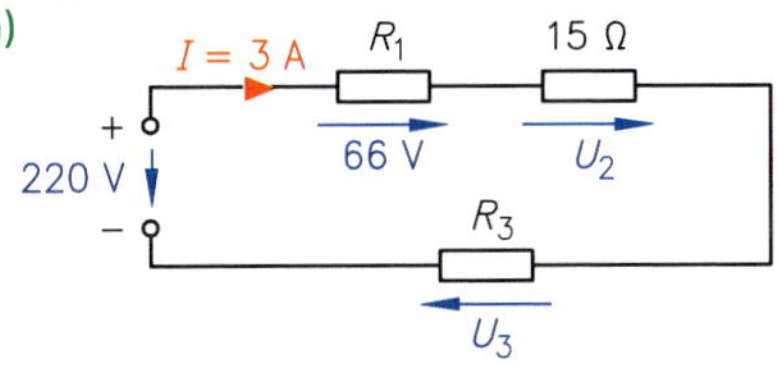

b)

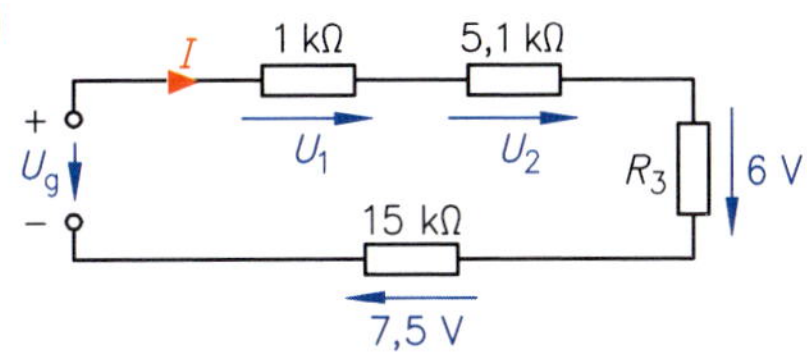

12. Eine Projektorlampe mit der Aufschrift 110 V/1,2 A soll kurzfristig an 230 V geschaltet werden. Welcher (Vor-)Widerstand ist zu wählen, damit die Lampe nicht zerstört wird?

13. Bei nebenstehender Schaltung soll an R_1 eine Spannung von 72 V abfallen. Wie groß ist R_1 zu wählen?

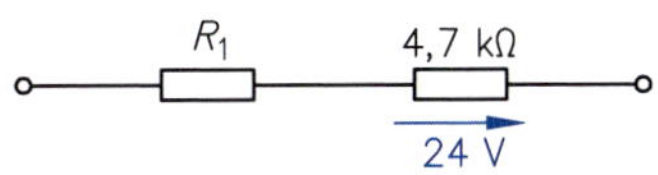

14. Eine Lampenkette für 230 V besteht aus neun in Reihe geschalteten Glühlampen. Durch die Lampen fließt ein Strom von 625 mA.
- **a)** Wie groß ist der Widerstand einer Lampe?
- **b)** Welche Spannung kann an jeder Lampe gemessen werden?

15. Durch zwei in Reihe geschaltete gleiche Widerstände $R_1 = R_2 = 33\ \Omega$ fließt ein Strom von 240 mA.
- **a)** An welche Spannung ist die Schaltung angeschlossen?
- **b)** Welcher Widerstand muss zugeschaltet werden, damit sich die Stromstärke auf 160 mA verringert?

16. Zwei Heizwiderstände mit den Aufschriften 110 V/2 A und 110 V/4 A werden in Reihe geschaltet und an 220 V angeschlossen.
- **a)** Welchen Widerstandswert haben die Heizwiderstände?
- **b)** Wie groß ist der Gesamtwiderstand der Schaltung?
- **c)** Welcher Strom fließt in der Schaltung?
- **d)** Welche Spannungen liegen an den einzelnen Heizwiderständen?

17. Ein Vorwiderstand begrenzt den Strom eines Heizgeräts, das an 235 V liegt, von 8,5 A auf 5 A.
- **a)** Wie groß ist der Widerstandswert des Heizgeräts?
- **b)** Welchen Vorwiderstand benötigt man?
- **c)** Wie hoch ist nach dem Vorschalten die Spannung am Heizwiderstand?

18. Eine Kontrolllampe hat die Aufschrift 3 V/0,2 A.
- **a)** Welchen Widerstand hat die Lampe an Nennspannung?
- **b)** Wie groß muss der Vorwiderstand beim Anschluss an 12 V gewählt werden?
- **c)** Welcher zusätzlicher Widerstand muss bei einer Netzspannung von 24 V gewählt werden?
- **d)** Wie verteilt sich die 24-V-Betriebsspannung?

19. Durch einen 5,6-Ω-Vorwiderstand wird der Strom in einem elektrischen Bauteil um 0,5 A und die Spannung um 20 V reduziert. Wie groß war die Spannung vor der Veränderung?

3.2 Parallelschaltung

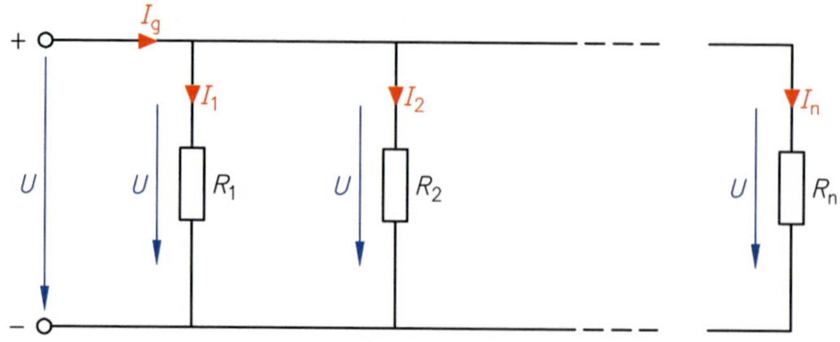

Alle Widerstände liegen an der gleichen Spannung *U*.

Gesamtstrom I_g

$$I_g = I_1 + I_2 + \ldots + I_n$$

1. Kirchhoffsches Gesetz
$\sum I = 0\ \text{A}$ *)

Gesamtleitwert G_g

$$G_g = G_1 + G_2 + \ldots + G_n$$

⇓

$$\frac{1}{R_g} = \frac{1}{R_1} + \frac{1}{R_2} + \ldots \frac{1}{R_n}$$

Die Ströme verhalten sich umgekehrt wie die zugehörigen Widerstände:

z. B.: $\frac{I_1}{I_2} = \frac{R_2}{R_1}$

$$\frac{I_k}{I_l} = \frac{R_l}{R_k}$$

z. B.: $\frac{I_g}{I_2} = \frac{R_2}{R_g}$

Aufgaben

Beispiel: Wie groß ist der Ersatz-(Gesamt-)Widerstand einer Parallelschaltung von
a) zwei gleichen Widerständen mit je 56 Ω,
b) zwei Widerständen $R_1 = 10\ \Omega$ und $R_2 = 45\ \Omega$,
c) drei Widerständen $R_1 = 33\ \Omega$, $R_2 = 47\ \Omega$ und $R_3 = 56\ \Omega$?

Gegeben: **a)** $R = 56\ \Omega;\ n = 2$
b) $R_1 = 10\ \Omega;\ R_2 = 45\ \Omega$
c) $R_1 = 33\ \Omega;\ R_2 = 47\ \Omega;\ R_3 = 56\ \Omega$

Gesucht: R_g

Lösung: **a)** $\frac{1}{R_g} = \frac{1}{R} + \frac{1}{R} = \frac{2}{R} \quad \triangleq \quad R_g = \frac{R} {n} \quad \Rightarrow \quad R_g = \frac{R}{2} = \frac{56\ \Omega}{2} = \mathbf{28\ \Omega}$

b) $\frac{1}{R_g} = \frac{1}{R_1} + \frac{1}{R_2} \quad \triangleq \quad R_g = \frac{R_1 \cdot R_2}{R_1 + R_2} \quad \Rightarrow \quad R_g = \frac{10\ \Omega \cdot 45\ \Omega}{10\ \Omega + 45\ \Omega} = \mathbf{8{,}18\ \Omega}$

c) $\frac{1}{R_g} = \frac{1}{R_1} + \frac{1}{R_2} + \frac{1}{R_3} = \frac{1}{33\ \Omega} + \frac{1}{47\ \Omega} + \frac{1}{56\ \Omega} \quad \Rightarrow \quad R_g = \mathbf{14{,}4\ \Omega}$

1. Drei parallel geschaltete Glühlampen nehmen einen Strom von je 0,32 A auf. Wie groß ist der Gesamtstrom?

2. In einer Parallelschaltung von drei Widerständen fließt ein Gesamtstrom von 8,3 A. Durch den Widerstand R_1 fließt ein Strom von 2,1 A, durch den Widerstand R_3 fließen 0,9 A. Welcher Strom fließt durch den Widerstand R_2?

---

*) In einem Knotenpunkt ist die Summe aller zufließenden und abfließenden Ströme gleich 0 A.

3. Drei Widerstände $R_1 = 500\ \Omega$, $R_2 = 1{,}2\ k\Omega$ und $R_3 = 3{,}6\ k\Omega$ liegen in Parallelschaltung an 220 V. Wie groß ist der Gesamtleitwert der Schaltung?

4. Wie groß ist der Gesamtwiderstand einer Parallelschaltung aus einem 47-Ω-Widerstand und einem 100-Ω-Widerstand?

5. Vier hochohmige parallel geschaltete Widerstände nehmen an 24 V die Ströme 0,8 mA, 4 mA, 3,2 mA und $2 \cdot 10^{-3}$ A auf. Wie groß ist der Gesamtwiderstand der Schaltung?

6. Acht gleiche Glühlampen sind in einer Werkstatt parallel geschaltet. Der Gesamtwiderstand der Lampen beträgt 60,5 Ω. Wie groß ist der Widerstand einer Lampe?

7. Ein Kronleuchter besteht aus 25 parallel geschalteten Glühlampen. Jede hat einen Betriebswiderstand von 420 Ω. Wie groß ist der Gesamtwiderstand?

8. In einem Stromkreis liegt ein Widerstand von 0,2 kΩ. Durch Parallelschalten eines zweiten Widerstandes soll der Gesamtwiderstand auf 120 Ω reduziert werden. Wie groß ist der Parallelwiderstand?

9. In einem Heizofen sind zwei Heizwiderstände von 30 Ω und 50 Ω an 230 V parallel geschaltet. Wie groß
   a) ist der Gesamtwiderstand der Heizwiderstände,
   b) sind die Teilströme,
   c) ist der Strom in der Zuleitung?

10. In der abgebildeten Schaltung fließt bei geöffnetem Schalter ein Gesamtstrom von 0,4 A, bei geschlossenem Schalter fließen 0,5 A. Wie groß ist der Widerstand R_3, wenn $R_1 = 10\ \Omega$ und $R_2 = 40\ \Omega$ sind?

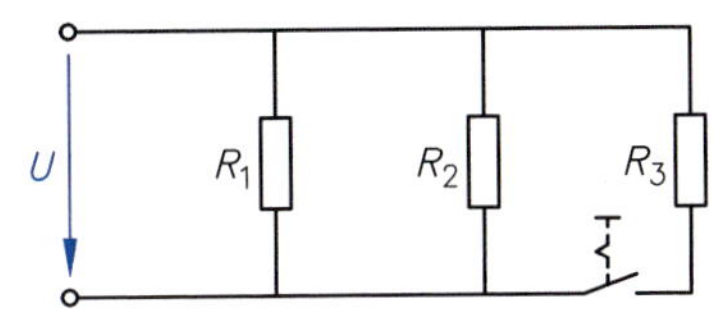

11. Wie groß sind die fehlenden Widerstände, Spannungen und Ströme in den Schaltungen?

a)

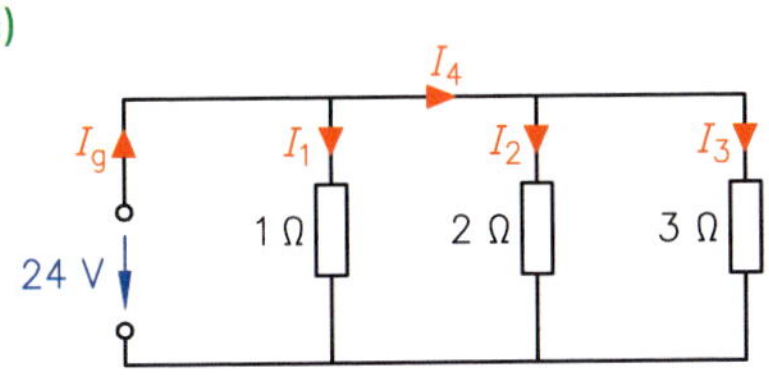

b)

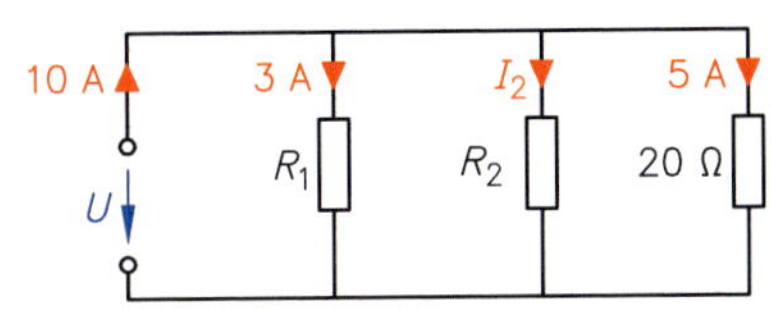

12. In einer Parallelschaltung von zwei Widerständen verhalten sich die Ströme wie 4 : 5. Wie groß ist der zweite Widerstand, wenn $R_1 = 47\ \Omega$ ist?

13. Welchen Strom nimmt die Schaltung bei offenem und geschlossenem Schalter auf?

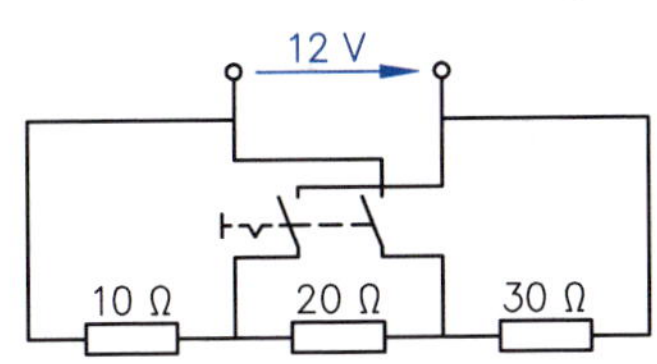

14. In einem Stromkreis liegt ein Widerstand von 120 Ω. Durch Parallelschalten eines Widerstandes soll der Gesamtwiderstand auf 100 Ω reduziert werden.
   a) Wie groß muss der Parallelwiderstand sein?
   b) Wie viel Meter Konstantandraht ($\varrho = 0{,}5\ \Omega mm^2/m$) mit 1,5 mm² Querschnitt wird zur Herstellung des Parallelwiderstandes benötigt?

15. Der Gesamtwiderstand zweier Widerstände in Reihenschaltung beträgt 100 Ω. Bei Parallelschaltung der Widerstände sinkt der Gesamtwiderstand um 75 Ω. Wie groß sind die beiden Widerstände?

16. Durch Umschalten gleicher Widerstände von Reihen- auf Parallelschaltung wird der Gesamtwiderstand auf ein Neuntel reduziert. Wie viele Widerstände besitzt die Schaltung?

17. In einer Parallelschaltung mit fünf gleichen Widerständen fließt ein Gesamtstrom von 1,5 A. Wie ändert sich der Gesamtstrom, wenn
   a) ein Widerstand abgeschaltet wird,
   b) zwei Widerstände abgeschaltet werden,
   c) vier Widerstände abgeschaltet werden?

18. Vier gleiche Widerstände sind in Reihe geschaltet. Bei einer Spannung von 12 V fließt ein Gesamtstrom von 30 mA. Um wie viel Prozent ändert sich die Stromaufnahme, wenn die Widerstände parallel geschaltet werden?

19. In einer Kochplatte sind zwei Heizspiralen mit 48 Ω und 144 Ω parallel geschaltet. Durch die 48-Ω-Heizspirale fließen 0,5 A. Wie groß ist der Strom durch die 144-Ω-Heizspirale?

3.3 Gemischte Schaltung

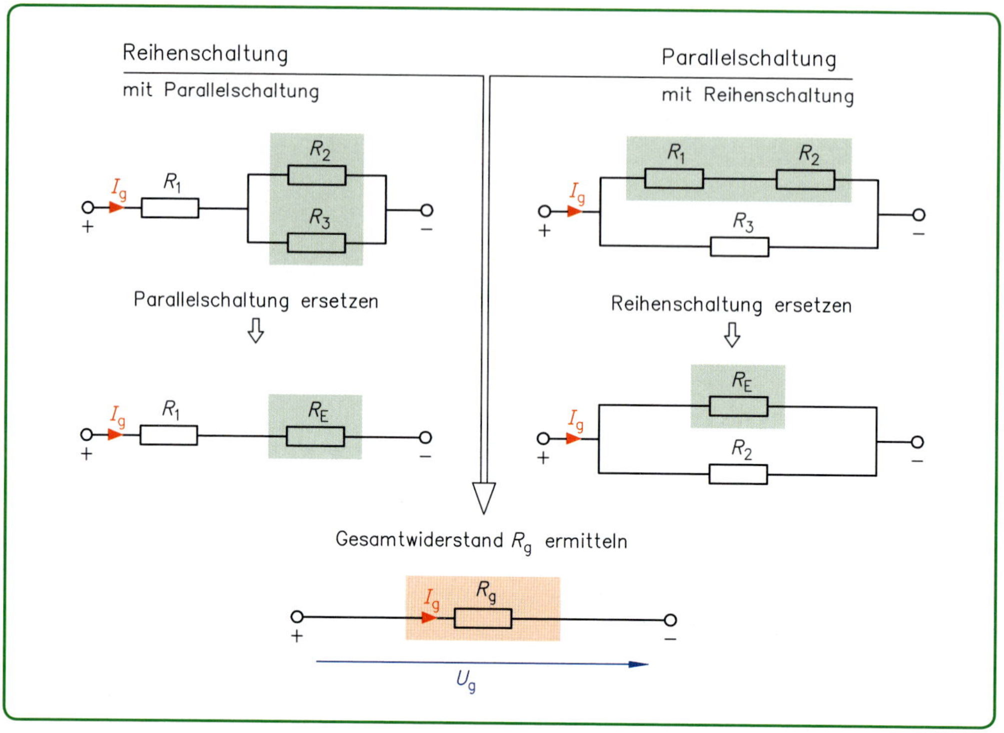

Aufgaben

Beispiel: Wie groß ist der Gesamtstrom an 24 V mit R_1 = 10 Ω, R_2 = 20 Ω und R_3 = 40 Ω in der oben angegebenen

a) Reihenschaltung mit Parallelschaltung,

b) Parallelschaltung mit Reihenschaltung?

Gegeben: $R_1 = 10\ \Omega;\ R_2 = 20\ \Omega;\ R_3 = 40\ \Omega$

Gesucht: I_g

Lösung:

a) $R_E = \frac{R_2 \cdot R_3}{R_2 + R_3} = \frac{20\ \Omega \cdot 40\ \Omega}{20\ \Omega + 40\ \Omega} = 13{,}33\ \Omega$ $\quad R_g = R_1 + R_E = 10\ \Omega + 13{,}33\ \Omega = 23{,}33\ \Omega$

$$I_g = \frac{U_g}{R_g} = \frac{24\ \text{V}}{23{,}33\ \Omega} = \mathbf{1{,}03\ A}$$

b) $R_E = R_1 + R_2 = 10\ \Omega + 20\ \Omega = 30\ \Omega$ $\quad R_g = \frac{R_E \cdot R_3}{R_E + R_3} = \frac{30\ \Omega \cdot 40\ \Omega}{30\ \Omega + 40\ \Omega} = 17{,}14\ \Omega$

$$I_g = \frac{U_g}{R_g} = \frac{24\ \text{V}}{17{,}14\ \Omega} = \mathbf{1{,}4\ A}$$

1. Zwei Widerstände R_1 = 20 Ω und R_2 = 30 Ω sind in Reihe geschaltet. Der Widerstand R_3 = 40 Ω liegt dazu parallel. Wie groß ist der Gesamtwiderstand?

2. Drei Widerstände mit je 12 Ω sind parallel geschaltet. Ein weiterer 12-Ω-Widerstand liegt dazu in Reihe. Wie groß ist der Gesamtwiderstand?

3. Ein 100-Ω-Widerstand liegt in Reihe zu einer Parallelschaltung aus vier 100-Ω-Widerständen. Wie groß ist der Gesamtwiderstand der Schaltung?

4. Wie groß ist der Gesamtwiderstand der einzelnen Schaltungen?

a)

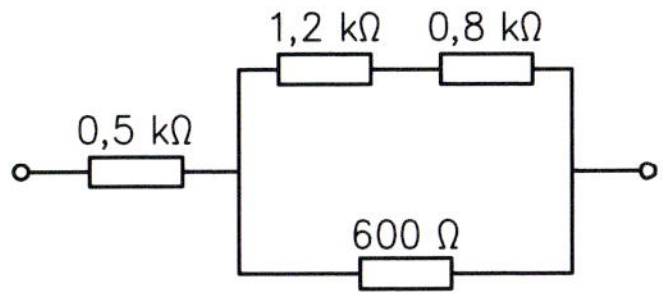

b)

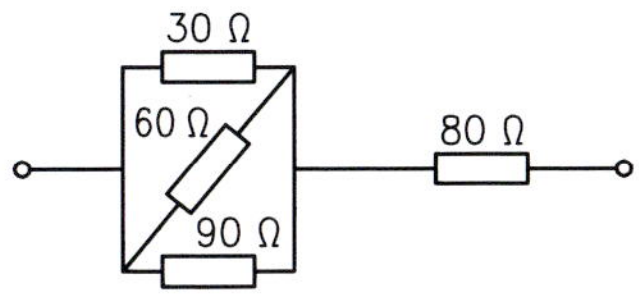

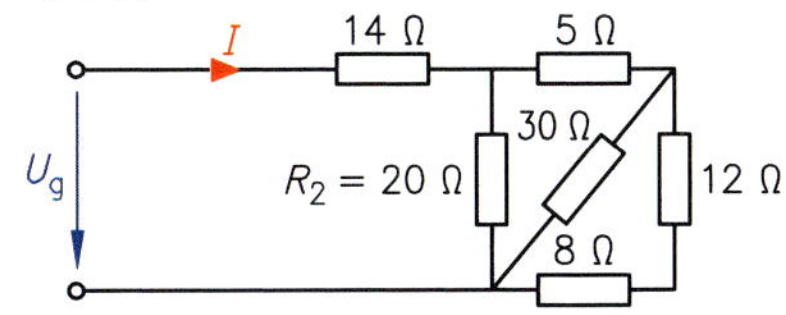

5. Das abgebildete Netzwerk liegt an einer Spannung von 24 V.

a) Wie groß sind Gesamtwiderstand und Gesamtstrom?

b) Welche Spannung fällt am Widerstand R_2 ab?

6. Wie groß sind die unbekannten Größen in den Schaltungen?

a)

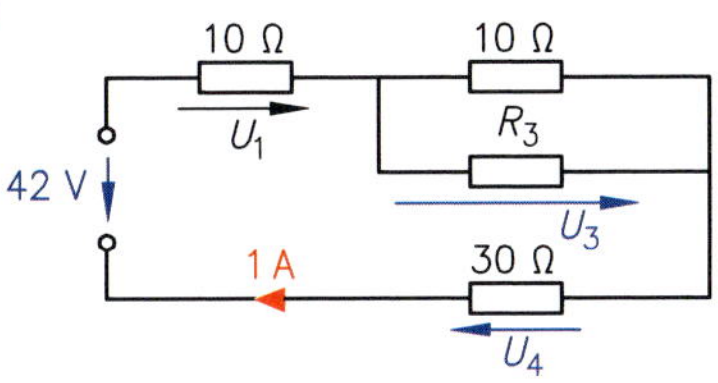

b)

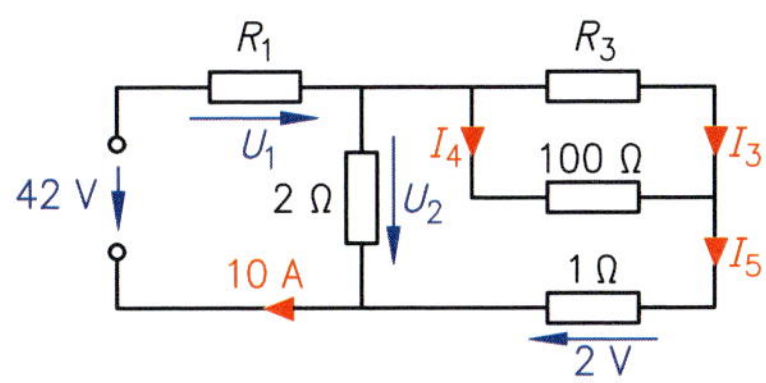

7. Ein Netzwerk an 110 V besteht aus den Widerständen $R_1 = 80\ \Omega$, $R_2 = 60\ \Omega$, $R_3 = 40\ \Omega$, $R_4 = 120\ \Omega$, $R_5 = 120\ \Omega$, $R_6 = 160\ \Omega$, $R_7 = 180\ \Omega$ und $R_8 = 200\ \Omega$.

a) Wie groß ist der Gesamtwiderstand?

b) Welche Teilspannung liegt am Widerstand R_5?

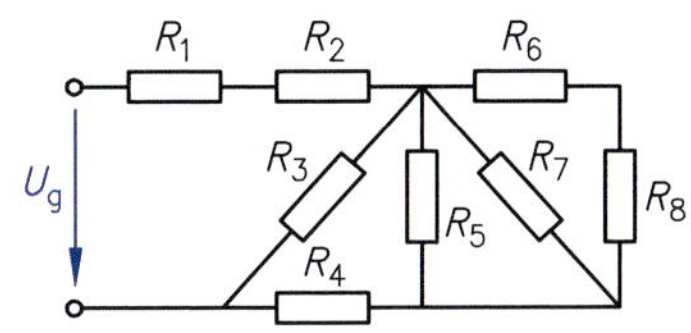

8. In einer Werkstatt stehen 10-Ω-, 15-Ω-, und 22-Ω-Widerstände zur Verfügung. Durch welche Schaltung lassen sich folgende Widerstandswerte möglichst genau realisieren?

a) 36 Ω

b) 20 Ω

c) 42 Ω

d) 8,5 Ω

9. In der nebenstehenden Schaltung sind die 50-Ω-Widerstände zu einem Ring verschaltet. Welche Spannung liegt jeweils an R_1, wenn 42 V an die Klemmen

a) A-B,

b) A-C,

c) A-D,

d) A-E,

e) A-F gelegt wird?

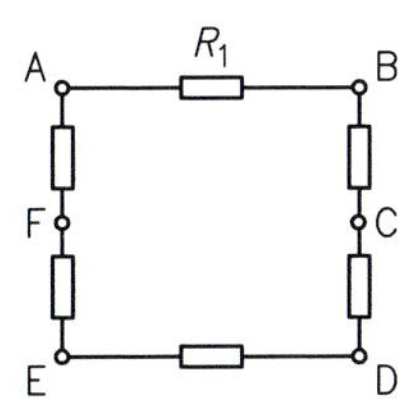

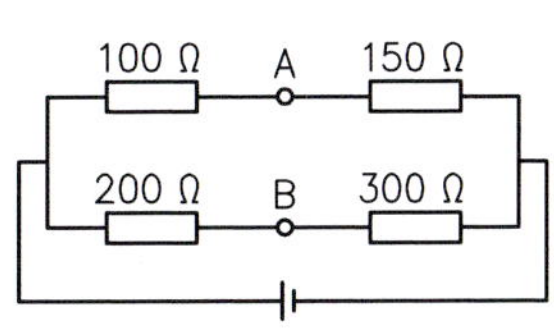

10. Wie groß ist der Potenzialunterschied zwischen den Klemmen A und B bei einer Klemmenspannung von 4,5 V?

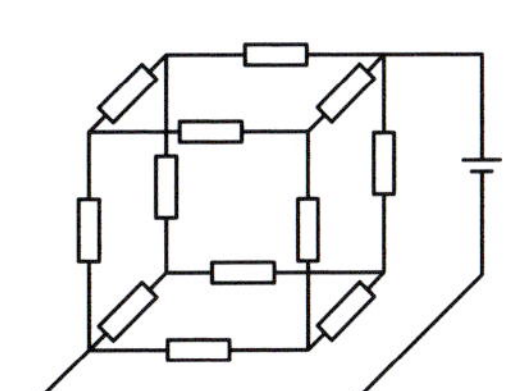

11. Zwölf 1-Ω-Widerstände werden so miteinander verbunden, dass sie die Kanten eines Würfels bilden. Wie groß ist der Gesamtstrom, wenn der Würfel mit zwei gegenüberliegenden Ecken an eine Spannung von 1,5 V angeschlossen wird?

3.4 Der Spannungsteiler

S offen: **unbelastet**

Der Spannungsteiler entspricht einer Reihenschaltung

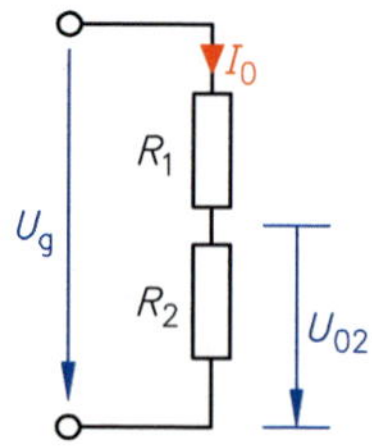

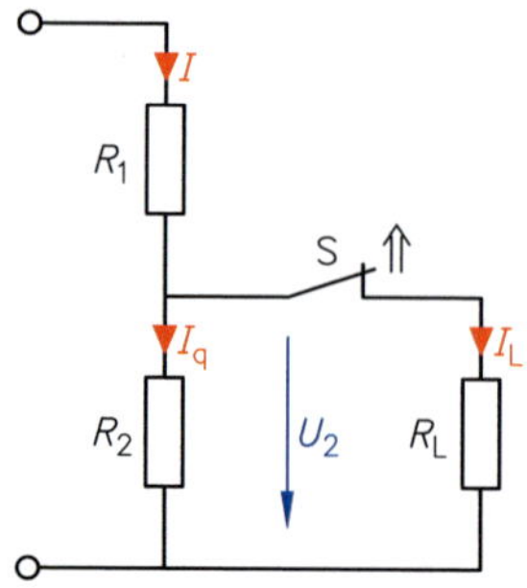

S geschlossen: **belastet**

Der Spannungsteiler entspricht einer Gruppenschaltung

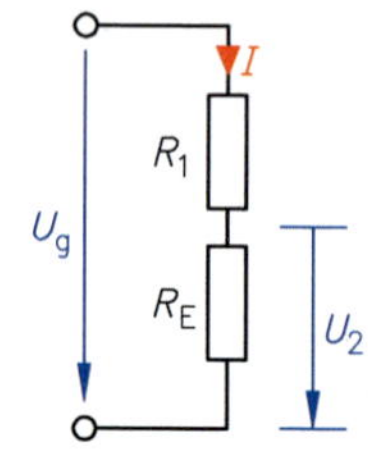

$$I_0 = \frac{U_g}{R_1 + R_2}$$

⇓

$$U_{02} = I_0 \cdot R_2$$

Querstromfaktor m

$$m = \frac{I_q}{I_L}$$

$$I = \frac{U_g}{R_1 + R_E}$$

⇓

$$U_2 = I \cdot R_E$$

Aufgaben

Beispiel: Ein Spannungsleiter, der an 15 V angeschlossen ist, besteht aus den Widerständen $R_1 = 1\ \text{k}\Omega$ und $R_2 = 3\ \text{k}\Omega$.

a) Welche Spannung liegt am Widerstand R_2 an?

b) Wie groß ist die Spannung U_2, wenn der Spannungsteiler mit einem 6-kΩ-Widerstand belastet wird?

c) Welches Querstromverhältnis besteht bei dieser Belastung?

Gegeben: $U_g = 15\ \text{V}$; $R_1 = 1\ \text{k}\Omega$; $R_2 = 3\ \text{k}\Omega$

Gesucht: U_{02}; U_2; m

Lösung:

a) $$U_{02} = U_g \frac{R_2}{R_1 + R_2} = 15\ \text{V} \frac{3\ \text{k}\Omega}{1\ \text{k}\Omega + 3\ \text{k}\Omega} = \mathbf{11{,}25\ V}$$

b) $$R_E = \frac{R_L \cdot R_2}{R_L + R_2} = \frac{6\ \text{k}\Omega \cdot 3\ \text{k}\Omega}{6\ \text{k}\Omega + 3\ \text{k}\Omega} = 2\ \text{k}\Omega$$

$$U_2 = U_g \frac{R_E}{R_1 + R_E} = 15\ \text{V} \frac{2\ \text{k}\Omega}{1\ \text{k}\Omega + 2\ \text{k}\Omega} = \mathbf{10\ V}$$

c) $$I_L = \frac{U_2}{R_L} = \frac{10\ \text{V}}{6\ \text{k}\Omega} = 1{,}67\ \text{mA} \qquad I_q = \frac{U_2}{R_2} = \frac{10\ \text{V}}{3\ \text{k}\Omega} = 3{,}33\ \text{mA}$$

$$m = \frac{I_q}{I_L} = \frac{3{,}33\ \text{mA}}{1{,}67\ \text{mA}} = \mathbf{2}$$

1. Ein Spannungsteiler mit den Widerständen $R_1 = 0{,}8\ \text{k}\Omega$ und $R_2 = 4{,}2\ \text{k}\Omega$ ist an 230 V angeschlossen.

a) Welcher Strom fließt durch den unbelasteten Spannungsteiler?

b) Wie groß sind die Teilspannungen?

2. a) Wie groß ist die Spannung U_2 an den Klemmen des Spannungsteilers bei geöffnetem Schalter?

b) Auf welchen Wert sinkt die Spannung ab, wenn der Schalter geschlossen wird?

c) Wie groß ist der Querstrom?

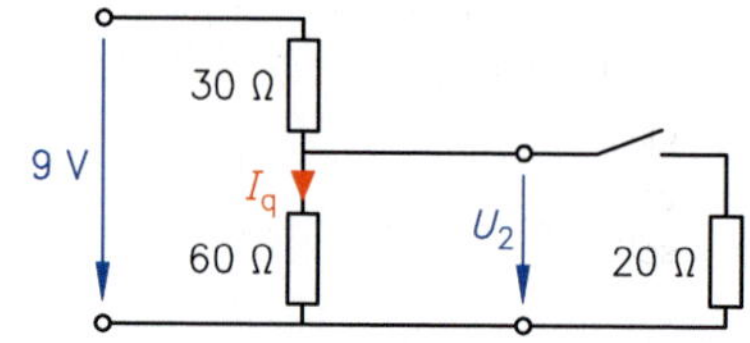

3. Ein Spannungsteiler mit den Widerständen $R_1 = 300\ \Omega$ und $R_2 = 120\ \Omega$ wird parallel zu R_2 mit $180\ \Omega$ belastet.
- **a)** Welche Spannung wird am Belastungswiderstand bei einer anliegenden Gesamtspannung von 100 V gemessen?
- **b)** Wie groß ist der Querstromfaktor?

4. Ein Spannungsteiler mit den Widerständen $R_1 = R_2 = 100\ \Omega$ liegt an 200 V. Wie groß sind die fehlenden Werte in der nachfolgenden Tabelle?

	a)	b)	c)	d)	e)	f)	g)	h)	i)	k)
R_L	10 kΩ	5 kΩ	1 kΩ	500 Ω	300 Ω	100 Ω	50 Ω	10 Ω	1 Ω	0,1 Ω
U_2	?	?	?	?	?	?	?	?	?	?
I_q	?	?	?	?	?	?	?	?	?	?
I_L	?	?	?	?	?	?	?	?	?	?

5. Bei dem abgebildeten Spannungsteiler fließt ein Querstrom von 0,1 A.
- **a)** Wie groß sind die Einzelwiderstände der Schaltung?
- **b)** Wie groß ist die Spannung an R_2, wenn der Lastwiderstand entfernt wird?

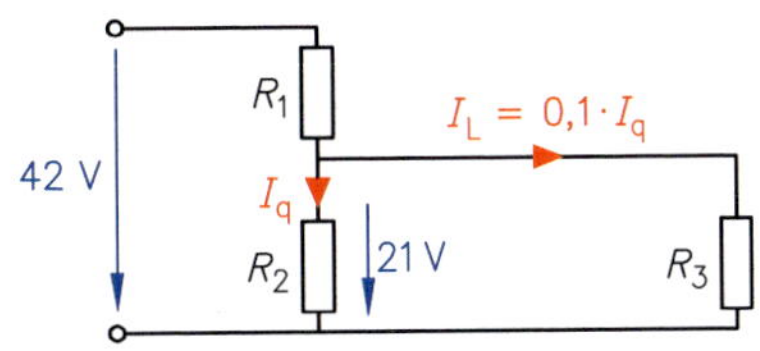

6. Das Schleifdrahtpotenziometer besteht aus einem 1 m langen Widerstandsdraht mit einem spezifischen Widerstand von 0,5 Ωmm²/m und 0,2 mm Durchmesser.
- **a)** Wie groß ist die Spannung am unbelasteten Spannungsteiler?
- **b)** Um welchen Wert sinkt die Spannung, wenn der Spannungsteiler belastet wird?

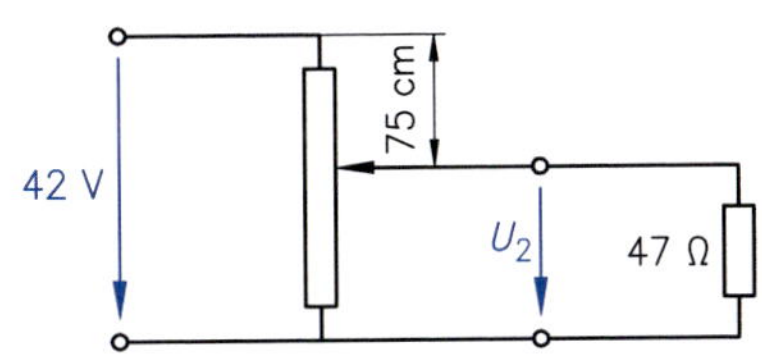

7. Ein 4,7-kΩ-Widerstand ist über einen Spannungsteiler aus $R_1 = 200\ \Omega$ und $R_2 = 400\ \Omega$ an 60-V-Gleichspannung angeschlossen.
- **a)** Welche Spannung liegt am Lastwiderstand?
- **b)** Wie groß ist das Querstromverhältnis?
- **c)** Durch welchen Vorwiderstand kann der Spannungsteiler ersetzt werden?
- **d)** Welcher Strom wird der Spannungsquelle in beiden Fällen entnommen?

8. An welcher Spannung ist der Spannungsteiler angeschlossen, wenn der Lastwiderstand an 20 V liegt?

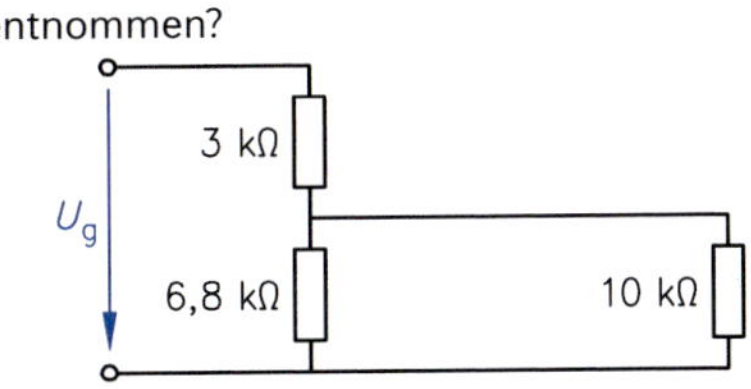

9. Ein Lastwiderstand mit der Aufschrift 1 kΩ/3 V soll über einen Spannungsteiler an 6 V angeschlossen werden. Der Querstromfaktor soll 10 sein.
- **a)** Wie groß ist der Laststrom?
- **b)** Welcher Querstrom fließt?
- **c)** Wie groß ist der Gesamtstrom?
- **d)** Welchen Widerstandswert besitzt der Spannungsteiler?
- **e)** Bei welchem Widerstandsverhältnis $R_1 : R_2$ wird der Lastwiderstand an den Spannungsteiler angeschlossen?

10. Ein Spannungsteiler mit den Widerständen $R_1 = 5\ k\Omega$ und $R_2 = 10\ k\Omega$ wird an dem Widerstand R_2 mit einem Widerstand von 20 kΩ belastet. Die Spannung am Lastwiderstand beträgt 24 V. Welche Werte können für
- **a)** Last-, Quer- und Gesamtstrom sowie das Querstromverhältnis,
- **b)** Gesamtspannung, Leistungsaufnahme der Schaltung und Verlustleistung ermittelt werden?

11. Ein Spannungsteiler besteht aus den Widerständen $R_1 = 2\ k\Omega$ und $R_2 = 10\ k\Omega$ und liegt an der Spannung von 60 V. Zwischen welchen Widerständen darf der Lastwiderstand liegen, wenn eine Spannung zwischen 18 V und 19 V gefordert wird?

4 Messtechnik

4.1 Mess- und Anzeigefehler von Messgeräten

Analoge Anzeige

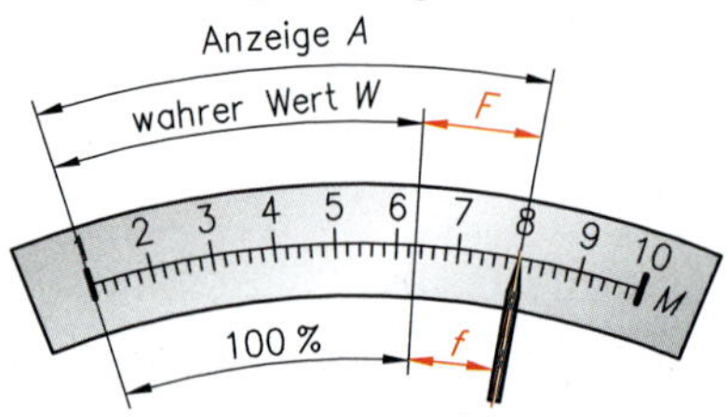

Messbereich M

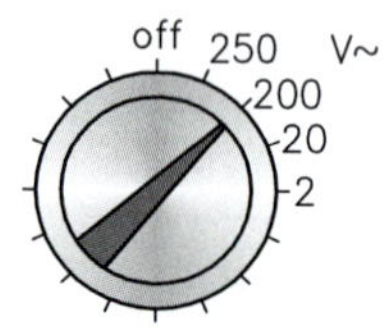

Digitale Anzeige

Anzeige A

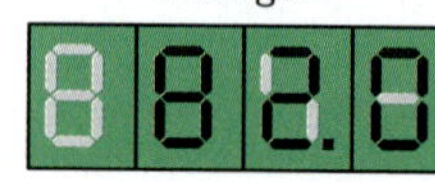

Zulässige absolute Anzeigefehler F analoger und digitaler Messgeräte nach Herstellerangaben:*)	
Relativer Fehler vom Messbereich M durch Angabe der Genauigkeitsklasse G in Prozent	**Relativer Fehler f_A vom Anzeigewert A + Anzahl der Digits D**
Genauigkeitsklassen: 0,1 0,2 0,5 1 1,5 2,5 5	**1 Digit = Messbereich/Auflösung (kleinster Messschritt)**

Absoluter Fehler F:

der analogen Anzeige	der Messung	der digitalen Anzeige
$F = \pm G \cdot M$	$F = A - W$	$F = \pm(f_A \cdot A + D)$

Relativer Fehler f der Messung in Prozent

$$f = \frac{F}{W} \cdot 100\,\%$$

Da der wahre Wert W nie genau bekannt ist, wird bei kleinen Fehlern F der Fehler auf den Anzeigenwert A bezogen.

$$f \approx \frac{F}{A} \cdot 100\,\%$$

*) Hersteller digitaler Messgeräte geben den absoluten Fehler auch mit $F = \pm(f_A \cdot A + f_M \cdot M)$ an.

Aufgaben

Beispiel: Ein Vielfachinstrument mit 3½-stelliger Anzeige zeigt im 200-V-Messbereich 82.0 an. Der Hersteller gibt den maximal zulässigen Fehler mit ±(1,5 % vom Anzeigewert +3 Digits) an.

a) Zwischen welchen Werten muss der wahre Wert der Messspannung liegen?

b) Zwischen welchen Werten liegt der wahre Wert der Messspannung bei einem analogen Messgerät der Genauigkeitsklasse 1,5 bei gleicher Anzeige im günstigen 100-V-Messbereich?

c) Wie groß ist jeweils der relative Fehler der Messung?

Gegeben: $M = 100$ V; $A = 82{,}00$ V; $f_A = 1{,}5$ %; 3 Digits; $G = 1{,}5$ %

Gesucht: $W_{min(digital)}$; $W_{max(digital)}$; $W_{min(analog)}$; $W_{max(analog)}$; $f_{(digital)}$; $F_{(analog)}$

Lösung:

a) 1 Digit = 200 V/2 000 = 0,1 V (bei 3½-stelliger Anzeige sind 2000 Messschritte möglich)

$F_{(digital)} = \pm(f_A \cdot A + \ldots \cdot \text{Digit}) = \pm(0{,}015 \cdot 82\text{ V} + 3 \cdot 0{,}1\text{ V}) = \mathbf{\pm 1{,}53\text{ V}}$

$W_{min(digital)} = A - F_{(digital)} = 82\text{ V} - 1{,}53\text{ V} = \mathbf{80{,}47\text{ V}}$

$W_{max(digital)} = A - F_{(digital)} = 82\text{ V} + 1{,}53\text{ V} = \mathbf{83{,}53\text{ V}}$

b) $F_{(analog)} = \pm G \cdot M = \pm 0{,}015 \cdot 100\text{ V} = \mathbf{\pm 1{,}5\text{ V}}$

$W_{min(analog)} = A - F_{(analog)} = 82\text{ V} - 1{,}5\text{ V} = \mathbf{80{,}5\text{ V}}$

$W_{max(analog)} = A - F_{(analog)} = 82\text{ V} + 1{,}5 = \mathbf{83{,}5\text{ V}}$

c) $f_{(digital)} \approx \frac{F_{(digital)}}{A} \cdot 100\,\% = \frac{\pm 1{,}53\text{ V}}{82\text{ V}} \cdot 100\,\% = \mathbf{\pm 1{,}86\,\%}$

$f_{(analog)} \approx \frac{F_{(analog)}}{A} \cdot 100\,\% = \frac{\pm 1{,}5\text{ V}}{82\text{ V}} \cdot 100\,\% = \mathbf{\pm 1{,}83\,\%}$

1. Mit einem Spannungsmessgerät wird bei der Messung einer Eichspannung von 15 V nur 14,8 V angezeigt. Wie groß sind der absolute und der relative Fehler?

2. Welche Spannung darf ein Spannungsmessgerät der Genauigkeitsklasse 2,5 im 3-V-Messbereich anzeigen, wenn eine Eichspannung von 1 V angelegt wird?

3. Ein analoges Messgerät der Genauigkeitsklasse 1,5 und dem Messbereich 150 mA zeigt 95 mA an.
   a) Zwischen welchen Werten darf der wahre Stromwert liegen?
   b) Wie groß kann der relative Messfehler maximal sein?

4. Zwei gleiche analoge Strommessgeräte mit 1-A-Messbereich und Genauigkeitsklasse 2,5 liegen in Reihe. Wie groß kann die Differenz beider Anzeigen maximal sein?

5. Zur Messung einer Spannung von 4,5 V stehen zwei Messgeräte ($M_1 = 6$ V, $G_1 = 2{,}5$ und $M_2 = 100$ V, $G_2 = 0{,}2$ %) zur Verfügung. Welches Messgerät liefert das genauere Ergebnis?

6. Ein Digitalmessgerät zeigt im 100-V-Messbereich 78,25 V an. Den zulässigen Anzeigefehler gibt der Hersteller mit ±(1,5 % vom Messwert + 2 Digit) an. Zwischen welchen Werten darf der wahre Spannungswert liegen?

7. Ein digitales Multimeter mit 4½-stelliger Anzeige zeigt 55.48 an. Der Messbereichswahlschalter steht auf 200 mA. Den zulässigen Anzeigefehler gibt der Hersteller mit ±(1,2 % vom Messwert + 3 Digit) an.
   a) Zwischen welchen Werten darf der wahre Stromwert liegen?
   b) Wie groß ist der relative Messfehler der Messung?

8. Bei einem Digitalmessgerät gibt der Hersteller die Messabweichung mit ±(0,5 % vom Messwert + 0,08 % vom Messbereich) an. Im Widerstandsmessbereich 200 kΩ wird 124.06 angezeigt.
   a) Wie groß ist der absolute Anzeigefehler?
   b) Zwischen welchen Werten muss der gemessene Widerstand liegen?
   c) Wie groß ist der relative Messfehler der Messung?

9. Ein Messgerät besitzt eine vierstellige Anzeige. Die zulässige Messabweichung wird mit ±(2,5 % vom Messwert + 4 Digit) angegeben. Im 10-mA-Messbereich wird 6.756 angezeigt.
   a) Wie viele Messschritte können mit der vierstelligen Anzeige dargestellt werden?
   b) Um wie viel mA ändert sich die Anzeige pro Messschritt?
   c) Wie groß ist die Abweichung von 4 Digit in Prozent vom Messbereich?
   d) Wie groß ist der relative Fehler der Messung?

10. Die Stromstärke durch einen Verbraucher soll durch Messung überprüft werden.
   a) Welcher Strom wird angezeigt?
   b) Wie groß ist der Strom, wenn das Messgerät wieder entfernt wird?
   c) Wie groß ist der relative Messfehler, der durch die Messschaltung entsteht?

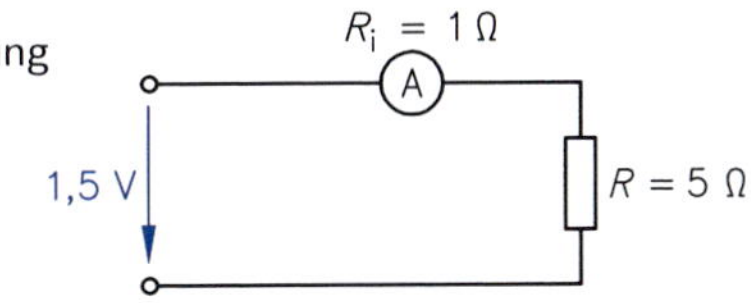

11. An einem Verbraucher wird eine Spannung von 41 V gemessen.
   a) Wie groß ist die Spannung am Verbraucher, wenn das Messgerät wieder entfernt wird?
   b) Welcher relative Messfehler entsteht durch die Messschaltung?

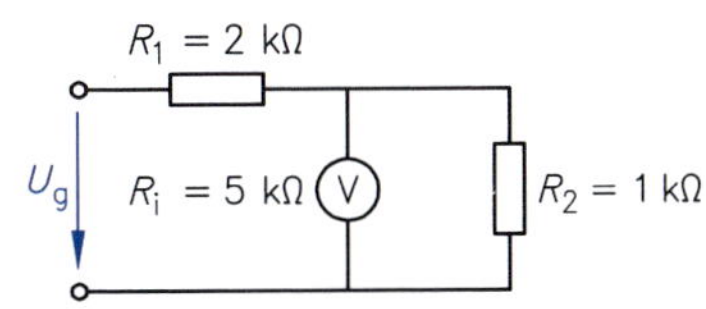

12. Ein Zeigerinstrument der Genauigkeitsklasse 0,1 zeigt bei einem Skalenendwert von 1 V eine Spannung von 0,65 V an. Ein parallel geschaltetes Digitalmessgerät zeigt im 2-V-Messbereich 0.66 an. Die Genauigkeit des digitalen Messgeräts gibt der Hersteller mit ±(1 % vom Messwert + 0,05 % vom Messbereich) an.
   a) Zwischen welchen Werten darf die gemessene Spannung beim analogen Messgerät liegen?
   b) Zwischen welchen Werten darf die gemessene Spannung beim digitalen Messgerät liegen?
   c) Wie groß ist jeweils der relative Fehler der Messung?
   d) Welches ist das genauere Messgerät für diese Messung?

13. Ein analoges Spannungsmessgerät der Genauigkeitsklasse 5 dient zur Überprüfung der Netzspannung. Der Messbereich beträgt 250 V.
   a) Welche Anzeigen liegen noch innerhalb der Toleranz, wenn genau 230 V anliegen?
   b) Von welcher wahren Spannung muss man ausgehen, wenn die kleinste mögliche Spannung des Toleranzbereiches angezeigt wird?

4.2 Messbereichserweiterung

4.2.1 Spannungsmessgeräte mit Drehspulmesswerk

Die Messbereichserweiterung bei $U_g > U_i$ erfolgt mit einem Vorwiderstand R_V.

R_i = Innenwiderstand
R_V = Vorwiderstand

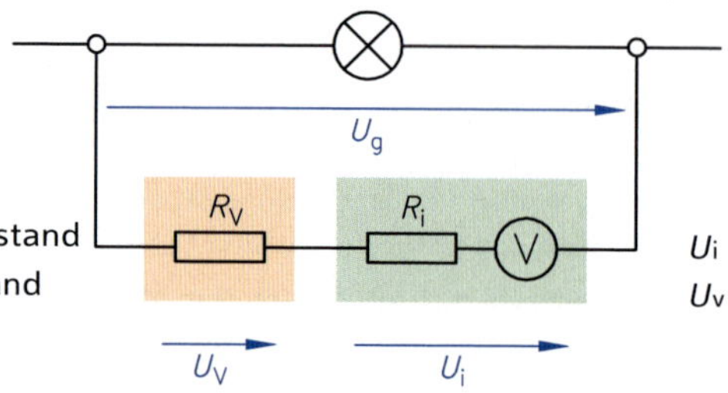

U_i = Messbereich
U_V = Spannung am Vorwiderstand

$$\frac{R_V}{R_i} = \frac{U_V}{U_i} \Rightarrow R_V = R_i \frac{U_V}{U_i}$$

mit $U_V = U_g - U_i$ mit Erweiterungsfaktor $n = \frac{U_g}{U_i}$

$$R_V = R_i \frac{U_g - U_i}{U_i} \quad \Rightarrow \quad R_V = R_i \left(\frac{U_g}{U_i} - 1 \right) \quad \Rightarrow \quad R_V = R_i (n - 1)$$

Wahrer Wert $W = A \cdot n$ Anzeige · Erweiterungsfaktor

Aufgaben

Beispiel: Ein Spannungsmessgerät mit einem **Kennwiderstand** von $R_K = 1000\ \Omega/\text{V}$ und dem Messbereich 30 V soll für Messungen bis 100 V verwendet werden. Wie muss der Vorwiderstand bemessen werden, damit das Messgerät nicht beschädigt wird?

Gegeben: $R_K = 1000\ \Omega/\text{V}$; $U_i = 30\ \text{V}$; $U_g = 100\ \text{V}$

Gesucht: R_V

Lösung:

$$R_i = R_K \cdot U_i = 1000 \frac{\Omega}{\text{V}} \cdot 30\ \text{V} = \mathbf{30\ k\Omega}$$

mit $R_V = R_i \frac{U_g - U_i}{U_i}$ $\Rightarrow$ $R_V = 30\ \text{k}\Omega \frac{100\ \text{V} - 30\ \text{V}}{30\ \text{V}} = \mathbf{70\ k\Omega}$

mit $n = \frac{U_g}{U_i} = \frac{100\ \text{V}}{30\ \text{V}} = 3{,}33$ $\Rightarrow$ $R_V = R_i(n - 1) = 30\ \text{k}\Omega\,(3{,}33 - 1) = \mathbf{70\ k\Omega}$

1. Wie groß ist der Erweiterungsfaktor, wenn ein Spannungsmessbereich von 15 V auf 100 V erweitert wird?
2. Der Messbereich eines Spannungsmessgeräts mit 3 V Endausschlag ist um den Faktor 5 erweitert worden. Welche Spannung wird bei der Messung von 8 V angezeigt?
3. Ein Spannungsmessgerät, dessen Messbereich um den Faktor 3 erweitert wurde, zeigt eine Spannung von 28 V an. Wie groß ist die Spannung tatsächlich?
4. Der Messbereich eines Spannungsmessgeräts mit 1 kΩ Innenwiderstand soll um den Faktor 5 erweitert werden. Wie groß muss der Vorwiderstand sein?
5. Durch welchen Vorwiderstand lässt sich der Messbereich eines Messinstrumentes mit 3 kΩ Innenwiderstand von 3 V auf 20 V erweitern?

6. Mit einem 15-kΩ-Vorwiderstand wurde der Messbereich eines Spannungsmessgeräts von 2 V auf 5 V erweitert. Wie groß ist der Innenwiderstand?

7. Wie groß sind die fehlenden Werte des Spannungsmessers mit Messbereichserweiterung?

	a)	b)	c)	d)	e)	f)
U_i	3 V	30 V	?	100 V	?	300 V
U	30 V	?	150 V	600 V	800 V	?
n	?	4	15	?	?	?
R_i	1,5 kΩ	?	50 kΩ	?	44,5 kΩ	18 kΩ
R_V	?	0,9 kΩ	?	45 kΩ	667,5 kΩ	42 kΩ

8. Der Messbereich eines Messinstruments mit 10 kΩ Innenwiderstand soll von 3 V auf 500 V erweitert werden.

a) Wie groß muss der Vorwiderstand sein?
b) Welchem Spannungswert entspricht dann die Anzeige 2,28 V?
c) Welcher Strom fließt bei 2,28 V Anzeige durch den Spannungsmesser?

9. Ein Spannungsmessgerät mit den Messbereichen 1 V, 3 V und 15 V hat einen Kennwiderstand von 12 kΩ/V. Wie groß ist der

a) Innenwiderstand im 1-V-Messbereich,
b) Vorwiderstand im 3-V-Messbereich,
c) Gesamtwiderstand im 15-V-Messbereich?

10. a) Welche maximale Spannung kann gemessen werden?
b) Wie groß ist bei der 8-V-Anzeige die tatsächliche Spannung?

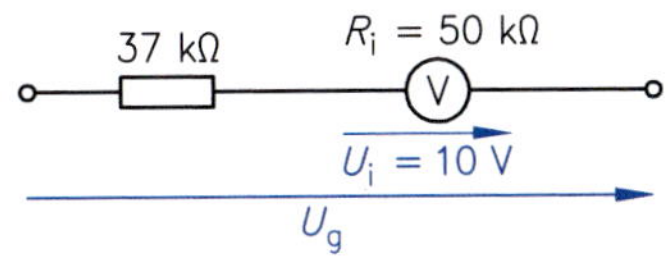

11. Der Kennwiderstand eines Vielfachmessgeräts ist 10 kΩ/V. Wie groß muss der Vorwiderstand sein, damit der 60-V-Messbereich auf 240 V erweitert wird?

12. Wie groß ist der Innenwiderstand eines Spannungsmessgeräts, wenn durch Vorschalten eines 10-kΩ-Widerstandes die Anzeige von 16 V auf 12 V sinkt?

13. Bei welchen Vorwiderstandswerten lassen sich die angegebenen Spannungen messen?

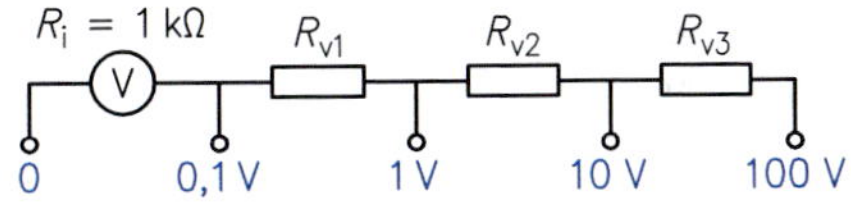

14. Ein Spannungsmessgerät besitzt ein Drehspulmesswerk mit 100-Ω-Innenwiderstand. Durch einen 9,9-kΩ-Vorwiderstand ist der Messbereich auf 400 V erweitert worden.

a) Durch welchen Vorwiderstand wird der Messbereich auf 10 V erweitert?
b) Wie groß ist die gesamte Leistungsaufnahme bei der Messung von 10 V?

15. Der Kennwiderstand eines Vielfach-Spannungsmessgeräts beträgt 15 kΩ/V. Das Gerät hat einen 3-V-, 10-V-, 30-V-, 100-V- und einen 300-V-Messbereich.

a) Welchen Innenwiderstand hat das Drehspulmesswerk, wenn für den kleinsten Messbereich ein 44,5-kΩ-Widerstand vorgeschaltet ist?
b) Welcher Widerstand muss jeweils zusätzlich für den nächstgrößeren Messbereich zugeschaltet werden?

16. a) Welcher Vorwiderstand ist für die nebenstehende Schaltung erforderlich, damit eine Spannung bis 500 V gemessen werden kann?
b) Wie groß ist bei der Anzeige von 19,5 V die tatsächliche Spannung?
c) Welcher Strom fließt bei der Anzeige von 19,5 V?

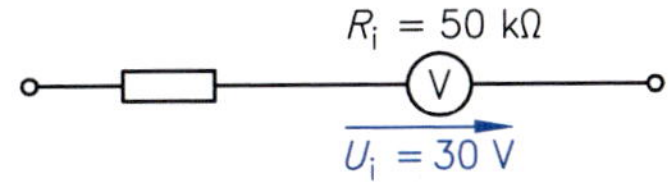

4.2.2 Strommessgeräte mit Drehspulmesswerk

Die Messbereichserweiterung bei $I_g > I_i$ erfolgt mit einem Nebenwiderstand R_n.

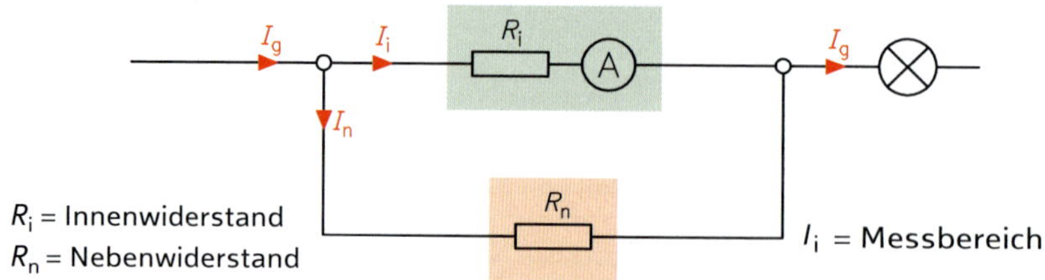

$$\frac{R_n}{R_i} = \frac{I_i}{I_n} \Rightarrow R_n = R_i \frac{I_i}{I_n}$$

mit $I_n = I_g - I_i$

mit Erweiterungsfaktor $n = \frac{I_g}{I_i}$

$$R_n = R_i \frac{I_i}{I_g - I_i} \Rightarrow R_n = R_i \frac{1}{\frac{I_g}{I_i} - 1} \Rightarrow R_n = R_i \frac{1}{n-1}$$

Wahrer Wert $W = A \cdot n$ Anzeige · Erweiterungsfaktor

Aufgaben

Beispiel: Wie muss der Nebenwiderstand eines Strommessgeräts mit dem Messbereich 1 A und dem Innenwiderstand 10 Ω bemessen werden, damit Ströme bis 5 A gemessen werden können?

Gegeben: $R_i = 10\ \Omega$; $I_i = 1$ A; $I_g = 5$ A

Gesucht: R_n

Lösung: mit $R_n = R_i \frac{I_i}{I_g - I_i} \Rightarrow R_n = 10\ \text{k}\Omega \frac{1\ \text{A}}{5\ \text{A} - 1\ \text{A}} = \mathbf{2{,}5\ \Omega}$

mit $n = \frac{I_g}{I_i} = \frac{5\ \text{A}}{1\ \text{A}} = 5 \Rightarrow R_n = R_i \frac{1}{n-1} = 10\ \text{k}\Omega \frac{1}{5-1} = \mathbf{2{,}5\ \Omega}$

1. Wie groß ist der Erweiterungsfaktor, wenn ein Strommessbereich von 15 mA auf 200 mA erweitert wird?

2. Der Messbereich eines Strommessgeräts mit 10 mA Endausschlag ist um den Faktor 3 erweitert worden. Welche Stromstärke wird bei der Messung von 25 mA angezeigt?

3. Ein Strommessgerät zeigt nach der Erweiterung des Messbereichs um den Faktor 5 einen Strom von 460 mA an. Wie groß ist die Stromstärke tatsächlich?

4. Wie groß muss der Nebenwiderstand zu einem Strommessgerät mit 1 Ω Innenwiderstand sein, wenn der Messbereich um den Faktor 3 erweitert wird?

5. Ein Strommessgerät mit 5 Ω Innenwiderstand hat einen Messbereich von 500 mA. Wie groß muss der Nebenwiderstand sein, damit der Messbereich auf 2 A erweitert wird?

6. Das Messgerät zeigt 6,8 mA an.

a) Welcher Strom wird in der gegebenen Schaltung gemessen?

b) Wie groß muss der Nebenwiderstand gewählt werden, damit ein Gesamtstrom von 5 A gemessen werden kann?

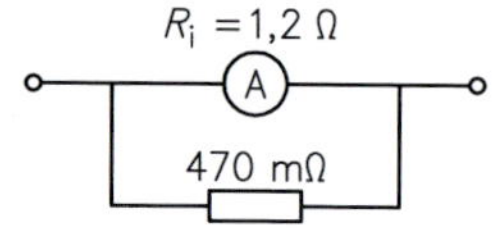

7. Wie groß sind die fehlenden Werte des Strommessers mit Messbereichserweiterung?

	a)	b)	c)	d)	e)	f)
I_i	10 mA	?	5 A	?	0,1 A	3 A
I	0,3 A	3 A	?	250 mA	5 A	?
n	?	10	2	?	?	?
R_i	8 Ω	2,4 Ω	?	1,6 Ω	?	2 Ω
R_n	?	?	15 Ω	0,22 Ω	24,5 Ω	0,5 Ω

8. Der Messbereich eines 1-A-Strommessgeräts mit 10 Ω Innenwiderstand ist mit einem 2,5-Ω-Widerstand erweitert worden.

a) Um welchen Faktor wurde der Messbereich erweitert?

b) Wie groß ist der wahre Stromwert, wenn 0,8 A angezeigt werden?

9. Der Messbereich eines Strommessgeräts mit 0,5 Ω Innenwiderstand soll von 10 mA auf 30 mA erweitert werden.

a) Wie groß ist der Nebenwiderstand?

b) Welcher Strom wird bei einer Anzeige von 7,5 mA gemessen?

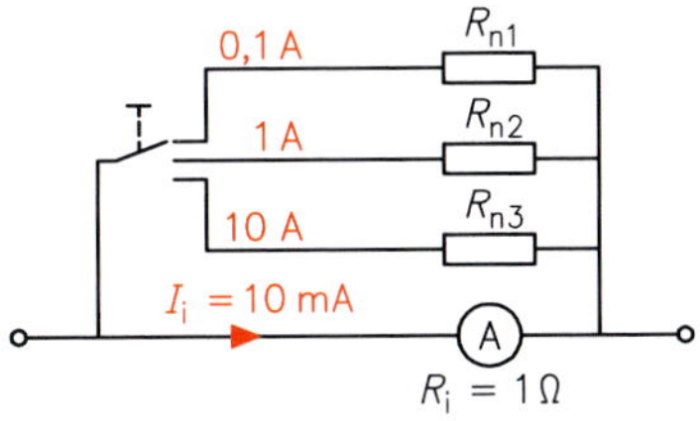

10. Für die gegebene Schaltung sind folgende Werte zu ermitteln:

a) Spannung,

b) Widerstandswerte,

c) der Widerstandswert bei einem Gesamtstrom von 5 A.

11. Der Messbereich eines Strommessgeräts wurde durch Parallelschalten eines 1,2-Ω-Widerstandes von 300 mA auf 1 A erweitert.

a) Wie groß ist der Innenwiderstand des Messgeräts?

b) Welche Spannung liegt bei Vollausschlag am Nebenwiderstand?

12. Wie groß ist der Innenwiderstand eines Strommessgeräts mit 100 mA Endausschlag, wenn bei Parallelschaltung eines 0,5-Ω-Widerstandes die Anzeige von 80 mA auf 10 mA zurückgeht?

13. Ein Strommessgerät mit 10 mA Nennstrom besitzt einen Innenwiderstand von 100 Ω. Durch Zuschalten zusätzlicher Parallelwiderstände sollen die Messbereiche 30 mA, 100 mA, 300 mA, 1 A und 3 A ermöglicht werden. Welcher Nebenwiderstand muss jeweils zusätzlich für den nächsten Messbereich parallel geschaltet werden?

14. Durch Parallelschalten eines 2-Ω-Widerstandes wurde der 10-mA-Messbereich eines Strommessgeräts auf 30 mA erweitert.

a) Welche Spannung liegt bei Vollausschlag am Messgerät an?

b) Wie groß ist der Innenwiderstand des Messinstrumentes im 10-mA-Messbereich?

15. Für die gegebene Schaltung sollen folgende Werte ermittelt werden:

a) Widerstandswert R_{n2},

b) Strom I_{n1},

c) Strom I_{n3}, wenn $I = 1$ A,

d) Widerstandswert R_{n3}.

e) Welcher Widerstand ist erforderlich, wenn ein Gesamtstrom von 3 A fließt?

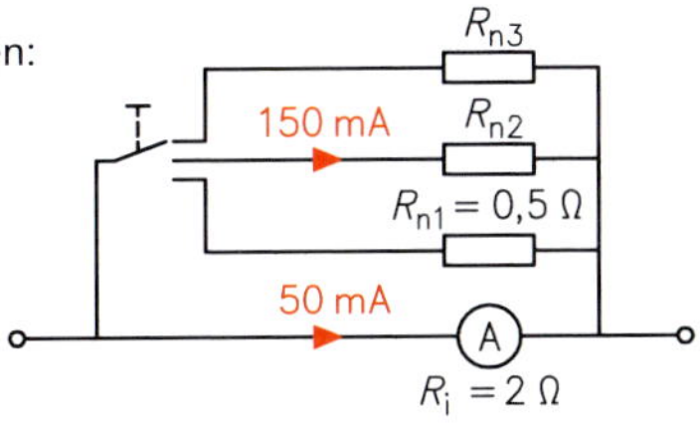

16. Der Messbereich eines 3-A-Strommessgeräts mit einem Innenwiderstand von 20 Ω soll um den Faktor 25 erweitert werden.

a) Welcher Nebenwiderstand ist erforderlich?

b) Wie groß ist der angezeigte Wert, wenn ein Gesamtstrom von 26,5 A fließt?

c) Welche Spannung liegt am Nebenwiderstand an?

4.3 Widerstandsmessverfahren

4.3.1 Indirekte Ermittlung

Strom- und Spannungsmessung und Anwendung des ohmschen Gesetzes

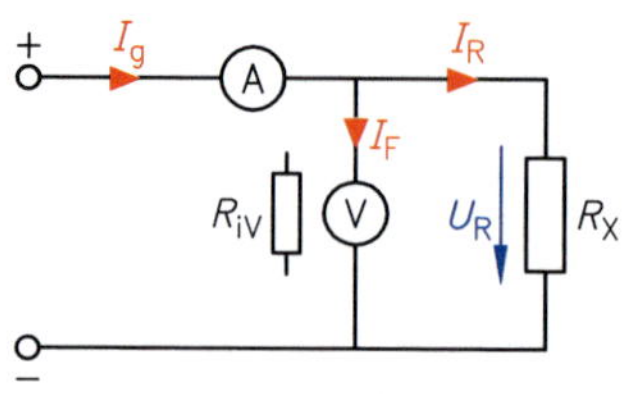

oder

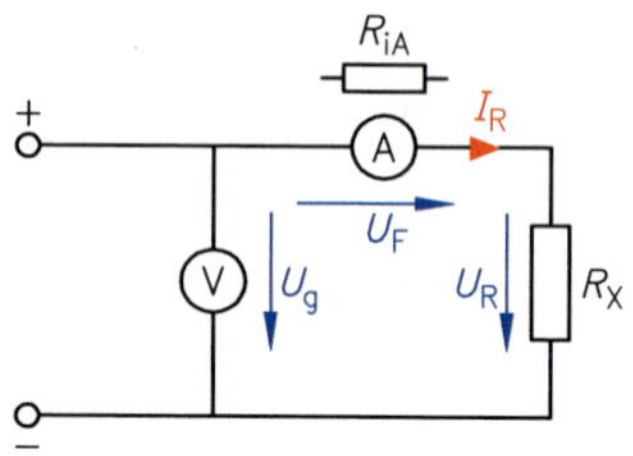

Durch die Parallelschaltung von Spannungsmessgerät und Widerstand wird der Gesamtstrom gemessen.

Durch die Reihenschaltung von Strommessgerät und Widerstand wird die Gesamtspannung gemessen.

Stromfehlerschaltung

$$I_F = \frac{U_R}{R_{iv}}$$

mit $I_R = I_g - I_F$ ⇒

Spannungsfehlerschaltung

$$U_F = I_R \cdot R_{iA}$$

⇐ mit $U_R = U_g - U_F$

$$\boldsymbol{R_X = \frac{U_R}{I_R}}$$

geeignet für kleine Widerstände
$R_X << R_{iV}$

geeignet für große Widerstände
$R_X >> R_{iA}$

Aufgaben

Beispiel: Ein unbekannter Widerstandswert wird mit der Stromfehlerschaltung ermittelt. Die Messgeräte zeigen die Werte 12 V und 3,6 mA an.

a) Welcher Ablesewert R_A ergibt sich aus den Messdaten?

b) Welcher Wert ergibt sich unter Berücksichtigung eines Spannungsmessgeräte-Innenwiderstandes von 10 kΩ?

c) Wie groß ist der relative Messfehler, wenn die Messschaltung bei der Widerstandsberechnung nicht berücksichtigt wird?

Gegeben: $U_R = 12\ \text{V}$; $I_g = 3{,}6\ \text{mA}$; $R_{iV} = 10\ \text{k}\Omega$

Gesucht: R_A; R_X; f

Lösung:

a) $R_A = \frac{U_R}{I_g} = \frac{12\ \text{V}}{3{,}6\ \text{mA}} = \mathbf{3{,}33\ k\Omega}$

b) $I_F = \frac{U_R}{R_{iV}} = \frac{12\ \text{V}}{10\ \text{k}\Omega} = 1{,}2\ \text{mA}$ $\quad I_R = I_g - I_F = 3{,}6\ \text{mA} - 1{,}2\ \text{mA} = 2{,}4\ \text{mA}$

$R_X = \frac{U_R}{I_R} = \frac{12\ \text{V}}{2{,}4\ \text{mA}} = \mathbf{5\ k\Omega}$

c) $F = A - W = 3{,}33\ \text{k}\Omega - 5\ \text{k}\Omega = -\ 1{,}67\ \text{k}\Omega$

$f = \frac{F}{W} \cdot 100\,\% = \frac{1{,}67\ \Omega}{5\ \Omega} \cdot 100\,\% = \mathbf{33{,}33\,\%}$

1. Mit der Spannungsfehlerschaltung werden 12 V und 24 mA gemessen.

a) Wie groß ist der Widerstand ohne Berücksichtigung des Schaltungsfehlers?

b) Wie groß ist der genaue Wert des Widerstandes?

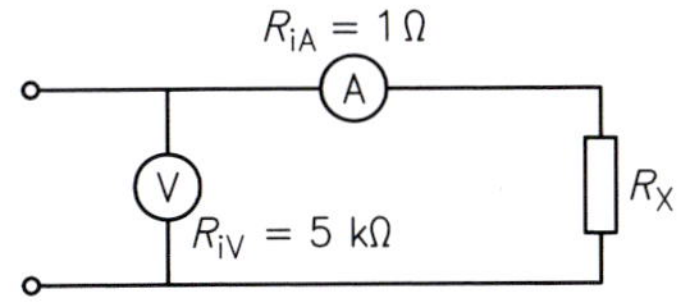

2. Bei der Widerstandsbestimmung mit der Stromfehlerschaltung werden 1 A und 14,2 V gemessen. Das Spannungsmessgerät besitzt einen Innenwiderstand von 2 kΩ. Wie groß ist der relative Messfehler, wenn der Schaltungsfehler bei der Berechnung nicht berücksichtigt wird?

3. a) Welche Anzeigen stellen sich bei der Stromfehlerschaltung ein?

b) Wie groß ist der relative Messfehler, wenn die Schaltung bei der Berechnung nicht berücksichtigt wird?

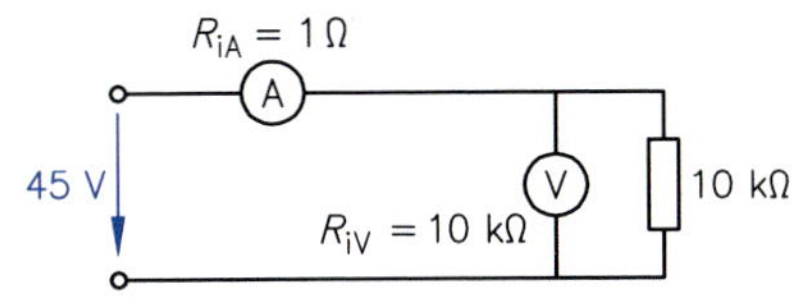

4. Zur Widerstandsmessung steht ein Spannungsmessgerät mit 10 kΩ Innenwiderstand, ein Strommessgerät mit 0,5 Ω Innenwiderstand und ein stabilisiertes Netzgerät mit 6 V Ausgangsspannung zur Verfügung. Bei der Stromfehlerschaltung werden 4 A und 4 V gemessen.

a) Wie groß ist der wahre Widerstandswert?

b) Welcher unkorrigierte Widerstandswert ergibt sich bei der Spannungsfehlerschaltung?

c) Wie groß ist der relative Messfehler bei der Spannungsfehlerschaltung?

5. Mit der abgebildeten Schaltung soll der genaue Widerstandswert bestimmt werden. Welcher relative Messfehler ergibt sich bei der Widerstandsmessung?

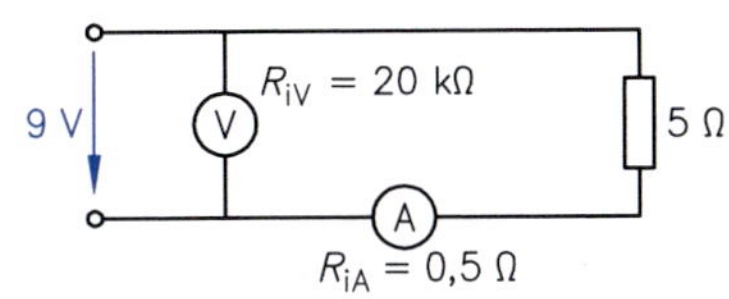

6. Mit der Spannungsfehlerschaltung wird ein unkorrigierter Widerstandswert von 21 Ω ermittelt. Wie groß ist der Innenwiderstand des Strommessgeräts, wenn ein relativer Fehler von 5 % auftritt?

7. Bis zu welchen Widerstandswerten ist der Messfehler der Schaltungen kleiner als 3%?

a)

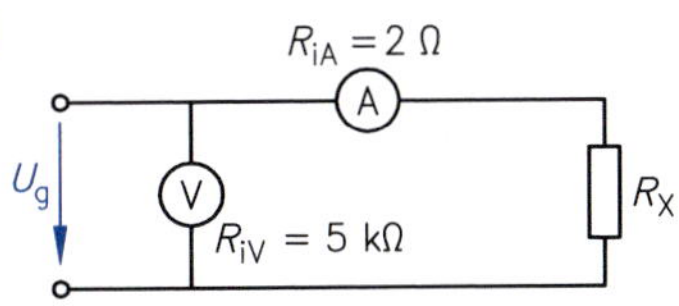

b)

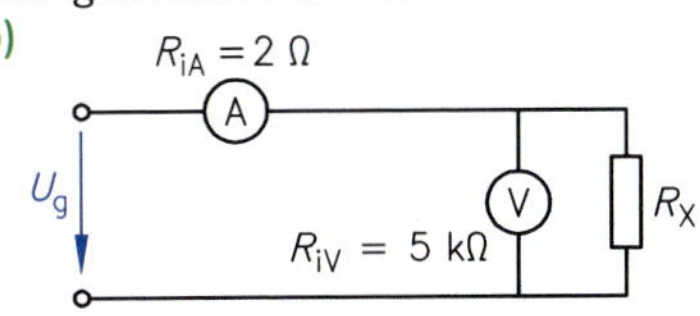

8. Mit der Spannungsfehlerschaltung wird ein Widerstand mit 380 Ω gemessen. Das Strommessgerät hat 0,5 Ω Innenwiderstand, das Spannungsmessgerät mit einem Innenwiderstand von 10 kΩ zeigt 24 V an.

a) Wie groß ist der wahre Widerstandswert?

b) Wie groß ist der relative Messfehler?

c) Welchen Wert zeigt das Strommessgerät an?

d) Welche Anzeigen ergeben sich bei der Stromfehlerschaltung?

e) Wie groß ist der relative Messfehler bei der Stromfehlerschaltung?

9. Durch eine Strom- und Spannungsmessung soll der genaue Widerstandswert eines 1-kΩ-Widerstandes bestimmt werden. Zur Messung steht eine Konstantspannungsquelle mit 10 V, ein Strommessgerät mit 1-Ω-Innenwiderstand und ein Spannungsmessgerät mit 10 kΩ Innenwiderstand zur Verfügung. Welche Schaltung liefert das genauere Ergebnis?

10. Mit der Stromfehlerschaltung ist ein Widerstandswert zu bestimmen. Die Messgeräte zeigen 32 V und 84 mA an.

a) Welcher wahre Widerstandwert ergibt sich bei Berücksichtigung des 20-Ω-Messgeräte-Innenwiderstandes?

b) Wie hoch ist der relative Messfehler ohne Korrekturrechnung?

c) Welcher Messfehler ergibt sich bei der Leistungsmessung?

11. Mit der Stromfehlerschaltung wird ein Widerstandswert von 5 kΩ gemessen. Der Strommesser hat einen 1-Ω-Innenwiderstand, das Spannungsmessgerät einen Innenwiderstand von 20 kΩ.

a) Wie groß ist der wahre Widerstandswert?

b) Wie groß ist der vom Strommessgerät angezeigte Wert?

c) Welche Ströme fließen über den Innenwiderstand des Spannungsmessgeräts und den gesuchten Widerstand?

d) Wie groß ist der relative Messfehler?

e) Welche Messwerte ergeben sich bei der Spannungsfehlerschaltung für die oben genannten Daten?

f) Wie groß ist der relative Messfehler für die Spannungsfehlerschaltung?

4.3.2 Direkte Messung (Wheatstone-Messbrücke)

Linker Spannungsteiler

$$\frac{U_1}{U_2} = \frac{R_1}{R_2}$$

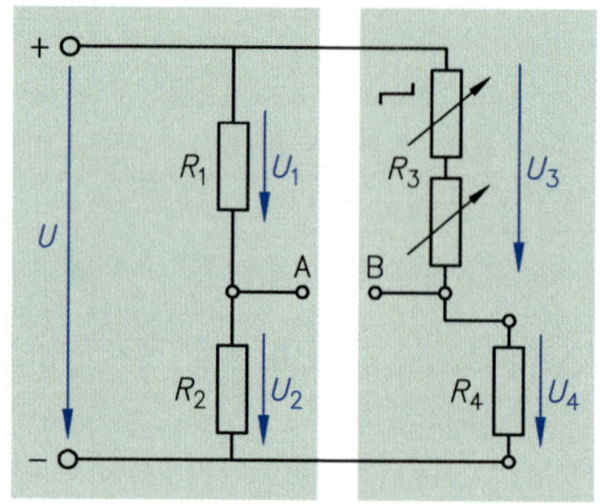

Rechter Spannungsteiler

$$\frac{U_3}{U_4} = \frac{R_3}{R_4}$$

Besteht zwischen den Punkten A und B kein Potenzialunterschied $U_{AB} = 0$ V, ist die Brücke „abgeglichen“:

Abgleichbedingung

$$\frac{R_1}{R_2} = \frac{R_3}{R_4}$$

Aufgaben

Beispiel: Die abgebildete Messbrücke liegt an einer Betriebsspannung von 4,5 V und ist abgeglichen.

a) Wie groß ist der gesuchte Widerstandswert?

b) Welche Spannung liegt an R_X?

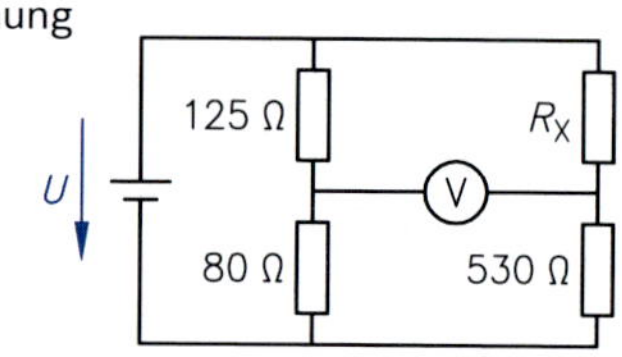

Gegeben: $R_1 = 125\ \Omega$; $R_2 = 80\ \Omega$; $R_4 = 530\ \Omega$; $U = 4{,}5$ V

Gesucht: R_X; U_X

Lösung: **a)** $\frac{R_1}{R_2} = \frac{R_3}{R_4} \Rightarrow R_X = R_3 = R_4 \frac{R_1}{R_2} = 530\ \Omega \frac{125\ \Omega}{80\ \Omega} = \mathbf{828{,}125\ \Omega}$

b) $R_E = R_X + R_4 = 828{,}125\ \Omega + 530\ \Omega = 1358{,}125\ \Omega$

$$I_X = \frac{U_g}{R_E} = \frac{4{,}5\,\text{V}}{1\,358{,}125\ \Omega} = 3{,}31\ \text{mA}$$

$$U_X = R_X \cdot I_X = 828{,}125\ \Omega \cdot 3{,}31\ \text{mA} = \mathbf{2{,}74\ V}$$

1. Wie groß ist jeweils der Widerstand R_x bei den abgeglichenen Messbrücken?

a)

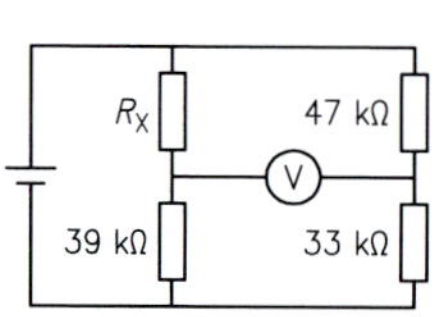

b)

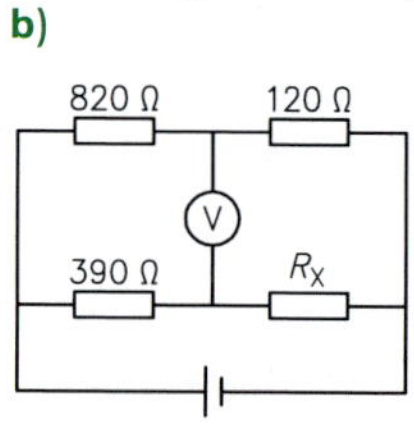

c)

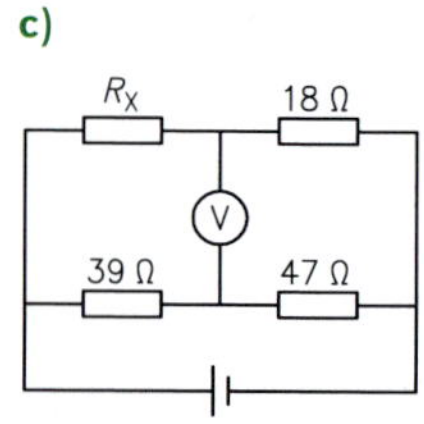

2. Zur Bestimmung des Innenwiderstandes eines Messgerätes wird der veränderbare Widerstand so lange verändert, bis sich bei Schalterbetätigung der Ausschlag des Messgeräts nicht mehr ändert. Wie groß ist der Innenwiderstand des Messgeräts, wenn die Brücke bei den dargestellten Widerstandswerten abgeglichen ist?

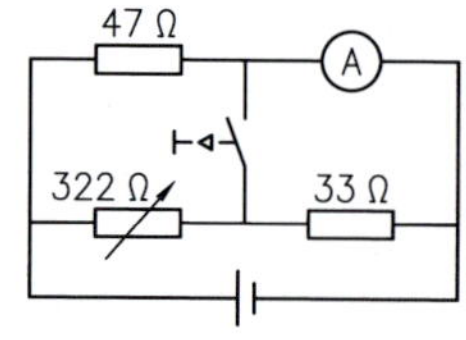

3. Die abgebildete Schleifdrahtmessbrücke ist abgeglichen. Wie groß ist der gesuchte Widerstandswert?

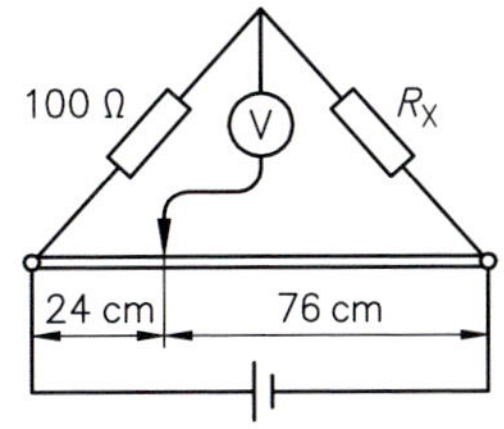

4. Eine Ader einer Telefonleitung hat einen Erdschluss. Zur Ermittlung des Fehlerortes wird die beschädigte Ader am Ende der Leitung mit einer unbeschädigten Ader kurzgeschlossen. Am Anfang der Leitung werden die Adern zu einer Brückenschaltung ergänzt (Fehlerortbestimmung nach Murray). Wie weit ist die Fehlerstelle vom Messort entfernt, wenn die abgebildete Brückenschaltung abgeglichen ist?

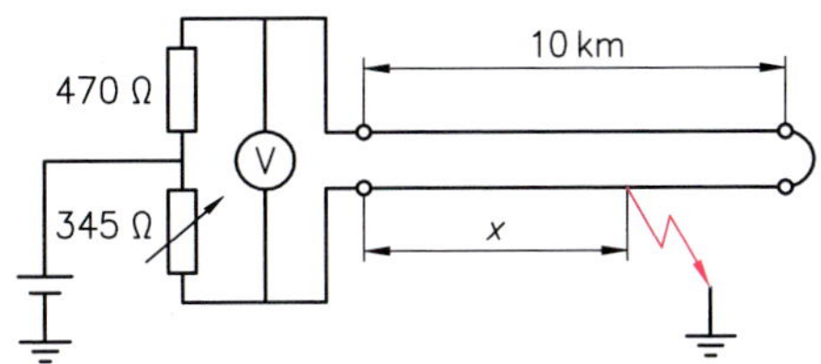

5. Zur Fehlerortbestimmung bei Kurzschluss zweier Adern einer Leitung wird die Messbrücke wie in der Abbildung geschaltet. Wie weit ist der Fehler vom Messort entfernt?

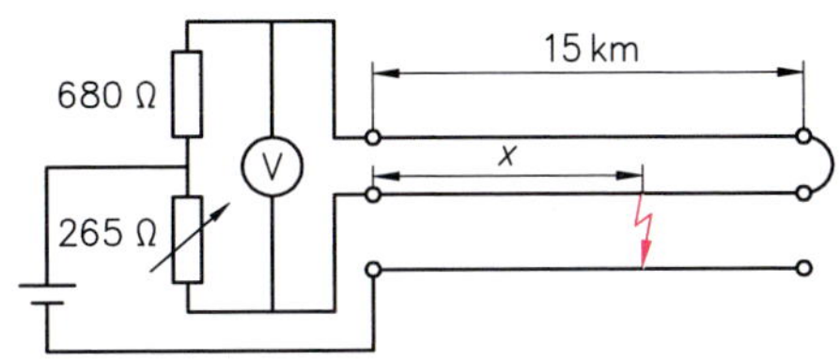

6. Die nebenstehende Schaltung zeigt eine Schleifdrahtmessbrücke mit einstellbarem Vergleichswiderstand. Der Schleifdraht ist insgesamt 1 m lang. Die größte Messgenauigkeit wird erzielt, wenn der Vergleichswiderstand genauso groß wie der Messwiderstand ist. Der Vergleichswiderstand wird durch Kurzschließen einzelner Widerstände eingestellt. Welche Widerstände sind kurzzuschließen und wie groß ist das Streckenverhältnis $l_1 : l_2$, wenn folgende Widerstandswerte gemessen werden?

a) 20 Ω
b) 45 Ω
c) 200 mΩ
d) 30 mΩ
e) 3 Ω
f) 200 Ω
g) 10 kΩ
h) 1 kΩ

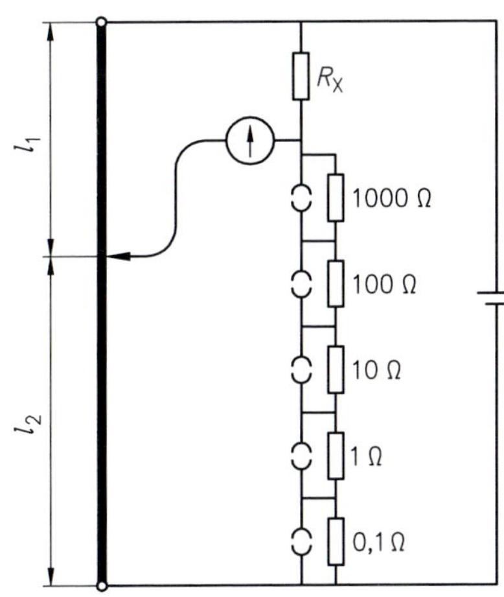

7. Welche Werte ergeben sich in der nachfolgenden Tabelle für die abgeglichene Brückenschaltung?

	a)	b)	c)	d)	e)	f)	g)	h)
R_1	50 Ω	?	?	?	30 Ω	?	20 Ω	30 Ω
R_2	20 Ω	?	300 Ω	?	120 Ω	?	?	?
R_3	200 Ω	?	80 Ω	?	?	?	?	?
R_4	?	20 Ω	?	?	70 Ω	?	60 Ω	?
U	60 V	120 V	200 V	80 V	?	?	80 V	110 V
U_1	?	?	?	30 V	?	40 V	?	?
U_2	?	80 V	?	?	?	?	?	60 V
U_3	?	?	120 V	?	?	?	?	?
U_4	?	?	?	?	?	90 V	?	?
I	?	?	?	2 A	?	4,25 A	?	3,5 A
I_1	?	1,5 A	?	0,5 A	?	3 A	?	?
I_2	0,6 A	2 A	?	?	1 A	?	2,5 A	?

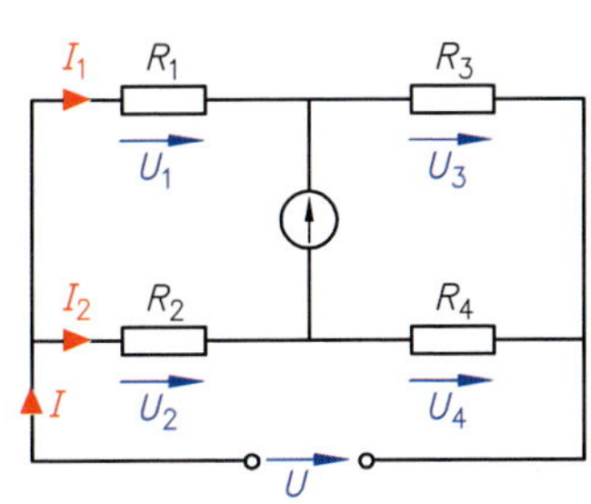

4.4 Messen mit dem Oszilloskop

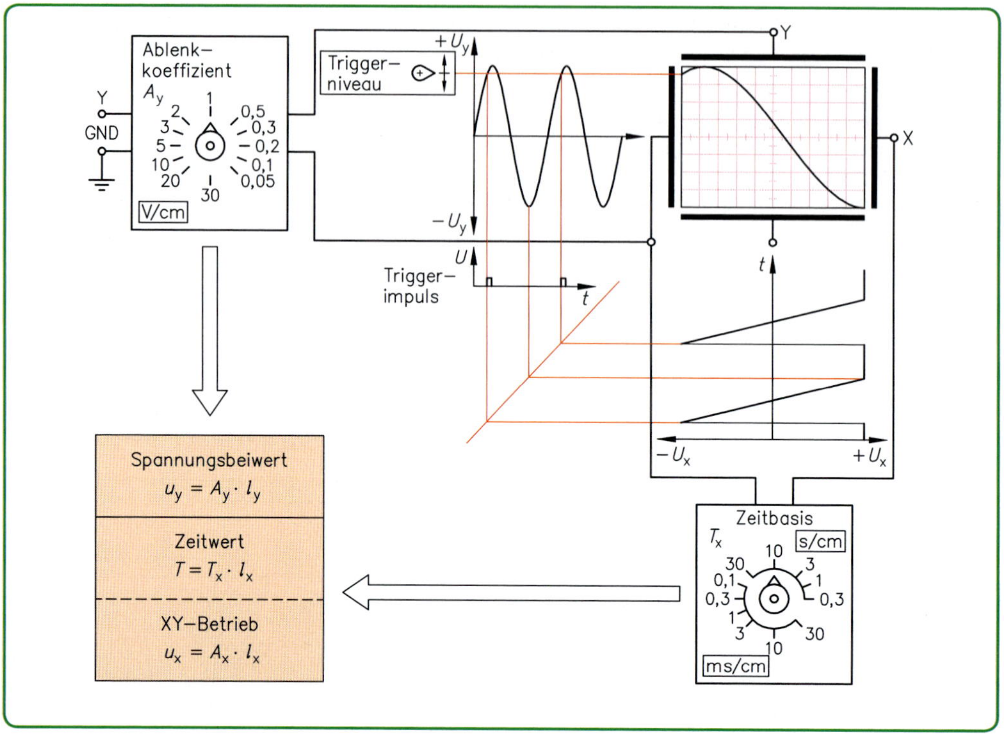

Aufgaben

Beispiel: Auf dem Bildschirm eines Oszilloskops wird eine sinusförmige Wechselspannung dargestellt. Die Horizontalablenkung ist auf 0,3 µs/Skt., die Vertikalablenkung ist auf 0,05 V/Skt. eingestellt. Wie groß ist

a) der Scheitelwert,

b) die Frequenz der Wechselspannung?

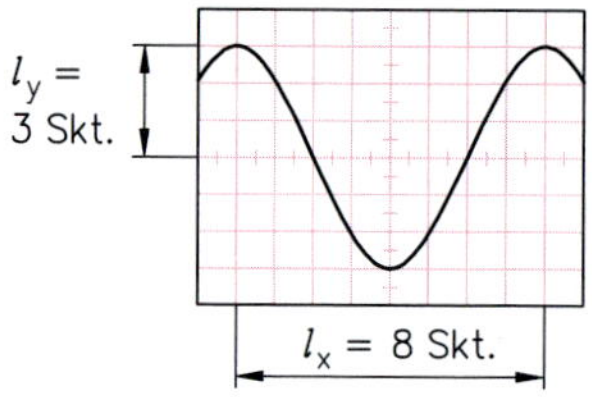

Gegeben: $A_y = 0{,}05$ V/Skt.; $T_x = 0{,}3$ µs/Skt.

Gesucht: $\hat{u}$; f

Lösung: **a)** $\hat{u} = A_y \cdot l_y = 0{,}05\,\frac{\text{V}}{\text{Skt.}} \cdot 3\ \text{Skt.} = \mathbf{0{,}15\ V}$

b) $T = T_X \cdot l_X = 0{,}3\,\frac{\mu\text{s}}{\text{Skt.}} \cdot 8\ \text{Skt.} = 2{,}4\ \mu\text{s}$

$f = \frac{1}{T} = \frac{1}{2{,}4\mu\text{s}} = \mathbf{416KHz}$

1. Auf dem Bildschirm eines Oszilloskopes wird eine 50-Hz-Wechselspannung dargestellt. Wie viele Skalenteile werden für die Darstellung einer Periode benötigt, wenn die Zeitbasis auf 5 ms/Skt. eingestellt ist?

2. Wie viele Skalenteile sind zur Darstellung einer Wechselspannung mit 2,84 V Scheitelwert erforderlich, wenn die Y-Empfindlichkeit auf 1 V/Skt. eingestellt wird?

3. Wie viele Perioden mit 200 kHz werden bei einer Zeitbasis
   a) von 30 µs/cm auf einem 8 cm breiten Bildschirm dargestellt?
   b) von 10 µs/cm auf einem 8 cm breiten Bildschirm dargestellt?
   c) von 20 µs/cm auf einem 10 cm breiten Bildschirm dargestellt?
   d) von 15 µs/cm auf einem 10 cm breiten Bildschirm dargestellt?

4. Ein Oszilloskop hat einen Bildschirm von 10 cm x 10 cm. Es stehen folgende Ablenkempfindlichkeiten zur Verfügung:

Tx:	30 ms/cm;	10 ms/cm;	3 ms/cm;	2 ms/cm;	1 ms/cm;	0,3 ms/cm;	0,1 ms/cm;
	30 µs/cm;	10 µs/cm;	3 µs/cm;	2 µs/cm;	1 µs/cm;	0,3 µs/cm;	0,1 µs/cm
Ay:	30 V/cm;	20 V/cm;	10 V/cm;	5 V/cm;	3 V/cm;	2 V/cm;	1 V/cm;
	0,5 V/cm;	0,3 V/cm;	0,2 V/cm;	0,1 V/cm;	0,05 V/cm		

Welche Ablenkempfindlichkeiten sind einzustellen, damit eine Periode der sinusförmigen Wechselspannungen a bis f möglichst groß dargestellt wird?

a) 20 V/50 Hz **b)** 3 V/1 kHz **c)** 42 V/25 Hz **d)** 9 mV/2 MHz **e)** 1,5 V/3 kHz **f)** 100 V/16,66 Hz

5. Wie groß sind die Spitzenwerte und Frequenzen der abgebildeten Wechselspannungen bei den gegebenen Ablenkempfindlichkeiten?

a) 2 ms/Skt. 0,2 V/Skt.

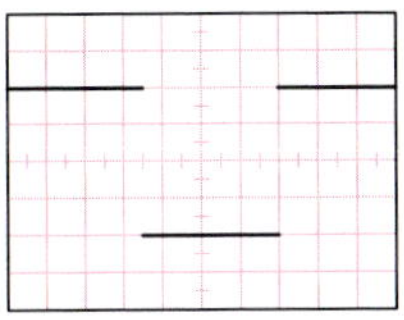

b) 2 µms/Skt. 0,05 V/Skt.

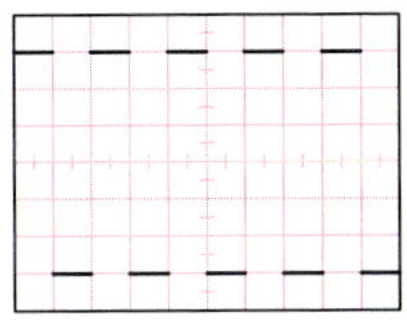

c) 10 µms/Skt. 1 V/Skt.

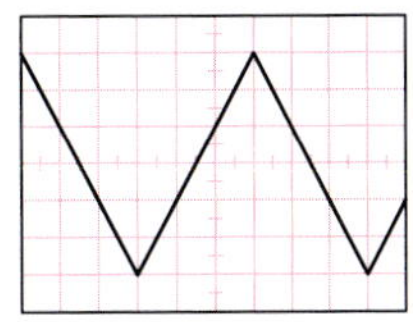

6. Wie groß sind die Effektivwerte und Frequenzen der abgebildeten Wechselspannungen bei den gegebenen Ablenkempfindlichkeiten?

a) 2 ms/Skt. 0,2 V/Skt.

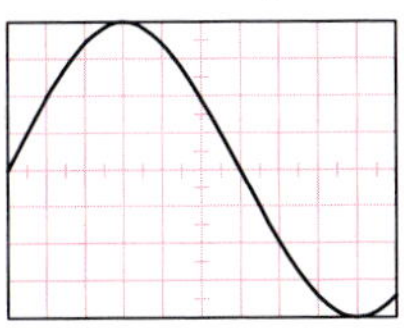

b) 0,1 ms/Skt. 20 V/Skt.

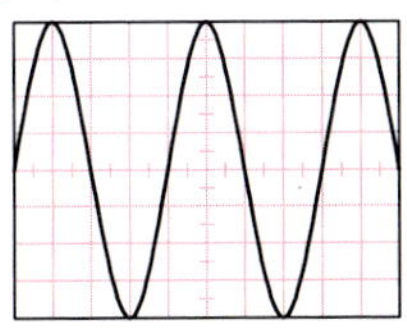

c) 10 µms/Skt. 1 V/Skt.

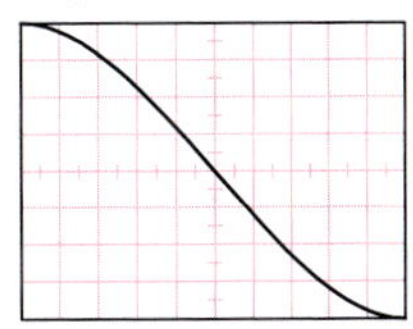

7. Wie groß ist die Phasenverschiebung zwischen den beiden Spannungen, wenn die Spannung mit dem größeren Spitzenwert als Bezugsgröße gilt?

a)

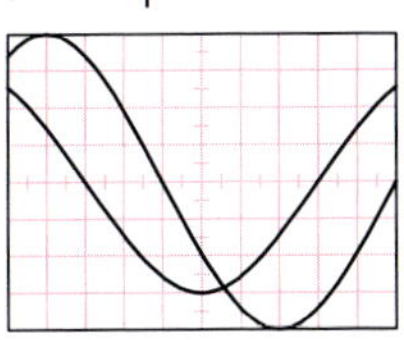

b)

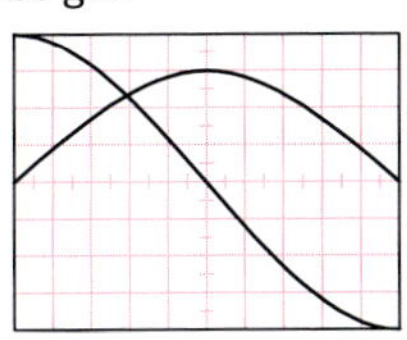

c)

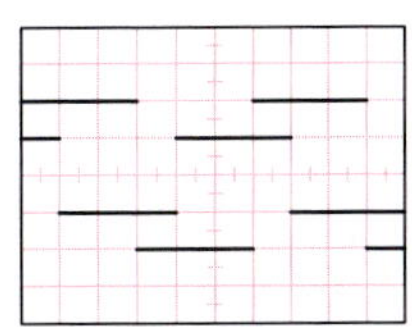

8. Der arithmetische Mittelwert einer gleichgerichteten Wechselspannung bei einer Zweipuls-Brückenschaltung soll mit dem Oszilloskop ermittelt werden. Hierzu werden die Oszillogramme bei DC- und AC-Einstellung miteinander verglichen. Die Ablenkempfindlichkeiten sind auf 2 ms/Skt. und 30 V/Skt. eingestellt. Wie groß ist

a) der Effektivwert der Wechselspannung,

b) die Frequenz der Wechselspannung,

c) der arithmetische Mittelwert der Gleichspannung,

d) der Schaltungskennwert U_{di}; U_{vo}?

DC

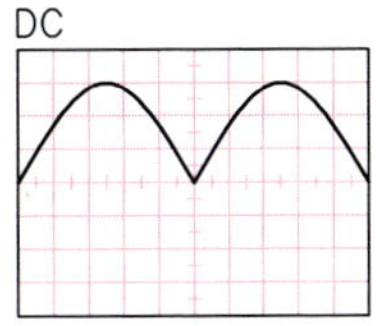

AC

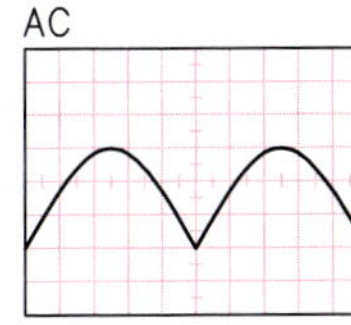

9. Die X-Ablenkempfindlichkeit ist auf 10 V/Skt. und die Y-Ablenkempfindlichkeit auf 0,2 V/Skt. eingestellt. Aus den abgebildeten Bildschirmen ist jeweils der Widerstandswert von R_2 zu bestimmen.

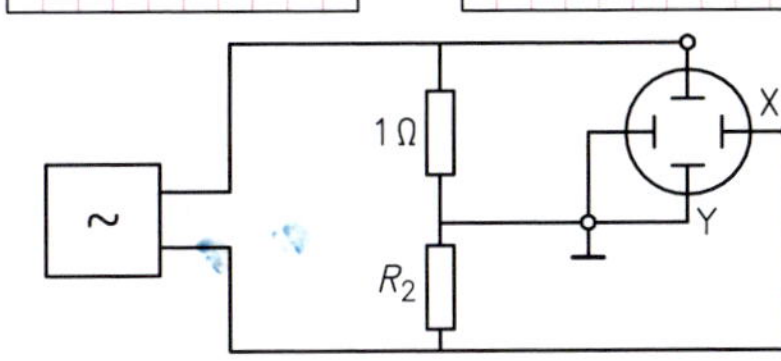

a)

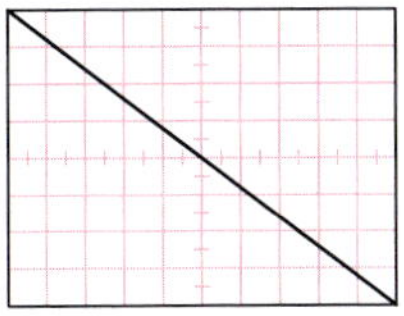

b)

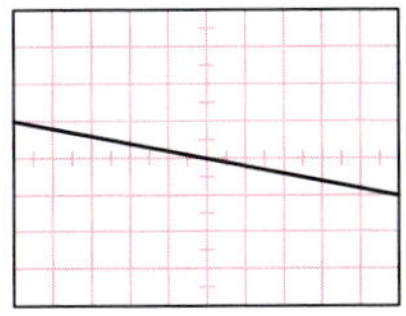

c)

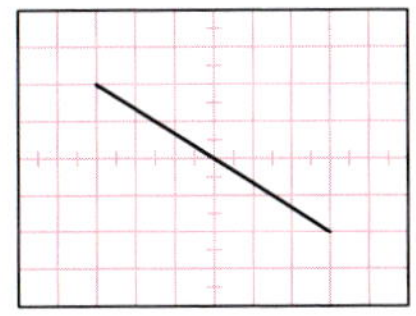

d)

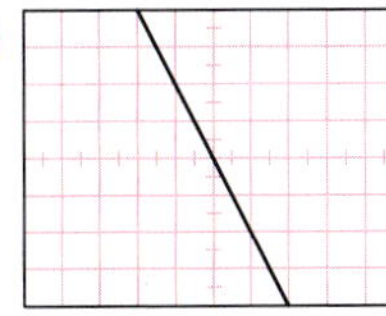

5 Energieumsetzung in Widerständen

5.1 Elektrische Leistung und Arbeit

Jeder elektrische Verbraucher (jedes Bauelement) besitzt eine „Leistungsfähigkeit".

Elektrische Leistung *P* (power)

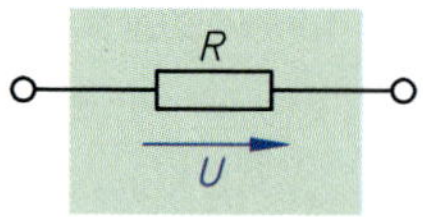

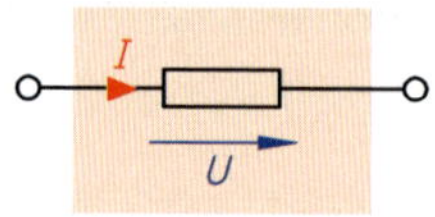

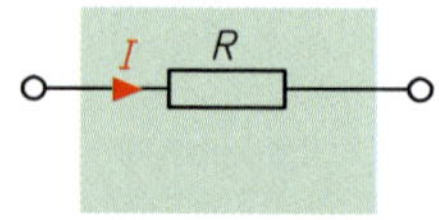

$P = \frac{U^2}{R}$ $\Leftarrow$ mit $I = \frac{U}{R}$ $\quad$ $\mathbf{P = U \cdot I}$ $\quad$ mit $U = R \cdot I$ $\Rightarrow$ $P = I^2 \cdot R$

$[P] = \text{V} \cdot \text{A}$; $\quad$ $1\,\text{V} \cdot \text{A} = 1\,\text{W}$ (Watt)

Wird elektrische Leistung während einer Zeit erbracht, wird Arbeit verrichtet:

Elektrische Arbeit *W* (work)

$$\mathbf{W = P \cdot t}$$

$[W] = \text{V} \cdot \text{A} \cdot \text{s}$; $\quad \Downarrow \quad$ $1\,\text{VAs} = 1\,\text{Ws}$

$$\mathbf{W = U \cdot I \cdot t}$$

Aufgaben

Beispiel: Ein Heizwiderstand hat die Bemessungsdaten 230 V/500 W.
Wie groß ist

a) der Widerstandswert,
b) der Bemessungsstrom,
c) die nach zehn Minuten verrichtete elektrische Arbeit,
d) die Leistung bei Anschluss an 115 V?

Gegeben: $U_n = 230\,\text{V}$; $P_n = 500\,\text{W}$; $t = 10\,\text{min} = 600\,\text{s}$

Gesucht: R; I_n; W; $P_{(115\,\text{V})}$

Lösung:

a) $P_n = \frac{U_n^2}{R} \Rightarrow R = \frac{U_n^2}{P_n} = \frac{(230\,\text{V})^2}{500\,\text{W}} = \mathbf{105{,}8\,\Omega}$

b) $I_n = \frac{U_n}{R_{iA}} = \frac{230\,\text{V}}{105{,}8\,\Omega} = \mathbf{2{,}17\,A}$

c) $W = P_n \cdot t = 500\,\text{W} \cdot 600\,\text{s} = 300\,000\,\text{Ws} = \mathbf{0{,}083\,kWh}$

d) $P = \frac{U^2}{R} = \frac{(115\,\text{V})^2}{105{,}8\,\Omega} = \mathbf{125\,W}$

1. An 230 V fließen durch eine Glühlampe 261 mA. Wie groß ist die aufgenommene Leistung?

2. Wie groß ist der Betriebsstrom eines Heizwiderstandes mit der Aufschrift 230 V/1200 W?

3. Welche Leistung nimmt ein 48,4-Ω-Heizwiderstand an 230 V auf?

4. An welche Spannung darf ein Widerstand mit der Aufschrift 250 Ω/50 W angeschlossen werden?

5. Wie groß ist der Widerstand eines Tauchsieders 230 V/1300 W?

6. Für welche Stromstärke ist ein 1,5-kΩ-Schiebewiderstand für 2 W maximal zugelassen?

7. Ein Heizwiderstand nimmt bei einer Netzspannung von 230 V eine Leistung von 2000 W auf. Wie groß ist die Leistungsaufnahme, wenn die Spannung auf 235 V steigt?

8. Bei Anschluss an 230 V nimmt ein Widerstand eine Leistung von 2 kW auf.
- **a)** Wie groß ist der Widerstand?
- **b)** Welche Leistung nimmt der Widerstand bei Anschluss an 400 V auf?

9. Innerhalb welcher Zeit nimmt eine 60-W-Glühlampe eine elektrische Arbeit von 2 kWh auf?

10. Wie groß sind die Heizleistungen der Herdplatte bei den sechs Schaltstufen, wenn 230 V zwischen L1 und N anliegen?

$R_1 = 125\ \Omega$
$R_2 = 138\ \Omega$
$R_3 = 60\ \Omega$

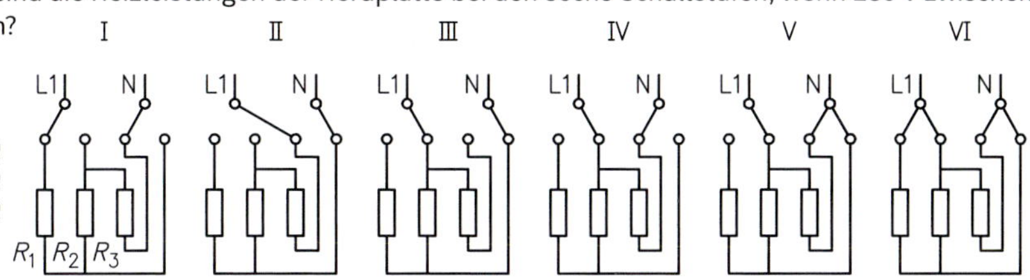

11. Zwei Heizwiderstände mit den Nenndaten 115 V/400 W und 115 V/1000 W sollen in Reihenschaltung an 230 V betrieben werden.
- **a)** Wie groß sind die Widerstandswerte?
- **b)** Welcher Strom fließt in der Schaltung?
- **c)** An welchen Spannungen liegen die Heizwiderstände?
- **d)** Um wie viel Prozent wird der eine Widerstand überlastet?

12. Mit welchem Vorwiderstand kann man eine 15-W-Glühlampe für 9 V an 12 V betreiben?

13. Die Leistung eines 150-W-Lötkolbens für 230 V soll in Lötpausen auf 100 W begrenzt werden.
- **a)** Wie groß ist der dafür benötigte Vorwiderstand?
- **b)** Welche Leistung nimmt der Vorwiderstand auf?
- **c)** Welche Energie wird während einer zehnminütigen Lötpause insgesamt eingespart?

14. Eine elektrische Heizung für 230 V enthält zwei Heizwiderstände von je 50 Ω. Wie groß ist die Leistungsaufnahme
- **a)** wenn nur ein Widerstand angeschlossen ist,
- **b)** bei Parallelschaltung der Widerstände,
- **c)** bei Reihenschaltung der Widerstände?

15. Eine Heizspirale bezieht aus dem 230-V-Netz innerhalb 24 Stunden eine elektrische Arbeit von einer Kilowattstunde. Wie groß ist ihr Widerstandswert?

16. Wie groß ist die Gesamtleistung bei folgenden Schalterstellungen:
- **a)** beide Schalter geöffnet,
- **b)** beide Schalter geschlossen,
- **c)** S1 geöffnet, S2 geschlossen,
- **d)** S1 geschlossen, S2 geöffnet?

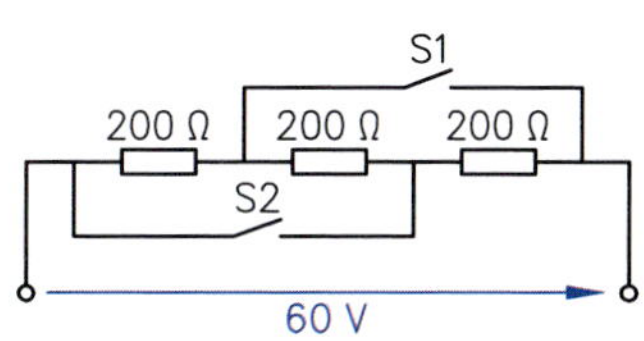

17. Die nebenstehende Kennlinie wurde an einem Heizwiderstand aufgenommen.
- **a)** Wie groß ist der Widerstandswert?
- **b)** Bei welcher Spannung wurde die Leistung von 20 W aufgenommen?
- **c)** Wie groß ist die Spannung bei einer Leistung von 50 W?

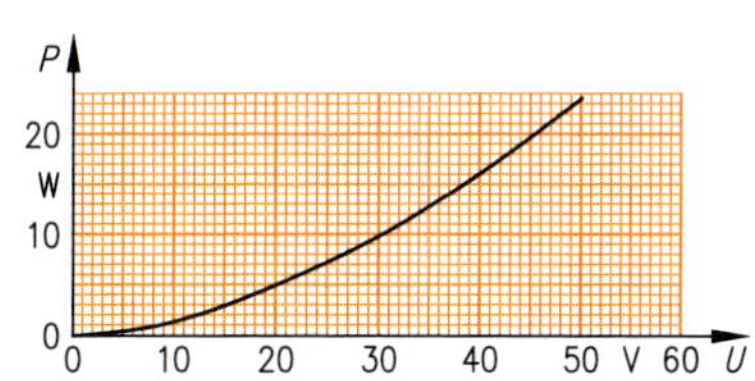

18. Der NTC-Widerstand mit nebenstehender Kennlinie liegt mit einem 100-kΩ-Widerstand in Reihe an 24 V.
- **a)** Welche Leistung nimmt der NTC-Widerstand bei 0 °C, 50 °C, 100 °C, 150 °C und 200 °C auf?
- **b)** Wie groß ist die Temperatur bei einem Widerstandswert von 10 kΩ, 1 kΩ, 100 kΩ?

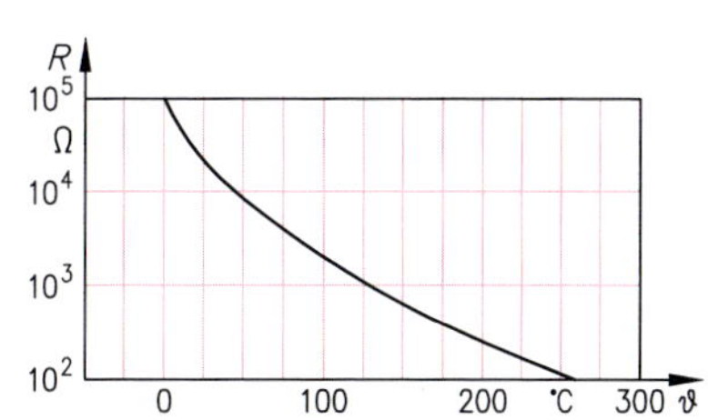

5.2 Wärmemenge (Wärmearbeit)

Wird ein Stoff mit der Masse m erwärmt, steigt seine Temperatur um ΔT:

$$\Delta T = \vartheta_2 - \vartheta_1$$

Dazu muss ihm eine bestimmte Wärmemenge Q (Wärmearbeit) zugeführt werden:

Wärmemenge Q

$$Q = m \cdot c \cdot \Delta T$$

$$[Q] = \text{J (Joule)} = \text{Ws}$$

c spezifische Wärmekapazität $[c] = \frac{\text{J}}{\text{kg} \cdot \text{K}}$

z. B.: $c_{\text{Wasser}} = 4\,190 \frac{\text{J}}{\text{kg} \cdot \text{K}} = 4{,}19 \frac{\text{kJ}}{\text{kg} \cdot \text{K}}$

Aufgaben

Beispiel: Zur Erwärmung von 1,5 l Wasser von 13 °C wird eine Wärmemenge von 500 kJ zugeführt. Welche Temperatur erreicht das Wasser?

Gegeben: $\vartheta_1 = 13\,°\text{C}$; $m = 1{,}5\,\text{kg}$; $Q = 500\,\text{kJ}$; $c = 4{,}19 \frac{\text{kJ}}{\text{kg} \cdot \text{K}}$

Gesucht: ϑ_2

Lösung: $Q = m \cdot c \cdot \Delta T \Rightarrow \Delta T = \frac{Q}{m \cdot c} = \frac{500\,\text{kJ} \cdot \text{kg} \cdot \text{k}}{1{,}5\,\text{kg} \cdot 4{,}19\,\text{kJ}} = 79{,}55\,\text{K}$

$\vartheta_2 = \vartheta_1 + \Delta T = 13\,°\text{C} + 79{,}55\,\text{K} = \mathbf{92{,}55\,°C}$

1. Wie groß ist die notwendige Wärmemenge, wenn 80 l Wasser von 30 °C auf 75 °C erwärmt werden?
2. Um wie viel °K erwärmen sich 5 l Wasser, wenn eine Wärmemenge von 420 kJ zugeführt wird?
3. Wie viel Liter Wasser befinden sich in einem wärmeisolierten Behälter, wenn sich das Wasser nach 3700 kJ Energiezufuhr von 13 °C auf 60 °C erwärmt?
4. Bei welcher Endtemperatur haben 50 l Wasser eine Wärmemenge von 8 MJ aufgenommen, wenn die Anfangstemperatur 15 °C betrug?
5. Welche Wärmemenge lässt sich durch eine Wärmepumpe aus einem 150 m^2 großen Schwimmbecken mit 2 m Tiefe bei 10 °C Wassertemperatur entnehmen, wenn die Wärmepumpe das Wasser bis auf 2 °C abkühlen kann?
6. Eine Elektrospeicherheizung wird nachts 6,5 h mit einer Leistung von 3 kW aufgeheizt. Dabei erhöht sich die Speichertemperatur von 150 °C auf 600 °C. Wie groß ist die spezifische Wärmekapazität des Speicherkerns, der eine Masse von 150 kg besitzt?
7. Welche Wärmemenge ist nötig, um die Kupferlötspitze ($c = 0{,}39\,\text{kJ}/(\text{kg} \cdot \text{K})$) eines Lötkolbens mit 30 g Masse von 20 °C auf 250 °C zu erwärmen?
8. 1 l Wasser und 1 kg Eisen ($c = 0{,}48\,\text{kJ}/(\text{kg} \cdot \text{K})$) wird jeweils eine Wärmemenge von 20 kJ zugeführt. Um wie viel °C erwärmen sich die beiden Stoffe jeweils?

9. Um wie viel °C erwärmt sich ein 10 m langer Kupferdraht (c = 0,39 kJ/(kg · K); ϱ = 8,9 kg/dm³) mit 1,5 mm² Querschnitt, wenn bei einem Kurzschluss ½ s lang 180 A fließen?

10. Wie groß sind die fehlenden Werte?

	a)	b)	c)	d)	e)	f)
m	180 kg	?	60 kg	1,2 kg	?	120 g
c	4,19 kJ/(kg · K)	0,39 kJ/(kg · K)	?	0,13 kJ/(kg · K)	2,43 kJ/(kg · K)	?
ϑ_1	10 °C	20 °C	8 °C	?	18 °C	20 °C
ϑ_2	37 °C	320 °C	?	298 °C	?	265 °C
ΔT	?	?	87 K	?	82 K	?
Q	?	9,36 kJ	21,87 MJ	43,68 kJ	200 kJ	58,8 kJ

11. Bei der Verbrennung von 1 kg leichten Heizöls wird eine Wärmemenge von 41 000 kJ frei. Wie viel Liter Wasser von 15 °C lassen sich bei voller Energieausnutzung mit 10 kg Öl auf 90 °C erwärmen?

12. Für ein Vollbad müssen 120 l Wasser von 16 °C auf 42 °C erwärmt werden. Wie viel kg Steinkohle mit einem Heizwert von 32 000 kJ/kg müssen zur Erwärmung eingesetzt werden, wenn die Verbrennungsenergie voll ausgenutzt wird?

13. Welche Wärmemenge haben jeweils 1 kg Kupfer (c = 0,39 kJ/(kg · K)) und 1 l Wasser nach einer Erwärmung von 12 °C auf 40 °C aufgenommen?

14. Zu 1 l Wasser mit 60 °C wird nochmals 1 l Wasser mit 20 °C gemischt.

a) Wie groß ist die gespeicherte Wärmemenge beider Massen auf 0 °C bezogen?

b) Welche Wärmemenge speichert die Mischung auf 0 °C bezogen?

c) Welche Temperatur hat die Mischung?

15. Zur Bestimmung der spezifischen Wärmekapazität wird der 20 °C warme Prüfkörper mit 1 kg Masse in einen mit 2 l Wasser gefüllten Isolierbehälter gegeben. Die Wassertemperatur betrug dabei 70 °C. Das Wasser kühlt sich darauf auf 63 °C ab.

a) Welche Wärmemenge hat das Wasser an den Prüfkörper abgegeben?

b) Wie groß ist die spezifische Wärmekapazität des Prüfkörpers?

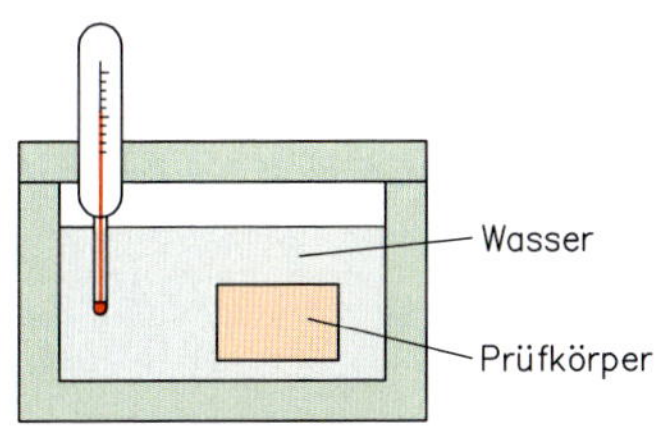

16. Ein Schmiedestück aus Eisen (c = 0,48 kJ/(kg · K)) besitzt eine Masse von 1 kg. Nach der Bearbeitung wird das 800 °C warme Schmiedestück in einen Eimer mit 10 l Wasser von 20 °C getaucht. Welche Temperatur besitzt das Wasser, wenn das Schmiedestück bei der Entnahme noch eine Temperatur von 60 °C besitzt?

17. Eine Wärmepumpe kühlt ein 400 m³ fassendes Schwimmbecken von 10 °C auf 3 °C ab.

a) Wie groß ist die dem Wasser entzogene Wärmemenge?

b) Wie viel l Wasser von 15 °C lassen sich damit zum Kochen bringen?

18. Auf einer Herdplatte werden 5 l Wasser mit einer Anfangstemperatur von 22 °C innerhalb von fünf Minuten zum Kochen gebracht.

a) Welche Wärmemenge wurde dem Wasser zugeführt?

b) Wie viel l Wasser können mit der gleichen Wärmemenge auf 80 °C erwärmt werden?

19. Eine Elektrospeicherheizung wird 7 h lang mit einer Leistung von 5 kW aufgeheizt. Die Masse des Speicherkerns ist mit 300 kg und die spezifische Wärmekapazität mit 1,04 kJ/(kg · K) angegeben.

a) Wie hoch ist die zugeführte Energie?

b) Auf welchen Wert erhöht sich die Speichertemperatur bei gleichen Voraussetzungen, wenn die Anfangstemperatur 200 °C beträgt?

20. Bei Verbrennung von Steinkohle wird pro Kilogramm eine Energie von 32000 kJ freigesetzt.

a) Wie viel l Wasser können bei einer Anfangstemperatur von 20 °C mit 5 kg Steinkohle auf 90 °C erhitzt werden?

b) Welche Menge Steinkohle sind erforderlich, um das Wasser eines Schwimmbades mit den Abmessungen 25 m × 12 m × 1,8 m von 15 °C auf 24 °C zu erwärmen?

5.3 Wärmenutzungsgrad

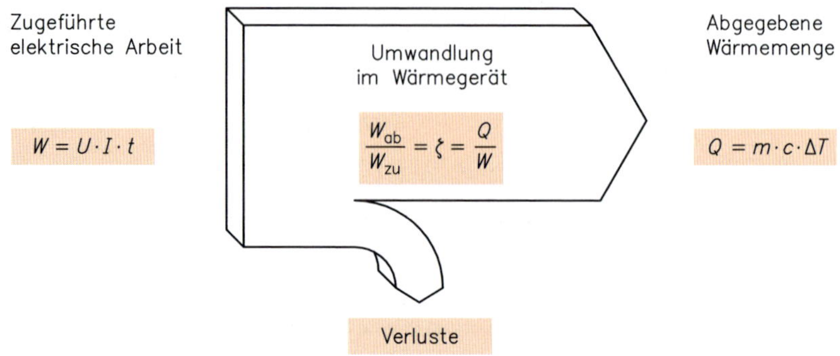

Der Nutzungsgrad ζ (zeta) kann in Prozent und als Dezimalzahl angegeben werden.

Aufgaben

Beispiel: Ein 2-kW-Heißwassergerät besitzt einen Nutzungsgrad von 0,95. Wie lange dauert es, um 5 l Wasser von 12 °C auf 65 °C zu erwärmen?

Gegeben: $\vartheta_1 = 13\,°C$; $m = 1{,}5\,kg$; $P = 2\,kW$; $c = 4{,}19\,\frac{kJ}{kg \cdot K}$; $\zeta = 0{,}95$

Gesucht: t

Lösung: $\Delta T = \vartheta_2 - \vartheta_1 = 65\,°C - 12\,°C = 53\,K$

$$Q = m \cdot c \cdot \Delta T = 5\,kg \cdot 4{,}19\,\frac{kJ}{kg \cdot K} \cdot 53\,K = 1110{,}35\,kJ$$

$$W = \frac{Q}{\zeta} = \frac{1110{,}35\,kJ}{0{,}95} = 1168{,}79\,kJ \Rightarrow 1\,kJ = 1\,kWs \Rightarrow W = 1168{,}79\,kWs$$

$$t = \frac{W}{P} = \frac{1168{,}79\,kWs}{2\,kW} = 584{,}395\,s = 9{,}74\,min = 0{,}16\,h$$

1. Ein Schnellkocher mit einem Nutzungsgrad von 0,8 soll 1 l Wasser von 13 °C auf 80 °C erwärmen. Wie groß ist die zugeführte elektrische Arbeit?

2. Ein Durchlauferhitzer mit einem Anschlusswert von 17 kW hat einen Nutzungsgrad von 90 %. Wie groß ist die abgegebene Wärmemenge nach fünf Minuten?

3. Wie groß muss die Anschlussleistung eines Heißwassergerätes mit einem Nutzungsgrad von 87 % mindestens sein, damit 15 l Wasser innerhalb 30 min von 15 °C auf 60 °C erwärmt werden können?

4. Ein Mikrowellenherd mit 600 W Leistungsaufnahme erwärmt eine Tasse Kaffee (150 cm^3) innerhalb 1 min 50 s von 25 °C auf 65 °C. Wie groß ist der Nutzungsgrad?

5. Auf einer Elektrokochplatte mit einer Anschlussleistung von 1 200 W und einem Nutzungsgrad von 54 % werden 2 l Wasser von 16 °C erwärmt. Welche Temperatur erreicht das Wasser nach 6 min?

6. Welche Wärmemenge strahlt eine 60-W-Glühlampe innerhalb 1 h ab, wenn nur 4 % der elektrischen Leistung in Lichtleistung umgewandelt werden?

7. Eine Heizplatte nimmt ½ h lang an 230 V einen Strom von 2,6 A auf.
- **a)** Wie groß ist die zugeführte elektrische Arbeit?
- **b)** Welche Wärmemenge gibt die Heizplatte bei einem Nutzungsgrad von 0,82 ab?
- **c)** Wie viel Liter Wasser können mit dieser Wärmemenge von 17 °C auf 85 °C erwärmt werden?

8. Ein Durchlauferhitzer mit 21 kW Anschlusswert und 92 % Nutzungsgrad liefert in der Minute 7 l Wasser von 55 °C. Wie groß war die Anfangstemperatur des Wassers?

9. Welche elektrische Arbeit ist bei einem Heißwassergerät mit einem Nutzungsgrad von 80 % notwendig, um 20 l Wasser von 15 °C auf 60 °C zu erwärmen?

10. Eine Kochplatte mit einem Nutzungsgrad von 0,78 ist an 230 V angeschlossen. Während 12 min werden 2 l Wasser von 22 °C auf 65 °C erwärmt. Wie groß ist der Widerstandswert des Heizwendels?

11. Bei der Verbrennung von einem Kilogramm Steinkohle werden 31 000 kJ frei. Wie viele Tonnen Steinkohle werden in einem 300-MW-Kraftwerk stündlich verfeuert, wenn der Nutzungsgrad des Kraftwerkes 35 % beträgt?

12. Für ein Vollbad werden in einem Durchlauferhitzer 120 l Wasser von 15 °C auf 45 °C erwärmt. Der Nutzungsgrad des Durchlauferhitzers beträgt 0,95. Der Nutzungsgrad der Energieübertragung vom Kraftwerk bis zum Verbraucher 0,93. Wie viel Kilogramm Braunkohle mit einem Heizwert von 18000 kJ/kg müssen hierzu in einem Kohlekraftwerk mit 34 % Nutzungsgrad verfeuert werden?

13. Ein 80-l-Warmwassergerät mit einem Anschlusswert von 2 kW und 92 % Nutzungsgrad wird 2 h eingeschaltet.
- **a)** Wie groß ist die aus dem Netz aufgenommene Arbeit?
- **b)** Welche Wärmemenge nimmt das Wasser auf?
- **c)** Welche Endtemperatur erreicht das Wasser bei einer Anfangstemperatur von 18 °C?

14. Um wie viel Grad Celsius steigt die Temperatur pro Minute in einem 15-Liter-Warmwasserspeicher, der eine Anschlussleistung von 1,2 kW und einen Nutzungsgrad von 95 % besitzt?

15. Die Heizung einer 4,5-kg-Trommelwaschmaschine soll bei 18 % Wärmeverlust 25 l Wasser innerhalb 1 h von 15 °C auf 95 °C erwärmen. Wie groß ist bei 230 V Netzspannung
- **a)** die Anschlussleistung des Heizstabes,
- **b)** der Widerstandswert des Heizstabes?

16. Ein Elektrokocher mit 1,8 kW Anschlussleistung ist 6 min am Wechselstromnetz angeschlossen. Dabei bringt er 1,5 l Wasser mit 15 °C Anfangstemperatur zum Kochen.
- **a)** Wie groß ist die dem Netz entnommene Energie?
- **b)** Welche Wärmemenge hat das Wasser aufgenommen?
- **c)** Wie groß ist der Nutzungsgrad?

17. Ein 1000-W-Bügeleisen [c_{Fe} = 466 J/(kg · K)] erreicht bei 20 °C seine Betriebstemperatur von 200 °C nach 1,5 min. Welche Masse besitzt das Eisen, wenn 30 % der Heizenergie an die Umgebung abgestrahlt werden?

18. Eine Wärmepumpe kühlt ein 20-m^3-Wasserbecken um 0,1 °C ab. Um wie viel Grad Celsius lassen sich damit 80 l Wasser bei 85 % Nutzungsgrad erwärmen?

19. Bei einer Anschlussleistung von 3 kW benötigt ein Heißwasserspeicher 12 min, um Wasser von 15 °C auf 65 °C zu erwärmen. Wie groß ist der Speicherinhalt, wenn der Nutzungsgrad des Gerätes 95 % beträgt?

20. Für die nachfolgende Liste sind die fehlenden Werte zu berechnen.

	a)	b)	c)	d)	e)	f)
m	0,5 kg	?	400 g	6,5 kg	?	3 kg
c	2 J/(kg · K)	2,43 J/(kg · K)	?	4,19 J/(kg · K)	0,43 J/(kg · K)	?
ϑ_1	18 °C	22 °C	8 °C	?	12 °C	18 °C
ϑ_2	180 °C	80 °C	?	40 °C	?	98 °C
ΔT	?	?	142 K	?	78 K	?
Q	?	8,46 kJ	7,38 kJ	?	3,8 kJ	1005,6 kJ
W	?	11,43 kWs	?	1198 kWs	?	1131 kWs
ζ	82 %	?	64 %	0,88	0,75	?

21. Ein 18-kW-Durchlauferhitzer ist an eine Wasserversorgung mit 13 °C angeschlossen. Der Wärmenutzungsgrad beträgt 95 %. Wegen Verbrühungsgefahr darf die Wassertemperatur 50 °C nicht überschreiten.
- **a)** Welche Wassertemperatur wird bei einer Durchflussmenge von 10 l/min erreicht?
- **b)** Ab welcher minimaler Durchflussmenge müssen die Heizwiderstände automatisch abgeschaltet werden?

5.4 Kosten elektrischer Arbeit („Stromkosten")

Energiepreise

Allgemeine Stromtarife ab 01.01.20, z. B.:

Tarifart	Verbrauchsstufe kWh/Jahr	Verbrauchspreis k Cent/kWh				Jahresgrundpreis €/Jahr	
	von bis	netto		brutto		netto	brutto
		HT	NT	HT	NT		
Einfachtarif	103–2482	29,61	–	35,24	–	53,52	61,56
	2483–5444	27,11	–	32,26	–	115,56	137,52

HT: Hochtarif; NT: Niedertarif

mit $W = P \cdot t$

K = Kosten elektrischer Arbeit

$$K = k \cdot W$$

k = Tarifpreis in Cent/kWh

Die Leistung eines Verbrauchers kann mit dem Elektrizitätszähler ermittelt werden:

n_z: Drehfrequenz der Zählerscheibe

$$P = \frac{n_z}{c_z}$$

c_z: Zählerkonstante
gibt an, wie viele Umdrehungen der Zählerscheibe 1 kWh entsprechen

$[n_z] = \frac{1}{\text{h}}$

$[c_z] = \frac{1}{\text{kWh}}$

Aufgaben

Beispiel: Die Zählerscheibe eines Elektrizitätszählers mit der Zählerkonstanten 75/kWh dreht sich in 1 min sechsmal.

a) Welche Leistung nehmen die angeschlossenen Verbraucher auf?
b) Wie groß ist die verrichtete Arbeit?
c) Wie hoch sind die Kosten der elektrischen Arbeit für einen vierstündigen Betrieb der Geräte bei einem Verbrauchspreis von 35,24 Cent/kWh?

Gegeben: $c_z = 75/\text{kWh}$; $n_z = 6\,\text{min}^{-1} = 360\,\text{h}^{-1}$; $t = 4\,\text{h}$; $k = 35{,}24\,\text{Cent/kWh}$

Gesucht: P; W; K

Lösung:

a) $P = \frac{n_z}{c_z} = \frac{360\,\text{kWh}}{75\,\text{h}} = \mathbf{4{,}8\,kW}$

b) $W = P \cdot t = 4{,}8\,\text{kW} \cdot 4\,\text{h} = \mathbf{19{,}2\,kWh}$

c) $K = k \cdot W = 19{,}2\,\text{kWh} \cdot 35{,}24\,\frac{\text{Cent}}{\text{kWh}} = 676{,}61\,\text{Cent} = \mathbf{6{,}77\,€}$

1. Die Zählerscheibe eines Zählers mit der Zählerkonstanten 75/kWh dreht sich innerhalb von 2 min achtmal.
a) Welche Arbeit haben die angeschlossenen Verbraucher in dieser Zeit verrichtet?
b) Wie groß ist die Gesamtleistung der angeschlossenen Verbraucher?

2. Welche „Stromkosten" entstehen, wenn bei einem Preis von 35,24 Cent/kWh ein 2-kW-Heizgerät 4 h lang eingeschaltet ist?

3. Wie oft dreht sich die Zählerscheibe eines Zählers mit der Zählerkonstanten 180/kWh innerhalb 1 min, wenn ein Verbraucher eine Leistung von 4 kW aufnimmt?

4. Ein Haushalt mit drei Personen hat im Jahr einen „Stromverbrauch" von 3954 kWh. Wie hoch ist die Forderung des versorgenden Unternehmens bei einem Verbrauchspreis von 32,26 Cent/kWh und einem Jahresgrundpreis von 137,52 €/Jahr?

5. Die Zählerscheibe eines Zählers dreht sich konstant mit 14 min^{-1}. Wie hoch sind die Energiekosten pro Stunde bei einer Zählerkonstanten von 150 1/kWh und einem Tarifpreis von 0,3 €/kWh?

6. Wird ein 1-kW-Heizgerät eingeschaltet, so dreht sich die Zählerscheibe innerhalb 2 min 20-mal. Wie groß ist die Zählerkonstante?

7. Wie groß ist der Strom durch einen 230-V-Heißwasserbereiter, wenn sich die Zählerscheibe innerhalb 1 min viermal dreht und die Zählerkonstante 180 1/kWh ist?

8. Eine 60-W-Glühlampe war 60 Stunden eingeschaltet.
a) Wie viele Umdrehungen machte die Zählerscheibe bei einer Zählerkonstanten von 600 1/kWh?
b) Welche Kosten entstanden bei einem Tarifpreis von 0,3 €/kWh?

9. Ohne Anschluss eines Verbrauchers dreht sich die Zählerscheibe eines Zählers (c_z = 600 1/kWh) für 230 V Netzspannung innerhalb 1 h achtmal.
a) Wie groß ist der Widerstand der fehlerhaften Isolation?
b) Wie hoch sind die Kosten bei einem Tarifpreis von 0,32 €/kWh, die der Isolationsfehler im Jahr verursacht?

10. Ein elektrisches Heizgerät mit 2 kW Nennleistung bei 220 V liegt 90 min an einer Netzspannung von 230 V. Wie oft dreht sich die Zählerscheibe des Zählers mit der Zählerkonstanten 180 1/kWh?

11. Durch einen Schnellkocher mit 90 % Nutzungsgrad wird 1 l Wasser von 15 °C zum Kochen gebracht. Welche Kosten entstehen bei dem Tarifpreis 0,3 €/kWh?

12. In einer Jugendherberge sind Kochplatten (ζ = 0,5) mit Münz-Zählern installiert. Der Tarifpreis ist mit 0,5 €/kWh festgesetzt. Wie viel Liter Wasser kann man für 10 Cent kochen, wenn das Wasser aus der Leitung eine Temperatur von 13 °C hat?

13. Wie viele Umdrehungen macht die Zählerscheibe in 1 h, wenn nach 20 min der zweite Verbraucher zugeschaltet wird?

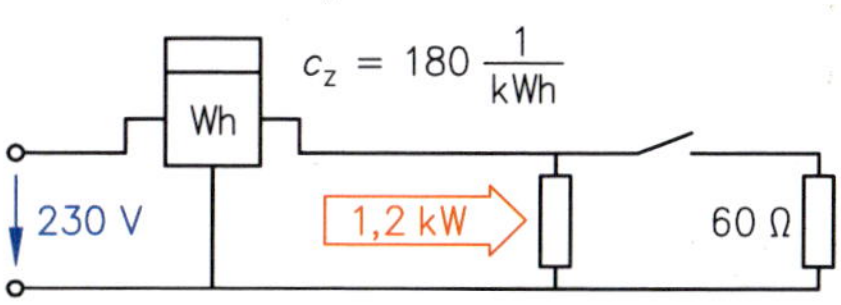

14. Die Zählerscheibe eines Zählers im 230-V-Wechselstromnetz dreht sich pro Minute 20-mal. Die Zählerkonstante des Zählers ist mit 600 1/kWh angegeben.
a) Welche elektrische Arbeit hat der Verbraucher innerhalb 1 min aufgenommen?
b) Wie groß ist die Leistungsaufnahme des Verbrauchers?
c) Welchen Strom nimmt der Verbraucher auf?
d) Wie hoch sind die Energiekosten bei achtstündigem Betrieb? (k = 0,35 €/kWh)

15. Für ein Wohnhaus entstanden nach den oben angegebenen Tarifen für die elektrische Energie jährliche Kosten von insgesamt 1800,– €. Durch Nutzung der Einliegerwohnung wird sich der Energieverbrauch um ca. 1000 kWh im Jahr erhöhen.
a) Welche Energie wurde jährlich verbraucht?
b) Welche Kosten fallen im Folgejahr an, wenn der Tarif nicht gewechselt wird?
c) Wie viel Geld kann man durch Wechseln des Tarifes im Jahr sparen?
d) Welche unnötigen Kosten entstehen, wenn der Tarif gewechselt wird, der geplante Mehrverbrauch wegen geringerer Nutzung der Einliegerwohnung jedoch nicht eintritt?

16. Welche Werte ergeben sich für die nachfolgende Tabelle?

	a)	b)	c)	d)	e)	f)
C_z	?	600 1/kWh	?	400 1/kWh	?	240 1/kWh
t	10 min	2 h 10 min	52 min	45 min	80 s	?
n_z	3,6 min^{-1}	?	210 h^{-1}	113 min^{-1}	4,5 min^{-1}	?
W	?	?	0,52 kWh	?	?	0,5 kWh
P	?	2 kW	?	?	1,8 kW	?
U	220 V	380 V	230 V	?	224 V	218 V
I	8,2 A	?	?	42,4 A	?	1,835 A

6 Galvanische Elemente

6.1 Belastungsarten

Leerlauf: $I = 0$

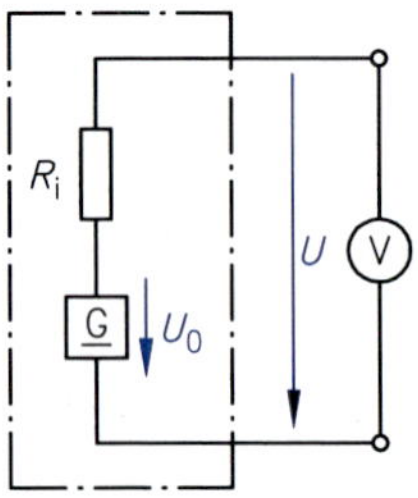

Belastung

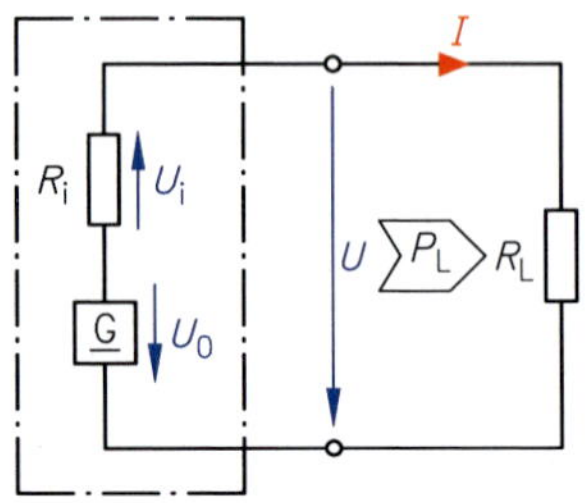

Kurzschluss: $U = 0$

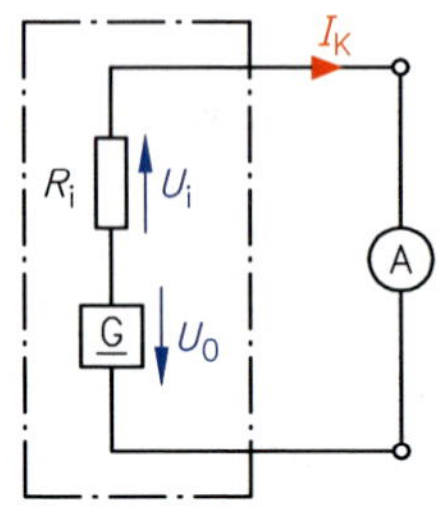

$$U = U_0$$

$$U = U_0 - U_i \qquad I = \frac{U_0}{R_i + R_L}$$
$$U = U_0 - I \cdot R_i$$

$$I_k = \frac{U_i}{R_i}$$

Die Stromquelle gibt ihre größtmögliche Leistung P_{Lmax} ab bei:

Anpassung

$$U = \frac{U_0}{2} \qquad \boxed{R_L = R_i} \qquad I = \frac{I_k}{2}$$

Aufgaben

Beispiel: Eine Stromquelle mit 6 V Quellenspannung wird mit einem Widerstand 1 Ω belastet. Die Spannung am Lastwiderstand geht dabei auf 3 V zurück. Wie groß ist

a) die Stromstärke,
b) der Spannungsfall am Innenwiderstand der Stromquelle,
c) der Innenwiderstand der Stromquelle,
d) die erzeugte Leistung,
e) der Leistungsverlust am Innenwiderstand,
f) die Leistungsaufnahme des Lastwiderstandes,
g) der Wirkungsgrad der Leistungsübertragung?

Gegeben: $U_0 = 6\,V$; $R_L = 1\,\Omega$; $U = 3\,V$

Gesucht: I; U_i; R_i; P_0; P_i; P_L; n

Lösung:

a) $I = \frac{U}{R_L} = \frac{3\,V}{1\,\Omega} = \mathbf{3\,A}$

b) $U_i = U_0 - U = 6\,V - 3\,V = \mathbf{3\,V}$

c) $R_i = \frac{U_i}{I} = \frac{3\,V}{3\,A} = \mathbf{1\,\Omega}$

d) $P_0 = U_0 \cdot I = 6\,V \cdot 3\,V = \mathbf{18\,W}$

e) $P_i = U_i \cdot I = 3\,V \cdot 3\,A = \mathbf{9\,W}$

f) $P_L = U \cdot I = 3\,V \cdot 3\,A = \mathbf{9\,W}$

g) $\eta = \frac{P_L}{P_0} = \frac{9\,W}{18\,W} = \mathbf{0{,}5}$

1. Eine Stromquelle mit 1,2 Ω Innenwiderstand und 24 V Quellenspannung wird durch einen Strom von 2 A belastet. Wie groß ist die Klemmenspannung?

2. Am Innenwiderstand einer Stromquelle fällt bei Belastung mit 14 A eine Spannung von 70 mV ab. Wie groß ist der Innenwiderstand?

3. Die Leerlaufspannung einer Autobatterie mit 28 mΩ Innenwiderstand ist 13,2 V. Wie groß ist die Klemmenspannung der Batterie beim Anlassen, wenn dabei ein Strom von 80 A fließt?

4. Wird eine Stromquelle mit 23 Ω Innenwiderstand und 1,5 V Leerlaufspannung belastet, sinkt die Klemmenspannung auf 1,2 V ab. Wie groß ist der Belastungsstrom?

5. Wie groß ist der Innenwiderstand einer Stromquelle, wenn die Klemmenspannung bei Belastung mit 235 A um 4 V absinkt?

6. Beim Einbau eines Bleiakkumulators mit 15 V Leerlaufspannung und 24 mΩ Innenwiderstand in einem PKW werden die beiden Pole versehentlich mit einem Schraubenschlüssel überbrückt. Welcher Strom fließt bei Vernachlässigung des Schlüsselwiderstandes?

7. Mit der Messschaltung sollen die Kenndaten der Stromquelle ermittelt werden. Es werden 9 V bei geöffnetem Schalter beziehungsweise 8,4 V und 2 A bei geschlossenem Schalter gemessen. Wie groß sind Innenwiderstand und Quellenspannung?

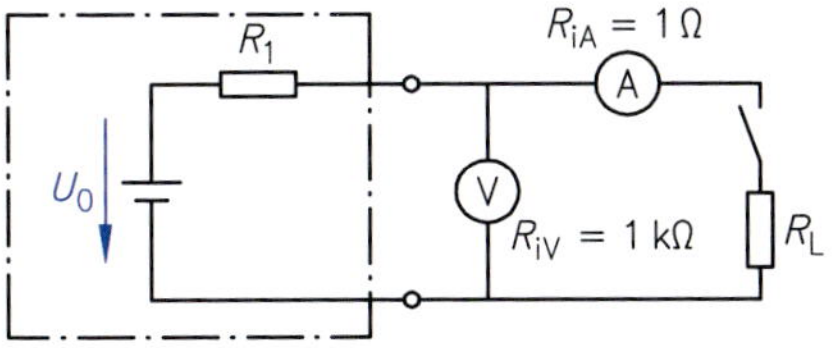

8. Wird eine Stromquelle mit 1,5 A belastet, sinkt die Klemmenspannung von 4,7 V auf 4,5 V ab.
- **a)** Wie groß ist der Innenwiderstand der Stromquelle?
- **b)** Wie groß ist der Lastwiderstand?
- **c)** Bei welchem Lastwiderstand sinkt die Klemmenspannung auf 4 V ab?
- **d)** Wie groß ist der Strom, wenn die Stromquelle mit einem 3,3-Ω-Widerstand belastet wird?
- **e)** Welchen Kurzschlussstrom liefert die Stromquelle?

9. Eine Stromquelle mit 2 Ω Innenwiderstand und 12 V Quellenspannung wird mit einem 4-Ω-Widerstand belastet.
- **a)** Welche Leistung nimmt der Lastwiderstand auf?
- **b)** Wie groß ist die übertragene Leistung, wenn die Stromquelle mit einem 2-Ω-Widerstand belastet wird?
- **c)** Welche Leistung gibt die Stromquelle bei einer Belastung mit 1 Ω ab?

10. Wird eine Stromquelle mit 230 V Quellenspannung und 1,5 Ω Innenwiderstand belastet, sinkt die Klemmenspannung auf 220 V ab. Wie groß ist der Widerstand des Verbrauchers?

11. Welche Leistung kann ein Netzgerät mit 150 Ω Innenwiderstand und 1,5 V Quellenspannung maximal abgeben?

12. An einer Stromquelle wurde die Leistungsabgabe in Abhängigkeit von der Klemmenspannung gemessen.
- **a)** Wie groß ist die Quellenspannung?
- **b)** Wie groß ist der Innenwiderstand?
- **c)** Bei welchen Lastwiderständen wird eine Leistung von 45 W abgegeben?
- **d)** Wie groß ist der Kurzschlussstrom?

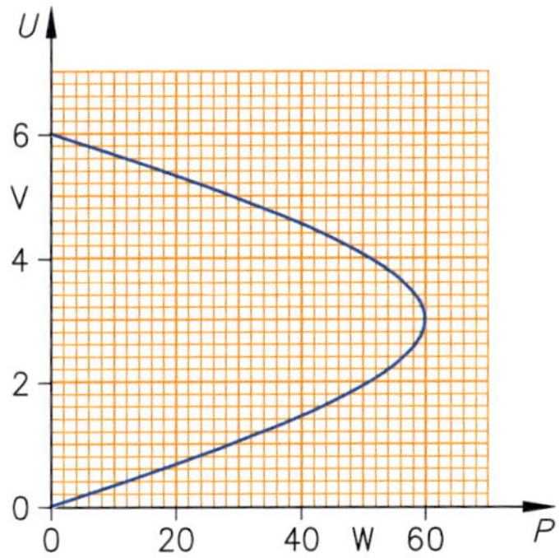

13. Der Verstärker einer Musikanlage mit 4 Ω Innenwiderstand gibt bei Leistungsanpassung 40 W ab.
- **a)** Wie groß ist die Leistungsabgabe, wenn ein Lautsprecher mit 8 Ω Innenwiderstand angeschlossen wird?
- **b)** Welche Verlustleistung nimmt der Innenwiderstand bei 8 Ω Lautsprecherwiderstand auf?

14. Bei einer Belastung von 16 A wird bei einer Stromquelle eine Spannung von 42 V gemessen. Fließt bei der gleichen Stromquelle ein Strom von 20 A, sinkt die Klemmenspannung auf 41 V.
- **a)** Wie groß ist die Klemmenspannung bei einer Belastung mit einem 10-Ω-Widerstand?
- **b)** Bei welcher Belastung sinkt die Klemmenspannung auf 1 V ab?

15. Ein Stromversorgungsgerät mit 30 V Klemmenspannung gibt bei Leistungsanpassung 120 V ab. Wie groß ist die Leistungsabgabe, wenn ein Widerstand von 15 Ω angeschlossen wird?

16. Ein leistungsangepasstes Netzgerät liefert 180 mA bei 3 V Klemmenspannung. Wie groß sind
- **a)** Innen- und Lastwiderstand,
- **b)** Quellenspannung und übertragene Leistung,
- **c)** Leistungsverlust am Innenwiderstand und Wirkungsgrad bei Leistungsübertragung?

6.2 Schaltung von Spannungsquellen

Reihenschaltung

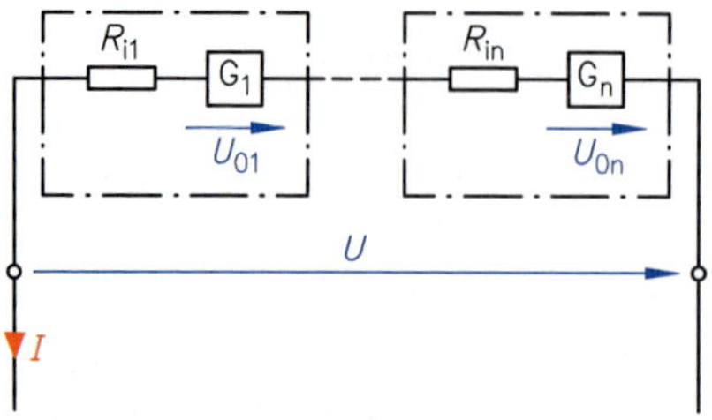

Parallelschaltung

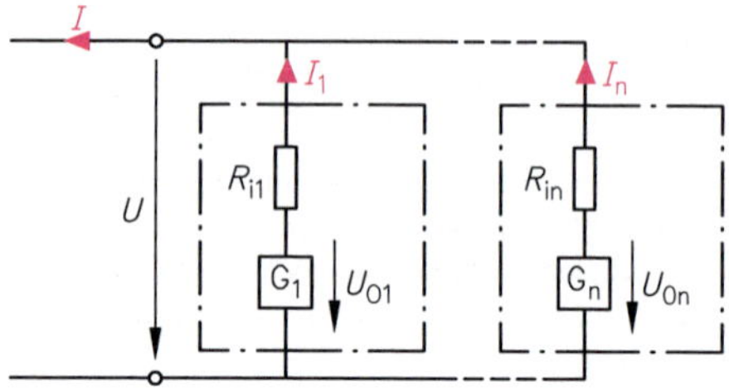

⇓

$$U_0 = U_{01} + \ldots + U_{0n}$$
$$R_i = R_{i1} + \ldots + R_{in}$$

Ersatzschaltung

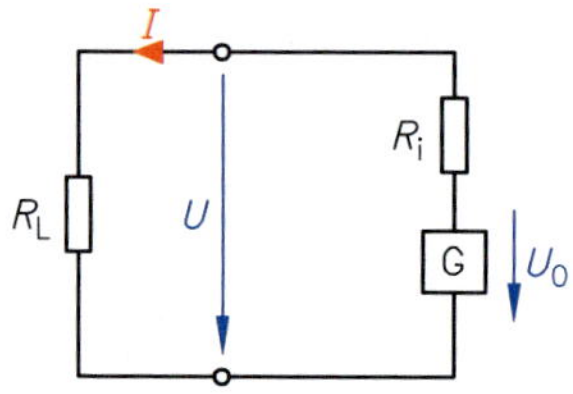

⇓

$$I = I_1 + \ldots + I_n$$
$$\frac{1}{R_i} = \frac{1}{R_{i1}} + \ldots + \frac{1}{R_{in}}$$

$$I = \frac{U_0}{R_i + R_L}$$

Aufgaben

Beispiel: Zwei gleiche Stromquellen mit 1,5 V Quellenspannung und 0,5 Ω Innenwiderstand werden einmal in Reihe und einmal parallel geschaltet.

a) Wie groß sind die Gesamt-Quellenspannung und der Gesamt-Innenwiderstand bei Reihenschaltung?

b) Wie groß sind die Gesamt-Quellenspannung und der Gesamt-Innenwiderstand bei Parallelschaltung?

Gegeben: $U_{01} = U_{02} = 1{,}5\,\text{V}$; $R_{i1} = R_{i2} = 0{,}5\,\Omega$

Gesucht: U_0; R_i bei Reihenschaltung; U_0; R_i bei Parallelschaltung

Lösung:

a) $U_0 = U_{01} + U_{02} = 1{,}5\,\text{V} + 1{,}5\,\text{V} = \mathbf{3\,V}$ $\quad R_i = R_{i1} + R_{i2} = 0{,}5\,\Omega + 0{,}5\,\Omega = \mathbf{1\,\Omega}$

b) $U_0 = U_{01} = U_{02} = \mathbf{1{,}5\,V}$

$$R_i = \frac{R_{i1}}{2} = \frac{0{,}5\,\Omega}{2} = \mathbf{0{,}25\,\Omega}$$

1. Wie groß ist die gesamte Quellenspannung, wenn zwei Trockenelemente mit je 1,5 V Quellenspannung in Reihe geschaltet werden?

2. Eine Batterie besteht aus vier in Reihe geschalteten Trockenelementen mit 0,2 Ω Innenwiderstand und 1,5 V Quellenspannung. Wie groß ist

a) die Quellenspannung,

b) der Innenwiderstand,

c) der Kurzschlussstrom der Batterie?

3. Wie groß ist der Innenwiderstand einer Batterie, die aus zwei parallel geschalteten Elementen mit je 0,5 Ω Innenwiderstand besteht?

4. Wie viele Trockenelemente ($U_0 = 1{,}5\,\text{V}$; $R_i = 0{,}4\,\Omega$) müssen parallel geschaltet werden, damit der Innenwiderstand der Batterie unter 50 mΩ liegt?

5. Beim Einlegen von Trockenelementen (U_0 = 1,5 V; R_i = 0,3 Ω) in ein Kofferradio für 9 V wurde ein Element versehentlich falsch eingelegt. Wie groß ist die Klemmenspannung, wenn der Ersatzwiderstand des Radios 230 Ω ist?

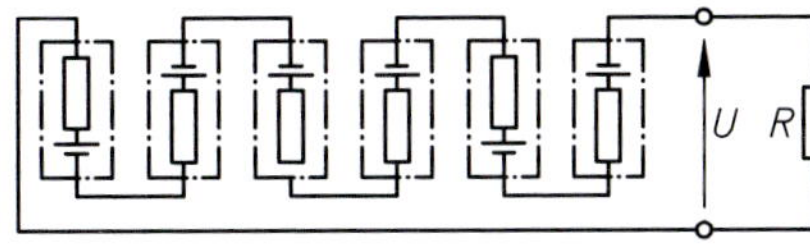

6. In einer Notstromanlage sind drei gleiche Akkumulatoren (U_0 = 12,5 V; R_i = 50 mΩ) parallel geschaltet. Die Anlage ist mit einem Widerstand von 1,2 Ω belastet.
   a) Wie groß ist der Innenwiderstand der Batterie?
   b) An welcher Spannung liegt der Verbraucher?
   c) Welche Leistung gibt die Batterie ab?
   d) Mit welcher Stromstärke wird ein einzelner Akkumulator belastet?

7. Die nebenstehende Batterie ist aus gleichen Trockenelementen (U_0 = 1,5 V; R_i = 400 mΩ) aufgebaut. Wie groß ist
   a) die Leerlaufspannung,
   b) der Innenwiderstand,
   c) der Kurzschlussstrom der Batterie?

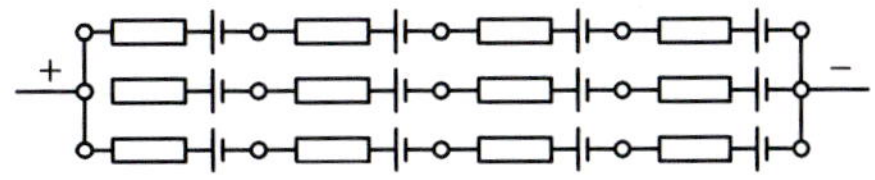

8. Neun gleiche Trockenelemente mit je 1,5 V Quellenspannung und 0,35 Ω Innenwiderstand sind so zu verschalten, dass eine Batterie mit 4,5 V Leerlaufspannung entsteht.
   a) Wie groß ist der Innenwiderstand der Batterie?
   b) Welche Klemmenspannung stellt sich ein, wenn die Batterie mit einem Widerstand von 1,2 Ω belastet wird?

9. Bei einer Notstromanlage mit 42 V Leerlaufspannung darf die Klemmenspannung bei 63 A Laststrom nicht unter 40 V sinken. Zum Aufbau der Batterie stehen Bleisammler mit 2 V Quellenspannung und 0,05 Ω Innenwiderstand zur Verfügung.
   a) Wie viele Bleisammler werden zum Aufbau der Batterie benötigt?
   b) Wie groß ist der Innenwiderstand der Batterie?
   c) Welche Klemmenspannung stellt sich bei 63 A Laststrom ein?

10. Der Akkumulator hat 1,4 V Quellenspannung und 0,7 Ω Innenwiderstand. Er wird durch ein Ladegerät mit 30 Ω Innenwiderstand und 1,8 V Leerlaufspannung geladen.
   a) Welcher Ladestrom stellt sich ein?
   b) Wie groß ist der Kurzschlussstrom, wenn die Klemmen während des Ladens überbrückt werden?
   c) Wie groß ist der „Ladestrom", wenn die Anschlüsse vertauscht werden?

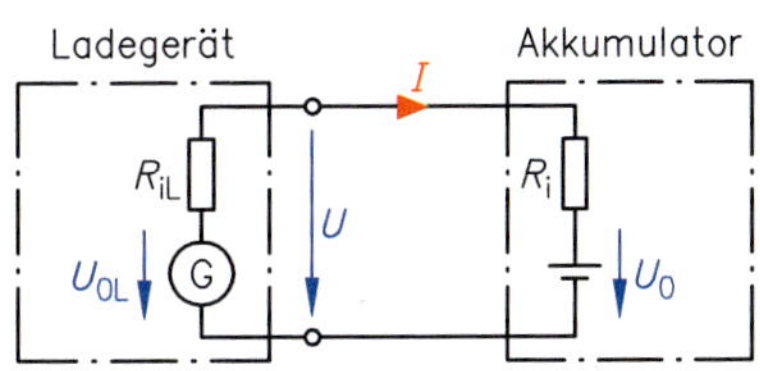

11. Beim Einschalten einer Notbeleuchtung fließen 10 A. Dabei sinkt die Klemmenspannung um 1 V ab.
   a) Wie viele in Reihe geschaltete Elemente sind für die Notstromanlage erforderlich (U_0 = 1,2 V; R_i = 0,01 Ω)?
   b) Wie groß ist die Betriebsspannung der Beleuchtungsanlage?

12. Zwei Akkumulatoren mit voneinander abweichenden Daten werden parallel geschaltet.
   a) Welcher Ausgleichsstrom stellt sich zwischen den Akkumulatoren ein?
   b) Wie groß ist die Leerlaufspannung der Batterie?
   c) Auf welchen Wert sinkt die Klemmenspannung, wenn die Batterie mit einem Widerstand von 1 Ω belastet wird?

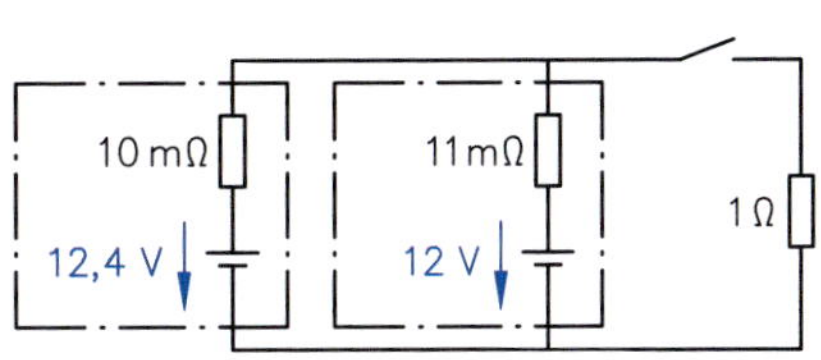

13. Zwölf baugleiche Trockenelemente mit je 1,5 V Klemmenspannung und einem Innenwiderstand von 0,35 Ω sind so zu schalten, dass eine Batterie mit 6 V Leerlaufspannung entsteht.
   a) Wie groß ist der Innenwiderstand der Batterie?
   b) Welche Klemmenspannung kann bei einer Belastung mit einem 1,2-Ω-Widerstand gemessen werden?

14. Zwei verschiedene Stromquellen sind in Reihe geschaltet und mit einem Widerstand belastet. Wie groß ist/sind
   a) die Stromstärke,
   b) die Spannung am Verbraucher,
   c) die Spannungen an den Stromquellen,
   d) die Leistungsaufnahmen bzw. Leistungsabgaben aller Geräte?

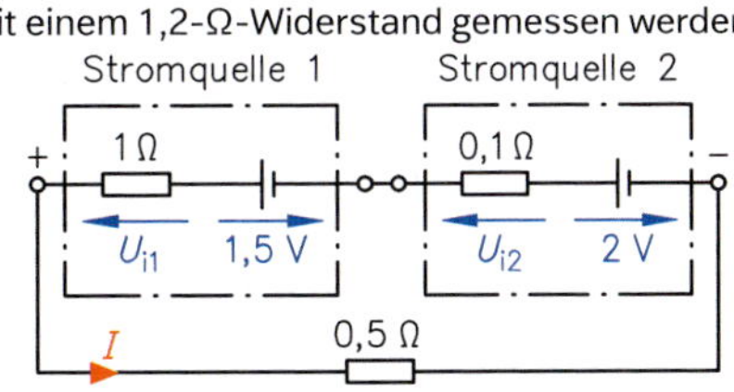

7 Erzeugung elektrischer Energie

7.1 Das magnetische Feld

7.1.1 Kenngrößen

Ursache ⇒ **Wirkung**

Elektrische Durchflutung

$\Theta = N \cdot I \qquad [\Theta] = \text{A}$

N: Anzahl der Windungen

⇓

Magnetische Feldstärke

$H = \frac{\Theta}{l_m} \qquad [H] = \frac{\text{A}}{\text{m}}$

l_m: mittlere Feldlinienlänge

⇒

Kennlinie $B = f(H)$

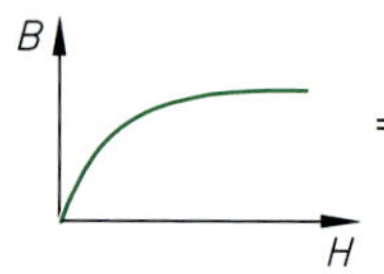

⇒

Magnetischer Fluss

$\boldsymbol{\Phi} = \boldsymbol{B} \cdot \boldsymbol{A} \qquad [\Phi] = \text{V} \cdot \text{s}$

A: Querschnittsfläche

Magnetische Induktion *)

$\boldsymbol{B} = \boldsymbol{\mu} \cdot \boldsymbol{H} \qquad [B] = \frac{\text{V} \cdot \text{s}}{\text{m}^2}$

$1 \frac{\text{V} \cdot \text{s}}{\text{m}^2} = 1\ \text{T (Tesla)}$

μ_0: absolute Permeabilität oder magnetische Feldkonstante

Permeabilität μ

$\mu = \mu_0 \cdot \mu_r \qquad [\mu] = \frac{\text{Vs}}{\text{Am}}$

mit $\mu_0 = 1{,}256 \cdot 10^{-6} \frac{\text{Vs}}{\text{Am}}$

μ_r: relative Permeabilität oder Permeabilitätszahl

*) Auch Flussdichte.

Aufgaben

Beispiel: In der Spule mit einem quadratischen Eisenkern wird der magnetische Fluss 1 mVs erzeugt.

a) Wie groß ist die mittlere Feldlinienlänge?

b) Welche magnetische Induktion tritt im Eisenkern auf?

c) Welche magnetische Feldstärke tritt im Eisenkern mit $\mu_r = 800$ auf?

d) Wie viele Windungen muss die Spule besitzen, wenn ein Strom von 2,5 A fließt?

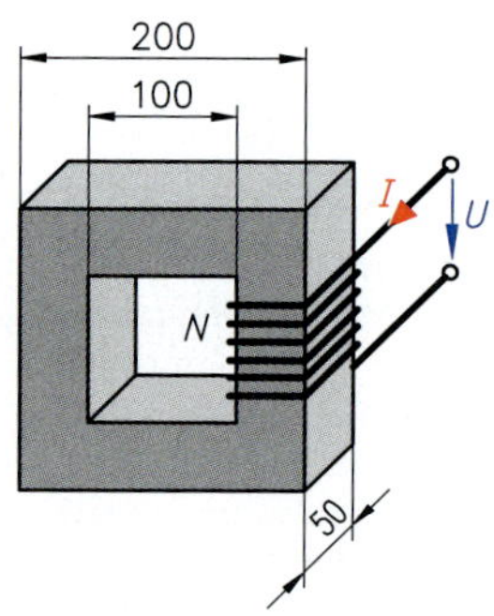

Gegeben: $\Phi = 1$ mVs; $\mu_r = 800$; $I = 2{,}5$ A; $a = 200$ mm $= 0{,}2$ m; $b = 100$ mm $= 0{,}1$ m; $c = 50$ mm $= 0{,}05$ m

Gesucht: l_m; B; H; N

Lösung:

a) $l_m = \frac{a+b}{2} \cdot 4 = \frac{0{,}2\ \text{m} + 0{,}1\ \text{m}}{2} \cdot 4 = \mathbf{0{,}6\ m}$

b) $A = c^2 = (0{,}05\ \text{m})^2 = 2{,}5 \cdot 10^{-3}\ \text{m}^2$

$\Phi = B \cdot A \quad \Rightarrow \quad B = \frac{\Phi}{A} = \frac{1 \cdot 10^{-3}\ \text{Vs}}{2{,}5 \cdot 10^{-3}\ \text{m}^2} = 0{,}4 \frac{\text{Vs}}{\text{m}^2} = \mathbf{0{,}4\ T}$

c) $B = \mu_0 \cdot \mu_r \cdot H \quad \Rightarrow \quad H = \frac{B}{\mu_0 \cdot \mu_r} = \frac{0{,}4\ \text{Vs Am}}{1{,}256 \cdot 10^{-6}\ \text{m}^2\ \text{Vs} \cdot 800} = \mathbf{398{,}1\ \frac{A}{m}}$

d) $H = \frac{I \cdot N}{l_m} \quad \Rightarrow \quad N = \frac{H \cdot l_m}{I} = \frac{398{,}1\ \text{A} \cdot 0{,}6\ \text{m}}{2{,}5\ \text{Am}} = \mathbf{96}$

1. Welche elektrische Durchflutung besitzt eine Spule mit 1500 Windungen, wenn 2,5 A fließen?

2. Durch die 500 Windungen einer Spule mit Eisenkern fließen 4 A. Welche magnetische Feldstärke wird bei einer mittleren Feldlinienlänge von 250 mm erreicht?

3. In einer Spule besteht die Feldstärke 70 A/m. Die Permeabilitätszahl des Magnetkernes beträgt 5000. Wie groß ist die magnetische Induktion?

4. Wie groß ist der magnetische Fluss in einem Luftspalt, wenn die Polfläche des Magnetkernes 25 cm^2 groß ist und die magnetische Flussdichte 0,8 T beträgt?

5. Welche Flussdichte besteht in einer Spule mit dem magnetischen Fluss $1{,}3 \cdot 10^{-3}$ Vs, wenn der Kernquerschnitt des Magnetwerkstoffes 15 cm^2 beträgt?

6. Welche magnetische Feldstärke bewirkt in einer Spule ohne Eisenkern die magnetische Flussdichte $8{,}164 \cdot 10^{-3}$ T?

7. Eine Spule mit Eisenkern hat die mittlere Feldlinienlänge 350 mm. Wie groß ist die elektrische Durchflutung, wenn die magnetische Feldstärke 7000 A/m erzeugt wird?

8. Wie groß muss der Strom in einer Luftspule mit 500 Windungen sein, damit die elektrische Durchflutung 1000 A erzeugt wird?

9. Der geschlossene Eisenkern in der Skizze besitzt eine Spule mit 1000 Windungen, die von 0,2 A durchflossen werden. Wie groß ist

a) die mittlere Feldlinienlänge,
b) die elektrische Durchflutung,
c) die magnetische Feldstärke,
d) die magnetische Induktion,
e) die Permeabilität und
f) der magnetische Fluss?

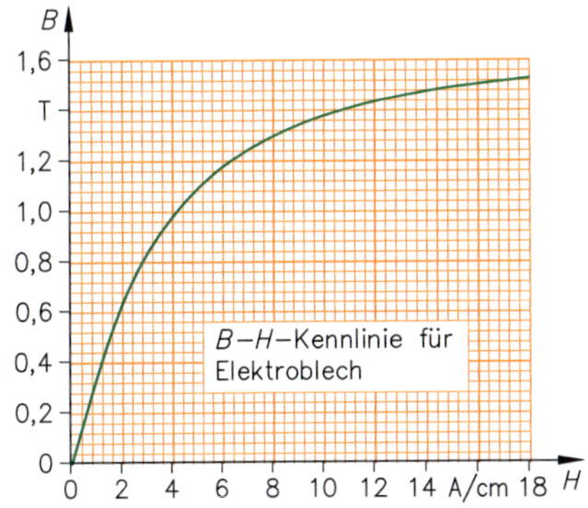

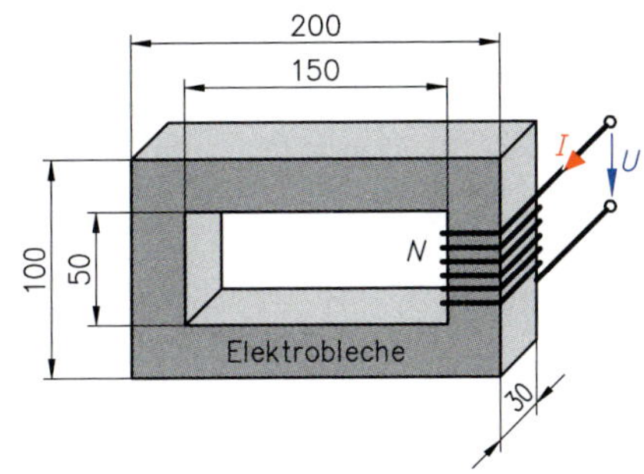

10. Eine Spule mit 1500 Windungen und einem Widerstandswert von 600 Ω ist an 240 V Gleichspannung angeschlossen. Der Kern besteht aus Elektroblech mit 95 cm^2 Querschnittsfläche. Die mittlere Feldlinienlänge beträgt 60 cm. Wie groß ist

a) die magnetische Feldstärke,
b) die magnetische Induktion,
c) der magnetische Fluss?

11. In der abgebildeten Ringspule mit einem Kern aus Elektroblechen wird ein magnetischer Fluss von 2,35 mVs erzeugt. Wie groß ist

a) der Kernquerschnitt,
b) die mittlere Feldlinienlänge,
c) die magnetische Induktion,
d) die magnetische Feldstärke,
e) die elektrische Durchflutung,
f) der elektrische Strom?

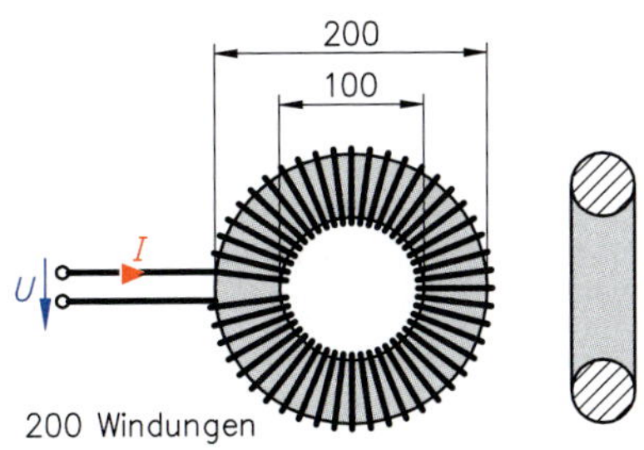

12. Die Wicklung eines Relais mit 500 Windungen nimmt an 50 V eine Leistung von 8 W auf.

a) Welche elektrische Durchflutung besteht?
b) Wie groß ist die magnetische Feldstärke im Magnetwerkstoff bei der mittleren Feldlinienlänge von 48 cm?
c) Wie groß ist die Permeabilität für den magnetischen Werkstoff bei einer Flussdichte von 1,5 T?

7.1.2 Berechnung magnetischer Kreise

Bei Φ = konstant:
Aufteilung in n Abschnitte mit unterschiedlicher magnetischer Feldstärke

Luftspalt:

$$B_0 = \frac{\phi}{A_0}$$

$$H_0 = \frac{B_0}{\mu_0}$$

$$\Theta_0 = H_0 \cdot l_0$$

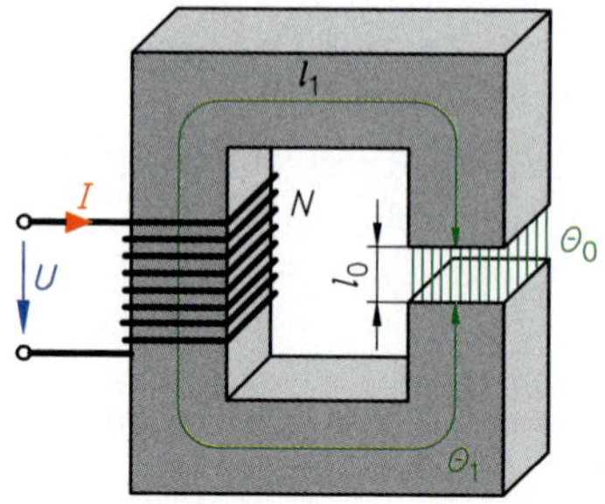

Eisenweg:

$$B_1 = \frac{\phi}{A_1}$$

$$H_1 = \frac{B_1}{\mu_0 \cdot \mu_r}$$

$$\Theta_1 = H_1 \cdot l_1$$

Durchflutungsgesetz

$$I \cdot N = \Theta = \Sigma\, \Theta_n = \Sigma\, H_n \cdot l_n$$

Aufgaben

Beispiel: Die abgebildete Spule mit 800 Windungen besitzt einen quadratischen Eisenkern mit einem 2 mm breiten Luftspalt. Die magnetische Feldstärke 400 A/m im Eisen bewirkt eine magnetische Flussdichte von 1,01 T.

a) Welche magnetische Feldstärke wirkt im Luftspalt?
b) Wie groß ist die elektrische Durchflutung?
c) Welcher Strom fließt durch die Spule?

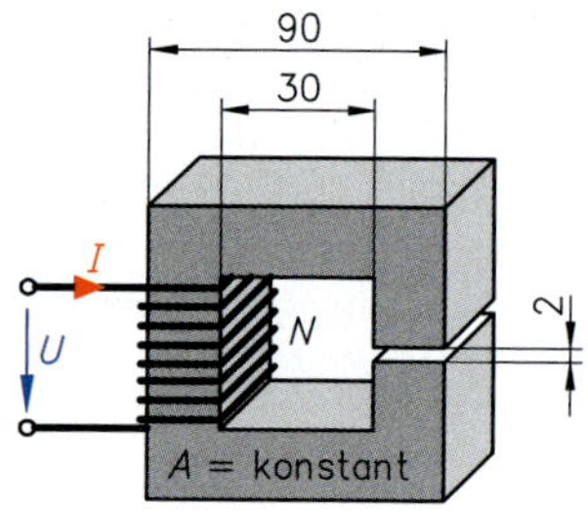

Gegeben: $B = 1{,}01\,\text{T} = 1{,}01\,\frac{\text{Vs}}{\text{m}^2}$; $H_1 = 400\,\frac{\text{A}}{\text{m}}$; $N = 800$; $l_0 = 2\,\text{mm}$

Gesucht: H_0; Θ; I

Lösung:

a) $B_0 = \mu_0 \cdot H_0 \quad \Rightarrow \quad H_0 = \frac{B_0}{\mu_0} = \frac{1{,}01\,\text{Vs Am}}{1{,}256 \cdot 10^{-6}\,\text{Vs m}^2} = \mathbf{804\,\frac{A}{m}}$

b) $\Theta = \Sigma H_n \cdot l_n = H_0 \cdot l_0 + H_1 \cdot l_1 = 804 \cdot 10^3\,\frac{\text{A}}{\text{m}} \cdot 2 \cdot 10^{-3}\,\text{m} + 400\,\frac{\text{A}}{\text{m}} \cdot 0{,}238\,\text{m} = \mathbf{1703{,}2\,A}$

c) $\Theta = I \cdot N \quad \Rightarrow \quad I_0 = \frac{\Theta}{N} = \frac{1703{,}2\,\text{kA}}{500} = \mathbf{3{,}41\,A}$

1. Ein Eisenkern aus Elektroblech mit 80 cm mittlerer Feldlinienlänge hat eine Querschnittsfläche von 25 cm². Wie groß ist die elektrische Durchflutung, wenn in dem 3 mm breiten Luftspalt der magnetische Fluss 3,5 mVs entsteht?

2. Wird eine Spule mit quadratischem Eisenkern von 1,6 A durchflossen, entsteht eine magnetische Induktion von 1,3 T. Der Eisenkern aus hochlegiertem Blech hat die mittlere Feldlinienlänge 20 cm. Der Luftspalt ist 2 mm breit. Wie viele Windungen hat die Spule?

3. Ein Eisenkern aus hochlegiertem Blech mit dem Querschnitt 14,4 cm² hat die mittlere Feldlinienlänge 20 cm. Wie groß ist die maximale elektrische Durchflutung, wenn im 2 mm breiten Luftspalt der magnetische Fluss 1,18 mVs nicht übersteigen darf?

4. Eine Spule mit 1200 Windungen besitzt einen runden Eisenkern mit dem Außendurchmesser von 25 cm und einem Innendurchmesser von 15 cm. Die magnetische Feldstärke von 650 A/m bewirkt eine magnetische Flussdichte von 1,52 T. Der Luftspalt im Eisenkern beträgt 1,5 mm.

a) Welche Feldstärke wirkt im Luftspalt?
b) Wie stark ist die magnetische Feldstärke im Luftspalt?
c) Welcher Spulenstrom kann gemessen werden?

5. Wie groß sind die in der nachfolgenden Tabelle gesuchten Werte?

	a)	b)	c)	d)	e)	f)
Φ	2,25 mVs	0,01 Vs	0,02 Vs	?	0,03 Vs	?
A	25 cm²	?	49 cm²	64 cm²	50 cm²	40 cm²
B	?	2,778 Vs/m²	?	7,813 Vs/m²	?	2 Vs/m²
μ_0	1,256 µVs/Am	1,256 µVs/Am	1,256 µVs/Am	1,256 µVs/Am	1,256 µVs/Am	1,256 µVs/Am
μ_r	1000	?	1500	1200	?	500
H_1	?	2,765 kA/m	?	?	5,3 kA/m	?
H_0	?	?	?	?	?	?
l_f	24,5 cm	?	40 cm	80 cm	?	12 cm
l_0	1,5 mm	1 mm	?	1,25 mm	?	2 mm
Θ_I	?	1244 A	?	?	4446,4 A	?
Θ_0	?	2211,7 A	8127 A	?	7775 A	?
N	1000	?	750	?	1500	800
I	?	2,5 A	?	7,95 A	?	?

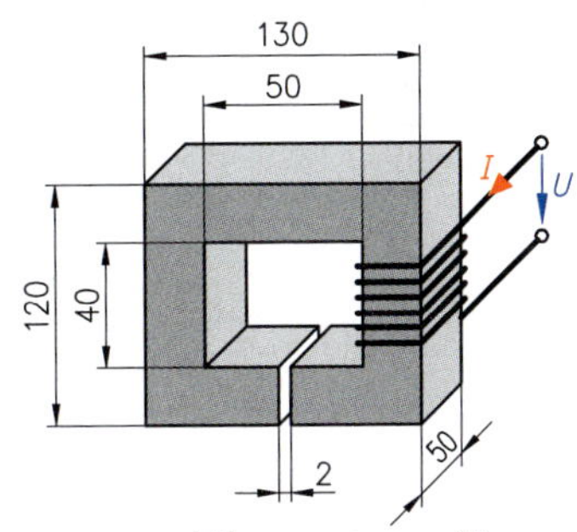

6. Der symmetrische Eisenkern in der Abbildung mit 5000 Windungen der Spule hat den magnetischen Fluss $1{,}5 \cdot 10^{-3}$ Vs.

a) Wie groß ist die magnetische Flussdichte im Eisenkern und im 2 mm breiten Luftspalt?

b) Welche Werte ergeben sich für die magnetischen Feldstärken im Luftspalt und im Eisenkern mit der Permeabilitätszahl 875?

c) Wie groß ist die elektrische Durchflutung?

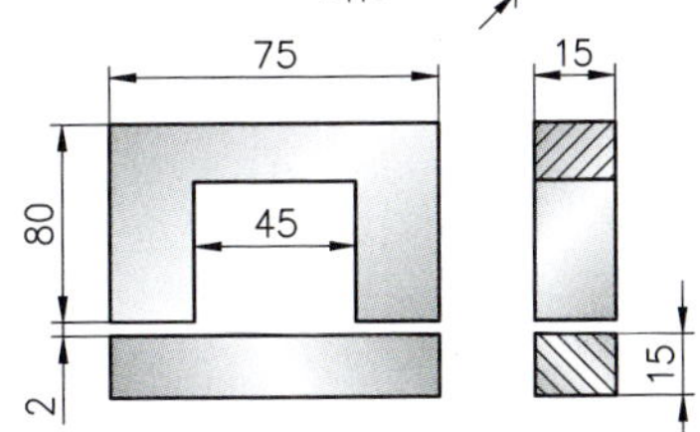

7. Der abgebildete U-I-Kern aus hochlegiertem Blech hat im Luftspalt den magnetischen Fluss 0,225 mVs.

a) Wie groß ist die magnetische Feldstärke im Luftspalt?

b) Welche elektrische Durchflutung ist erforderlich, damit der magnetische Fluss mindestens erreicht wird?

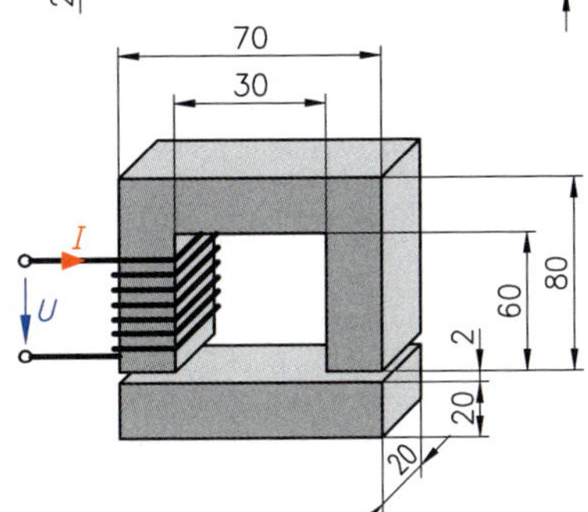

8. Im dargestellten symmetrischen Magnetkern aus hochlegiertem Blech beträgt die magnetische Induktion 1,5 T. Die Spule besitzt 3200 Windungen.

a) Wie groß ist die magnetische Feldstärke des Magnetmaterials (siehe Kennlinie S. 69)?

b) Welche magnetische Feldstärke wirkt im Luftspalt des Magnetkerns?

c) Wie groß ist die elektrische Durchflutung?

d) Welcher Strom fließt durch die Spule?

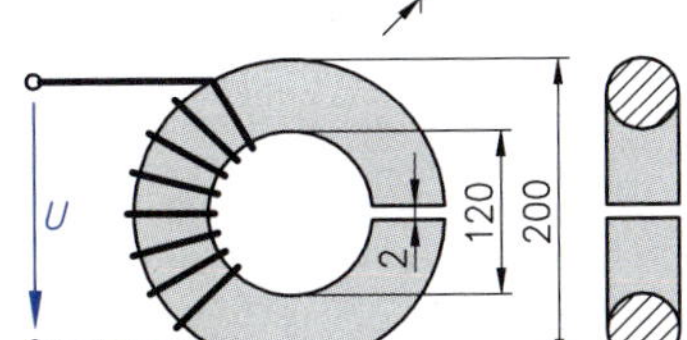

9. Die magnetische Flussdichte 1,2 T soll im nebenstehenden Eisenkern aus hochlegiertem Blech erzeugt werden. Die Spule mit 80 Ω Widerstand ist an 120 V Gleichspannung angeschlossen.

a) Wie groß ist der magnetische Fluss?

b) Welche magnetische Flussdichte besteht im Luftspalt?

c) Wie hoch ist die elektrische Durchflutung im Eisenkern und im Luftspalt?

7.2 Erzeugung einer Wechselspannung

7.2.1 Induktion der Bewegung

Ändert sich der mit einer Spule verkettete magnetische Fluss durch Bewegung im Magnetfeld, wird in jeder Windung der Spule eine Spannung induziert:

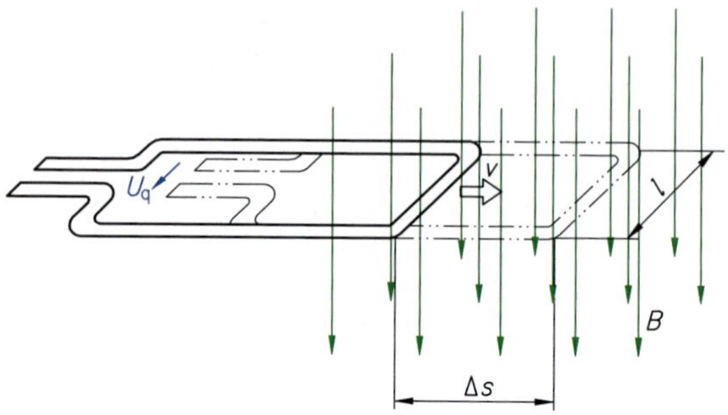

Ohne Berücksichtigung des Vorzeichens gilt für einen Leiter:

$$U_q = \frac{\Delta \Phi}{\Delta t}$$

$$\text{mit } \Delta\Phi = B \cdot \Delta A \quad \text{und} \quad \Delta A = l \cdot \Delta s \quad \text{und} \quad v = \frac{\Delta s}{\Delta t}$$

⇓

Mit der wirksamen Leiterlänge l gilt für z Leiter:

$$U_q = z \cdot l \cdot B \cdot v$$

Generatorprinzip

Aufgaben

Beispiel: Mit welcher Geschwindigkeit muss der abgebildete Leiter mit einer wirksamen Leiterlänge von 500 mm durch das Magnetfeld mit der Flussdichte 0,4 T bewegt werden, damit eine Spannung von 0,2 V induziert wird?

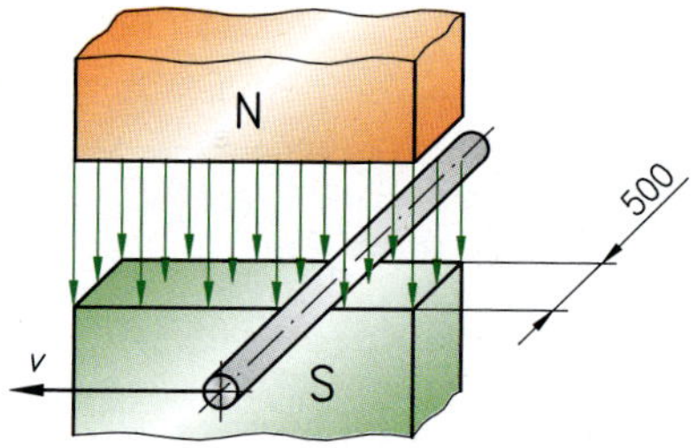

Gegeben: $B = 0{,}4\,\frac{\text{Vs}}{\text{m}^2}$; $U_q = 0{,}2\,\text{V}$; $l = 500\,\text{mm} = 0{,}5\,\text{m}$; $z = 1$

Gesucht: v

Lösung: $U_q = z \cdot l \cdot v \cdot B \;\Rightarrow\; v = \frac{U_q}{z \cdot l \cdot B} = \frac{0{,}2\,\text{V}\,\text{m}^2}{1 \cdot 0{,}5\,\text{m}\,0{,}4\,\text{Vs}} = 1\,\frac{\text{m}}{\text{s}}$

1. Durch ein Magnetfeld mit 1,2 T Flussdichte wird ein 20 cm langer Leiter mit einer Geschwindigkeit von 1 m/s bewegt. Welche Spannung wird induziert?
2. Mit welcher Geschwindigkeit muss ein 10 cm langer Leiter durch ein Magnetfeld mit 0,8 T Flussdichte bewegt werden, damit 0,2 V induziert werden?
3. In einem 1 m langen Draht wird 1 V induziert, wenn er mit 1 m/s durch ein Magnetfeld bewegt wird. Wie groß ist die magnetische Flussdichte?

4. Welche Werte ergeben sich, wenn Magnetfeld, Leiter und Bewegung senkrecht zueinander wirken?

	a)	b)	c)	d)	e)	f)	g)
z	1	?	700	80	2	40	20
B	0,8 Vs/m²	0,6 Vs/m²	?	0,45 T	0,9 T	0,45 Vs/m²	0,2 T
l	0,4 m	30 cm	95 mm	?	0,15 m	8 m	5 cm
v	9,3 m/s	15 m/s	7 m/s	140 m/s	12,6 m/s	?	1 m/s
U_q	?	110 V	400 V	17,6 V	?	16 kV	?

5. Der abgebildete Leiter befindet sich in einem homogenen Magnetfeld mit 1 T Flussdichte. Welche Spannungen werden induziert, wenn er in der angegebenen Richtung mit 5 m/s bewegt wird?

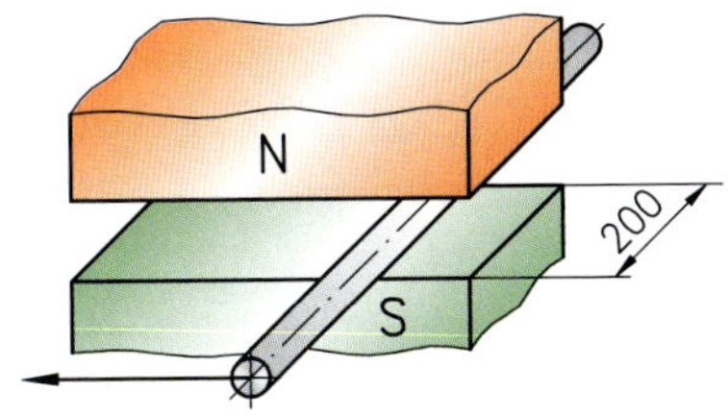

6. Welche magnetische Flussdichte muss im Luftspalt eines Linearmotors im Bremsbetrieb erzeugt werden, damit bei 80 km/h in den jeweils 25 cm langen Leiterstäben eine Spannung von 3 V induziert wird?

7. Die Spule dreht sich mit 1000 min⁻¹ in einem homogenen Magnetfeld.

a) Wie groß ist die Umfangsgeschwindigkeit der Spule?

b) Welche Spannung wird bei der angegebenen Stellung der Spule induziert?

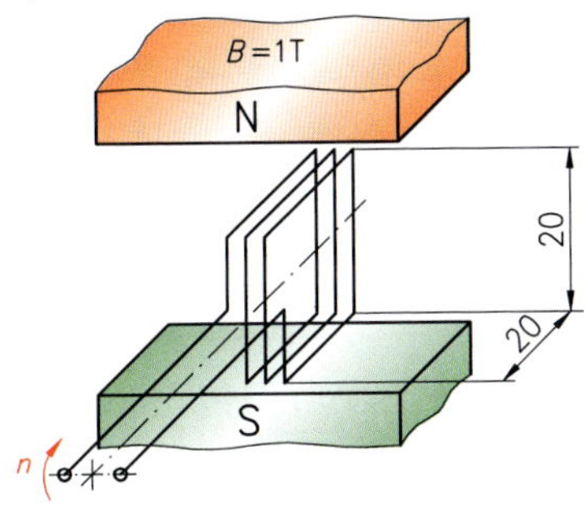

8. Die magnetische Flussdichte im Anker eines Generators beträgt 0,85 T. Bei welcher Drehfrequenz wird in einer 400 mm langen und 300 mm im Durchmesser großen Leiterschleife eine Spannung von 3 V induziert?

9. Die nebenstehende Abbildung zeigt den Schnitt durch einen Gleichstromgenerator. Die acht Spulen der Ankerwicklung haben jeweils zehn Windungen und sind 300 mm lang. Die magnetische Flussdichte unter den Polen ist nahezu homogen und beträgt 0,8 T. Die Drehfrequenz beträgt 1000 min⁻¹.

a) Welche Spannung wird in einer Leiterschleife induziert?

b) Wie groß ist die Klemmenspannung, wenn alle Spulen in Reihe geschaltet sind?

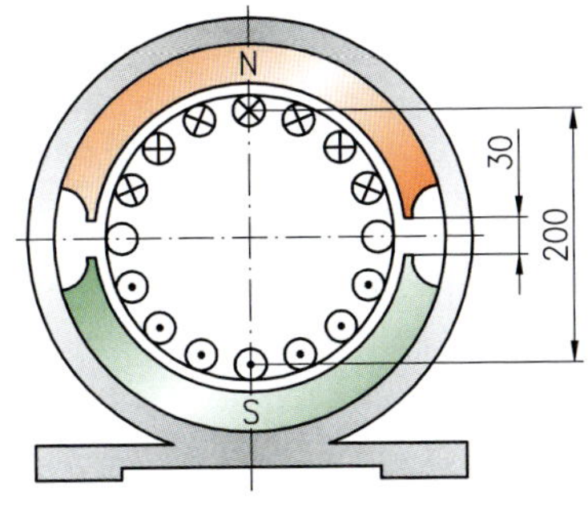

10. Eine Leiterschleife wird mit 1 cm/s durch den Luftspalt eines Magneten bewegt. In der Zeichnung ist die Anfangslage der Schleife dargestellt. Wie groß sind die induzierten Spannungen in den Leitern A und B sowie die Spannungen an den Klemmen der Leiterschleife in den Zeitabschnitten?

a) 0 s – 1 s

b) 1 s – 2 s

c) 2 s – 4 s

d) 4 s – 5 s

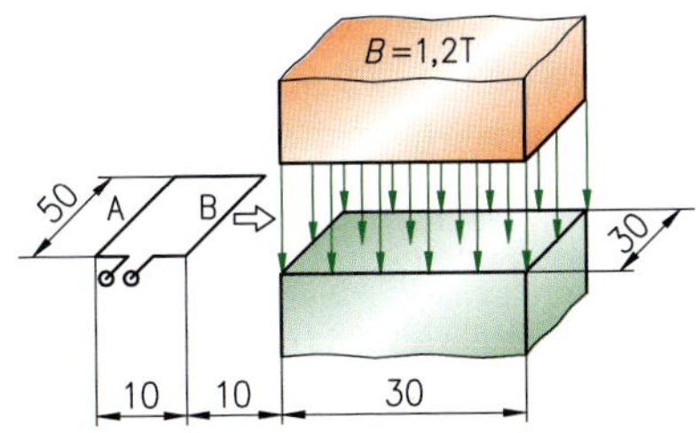

7.2.2 Die Winkelfunktionen Sinus und Cosinus im Einheitskreis

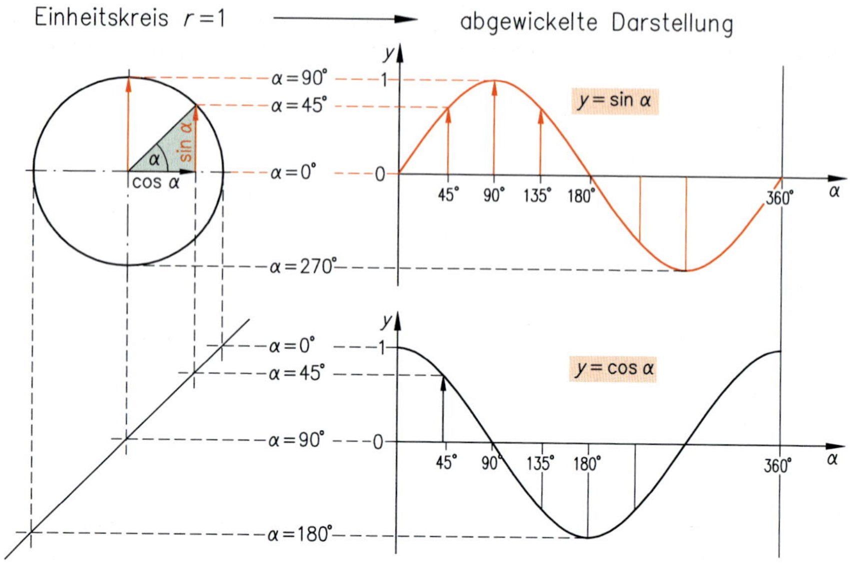

Die Länge des zum Winkel gehörenden Kreisbogens ist das Bogenmaß („rad").

$$\alpha = 360° \Rightarrow \alpha_{rad} = 2\,\pi = 6{,}28$$

Aufgaben

Beispiel: Wie groß ist der Sinuswert eines Winkels, wenn der Cosinuswert gleich 0,65 ist?

Gegeben: $\cos\alpha = 0{,}65$

Gesucht: $\sin\alpha$

Lösung: $\cos\alpha = 0{,}65 \Rightarrow$ 0,65 SHIFT cos $\Rightarrow \alpha = 49{,}46° \Rightarrow$ sin $\Rightarrow \sin\alpha =$ **0,76**

1. Wie groß sind die Sinus- und Cosinuswerte folgender Winkel?
a) 6° **c)** 16° **e)** 45° **g)** 75° **i)** 100° **l)** 160°
b) 260° **d)** 300° **f)** 350° **h)** 280° **k)** 135° **m)** 180°

2. Die angegebenen Zahlen sind die Sinuswerte verschiedener Winkel. Welchen Winkeln können die Sinuswerte innerhalb einer Umdrehung entsprechen?
a) 0 **c)** 0,5 **e)** 0,866 **g)** 0,707 **i)** –0,43 **l)** –0,866
b) 1 **d)** –0,5 **f)** 0,982 **h)** –0,707 **k)** –0,21 **m)** –0,123

3. Die angegebenen Zahlen sind Cosinuswerte verschiedener Winkel von 0 bis 360°. Welchen Winkeln können die Werte entsprechen?
a) 0 **c)** 0,5 **e)** 0,866 **g)** 0,707 **i)** –0,43 **l)** –0,866
b) 1 **d)** –0,5 **f)** 0,982 **h)** –0,707 **k)** –0,21 **m)** –0,123

4. Die angegebenen Zahlen sind Sinuswerte verschiedener Winkel. Wie groß sind die entsprechenden Cosinuswerte?
a) 0 **c)** 1 **e)** 0,5 **g)** –0,23 **i)** –0,5 **l)** 0,866
b) 0,707 **d)** 0,34 **f)** 0,67 **h)** 0,12 **k)** 0,4 **m)** 0,11

5. Wie groß sind die Sinus- und Cosinuswerte folgender Winkel im Bogenmaß:
a) 0,12 **c)** 0,67 **e)** 2,3 **g)** 6,8 **i)** 1,21 **l)** 16,9
b) 0,2 π **d)** 0,6 π **f)** 0,8 π **h)** 1,6 π **k)** 2,8 π **m)** 4,8 π

7.2.3 Zeitlicher Verlauf

Dreht sich eine Leiterschleife mit konstanter Drehgeschwindigkeit im homogenen Magnetfeld, wird in ihr entsprechend des Induktionsgesetzes (Seite 72) eine sinusförmige Wechselspannung erzeugt.

$U_q = z \cdot l \cdot B \cdot v \cdot \sin\alpha$ mit $v = d \cdot \pi \cdot n$

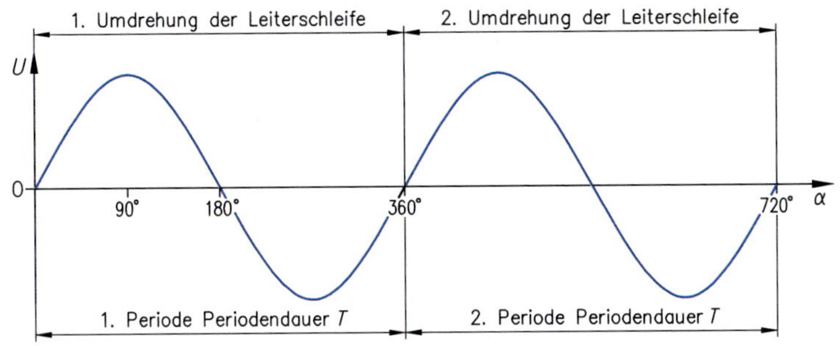

Dreht sich die Leiterschleife pro Sekunde f-mal,

hat die Spannung die **Frequenz f**:

$f = \frac{1}{T}$ $[f] = \frac{1}{s} = s^{-1}$; $1\,s^{-1} = 1\,Hz$ (Hertz)

beträgt die **Kreisfrequenz ω**:

$\omega = 2\pi \cdot f$ $[\omega] = s^{-1}$

Aufgaben

Beispiel: Eine Leiterschleife dreht sich mit 1000 min^{-1} in einem homogenen Magnetfeld.

a) Welche Zeit wird für eine Umdrehung benötigt?

b) Wie groß ist die Kreisfrequenz?

Gegeben: $n = 1000\,min^{-1} \Rightarrow f = 16{,}67\,s^{-1} = 16{,}67\,Hz$

Gesucht: T; ω

Lösung: **a)** $T = \frac{1}{f} = \frac{1\,s}{16{,}67} = 0{,}06\,s = \mathbf{60\,ms}$

b) $\omega = 2\pi \cdot f = 2\pi \cdot 16{,}67\,Hz = \mathbf{104{,}7\,s^{-1}}$

1. Wie groß ist die Periodendauer einer Wechselspannung mit einer Frequenz von 50 Hz?

2. Eine Leiterschleife dreht sich im homogenen Magnetfeld. Bei welcher Winkelgeschwindigkeit wird eine Spannung mit der Frequenz 100 Hz induziert?

3. Die Periodendauer einer Wechselspannung beträgt 1 s. Wie groß sind Frequenz und Kreisfrequenz der Wechselspannung?

4. In einer Leiterschleife wird eine Wechselspannung mit 60 Hz induziert.

a) Innerhalb welcher Zeit werden $5 \cdot 10^6$ Halbwellen erzeugt?

b) Wie groß ist die Kreisfrequenz?

5. Eine rechteckige Leiterschleife mit den Abmessungen 20 mm × 20 mm dreht sich 20-mal pro Sekunde in einem Magnetfeld mit der Flussdichte 1 T. Wie groß ist

a) die Umfangsgeschwindigkeit,

b) die induzierte Spannung bei den angegebenen Schleifenstellungen,

c) die Frequenz der Spannung und

d) die Periodendauer?

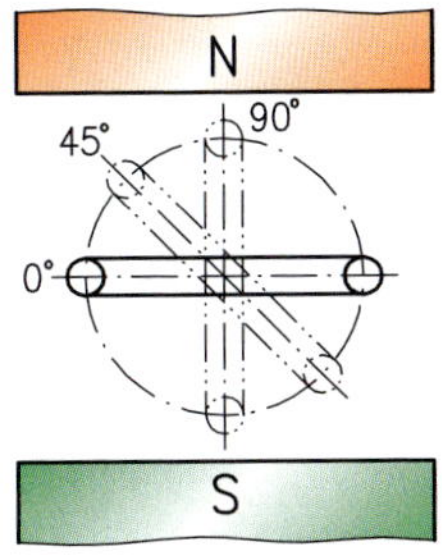

7.2.4 Kenngrößen

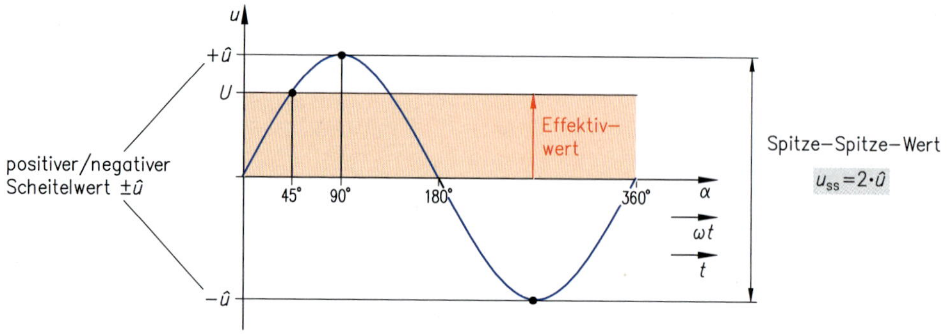

Jeder Wert u der Sinuskurve (Augenblickswert, Momentanwert) kann berechnet werden mit:

$u = \hat{u} \cdot \sin\alpha$ ⇒ $\alpha = \omega \cdot t$ ⇒ $u = \hat{u} \cdot \sin(\omega t)$

Der **Effektivwert *U*** ist der Wert, der bei Gleichspannung die gleiche Wärmewirkung bewirkt.

Er entspricht dem Augenblickswert bei 45°:

$$\boldsymbol{U = U_{eff} = \hat{u} \cdot \sin 45° = \hat{u} \cdot 0{,}707}$$

$$U = \frac{\hat{u}}{\sqrt{2}}$$

⇒ Das Liniendiagramm und die Zusammenhänge gelten für Spannung **und** für Ströme!

Aufgaben

Beispiel: Eine Wechselspannung mit der Frequenz 50 Hz hat einen Scheitelwert von 10 V. Wie groß ist

a) der Effektivwert der Spannung,
b) die Periodendauer,
c) die Kreisfrequenz,
d) der positive Momentanwert 7 ms nach dem Nulldurchgang der Spannung?

Gegeben: $f = 50\,\text{Hz} = 50\,\text{s}^{-1}$; $\hat{u} = 10\,\text{V}$; $t = 7\,\text{ms} = 0{,}007\,\text{s}$

Gesucht: U; T; ω; u

Lösung:

a) $U = \frac{\hat{u}}{\sqrt{2}} = \frac{10\,\text{V}}{\sqrt{2}} = \mathbf{7{,}07\,V}$

b) $T = \frac{1}{f} = \frac{1\,\text{s}}{50} = 0{,}02\,\text{s} = \mathbf{20\,ms}$

c) $\omega = 2\pi \cdot f = 2\pi \cdot 50\,\text{s}^{-1} = \mathbf{314\,s^{-1}}$

d) $u = \hat{u} \cdot \sin(\omega t) = 10\,\text{V} \cdot \sin(314\,\text{s}^{-1} \cdot 0{,}007\,\text{s}) = 10\,\text{V} \sin(2{,}198)$ (Bogenmaß)

mit Taschenrechner: {[2,198] [Mode „rad"] [sin] [×] [10]}

$u = \hat{u} \cdot \sin\alpha = 10\,\text{V} \cdot \sin 126° = 10\,\text{V} \cdot 0{,}81 = \mathbf{8{,}1\,V}$

oder

mit Dreisatz: $\alpha = \frac{7\,\text{ms}}{20\,\text{ms}} \cdot 360° = 0{,}35 \cdot 360° = 126°$

$u = \hat{u} \cdot \sin\alpha = 10\,\text{V} \cdot \sin 126° = 10\,\text{V} \cdot 0{,}81 = \mathbf{8{,}1\,V}$

1. Der Scheitelwert einer sinusförmigen Wechselspannung beträgt 537,4 V. Wie groß ist der Effektivwert?

2. Wie groß ist der Maximalwert eines Wechselstromes mit 2,3 A Effektivwert?

3. Wie groß ist bei der oszilloskopierten Wechselspannung

a) der Scheitelwert,
b) die Spitze-Spitze-Spannung,
c) der Effektivwert,
d) die Periodendauer,
e) die Frequenz und
f) die Kreisfrequenz?

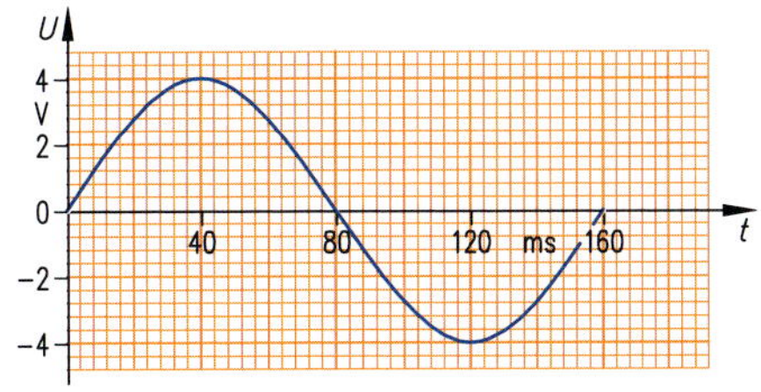

4. Wie groß sind die Scheitelwerte und die Periodendauer der Spannungen im 230-V/400-V/50-Hz-Netz?

5. Welche Frequenz und welche Kreisfrequenz besitzt eine Wechselspannung, die innerhalb von 10 ms eine vollständige Schwingung durchläuft?

6. Welche Augenblickswerte besitzt die abgebildete Wechselspannung bei 30°, 45°, 60°, 90°, 120°, 180°, 270° und 360°?

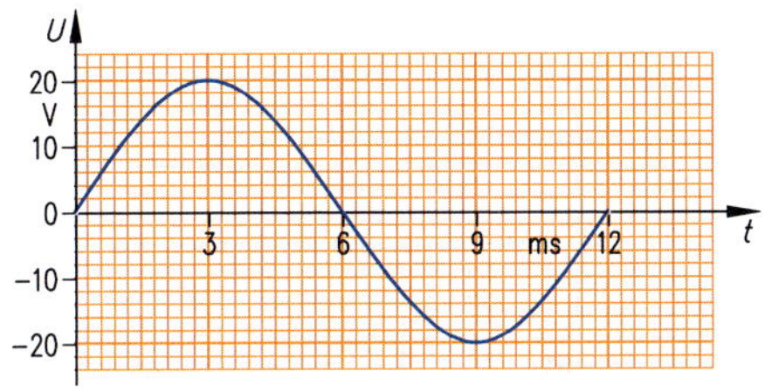

7. Wie groß ist bei dem abgebildeten Wechselstrom

a) die Kreisfrequenz,
b) die Frequenz,
c) der Spitze-Spitze-Wert,
d) der Effektivwert?

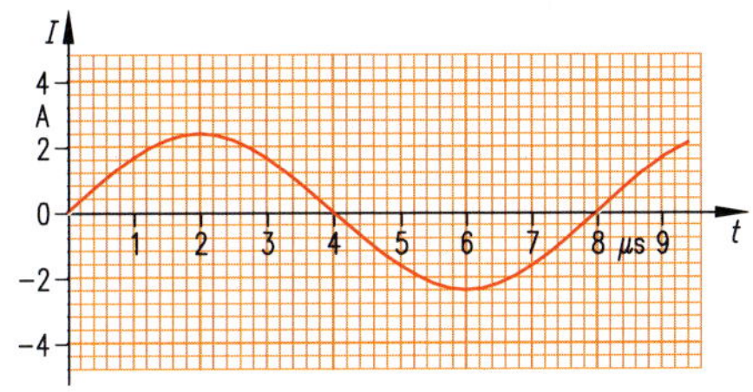

8. Nach 2 ms beträgt der Augenblickswert eines Wechselstromes 1,7 A. Wie groß ist der Spitzenwert des Stromes bei einer Frequenz von 33,3 Hz?

9. Ein Netzgerät liefert eine sinusförmige Wechselspannung mit 24 V Effektivwert und 50 Hz. Wie groß ist

a) der Scheitelwert,
b) die Kreisfrequenz,
c) der Augenblickswert nach 2 ms, 8 ms, 12 ms und 18 ms?

10. Der Augenblickswert einer 1-kHz-Wechselspannung beträgt 30 mV nach 0,1 ms. Wie groß sind Scheitelwert und Effektivwert der Wechselspannung?

11. Ein Frequenzgenerator liefert sinusförmige Wechselspannungen mit 10 V Spitzenwert. Nach welchen Zeiten wird bei 1 Hz, 10 Hz, 100 Hz und 1 kHz erstmalig der Augenblickswert 3 V erreicht?

12. Ein Netzgerät liefert eine sinusförmige Wechselspannung mit 10 V Scheitelwert und 60 Hz.

a) Wie groß ist der Effektivwert der Wechselspannung?
b) Welchen Momentanwert hat die Spannung nach 26 ms?

13. Eine Wechselspannung erreicht 12 µs nach dem Nulldurchgang ihren Effektivwert von 3 V. Wie groß ist der Augenblickswert 5 µs später?

14. Welchen Augenblickswert hat eine sinusförmige 50-Hz-Wechselspannung mit einer Amplitude von 311 V 4 ms nach dem negativen Nulldurchgang?

15. Eine sinusförmige Wechselspannung mit einer Frequenz von 60 Hz hat einen Spannungswert von −110 V bei 60° nach einer positiven Halbwelle.

a) Zu welchem Zeitpunkt erreicht die Spannung diesen Zeitwert?
b) Wie groß ist der Effektivwert der Spannung?
c) Welchen positiven Momentanwert hat die Spannung 5 ms nach dem Nulldurchgang?

16. Der Effektivwert einer sinusförmigen Wechselspannung mit 10 kHz beträgt 15 V.

a) In welcher Zeit nach dem Nulldurchgang erreicht die Spannung einen Wert von 12 V?
b) Wieviel Zeit vergeht, bis zum ersten Mal der Spannungswert von −9 V erreicht wird?

7.2.5 Addition sinusförmiger Wechselgrößen gleicher Frequenz

Beispiel: Addition zweier Wechselspannungen gleicher Frequenz mit unterschiedlichem Verlauf

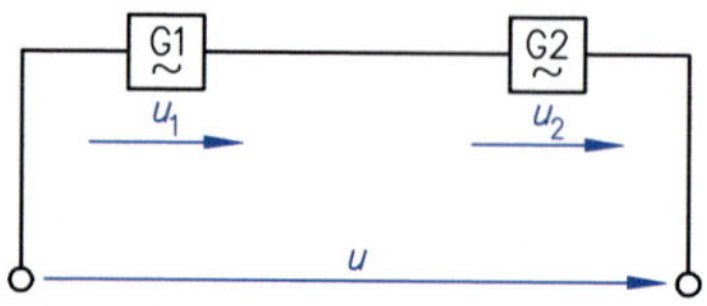

Im Zeigerdiagramm: Zeiger geometrisch addieren.

Im Liniendiagramm: Momentanwerte punktweise addieren.

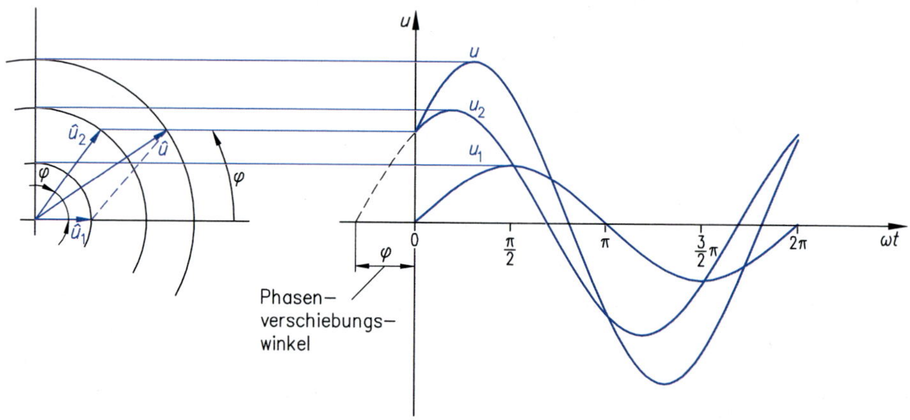

Das Ergebnis der Addition ist wieder eine sinusförmige Wechselspannung!

Aufgaben

Beispiel: Drei Wechselstromquellen gleicher Frequenz sind in Reihe geschaltet. Die Scheitelwerte der Spannungen betragen 1 V, 2 V und 1,5 V. Die Spannung U_2 eilt der Spannung U_1 um 60°, die Spannung U_3 eilt der Spannung U_1 um 120° voraus.

a) Wie groß ist der Spitzenwert der Gesamtspannung?

b) Wie groß ist die Phasenverschiebung zwischen U_1 und U?

Gegeben: $\hat{u}_1 = 1\,V$; $\hat{u}_2 = 2\,V$; $\hat{u}_3 = 1{,}5\,V$; $\varphi_2 = 60°$; $3 = 120°$; $f = 50\,\text{Hz}$

Gesucht: $\hat{u}, \varphi$

Lösung: 1. Lösung durch Addition von jeweils zwei Zeigern

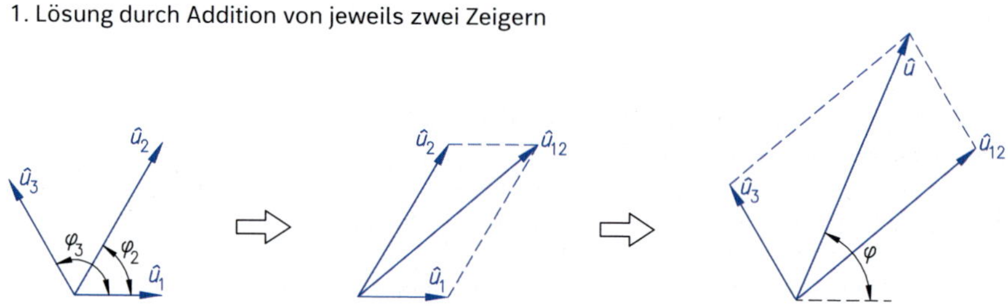

Abgelesene Werte: $\hat{u}$ = **3,3 V**; φ = **68°**

2. Lösung durch fortlaufende Addition aller Zeiger

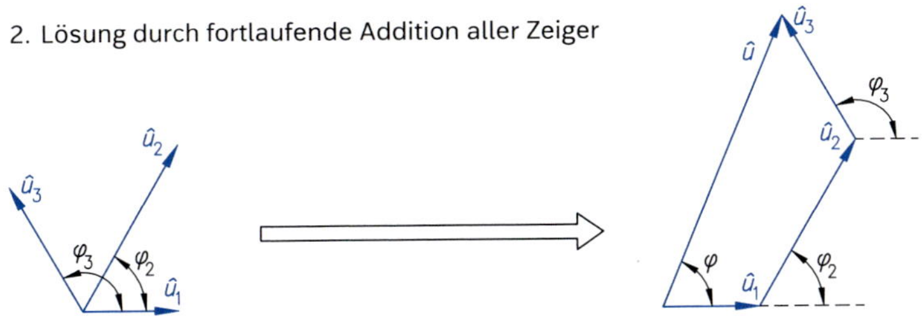

Abgelesene Werte: $\hat{u}$ = **3,3 V;** $\varphi = 68°$

1. Wie groß ist die Summe zweier gleicher Wechselspannungen mit 100 V Effektivwert, wenn die Phasenverschiebung 90° beträgt?

2. Zwei um 90° phasenverschobene Wechselströme mit den Effektivwerten 3 A und 5 A fließen in einen Knotenpunkt hinein. Wie groß ist der Effektivwert des herausfließenden Stromes?

3. Die drei abgebildeten Spannungen liegen in Reihe.
   a) Wie groß ist die Gesamtspannung?
   b) Wie groß ist der Phasenverschiebungswinkel zwischen der Gesamtspannung U und der Teilspannung U_1?

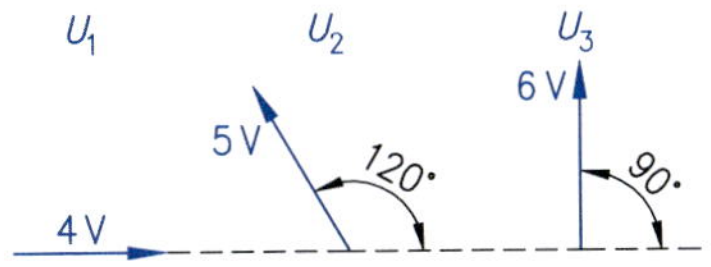

4. Die Teilspannungen sind bei 50 Hz um 90° phasenverschoben.
   a) Wie groß ist der Spitzenwert der Gesamtspannung?
   b) Wie groß ist der Phasenverschiebungswinkel zwischen U_1 und der Gesamtspannung?
   c) Wie viele Millisekunden später als U_2 erreicht die Gesamtspannung ihren positiven Spitzenwert?

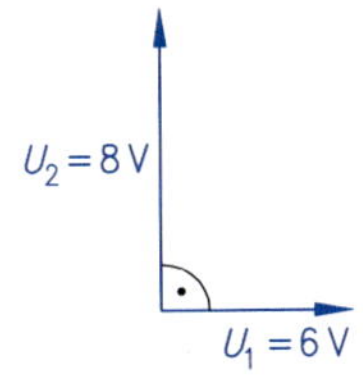

5. Die Gesamtspannung der Reihenschaltung zweier Wechselstromquellen gleicher Frequenz beträgt 40 V. Die Teilspannung 60 V eilt der Gesamtspannung um 30° nach.
   a) Wie groß ist die andere Teilspannung?
   b) Wie groß ist der Phasenverschiebungswinkel zwischen den Teilspannungen?

6. Die Abbildung zeigt das Liniendiagramm zweier in Reihe geschalteter Wechselspannungen (50 Hz).
   a) Wie groß sind die Effektivwerte der Teilspannungen?
   b) Welchen Effektivwert hat die Gesamtspannung?
   c) Nach welcher Zeit erreicht die Gesamtspannung ihren ersten positiven Spitzenwert?

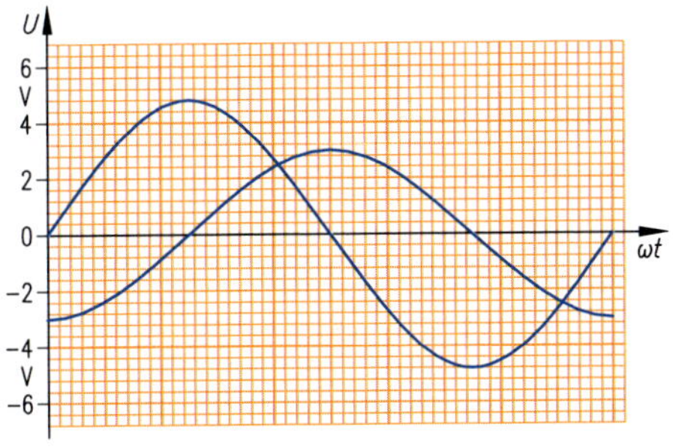

7. Zwei Ströme von jeweils 10 A fließen in einen Knotenpunkt. Wie groß ist der abfließende Strom, wenn die Phasenverschiebung zwischen beiden Strömen
   a) 60°,
   b) 90°,
   c) 120° ist?

8. Zwei Wechselspannungen von 220 V sind um 120° phasenverschoben.
   a) Wie groß ist die Summe der Spannungen?
   b) Wie groß ist die Differenz der Spannungen?

9. Drei Wechselspannungen gleicher Frequenz werden in Reihe geschaltet. Die Scheitelwerte der Spannungen betragen $U_1 = 15$ V, $U_2 = 40$ V und $U_3 = 65$ V. Die Spannung U_1 eilt der Spannung U_2 um 50°, die Spannung U_3 eilt der Spannung U_1 um 150° nach.
   a) Wie groß ist der Spitzenwert der Gesamtspannung?
   b) Welche Phasenverschiebung besteht zwischen U_3 und der Gesamtspannung U?

7.3 Die Dreiphasen-Wechselspannung

Werden drei räumlich um je 120° versetzte Spulen (Stränge, Phasen) von einem rotierenden Magnetfeld durchsetzt, werden in ihnen Wechselspannungen gleicher Frequenz und Amplitude induziert, die gegeneinander um 120° phasenverschoben sind:

Die Summe aller Spannungen ist zu jedem Zeitpunkt gleich 0 V.

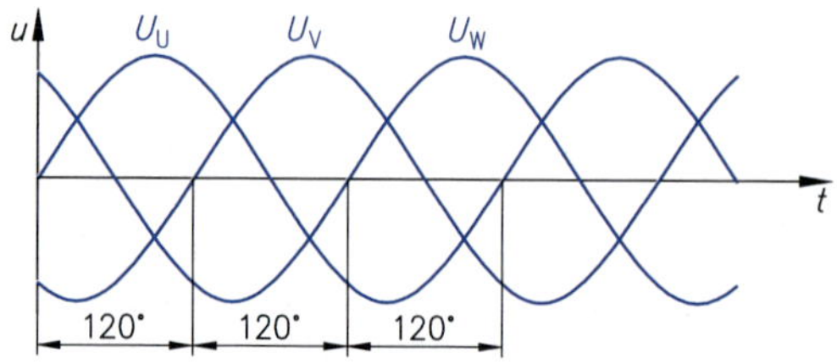

Die Summe aller Ströme ist zu jedem Zeitpunkt gleich 0 A.

Bei entsprechender Verschaltung kann auf die Rückleitungen verzichtet werden:

⇙ Verkettete Schaltungen: ⇘

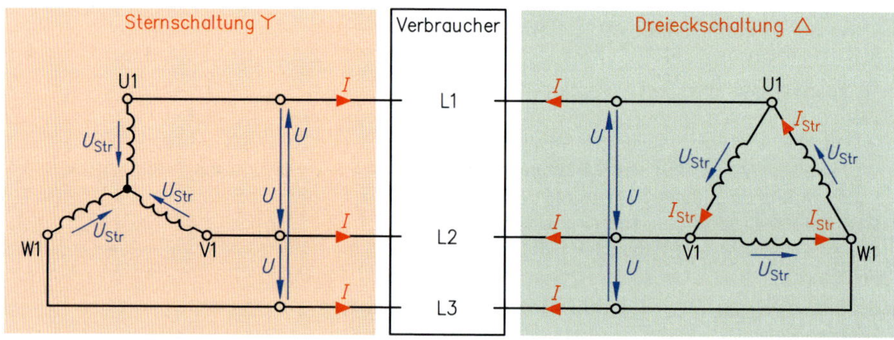

U: Leiterspannung U_{Str}: Strangspannung *I*: Leiterstrom I_{Str}: Strangstrom

$U = \sqrt{3} \cdot U_{Str}$ $I = I_{Str}$

Verkettungsfaktor:
$\sqrt{3} = 1{,}73$

$I = \sqrt{3} \cdot I_{Str}$ $U = U_{Str}$

Aufgaben

Beispiel: In einem Drehstromgenerator, dessen Wicklungen in Dreieckschaltung verschaltet sind, wird in jeder Wicklung eine Spannung von 10,5 kV induziert.

a) Welche Spannung liegt an den Klemmen des Generators an?

b) Welcher Strom fließt durch die Wicklungen, wenn er 75,6 A liefert?

Gegeben: $U_{Str} = 10{,}5\,\text{kV}$; $I = 75{,}6\,\text{A}$

Gesucht: U; I_{Str}

Lösung: a) $U = U_{Str} = \mathbf{10{,}5\,kV}$

b) $I_{Str} = \frac{I}{\sqrt{3}} = \frac{75{,}6\,\text{A}}{\sqrt{3}} = \mathbf{43{,}65\,A}$

1. Die Wicklungen eines 10-kV-Drehstromgenerators sind in Stern verschaltet. Welche Spannung liefert ein Wicklungsstrang?

2. Eine Wicklung eines Drehstromgenerators liefert im Nennbetrieb bei 240 V einen Strom von 12,5 A. Wie groß sind Nennspannung und Nennstrom des Generators bei
a) Sternschaltung b) und Dreieckschaltung?

3. Die Wicklungen eines Drehstromgenerators sind nach nebenstehendem Bild verschaltet. Wie groß sind die jeweiligen Strangwerte, wenn die Messgeräte 6 kV und 84 A anzeigen?

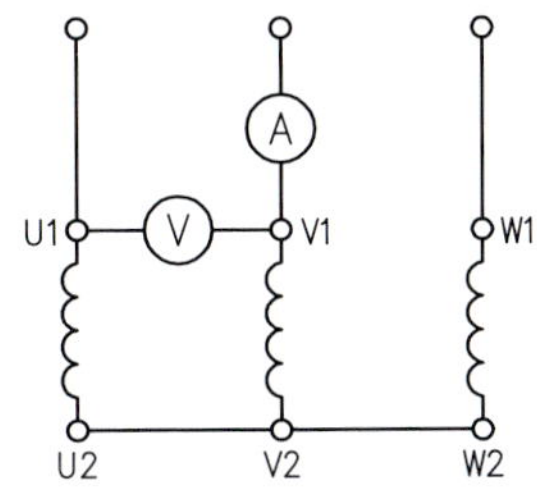

4. Die Wicklungen eines 5-kV-Drehstromgenerators sind in Dreieck verschaltet. Welche Spannung liefert ein Wicklungsstrang?

5. Die Wicklung eines 1-kW-Drehstromgenerators liefert im Nennbetrieb 500 V.

a) Wie groß ist in Sternschaltung der Strom in einem Wicklungsstrang?

b) Welcher Gesamtstrom fließt bei der Dreieckschaltung?

6. Ein 3-kW-Drehstromgenerator mit herausgeführtem Neutralleiter liefert 400 V Nennspannung.

a) Welche Spannung liefert ein einzelner Strang?

b) Wie hoch ist der Nennstrom?

7. Bei einem in Dreieckschaltung betriebenen Drehstromgenerator mit 400 V Nennspannung ist ein Wicklungsstrang unterbrochen. Welche Spannungen treten zwischen den Klemmen auf?

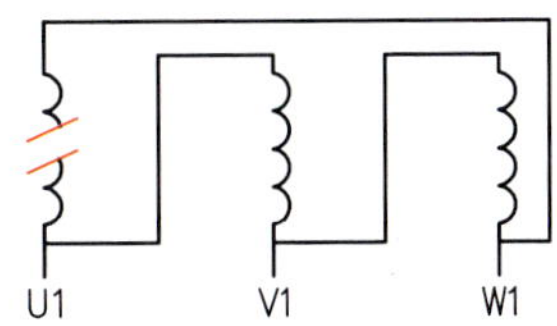

8. Ein Drehstromgenerator soll einem Drehstromverbraucher 250 A bei 660 V liefern. Welche Nenndaten müssen die einzelnen Wicklungsstränge besitzen, wenn sie

a) in Sternschaltung oder

b) in Dreieckschaltung verschaltet werden?

9. Ein 400-V-Drehstromgenerator in Sternschaltung versorgt ein kleines Netz. Welcher Potenzialunterschied besteht zwischen der Erde und Außenleiter L1, wenn

a) L1,

b) L2,

c) L3,

d) N mit der Erde verbunden wird?

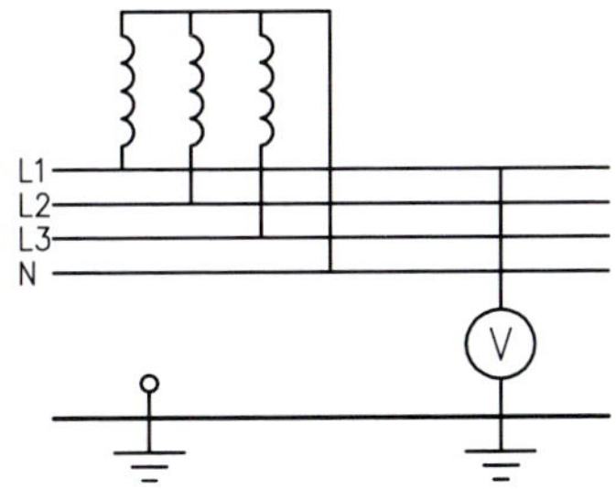

10. Die Wicklungen eines Drehstromgenerators sind für eine Stromdichte bis 16 A/mm² ausgelegt. Der Strang einer Wicklung induziert 660 V.

a) Wie groß darf der Strom innerhalb einer Strangwicklung bei 1,5 mm² Leiterquerschnitt sein?

b) Welche Ströme kann der Generator bei Stern- bzw. bei Dreieckschaltung liefern?

11. Der Isolationswiderstand einer Generatorwicklung ist so ausgelegt, dass sie für 1 kV pro Wicklung ausreichend ist. Welche maximale Spannung kann der Generator bei Stern- bzw. Dreieckschaltung liefern?

12. Über eine Widerstandsmessung mit Gleichspannung soll der Zustand der abgebildeten Generatorwicklung überprüft werden. Der ohmsche Widerstand eines Stranges wird mit 2 Ω angegeben. Zwischen U1 und V1 werden 1,2 Ω, zwischen U1 und W1 ebenfalls 1,2 Ω und zwischen V1 und W1 0,8 Ω gemessen. Der Widerstandswert zwischen dem Gehäuse und den jeweiligen Generatorklemmen ist unendlich groß.

a) Welcher Wicklungsstrang ist defekt?

b) Wie groß ist der Widerstandswert der defekten Wicklung?

c) Um welche Fehlerart handelt es sich?

d) Welche Spannung kann die defekte Wicklung noch liefern, wenn die Nennspannung 400 V beträgt?

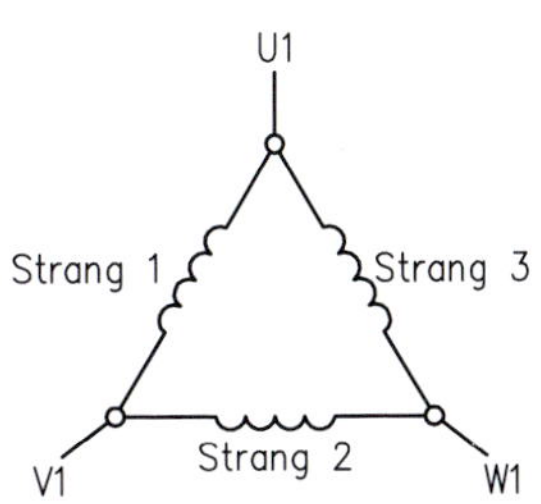

8 Transformieren elektrischer Energie

8.1 Induktion der Ruhe

Ändert sich der mit einer Spule verkettete magnetische Fluss durch Stromänderung, wird in jeder Windung der Spule eine Spannung induziert:

$\Delta\Phi = \Phi_2 - \Phi_1$ $\quad$ $U_q = -N\dfrac{\Delta\Phi}{\Delta t}$ $\quad$ $\Delta t = t_2 - t_1$

$$\Delta\Theta = N \cdot \Delta I \Rightarrow \Delta H = \frac{N}{l_m} \cdot \Delta I \Rightarrow \Delta B = \mu\frac{N}{l_m} \cdot \Delta I \Rightarrow \Delta\Phi = \mu\frac{A \cdot N}{l_m} \cdot \Delta I$$

$$U_q = -\underbrace{\mu_0 \cdot \mu_r\frac{A \cdot N^2}{l_m}}_{\text{Induktivität } L} \cdot \frac{\Delta I}{\Delta t}$$

$[L] = \dfrac{\text{Vs} \cdot \text{m}^2}{\text{Am} \cdot \text{m}} = \dfrac{\text{Vs}}{\text{A}}$ $\quad$ $U_q = -L\dfrac{\Delta I}{\Delta t}$ $\quad$ $1\dfrac{\text{Vs}}{\text{A}} = 1\,\text{H (Henry)}$

Transformatorprinzip

Aufgaben

Beispiel: Ein ringförmiger Eisenkern ($\mu_r = 420$) mit 1,2 cm² Querschnittsfläche und 15 cm mittlerer Feldlinienlänge trägt eine Spule mit 800 Windungen.

a) Wie groß ist die Induktivität der Spule?

b) Welche Spannung wird in der Spule induziert, wenn sich der Spulenstrom innerhalb von 20 ms um 0,03 A verringert?

Gegeben: $\mu_0 = 1{,}256 \cdot 10^{-3}\dfrac{\text{Vs}}{\text{Am}}$; $\mu_r = 420$; $A = 1{,}2 \cdot 10^{-4}\,\text{m}^2$; $l_m = 0{,}15\,\text{m}$; $N = 800$; $\Delta t = 0{,}02\,\text{s}$;

$\Delta I = -0{,}03\,\text{A}$

Gesucht: L; U_q

Lösung:

a) $L = \mu_0 \cdot \mu_r\dfrac{A \cdot N^2}{l_m} = 1{,}256 \cdot 10^{-6}\dfrac{\text{Vs}}{\text{Am}} \cdot 420\,\dfrac{1{,}2 \cdot 10^{-4}\,\text{m}^2 \cdot 800^2}{0{,}15\,\text{m}} = 0{,}27\dfrac{\text{Vs}}{\text{A}} = \mathbf{0{,}27\,H}$

b) $U_q = -L\dfrac{\Delta I}{\Delta t} = -0{,}27\dfrac{\text{Vs}}{\text{A}} = \dfrac{-0{,}03\,\text{A}}{0{,}02\,\text{s}} = \mathbf{0{,}405\,V}$

1. In einer Spule mit Eisenkern verringert sich der magnetische Fluss innerhalb 400 ms von 12 mVs auf 2 mVs. Welche Spannung wird in einer Windung der Spule induziert?

2. Wie groß war die Flussänderung in einer Spule mit 300 Windungen, wenn während 50 ms eine Spannung von 3,882 induziert wurde?

3. In jeder Windung einer Spule wird bei der Flussänderung 0,5 mVs eine Spannung von 0,2 mV induziert. Innerhalb welcher Zeit hat sich der magnetische Fluss geändert?

4. Innerhalb einer Spule mit der Induktivität 1 H verkleinert sich der Strom innerhalb 1 s um 1 A. Wie groß ist die induzierte Spannung?

5. Durch eine Spule fließt ein Gleichstrom von 2 A. Beim Abschalten des Stromes innerhalb 3,5 ms wird eine Spannung von 500 V induziert. Wie groß ist die Induktivität der Spule?

6. Wie lange dauerte der Ausschaltvorgang einer 5-mH-Spule, wenn beim Abschalten von 4 A eine Spannung von 10 V induziert wurde?

7. Der magnetische Fluss in einer Spule mit 250 Windungen beträgt 25 mWb. Auf welchen Wert muss der Fluss geändert werden, damit 100 ms lang eine Spannung von 50 V induziert wird?

8. Der magnetische Fluss in einer Spule mit 100 Windungen ändert sich nach den dargestellten Diagrammen. Welche Spannungen werden bei den vorgegebenen $\Phi = f(t)$ Kennlinien induziert?

a)

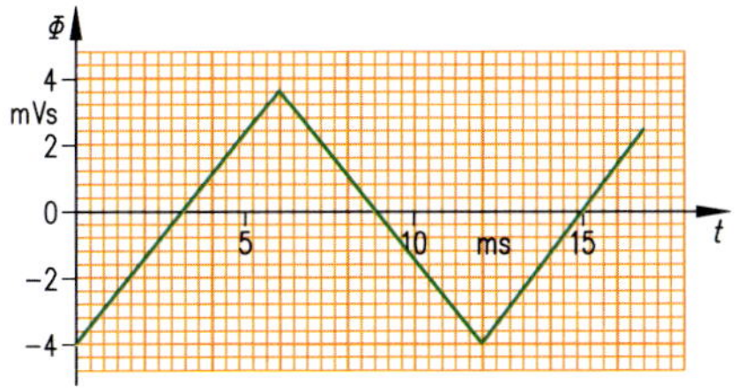

b)

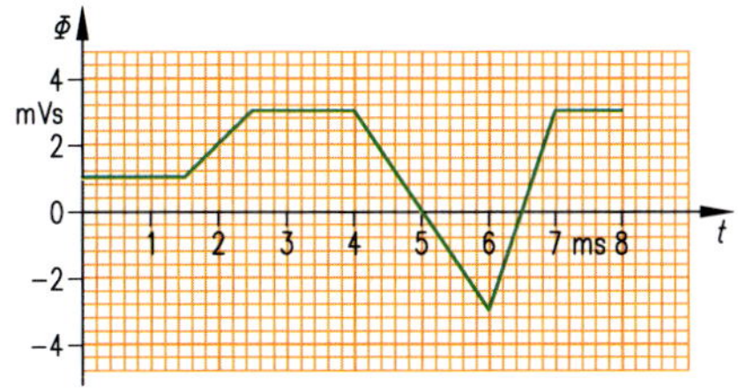

9. Die induzierte Spannung einer Spule mit 100 Windungen ändert sich nach den dargestellten $u = f(t)$-Diagrammen. Welche Flussänderung ist die Ursache, wenn zur Zeit $t = 0$ der Fluss 1 mVs vorliegt?

a)

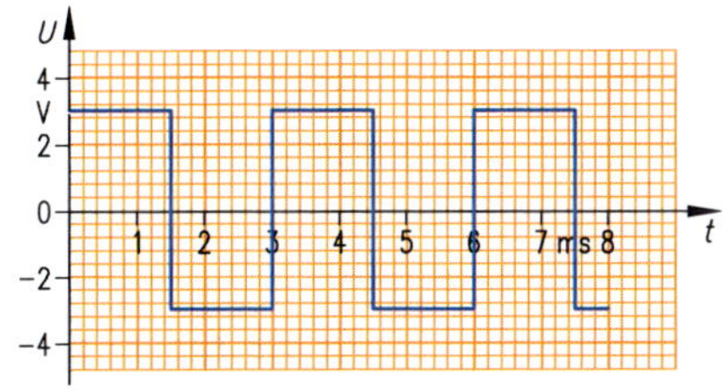

b)

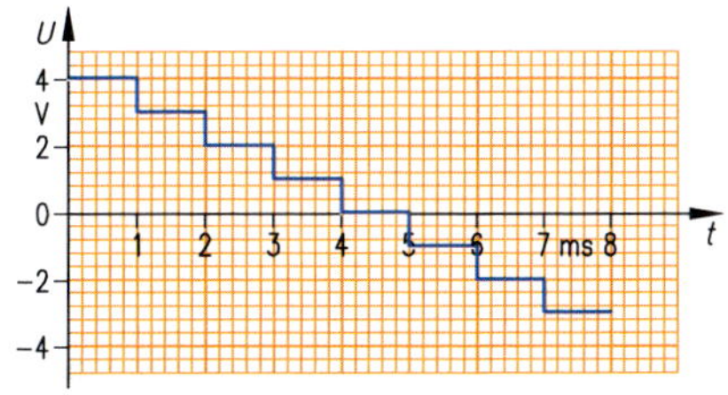

10. Die Flussdichte innerhalb einer Spule mit 300 Windungen und 10 mm Innendurchmesser beträgt 1,2 T. Welche Spannung wird in der Spule induziert, wenn die Flussdichte innerhalb einer Sekunde auf 0,3 T reduziert wird?

11. Der magnetische Fluss in einer Spule mit 500 Windungen wird innerhalb 10 ms von – 10 mVs auf + 10 mVs geändert. Wie groß ist die in der Spule induzierte Spannung?

12. Die Flussdichte innerhalb einer Spule mit Eisenkern und 800 Windungen beträgt im Nennbetrieb ein Tesla. Der Eisenkern (μ_r = 240) mit einem Durchmesser von 1 cm wird innerhalb 2 s aus der Spule gezogen. Welche Spannung wird induziert?

13. In den 1000 Windungen einer Spule fließen bei Anschluss an einen Akkumulator 4 A. Der symmetrische Eisenkern besitzt eine relative Permeabilität von 1500.
   a) Wie groß ist die Induktivität der Spule?
   b) Welche Spannung liegt an der Funkenstrecke an, wenn der Stromkreis innerhalb 1 ms unterbrochen wird?

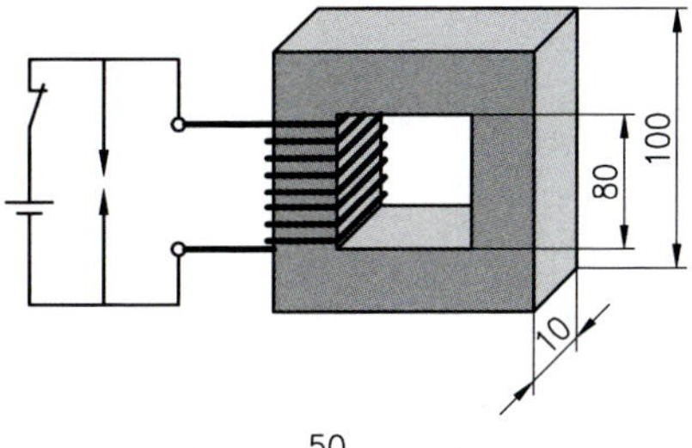

14. Der symmetrische Eisenkern aus hochlegiertem Blech (siehe Seite 69) trägt zwei Wicklungen. Der Strom in der Spule 1 wird innerhalb 2 ms stetig von 0,5 A auf 1,5 A erhöht.
   a) Wie groß ist die Flussänderung?
   b) Welche Spannung wird in Spule 2 induziert?

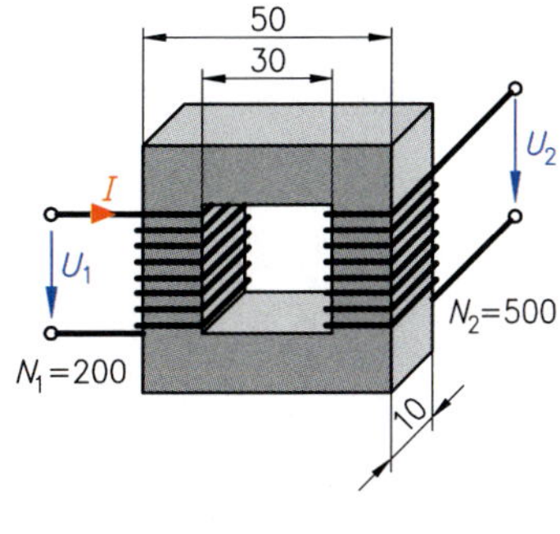

8.2 Transformatoren

8.2.1 Übersetzungsverhältnis und Hauptgleichung

Für Einphasen- und Drehstromtransformatoren (Strangwerte)

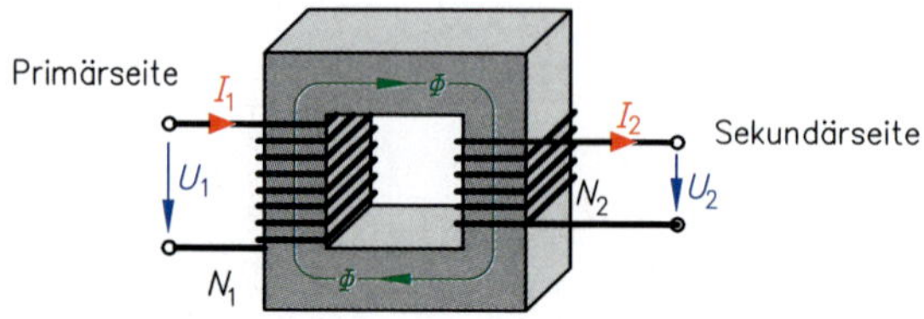

Das Verhältnis der Bemessungsspannungen ist das Übersetzungsverhältnis:

$$\ddot{U} = \frac{U_1}{U_2}$$

Beim verlustfrei betrachteten (idealen) Transformator verhalten sich die Spannungen wie die Windungszahlen und umgekehrt wie die Ströme:

$$\frac{U_1}{U_2} = \frac{N_1}{N_2} = \frac{I_2}{I_1}$$

Die Höhe der induzierten Spannungen kann berechnet werden mit der **Transformator-Hauptgleichung**

$$U_q = 4{,}44 \cdot f \cdot N \cdot \hat{\Phi}$$

Aufgaben

Beispiel: Bei einem Eisenphasentransformator 230 V/25 V, 50 Hz besitzt die Sekundärwicklung 80 Windungen.

a) Wie viele Windungen besitzt die Primärwicklung?

b) Wie groß ist der Scheitelwert des magnetischen Flusses im Eisenkern?

c) Mit welchem Strom wird das 230-V-Netz belastet, wenn der Transformator verlustfrei 4,2 A abgibt?

Gegeben: $U_1 = 230\,\text{V};\ U_2 = 25\,\text{V};\ f = 50\,\text{Hz};\ I_2 = 4{,}2\,\text{A};\ N_2 = 80$

Gesucht: $N_1;\ \hat{\Phi};\ I_1$

Lösung:

a) $\frac{N_1}{N_2} = \frac{U_1}{U_2} \quad \Rightarrow \quad N_1 = N_2 \cdot \frac{U_1}{U_2} = 80 \cdot \frac{230\,\text{V}}{25\,\text{V}} = \mathbf{736}$

b) $U_2 = 4{,}44 \cdot f \cdot N \cdot \Phi \quad \Rightarrow \quad \Phi = \frac{U_q}{4{,}44 \cdot f \cdot N} = \frac{25\,\text{V}}{4{,}44 \cdot 50\,\text{Hz} \cdot 80} = \mathbf{1{,}4\,mVs}$

c) $\frac{N_1}{N_2} = \frac{I_2}{I_1} \quad \Rightarrow \quad I_1 = I_2 \cdot \frac{U_2}{U_1} = 4{,}2\,\text{A} \cdot \frac{25\,\text{V}}{230\,\text{V}} = \mathbf{0{,}46\,A}$

1. Ein Einphasentransformator 220 V/24 V hat sekundärseitig 384 Windungen. Wie viele Windungen besitzt die Primärwicklung?
2. Die Netzspannung von 230 V soll auf 42 V transformiert werden. Die Primärwicklung des Transformators besitzt 920 Windungen. Wie viele Windungen muss die Sekundärwicklung erhalten?
3. Ein Einphasentransformator mit 340 Windungen auf der Primärseite und 1478 Windungen auf der Sekundärseite wird primärseitig an 230 V angeschlossen. Wie groß ist die Sekundär-Leerlaufspannung?

4. Welche Werte fehlen in der nachfolgenden Tabelle?

	a)	b)	c)	d)	e)	f)
$\hat{\Phi}$	$1{,}7 \cdot 10^{-4}$ Vs	1,16 mVs	?	$3 \cdot 10^{-3}$ Vs	?	$2{,}4 \cdot 10^{-4}$ Vs
f	100 Hz	60 Hz	60 Hz	?	50 Hz	?
N_1	?	356	340	169	176	4000
U_1	24 V	?	220 V	90 V	230 V	80 V
N_2	79,5	78	?	22,5	?	1500
U_2	?	?	24 V	?	60 V	?

5. Der Maximalwert der Flussdichte im Eisenkern eines Einphasentransformators ist 1,2 T. Die wirksame Eisenquerschnittsfläche beträgt 200 cm². Der Transformator ist primärseitig an 6 kV/50 Hz angeschlossen. Die Sekundär-Leerlaufspannung beträgt 400 V. Wie viele Windungen besitzt

a) die Primärwicklung,

b) die Sekundärwicklung?

6. Bei einem idealen Einphasentransformator 100 V/12 V fließen in der Primärwicklung 2,5 A. Wie groß ist der Sekundärstrom?

7. Die Primärwicklung eines Klingeltransformators besitzt 1320 Windungen. Wie viele Windungen hat die Sekundärwicklung für

a) 3 V,

b) 5 V,

c) 8 V?

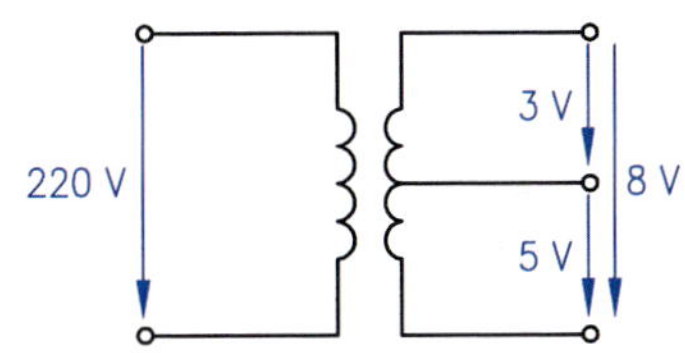

8. Bei einem Einphasentransformator 400 V/100 V werden 5 % der Primärwicklung durch einen Isolationsfehler kurzgeschlossen. Auf welchen Wert ändert sich die Sekundärspannung?

9. Durch einen Durchsteck-Stromwandler mit der Aufschrift 500/5 A und einer Nennleistung von 30 VA fließen primärseitig 350 A.

a) Wie groß ist der Strom durch den Strommesser?

b) Wie viele Windungen besitzt die Sekundärwicklung?

10. Ein Einphasentransformator mit 920 Windungen auf der Primärseite wird an 230 V angeschlossen. Auf der Sekundärseite können 12 V, 24 V, 36 V und 48 V abgegriffen werden.

a) Welche Spannung wird in einer Windung der Sekundärwicklung induziert?

b) Wie viele Windungen besitzt die gesamte Sekundärwicklung?

c) Wie viele Anzapfungen reichen für die Sekundärwicklung aus?

d) Wie viele Windungen befinden sich jeweils zwischen den Anzapfungen?

11. Bei einem Drehstromtransformator 10 kV/0,4 kV der Schaltgruppe Yyn6 besitzt ein Strang der Oberspannungswicklung 1000 Windungen. Wie viele Windungen besitzt ein Strang der Unterspannungswicklung?

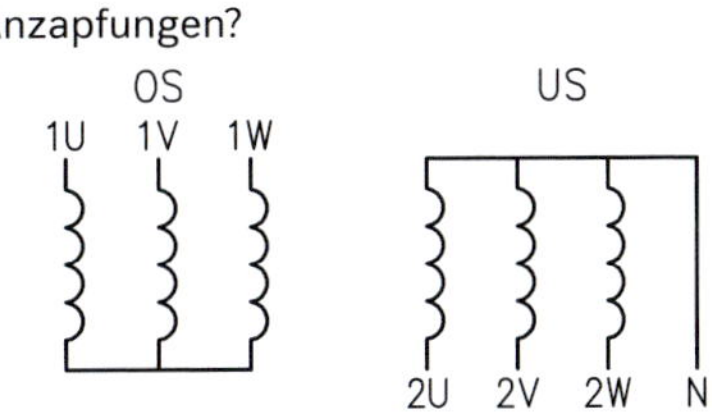

12. Ein Drehstrom-Transformator mit offener Schaltgruppe besitzt primär pro Strang eine Wicklung mit 1000 Windungen und sekundär zwei Wicklungen mit jeweils 200 Windungen. Die Oberspannungswicklung wird an ein Drehstromnetz mit 1 kV Nennspannung angeschlossen. Wie groß ist bei den angegebenen Verschaltungen die Leiterspannung an der Unterspannungsseite?

a)

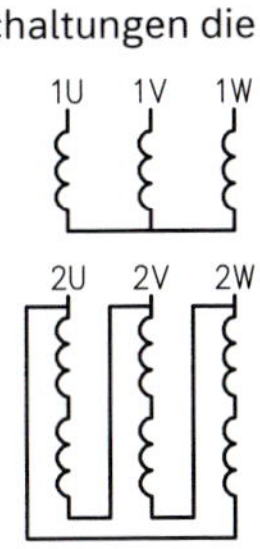

b)

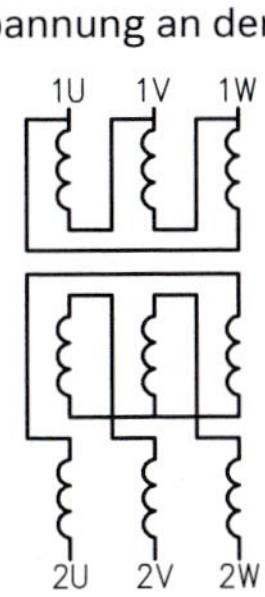

c)

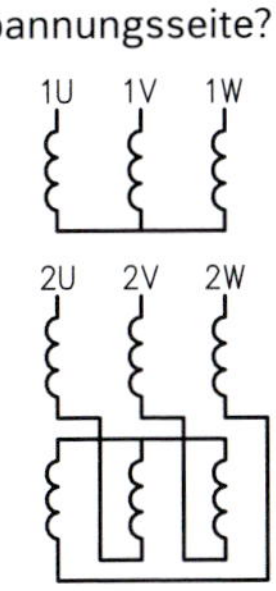

d)

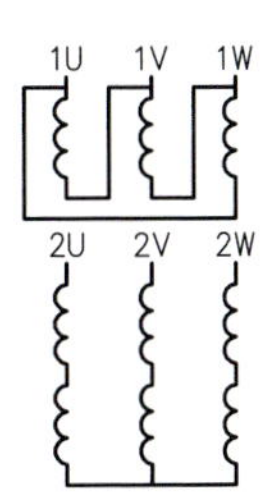

8.2.2 Verluste und Wirkungsgrad

Die Transformatorverluste werden in zwei Versuchen ermittelt:

Leerlaufversuch:

(S offen)

$U_1 = U_{1\,n};\ I_1 = I_{10}$

⇓

Spannungsabhängige Eisenverluste:

$$P_o = P_{Fe}$$

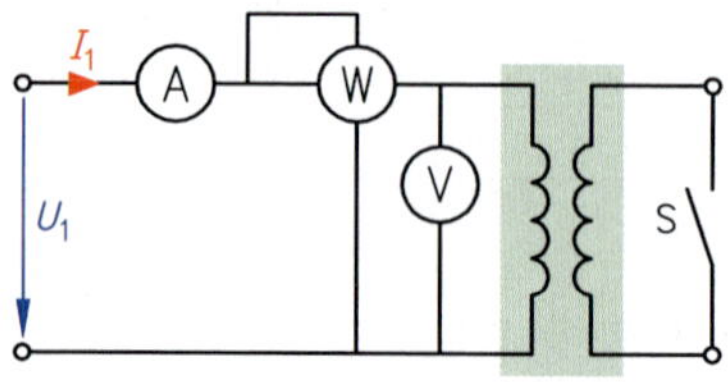

Kurzschlussversuch:

(S geschlossen)

$U_1 = U_{1\,k}$*); $I_1 = I_{1n}$

⇓

Stromabhängige Kupferverluste:

$$P_k = P_{Cun}$$

Im Bemessungsbetrieb $U_1 = U_{1\,n}$ und $I_1 = I_{1n}$ treten beide Verlustarten auf:

$$P_V = P_{Fe} + P_{Cu}$$

Wirkungsgrad η im Bemessungsbetrieb

$$\eta_n = \frac{P_{ab}}{P_{zu}} \quad \Rightarrow \quad \eta_n = \frac{P_{ab}}{P_{ab} + P_{Vn}} \quad \Rightarrow \quad \eta_n = \frac{P_{ab}}{P_{ab} + P_{Fe} + P_{Cun}}$$

*) Die Kurzschlussspannung (U_K in86 oder u_K in Prozent von U_n) ist die Spannung, die bei sekundärseitigem Kurzschluss anliegen muss, damit Nennströme fließen:

Relative Kurzschlussspannung u_K:

$$u_k = \frac{U_k}{U_n} \cdot 100\ \%$$

Aufgaben

Beispiel: Ein Drehstromtransformator mit der Übersetzung 20000 V/400 V gibt im Bemessungsbetrieb eine Wirkleistung von 504 kW ab. Messungen auf dem Prüffeld ergeben 8 kW Kupferverluste und 1,3 kW Eisenverluste. Die Kurzschlussspannung ist mit 4% angegeben. Wie groß ist:

a) der Bemessungswirkungsgrad,

b) die Kurzschlussspannung in Volt und

c) der primäre Dauerkurzschlussstrom bei einem Bemessungsstrom von 18,2 A?

Die auf dem Leistungsschild angegebene Leistung ist die im Bemessungsbetrieb abgegebene Scheinleistung.

Bem. Leistung	kVA	630
Bem. Spannung	V	20000/400
Bem. Strom	A	18,2/910
Kurzschl.-Spg.	%	4
Schaltgruppe	kVA	Dyn 5

Siehe auch Kapitel 9.2 und 9.3 auf den Seiten 100 und 114.

Gegeben: $U_{1n} = 20\,000\,V;\ U_{2n} = 400\,V;\ P_{ab} = 504\,kW;\ P_{Cu} = 8\,kW;\ P_{Fe} = 1{,}3\,kW;\ I_{1n} = 18{,}2\,A$

Gesucht: $\eta_n;\ U_k;\ I_{Kd}$

Lösung:

a) $$\eta_n = \frac{P_{ab}}{P_{ab} + P_{Fe} + P_{Cun}} = \frac{504\,kW}{504\,kW + 1{,}3\,kW + 8\,kW} = \mathbf{0{,}982}$$

b) $$u_k = \frac{U_k}{U_{1n}} \cdot 100\,\% \Rightarrow U_k = \frac{u_k \cdot U_{1n}}{100\,\%} = \frac{4\,\% \cdot 20\,000\,V}{100\,\%} = \mathbf{800\,V}$$

c) $$I_{Kd} = I_{1n}\frac{U_{1n}}{U_k} = 18{,}2\,A\,\frac{20\,000\,V}{800\,V} = \mathbf{455\,A}$$

1. Wie groß ist die relative Kurzschlussspannung eines Drehstromtransformators 110 kV/20 kV, wenn im Kurzschlussversuch bei 15 kV Nennströme fließen?

2. Die Leerlaufverluste eines Drehstromtransformators betragen 0,7 kW. Bei 180 kW Leistungsabgabe betragen die Lastverluste 4,2 kW. Wie groß ist der Wirkungsgrad?

3. Ein Einphasentransformator nimmt an 230 V bei einem Leistungsfaktor von 0,8 den Strom 1,1 A auf. Sekundärseitig beträgt der Strom 18 A bei 9 V und einem Leistungsfaktor von 0,84. Wie groß ist der Wirkungsgrad?

4. Ein Drehstromtransformator 1,6 MVA/20 kV mit 5 % Kurzschlussspannung wird sekundärseitig kurzgeschlossen. Wie groß ist

a) die Kurzschlussspannung,

b) der primäre Nennstrom,

c) der primäre Kurzschlussstrom bei Bemessungsspannung (Dauerkurzschlussstrom I_{kd})?

5. Die Messgeräte in der nebenstehenden Schaltung zeigen bei einem 300-kVA-Einphasentransformator 6 kV/230 V folgende Werte an: $U = 300\,V;\ I = 50\,A;\ P = 3\,kW$.

a) Wie groß ist die relative Kurzschlussspannung?

b) Welcher Dauerkurzschlussstrom fließt bei Anschluss an Nennspannung?

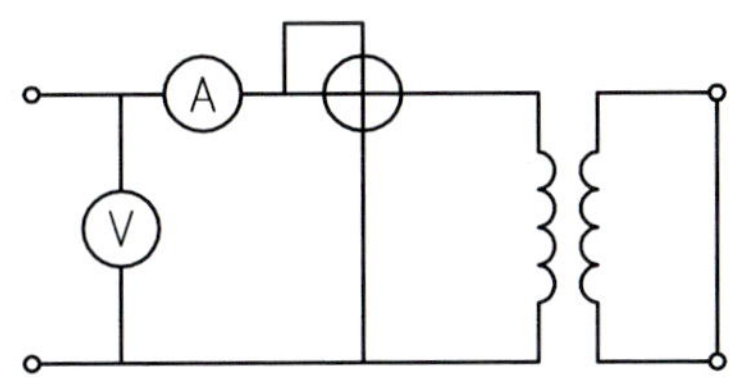

6. Die Eisenverluste eines 400-kVA-Drehstromtransformators sind mit 960 W, die Kupferverluste mit 6 kW angegeben. Wie groß ist der Wirkungsgrad bei Bemessungslast mit $\cos\varphi_2 = 0{,}85$ bzw. mit $\cos\varphi_2 = 0{,}5$?

7. Ein 200-kVA-Drehstromtransformator mit 4 % Kurzschlussspannung versorgt ein 400-V-Niederspannungsnetz aus einer 20-kV-Überlandleitung.

a) Wie groß ist der primärseitige Bemessungsstrom?

b) Welcher Dauerkurzschlussstrom stellt sich bei kurzgeschlossener Sekundärwicklung ein?

8. In einem kleinen Wasserkraftwerk liefert ein 400-V-Drehstromgenerator 80 kW bei einem $\cos\varphi$ von 0,8. Über einen 100-kVA-Transformator werden 9,6 A bei einem $\cos\varphi$ von 0,75 in ein 6-kV-Netz eingespeist. Wie groß ist der Wirkungsgrad des Transformators?

9. Ein 630-kVA-Drehstromtransformator gibt seine Bemessungslast bei 96 % Wirkungsgrad und $\cos\varphi_2 = 0{,}85$ ab. Die Leerlaufverluste betragen 1,5 kW.

a) Wie groß sind die Kupferverluste?

b) Wie groß werden die Kupferverluste, wenn der doppelte Bemessungsstrom fließt?

10. Ein 100-kVA-Drehstromtransformator hat bei Nennlast 500 W Eisenverluste und 2 kW Kupferverluste. Wie groß ist der Wirkungsgrad bei halber Bemessungslast mit $\cos\varphi_2 = 0{,}8$?

11. Im Bemesssungsbetrieb eines 250-kVA-Transformators mit $\cos\varphi_2 = 0{,}85$ betragen die Eisenverluste 700 W und die Kupferverluste 4,1 kW. Infolge einer Netzstörung wird der Transformator kurzzeitig mit doppelter Nennlast bei $\cos\varphi_2 = 0{,}7$ belastet. Um wie viel Prozent sinkt der Wirkungsgrad?

12. Ein Drehstromtransformator mit der Übersetzung 30 kV/400 V gibt im Bemessungsbetrieb eine Leistung von 690 kW ab. Messungen auf dem Prüffeld ergeben 10 kW Kupferverluste und 1,8 kW Eisenverluste. Die Kurzschlussspannung wird mit 4% angegeben. Wie groß ist:

a) der Bemessungswirkungsgrad,

b) die Kurzschlussspannung in V,

c) der primäre Dauerkurzschlussstrom bei einem Bemessungsstrom von 24,8 A?

9 Nutzen elektrischer Energie

9.1 Bauelemente im Wechselstromkreis

9.1.1 Der Wirkwiderstand (ohmscher Widerstand) und die Wirkleistung

Kenngröße: Widerstandswert $R = \frac{l}{\gamma \cdot A}$; $R = \varrho \frac{l}{A}$ $[R] = \frac{\text{V}}{\text{A}} \Rightarrow 1\frac{\text{V}}{\text{A}} = 1\,\Omega$

Spannungs- und Stromverlauf

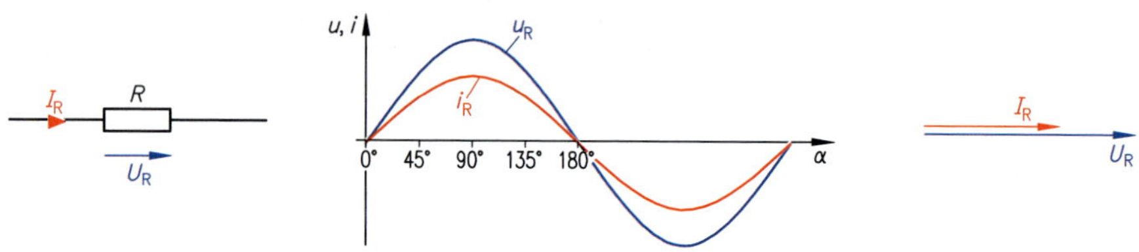

Die Spannung und der Strom liegen „in Phase“
(Strom und Spannung haben gleiche Nulldurchgänge)

für Augenblickswerte: $R = \frac{u}{i}$

Wirkwiderstand

$$\boldsymbol{R = \frac{U_R}{I_R}}$$

für Effektivwerte

für Scheitelwerte: $R = \frac{\hat{u}}{\hat{i}}$

⇓

Leistungsverlauf $p = u_R \cdot i_R$

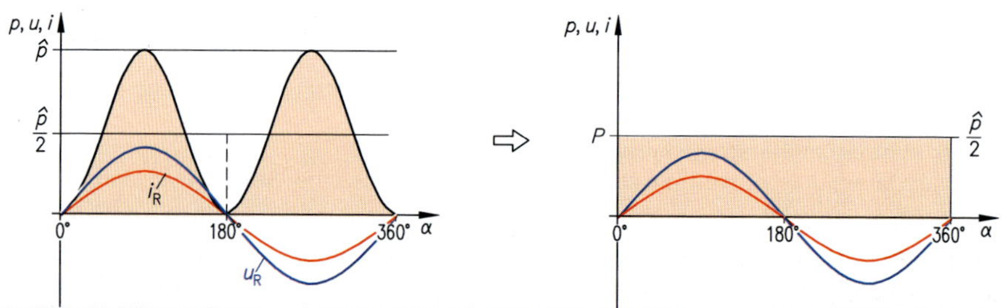

$P = \frac{U_R^2}{R}$

Wirkleistung P

$$\boldsymbol{P = U_R \cdot I_R}$$

$[P] = \text{W}$

$P = I_R^2 \cdot R$

Aufgaben

Beispiel: Ein 33-Ω-Widerstand wird an eine sinusförmige Wechselspannung 42 V angeschlossen.

a) Welcher Strom fließt durch den Widerstand?
b) Welche Wirkleistung wird im Widerstand umgesetzt?
c) Wie groß ist der Scheitelwert der Leistung?

Gegeben: $R = 33\,\Omega$; $U_R = 42\,\text{V}$

Gesucht: I_R; P; $\hat{p}$

Lösung: **a)** $I_R = \frac{U_R}{R} = \frac{42\,\text{V}}{33\,\Omega} = \mathbf{1{,}27\,A}$

b) $P = U_R \cdot I_R = 42\,\text{V} \cdot 1{,}27\,\text{A} = \mathbf{53{,}4\,W}$

c) $\hat{p} = 2 \cdot P = 2 \cdot 53{,}4\,\text{W} = \mathbf{106{,}8\,W}$

1. Ein ohmscher Widerstand von 100 Ω wird an 220 V Wechselspannung angeschlossen. Welche Stromstärke stellt sich ein?

2. Wie groß ist der ohmsche Widerstand, wenn in einem Wechselstromkreis 2,13 μA fließen und die Spannung am Widerstand 10 mV beträgt?

3. Wie groß ist der Spitzenwert des Stromes durch einen 27-Ω-Widerstand, der an einer sinusförmigen Wechselspannung von 24 V liegt?

4. Ein ohmscher Widerstand von 470 Ω liegt an einer sinusförmigen Wechselspannung mit dem Spitzenwert von 60 V.
   a) Wie groß ist der Effektivwert des Stromes?
   b) Welche Leistung wird im Widerstand umgesetzt?
   c) Wie groß ist der Spitzenwert der Leistung?

5. Ein ohmscher Widerstand hat eine Nennleistung von 10 W und einen Widerstandswert von 1,8 kΩ. Wie groß darf der Spitzenwert der sinusförmigen Wechselspannung am Widerstand maximal sein, damit das Bauteil nicht überlastet wird?

6. Ein 100-Ω-Heizwiderstand liegt an einer sinusförmigen Wechselspannung von 10 V. Die Frequenz der Spannung beträgt 1 Hz. Wie groß ist die momentane Leistungsaufnahme 125 ms, 250 ms, 500 ms, 750 ms und 1 s nach dem ersten Nulldurchgang der Spannung?

7. Der Scheitelwert der Leistungsaufnahme eines ohmschen Widerstandes an 230 V Wechselspannung beträgt 1 kW. Wie groß ist der Widerstandswert?

8. Ein 33-Ω-Widerstand nimmt seine Nennleistung von 1 W an einer Wechselspannung mit 50 Hz auf.
   a) Wie groß ist der Effektivwert der Wechselspannung?
   b) Über welchen Zeitraum nimmt der Widerstand jeweils eine höhere Leistung als 1 W auf?
   c) Wie lange ist der Widerstand jeweils überlastet, wenn die Frequenz nur 10^{-3} Hz beträgt?

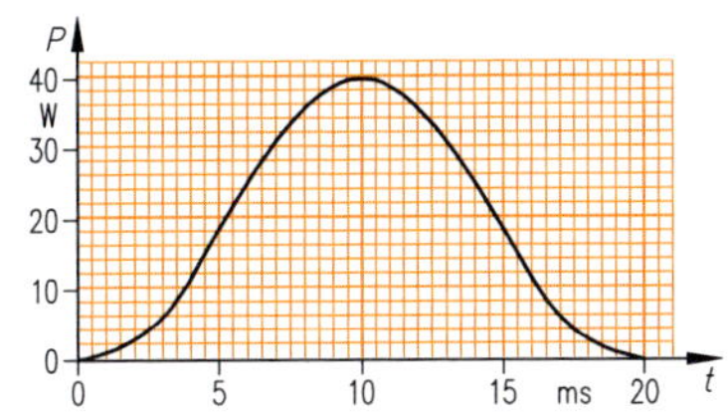

9. Das abgebildete Liniendiagramm zeigt den Leistungsverlauf an einem 30-Ω-Widerstand. Wie groß ist
   a) der Mittelwert der Leistung,
   b) die Frequenz der Wechselspannung,
   c) der Effektivwert der Wechselspannung,
   d) der Effektivwert des Stromes?

10. Wird an einen Widerstand eine sinusförmige Spannung von 80 V (Spitzenwert) angelegt, fließt ein Strom von 5,4 A.
    a) Wie groß sind der Effektivwert der Spannung und der Spitzenwert des Stroms?
    b) Wie groß sind der Widerstand und die Leistung, die im Widerstand umgesetzt werden?
    c) Welche Leistung wird bei Verdopplung der Spannung im Widerstand umgesetzt?

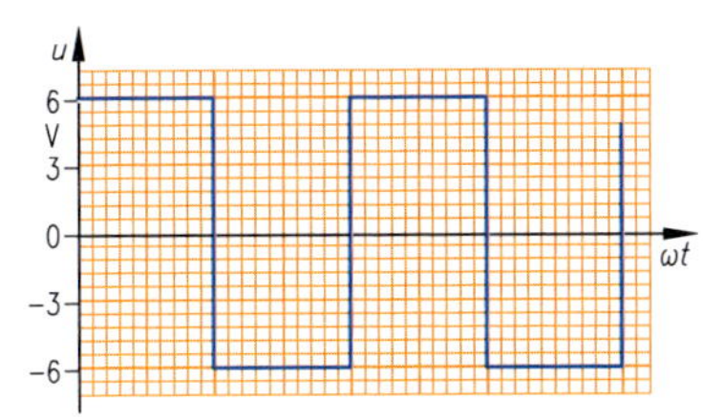

11. Ein 120-Ω-Widerstand liegt an der abgebildeten Rechteckspannung.
    a) Welchen zeitlichen Verlauf haben Strom und Leistung?
    b) Wie groß ist die maximale Leistungsaufnahme?
    c) Bei welcher Gleichspannung nimmt der Widerstand die gleiche Leistung auf?

12. Ein 400-Ω-Widerstand wird mit einem 60-Ω-Widerstand in Reihe an eine sinusförmige Wechselspannung von 311 V Scheitelwert bei einer Frequenz von 50 Hz angeschlossen.
    a) Welchen Scheitelwert erreicht der Strom?
    b) Wie groß sind die mittlere Leistung und der Scheitelwert der Leistung?
    c) Welche Effektivwerte haben die Teilspannungen?

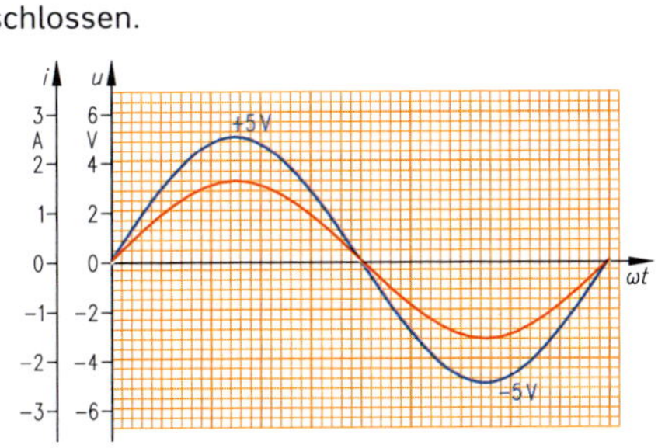

13. An einem ohmschen Widerstand wurde das nebenstehende Liniendiagramm aufgenommen. Wie groß ist
    a) der Effektivwert der Spannung,
    b) der Effektivwert des Stromes,
    c) die aufgenommene Leistung,
    d) der ohmsche Widerstand?

9.1.2 Die ideale Spule (Induktivität)

9.1.2.1 Schaltvorgänge bei Spulen an Gleichspannung

Ändert sich in einer Spule die Stromstärke, wird in der Spule eine Spannung induziert, die der Stromänderung entgegenwirkt:

Einschalten

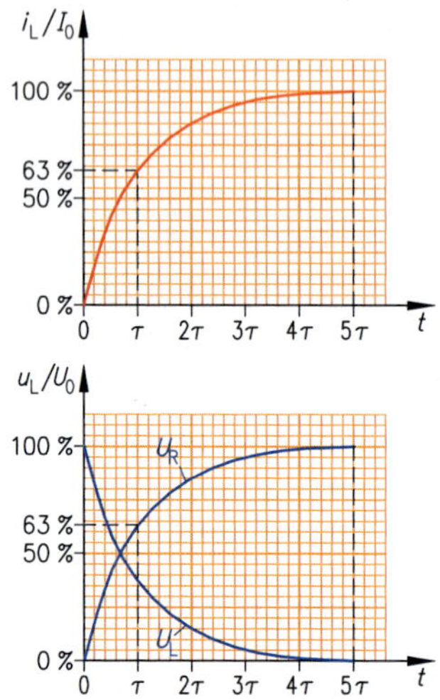

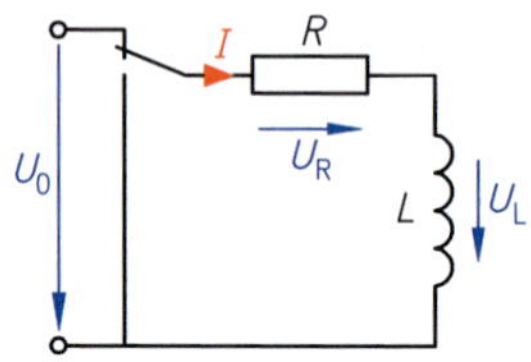

Ausschalten

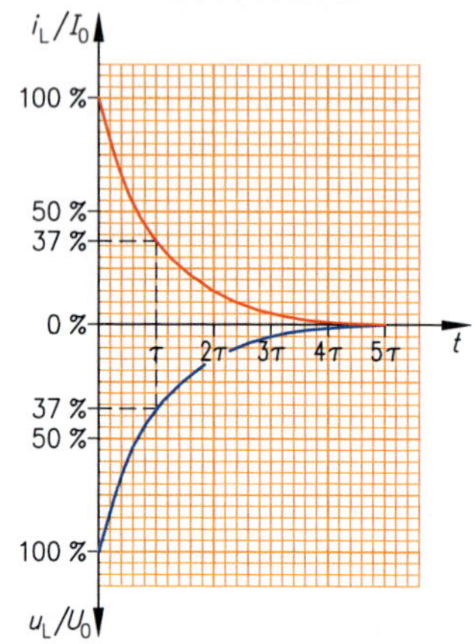

Zeitkonstante τ (Tau)

$$\tau = \frac{L}{R} \Rightarrow [\tau] = \frac{\text{Vs A}}{\text{A V}} = \text{s}$$

Die Ein- und Ausschaltvorgänge sind nach etwa $t_L = 5\tau$ praktisch abgeschlossen.

Aufgaben

Beispiel: Eine Spule mit einer Induktivität von 0,2 H und 80 Ω Wirkwiderstand ist über einen Schalter an 10 V Gleichspannung angeschlossen.

a) Nach welcher Zeit ist der Einschaltvorgang abgeschlossen?

b) Welcher Strom fließt nach 20 ms?

Gegeben: $L = 0{,}2\,\text{H} = 0{,}2\,\frac{\text{Vs}}{\text{A}}$; $R = 80\,\Omega$; $U = 10\,\text{V}$; $t = 20\,\text{ms} = 0{,}02\,\text{s}$

Gesucht: τ; $I_{(20\,\text{ms})}$

Lösung: **a)** $\tau = \frac{L}{R} = \frac{0{,}2\,\text{Vs A}}{80\,\text{A V}} = 2{,}5\,\text{ms} \Rightarrow t_L = 5\tau = 5 \cdot 2{,}5\,\text{ms} = \mathbf{12{,}5\,ms}$

b) $t = 20\,\text{ms} > t_L \Rightarrow I_{(20\,\text{ms})} = \frac{U}{R} = \frac{10\,\text{V}}{80\,\Omega} = \mathbf{0{,}125\,A}$

1. Eine Spule mit einer Induktivität von 0,4 H und einem ohmschen Widerstand von 300-Ω wird an eine Gleichspannung von 6 V gelegt.

a) Wie groß ist die Zeitkonstante?

b) Nach welcher Zeit hat sich das Magnetfeld der Spule aufgebaut?

c) Welcher Strom fließt 20 s nach dem Einschalten?

2. Eine Reihenschaltung aus einer Induktivität von 50 mH und einem ohmschen Widerstand wird an 9 V Gleichspannung angeschlossen. Der Strom durch die Induktivität soll auf 0,2 A begrenzt werden.

a) Wie groß muss der ohmsche Widerstand sein?

b) Welche Zeitkonstante hat die Schaltung?

c) Wie groß ist die Spannung an der Induktivität im Einschaltmoment?

d) Nach welcher Zeit sind die Spannungen am ohmschen Widerstand und an der Induktivität etwa gleich groß?

3. Eine Induktivität in Reihe zu einem 100-Ω-Widerstand an 42 V Gleichspannung soll den Einschaltvorgang so verzögern, dass nach 9 ms erst 240 mA fließen. Wie groß muss die Induktivität sein, deren ohmscher Widerstand nur 10 Ω betragen sollte?

9.1.2.2 Schaltungen von Induktivitäten

Reihenschaltung | Parallelschaltung

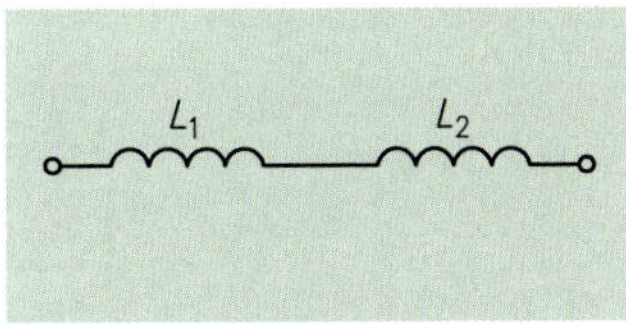

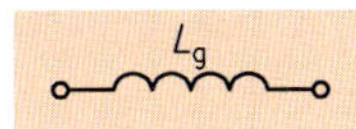

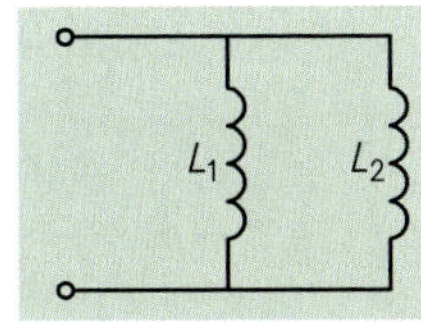

$$L_g = L_1 + L_2 + \ldots$$

$$\frac{1}{L_g} = \frac{1}{L_1} + \frac{1}{L_2} + \ldots$$

Durch Zuschalten von Induktivitäten erhöht sich die Gesamtinduktivivät.

Durch Zuschalten von Induktivtitäten verringert sich die Gesamtinduktivität.

⇒ **Gemischte Schaltung** ⇐

Die Berechnungsformeln sind ähnlich den Schaltungen von ohmschen Widerständen.

Aufgaben

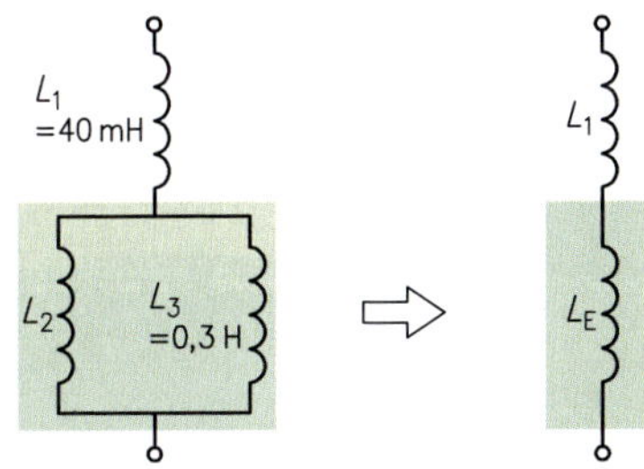

Beispiel: Wie groß ist die Induktivität L_2, wenn die Gesamtinduktivität 90 mH beträgt?

Gegeben: $L_g = 0{,}09\,\text{H};\ L_1 = 0{,}04\,\text{H};\ L_3 = 0{,}3\,\text{H}$

Gesucht: L_2

Lösung: $L_E = L_g - L_1 = 0{,}09\,\text{H} - 0{,}04\,\text{H} = 0{,}05\,\text{H}$

$$\frac{1}{L_E} = \frac{1}{L_2} + \frac{1}{L_3}$$

$$\frac{1}{L_2} = \frac{1}{L_E} - \frac{1}{L_3} = \frac{1}{0{,}05\,\text{H}} - \frac{1}{0{,}3\,\text{H}} \quad \Rightarrow \quad L_2 = 0{,}06\,\text{H} = \mathbf{60\,mH}$$

1. Wie groß ist die Ersatzinduktivität dreier Spulen mit 150 mH, 0,8 H und 600 mH
   a) bei Reihenschaltung der Spulen,
   b) bei Parallelschaltung der Spulen?

2. Die Gesamtinduktivität der Reihenschaltung zweier Spulen beträgt 0,4 H. Wie groß ist die Induktivität der einen Spule, wenn die andere Spule eine Induktivität von 230 mH besitzt?

3. Zu einer Spule mit der Induktivität 800 mH ist eine zweite Spule parallel geschaltet. Wie groß ist die Induktivität der zweiten Spule, wenn die Ersatzinduktivität der Schaltung 0,5 H beträgt?

4. Die Gesamtinduktivität einer Parallelschaltung zweier gleicher Induktivitäten beträgt 0,6 H. Wie groß ist die Gesamtinduktivität bei Reihenschaltung der Induktivitäten?

5. Zwei Induktivitäten mit jeweils 20 mH sind in Reihe geschaltet. Eine 30-mH-Induktivität liegt hierzu parallel. Wie groß ist die Gesamtinduktivität?

6. Die Reihenschaltung zweier Spulen soll durch eine einzige Spule ersetzt werden.
   a) Wie groß ist der ohmsche Widerstand der Ersatzspule?
   b) Welche Induktivität muss die Ersatzspule besitzen?

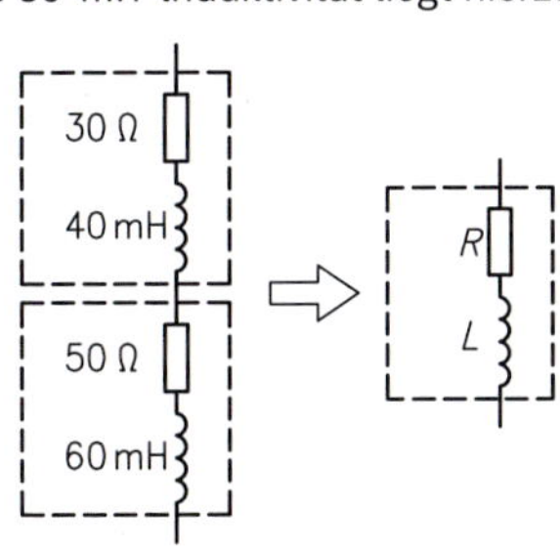

9.1.2.3 Der induktive Blindwiderstand und die induktive Blindleistung

Kenngröße: Induktivität $L = \frac{\mu \cdot N^2 \cdot A}{I_L}$ $[L] = \frac{Vs}{A} \Rightarrow 1\frac{Vs}{A} = 1\,H\,(\text{Henry})$

Spannungs- und Stromverlauf

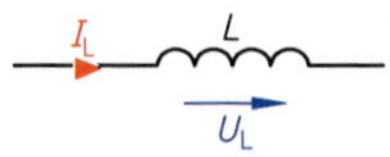

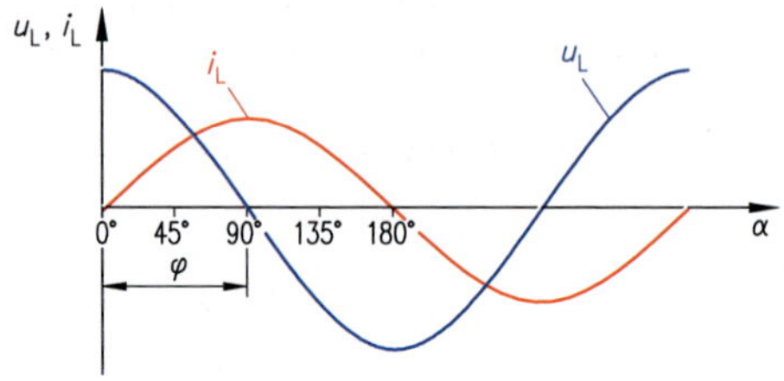

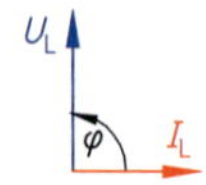

Der Strom eilt der Spannung um 90° nach ⇒ $\varphi = 90°$

⇓

Induktivitäten im Wechselstromkreis verhalten sich wie Widerstände:

$X_L = \frac{U_L}{I_L}$ **Induktiver Blindwiderstand X_L** $X_L = 2\pi \cdot f \cdot L$

⇓

Leistungsverlauf $q_L = u_L \cdot i_L$

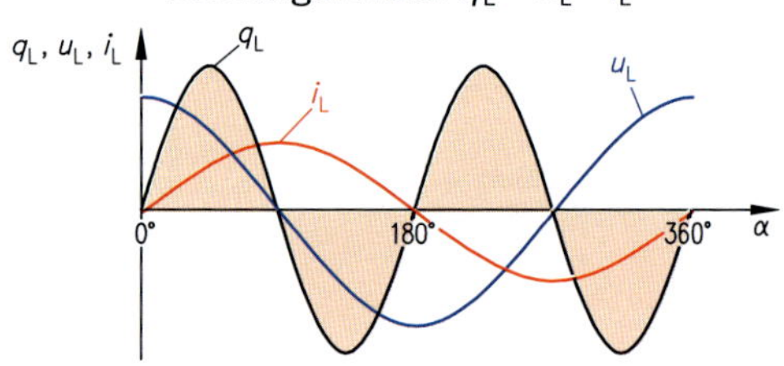

$Q_L = \frac{U_L^2}{X_L}$

Induktive Blindleistung Q_L

$Q_L = U_L \cdot I_L$

$[Q_L] = VAr$
Volt-Ampère-reaktiv

$Q_L = I_L^2 \cdot X_L$

Aufgaben

Beispiel: Eine ideale Spule mit 100 mH wird an eine sinusförmige Wechselspannung 230 V/50 Hz angeschlossen.

a) Wie groß ist der induktive Blindwiderstand?
b) Welcher Strom stellt sich ein?
c) Welche induktive Blindleistung wird aus dem Netz aufgenommen?

Gegeben: $L = 100\,mH = 0{,}1\frac{Vs}{A}$; $U = 230\,V$; $f = 50\,Hz = 50\,s^{-1}$

Gesucht: X_L; I_L; Q_L

Lösung: a) $X_L = 2\pi \cdot f \cdot L = 2\pi \cdot 50\,s^{-1} \cdot 0{,}1\frac{Vs}{A} = 31{,}42\,\Omega$

b) $I_L = \frac{U_L}{X_L} = \frac{230\,V}{31{,}42\,\Omega} = 7{,}32\,A$

c) $Q_L = U_L \cdot I_L = 230\,V \cdot 7{,}32\,A = 1{,}68\,VAr$

1. Wie groß ist der induktive Blindwiderstand einer idealen Spule mit einer Induktivität von 20 mH, die an einer sinusförmigen Wechselspannung mit 33,3 Hz angeschlossen ist?

2. Wie groß ist die Induktivität einer idealen Spule, die bei Anschluss an eine sinusförmige Wechselspannung mit 125 kHz den induktiven Blindwiderstand 1 MΩ besitzt?

3. An eine 120-µH-Induktivität wird eine sinusförmige Wechselspannung von 6 V gelegt. Es fließt ein Strom von 130 mA. Welche Frequenz besitzt die Wechselspannung?

4. Bei Anschluss an eine sinusförmige Wechselspannung von 50 Hz beträgt der induktive Blindwiderstand einer idealen Spule 330 Ω. Wie groß ist der Blindwiderstand bei 60 Hz Netzfrequenz?

5. Eine ideale Spule soll an das 230-V/50-Hz-Wechselspannungsnetz angeschlossen werden. Wie groß muss die Induktivität sein, damit die induktive Blindleistung 1 kVAr beträgt?

6. Bei Anschluss an 220 V/50 Hz nimmt eine Induktivität eine Blindleistung von 360 VAr auf.
a) Wie groß ist die Induktivität?
b) Wie groß ist die Blindleistungsaufnahme bei Anschluss an 220 V/60 Hz?

7. Bei welcher Frequenz nimmt eine 10-mH-Induktivität an 60 V Wechselspannung eine Blindleistung von 480 VAr auf?

8. Zwei 30-mH-Induktivitäten liegen in Reihe an 24 V/60 Hz.
a) Wie groß ist der induktive Blindwiderstand der Schaltung?
b) Welche induktive Blindleistung nimmt die Schaltung auf?
c) Wie groß ist die Blindleistungsaufnahme bei Parallelschaltung der Induktivitäten?

9. Eine Induktivität mit 250 mH wird an das 230-V/50-Hz-Netz angeschlossen.
a) Wie groß ist der induktive Blindwiderstand?
b) Welcher Strom stellt sich ein?
c) Welche induktive Blindleistung wird aus dem Netz aufgenommen?
d) Wie groß ist der Spitzenwert der Leistung?

10. Die Reihenschaltung zweier Induktivitäten liegt an einer 60-V/50-Hz-Wechselspannung.
a) Wie groß ist die Ersatzinduktivität der Schaltung?
b) Wie groß ist der Gesamtblindwiderstand?
c) Welcher Strom stellt sich ein?
d) Wie groß sind die Teilspannungen?

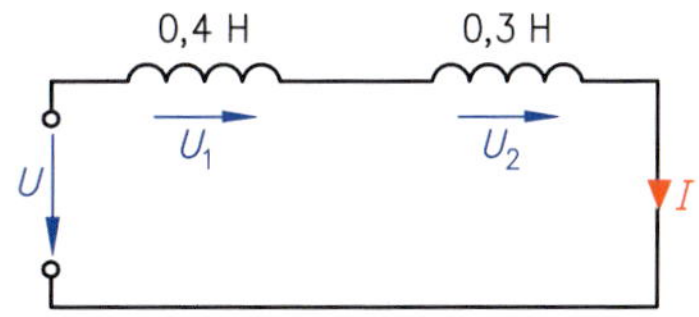

11. Das abgebildete Liniendiagramm zeigt den Leistungsverlauf einer Induktivität an 10 V Wechselspannung. Wie groß ist
a) der Mittelwert der Leistungskurve,
b) die induktive Blindleistung,
c) die Frequenz der Wechselspannung,
d) der Effektivwert des Stromes,
e) der induktive Blindwiderstand,
f) die Induktivität?

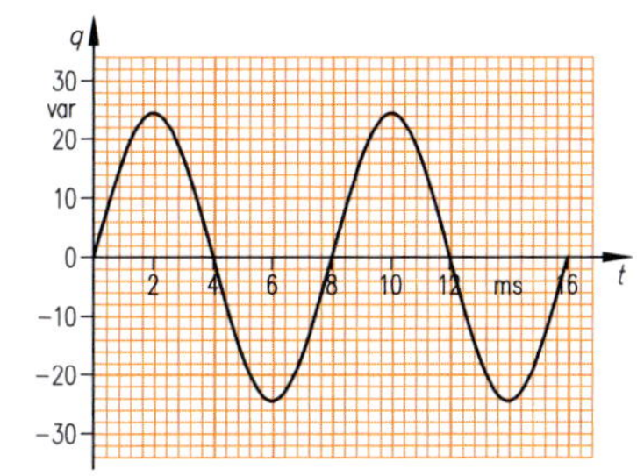

12. An einer Induktivität wurde das nebenstehende Liniendiagramm aufgenommen. Wie groß ist
a) der Effektivwert der Spannung,
b) der Effektivwert des Stromes,
c) die aufgenommene Blindleistung,
d) der induktive Blindwiderstand,
e) die Frequenz der Spannung,
f) die Induktivität?

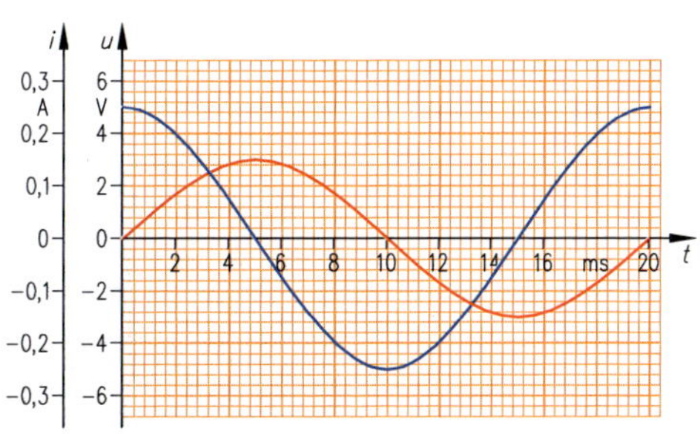

13. Bei einer Frequenzänderung von 50 Hz auf 25 Hz erhöhte sich die induktive Blindleistungsaufnahme einer Induktivität an 300 V Wechselspannung um 30 VAr. Wie groß ist die Induktivität?

9.1.3 Der ideale Kondensator

9.1.3.1 Die Kapazität

Kondensatoren haben die Fähigkeit, elektrische Ladungen zu speichern, sie besitzen:

Die Kapazität C

$$C = \frac{Q}{U}$$

$$[C] = \frac{\text{As}}{\text{V}}$$

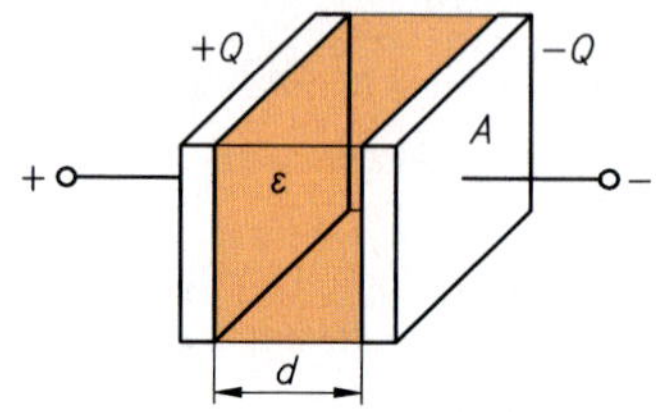

$$C = \varepsilon \frac{A}{d}$$

$$1\,\frac{\text{As}}{\text{V}} = 1\ \text{F (Farad)}$$

Zwischen den Kondensatorplatten befindet sich das Dielektrikum:

ε_0: elektrische Feldkonstante, Permittivität im Vakuum

$$\varepsilon_0 = 8{,}86 \cdot 10^{-12}\,\frac{\text{As}}{\text{Vm}}$$

Permittivität ε (Epsilon)
$\varepsilon = \varepsilon_0 \cdot \varepsilon_r$

ε_r: Permittivitätszahl oder relative Permittivität

z. B.: $\varepsilon_{r(\text{Papier})} = 4$

Aufgaben

Beispiel: Welche Ladung speichert ein Kondensator mit 60 cm² Plattenfläche, 0,15 mm Plattenabstand mit Glimmer ($\varepsilon_r = 5$) als Dielektrikum, wenn eine Spannung von 24 V angelegt wird?

Gegeben: $A = 60\,\text{cm}^2 = 0{,}006\,\text{m}^2$; $d = 0{,}15\,\text{mm} = 0{,}15 \cdot 10^{-3}\,\text{m}$; $\varepsilon_0 = 8{,}86 \cdot 10^{-12}\,\frac{\text{As}}{\text{Vm}}$; $\varepsilon_r = 5$; $U = 24\,\text{V}$

Gesucht: Q

Lösung: $C = \varepsilon_0 \varepsilon_r \frac{A}{d} = 8{,}86 \cdot 10^{-12}\,\frac{\text{As}}{\text{Vm}} \cdot 5 \cdot \frac{0{,}006\,\text{m}^2}{0{,}15 \cdot 10^{-3}\,\text{m}^2} = 1{,}77 \cdot 10^{-9}\,\frac{\text{As}}{\text{Vm}} = 1{,}77\,\text{nF}$

$C = \frac{Q}{U} \Rightarrow Q = C \cdot U = 1{,}77 \cdot 10^{-9}\,\frac{\text{As}}{\text{V}} \cdot 24\,\text{V} = 4{,}25 \cdot 10^{-8}\,\text{As} = \mathbf{42{,}5\,nC}$

1. Ein Kondensator mit einer Kapazität von 470 µF liegt an 60 V Gleichspannung. Wie groß ist seine Ladung?
2. Welche Spannung muss an einem 330-µF-Kondensator liegen, wenn er die Ladung $247{,}5 \cdot 10^{-4}$ C speichern soll?
3. An einem Kondensator mit einer elektrischen Ladung von $0{,}4 \cdot 10^{-3}$ As liegt eine Spannung von 150 V. Welche Kapazität besitzt er?
4. Welche Kapazität besitzt ein Plattenkondensator mit Luft als Dielektrikum, wenn die 10 cm² großen Platten 0,05 mm auseinanderstehen?
5. Ein Kondensator mit Luft als Dielektrikum und 0,2 mm Plattenabstand besitzt eine Kapazität von 1 pF. Wie groß ist die erforderliche Plattenfläche?
6. Bei welchem Plattenabstand besitzt ein Experimentierkondensator mit 5 dm² Plattenfläche eine Kapazität von 47 pF?
7. Wie groß ist die Plattenfläche eines Kondensators mit 1 F bei 1 mm Plattenabstand, wenn
   a) Luft als Dielektrikum verwendet wird,
   b) Papier mit $\varepsilon_r = 4$ als Dielektrikum verwendet wird,
   c) Keramik mit $\varepsilon_r = 3800$ als Dielektrikum verwendet wird?

8. Ein 250-nF-Kondensator besitzt eine wirksame Plattenfläche von 2 m². Wie groß ist die relative Permittivität des 0,05 cm dicken Dielektrikums?

9. Ein Luftkondensator mit 45 cm² wirksamer Plattenfläche hat eine Kapazität von 1 nF. Welche Betriebsspannung ist zulässig, wenn die Durchschlagsfeldstärke der Luft 2,1 kV/mm beträgt?

10. Die Platten eines Luftkondensators haben einen Abstand von 0,3 mm. Wie groß ist die wirksame Plattenfläche, wenn bei Anschluss von 150 V eine Ladung von 35 µAs gespeichert wird?

11. Bei welchem Durchmesser besitzt der abgebildete Scheibenkondensator mit Keramik ($\varepsilon_r = 2600$) als Dielektrikum eine Kapazität von 2,7 nF?

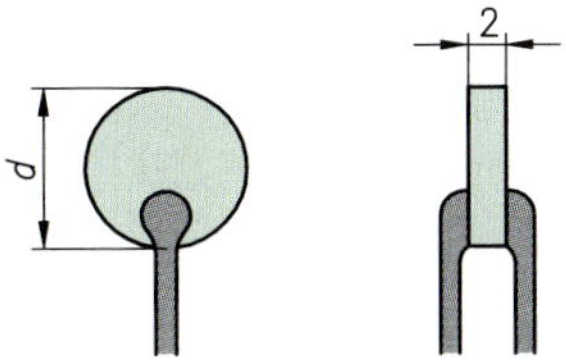

12. Bei 3,5 m² wirksamer Plattenfläche soll ein Kondensator eine Kapazität von 5,6 µF besitzen. Wie dick muss die Dielektrizitätsschicht aus Polyäthylen ($\varepsilon_r = 2{,}3$) sein?

13. Nach der Aufladung liegen an einem Trimmkondensator 9 V an. Wie groß ist die Spannung am Kondensator, wenn die Kapazität jetzt um 30 % verringert wird?

14. Bei Anschluss an eine 12 V Gleichspannung nimmt ein Luftkondensator eine Ladung von 100 pC auf. Der Plattenabstand beträgt 0,5 mm.

a) Welche Kapazität besitzt der Kondensator?
b) Wie groß ist die wirksame Plattenfläche?
c) Welche Ladung nimmt der Kondensator bei Anschluss an 24 V auf?
d) Bei welcher Spannung kann der Kondensator 25 pC speichern?

15. An den abgebildeten Experimentierkondensator mit 4 dm² Plattenfläche wird bei einem Plattenabstand von 1 cm kurzzeitig eine Spannung von 1000 V gelegt.

a) Wie groß ist die Kapazität des Kondensators?
b) Welche elektrische Ladung ist auf den Platten gespeichert?
c) Wie groß ist die Spannung zwischen den Kondensatorplatten, wenn der Plattenabstand um 5 mm verringert wird?

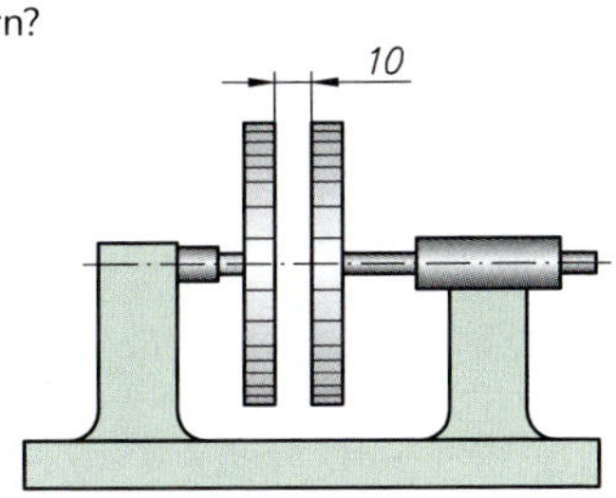

16. Ein Kondensator mit 50 cm² Plattenfläche, 0,2 mm Plattenabstand und Lackpapier ($\varepsilon_r = 5$) als Dielektrikum speichert eine Ladung von 10 nC.

a) Wie groß ist die Kapazität des Kondensators?
b) Welche Spannung liegt am Kondensator an?
c) Wie groß ist die Spannung, wenn sich der Kondensator auf 2,5 nC entladen hat?

17. Durch Verschieben der Platten kann bei dem abgebildeten Lufttrimmer die Kapazität verändert werden. Wie groß ist in der dargestellten Einstellung

a) die wirksame Plattenfläche,
b) die Kapazität?

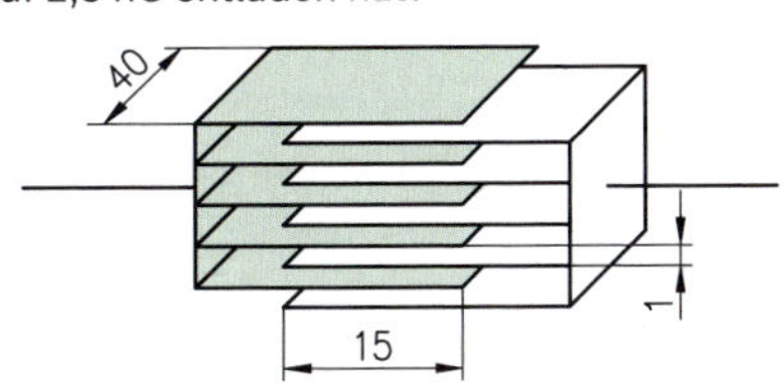

18. Der abgebildete Kondensator mit 10 cm² wirksamer Plattenfläche wird an 4,5 V aufgeladen.

a) Wie groß ist die Kapazität, wenn als Dielektrikum Papier mit $\varepsilon_r = 4$ verwendet wird?
b) Welche Ladung wird auf den Platten gespeichert?
c) Welche Spannung liegt an den Platten an, wenn der Schalter betätigt und anschließend das Papier entfernt wird?

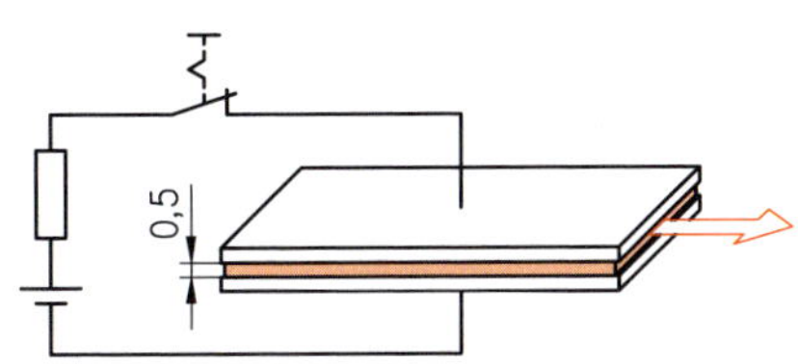

19. Bei Anschluss an 6 V Gleichspannung nimmt ein Kondensator eine Ladung von 120 pC auf. Der Plattenabstand beträgt 0,3 mm.

a) Welche Kapazität besitzt der Kondensator?
b) Wie groß ist die wirksame Plattenoberfläche?
c) Bei welcher Spannung kann der Kondensator 200 pC speichern?

9.1.3.2 Lade- und Entladevorgänge bei Kondensatoren

Laden

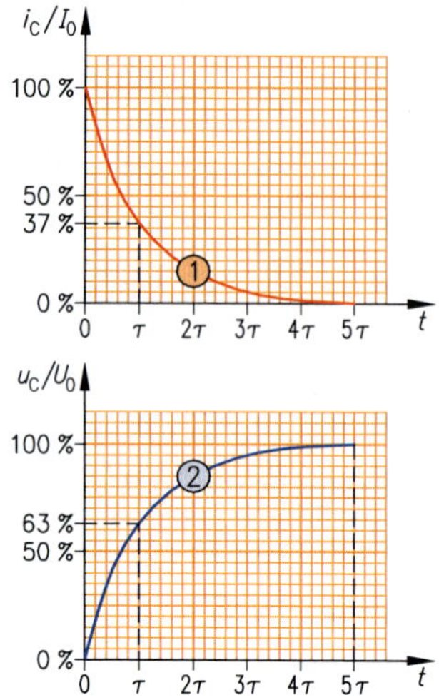

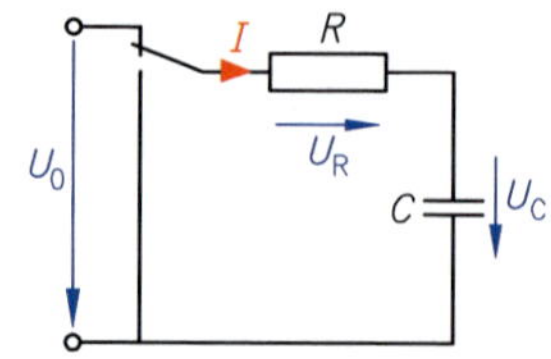

Entladen

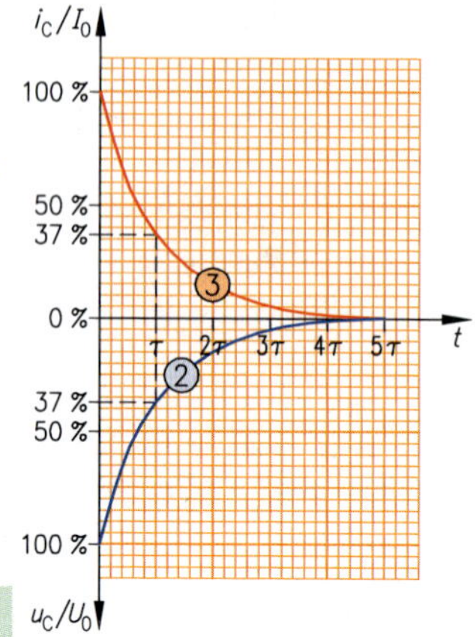

① Ladestrom
② Kondensatorspannung U_C
③ Entladestrom

Zeitkonstante τ (tau)

$$\tau = R \cdot C \Rightarrow [\tau] = \frac{\text{V As}}{\text{A V}} = \text{s}$$

Nach 1 τ liegen am Kondensator 63 % der angelegten Spannung.
Nach Ablauf $t_L = 5 \cdot \tau$ gilt ein Kondensator als entladen.

Aufgaben

Beispiel: Ein Kondensator mit der Kapazität 3,3 µF wird über einen Widerstand 1 kΩ aufgeladen. An dieser Schaltung soll eine Spannung von 18 V geschaltet werden.

a) Welche Spannung liegt nach einer Zeitkonstanten am Kondensator an?
b) Nach welcher Zeit ist der Kondensator vollständig aufgeladen?

Gegeben: $C = 3{,}3\,\mu\text{F} = 3{,}3 \cdot 10^{-6}\,\frac{\text{As}}{\text{V}}$; $R = 1\,\text{k}\Omega = 1\,000\,\Omega$; $U = 18\,\text{V}$

Gesucht: $U_{(1\,\tau)}$; t_L

Lösung: **a)** $U_{(1\,\tau)} = 0{,}63 \cdot U_0 = 0{,}63 \cdot 18\,\text{V} = \mathbf{11{,}34\,V}$

b) $\tau = R \cdot C = 1\,000\,\frac{\text{V}}{\text{A}} \cdot 3{,}3 \cdot 10^{-6}\,\frac{\text{As}}{\text{V}} = 3{,}3\,\text{ms} \quad \Rightarrow \quad t_L = 5\tau = 5 \cdot 3{,}3\,\text{ms} = \mathbf{16{,}5\,ms}$

1. Nach welcher Zeit ist der Ladevorgang eines Kondensators von 33 nF beendet, wenn er über einen 10-kΩ-Widerstand an Gleichspannung angeschlossen wird?
2. Wie groß ist die Kapazität einer *R*-*C*-Reihenschaltung mit einer Zeitkonstanten von 14 ms, wenn der ohmsche Widerstand 480 kΩ beträgt?
3. Ein 100-nF-Kondensator wird in Reihe mit einem 1,5-kΩ-Widerstand an 50 V Gleichspannung angeschlossen.
   a) Welcher Ladestrom fließt unmittelbar nach dem Einschalten?
   b) Nach welcher Zeit fließt der halbe Anfangsladestrom?
   c) Wie groß ist die Kondensatorspannung nach 3 ms?
   d) Nach welcher Zeit ist der Aufladevorgang abgeschlossen?
4. Ein 330-pF-Kondensator wird mit einem Widerstand in Reihe an 60 V Gleichspannung gelegt. Nach 3,96 ms liegen 37,8 V am Kondensator an. Wie groß ist der ohmsche Widerstand?
5. Der Anfangsentladestrom eines 500-nF-Kondensators wird durch einen 8,2-kΩ-Widerstand auf 4,9 mA begrenzt. Nach welcher Zeit ist die Kondensatorspannung auf 15 V abgesunken?
6. Der maximale Entladestrom eines 50-µF-Kondensators soll bei einer Ladespannung von 24 V auf 20 mA begrenzt werden.
   a) Wie groß muss der Entladewiderstand sein?
   b) Nach welcher Zeit ist der Kondensator entladen?
   c) Wie groß ist die Kondensatorspannung nach 120 ms?

9.1.3.3 Schaltungen von Kondensatoren

Reihenschaltung → **Parallelschaltung**

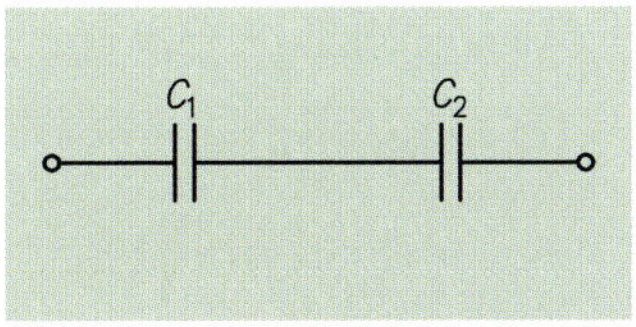

$$\frac{1}{C_g} = \frac{1}{C_1} + \frac{1}{C_2} + \dots$$

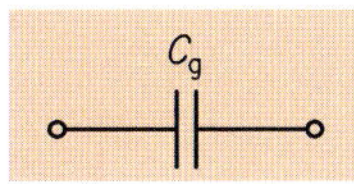

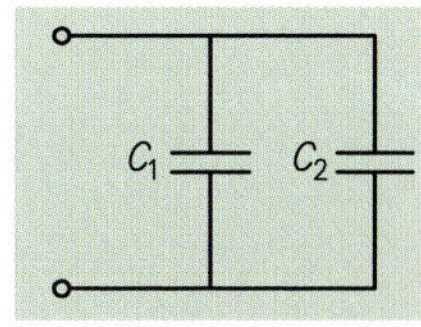

$$C_g = C_1 + C_2 + \dots$$

Durch Zuschalten von Kapazitäten verringert sich die Gesamtkapazität.

Durch Zuschalten von Kapazitäten erhöht sich die Gesamtkapazität.

⇒ **Gemischte Schaltung** ⇐

Aufgaben

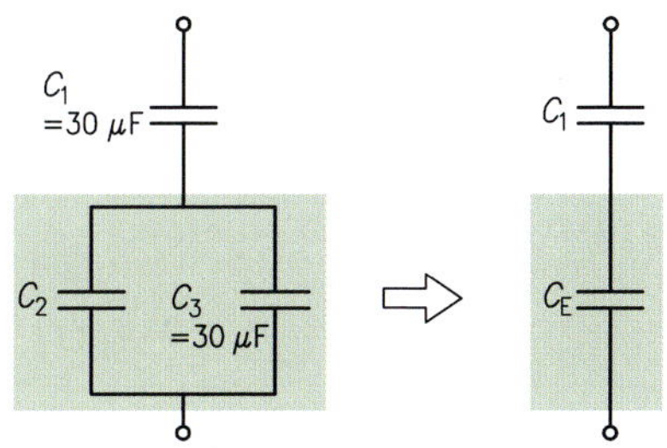

Beispiel: Wie groß ist die Kapazität C_2, wenn die Gesamtkapazität 20 μF beträgt?

Gegeben: $C_g = 20\,\mu F$; $C_1 = 30\,\mu F$; $C_3 = 0{,}3\,\mu F$

Gesucht: C_2

Lösung: $\frac{1}{C_g} = \frac{1}{C_1} + \frac{1}{C_E}$

$$\frac{1}{C_E} = \frac{1}{C_g} - \frac{1}{C_1} = \frac{1}{20\,\mu F} - \frac{1}{30\,\mu F} \quad \Rightarrow \quad C_E = 60\,\mu F$$

$C_E = C_2 + C_3$

$C_2 = C_E - C_3 = 60\,\mu F - 30\,\mu F = \mathbf{30\,\mu F}$

1. Drei Kondensatoren mit 6,2 μF, 3 μF und 4,7 μF sind in Reihe geschaltet. Wie groß ist die Gesamtkapazität bei Reihen- und Parallelschaltung?

2. Zwei Kondensatoren mit je 12 pF liegen in Reihe an 9 V Gleichspannung. Welche Ladungen speichern die einzelnen Kondensatoren?

3. Ein 8,2-μF-Kondensator liegt mit einem 4,7-μF-Kondensator parallel an 24 V Gleichspannung.
a) Wie groß ist die Gesamtkapazität der Schaltung?
b) Welche Ladungen speichern die einzelnen Kondensatoren?

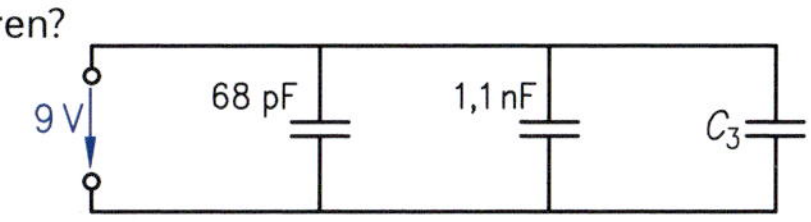

4. Die nebenstehende Schaltung speichert eine Ladung von $14 \cdot 10^{-9}$ C.
a) Wie groß ist die Gesamtkapazität?
b) Welche Kapazität besitzt C_3?

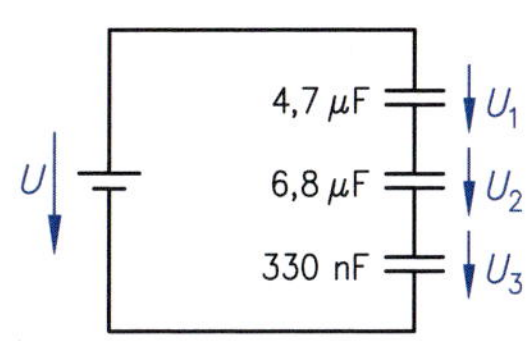

5. Die abgebildete Reihenschaltung liegt an 6 V Gleichspannung.
a) Wie groß ist die Ersatzkapazität?
b) Welche Ladung speichert der 6,8-μF-Kondensator?
c) Wie groß sind die Teilspannungen?

6. Drei 10-pF-Kondensatoren sind parallel geschaltet. Ein weiterer 10-pF-Kondensator liegt dazu in Reihe. Welche elektrische Ladung kann die Schaltung an 6 V Gleichspannung speichern?

7. Drei 10-pF-Kondensatoren sind parallel geschaltet und werden an 6 V Gleichspannung kurzzeitig aufgeladen. Welche Gesamtspannung ergibt sich, wenn die Kondensatoren anschließend in Reihe geschaltet werden?

9.1.3.4 Der kapazitive Blindwiderstand und die kapazitive Blindleistung

Kenngröße: Kapazität $C = \varepsilon \frac{A}{d}$ $[C] = \frac{As}{V} \Rightarrow 1\frac{As}{V} = 1\,F\,(Farad)$

Spannungs- und Stromverlauf

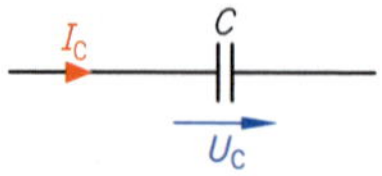

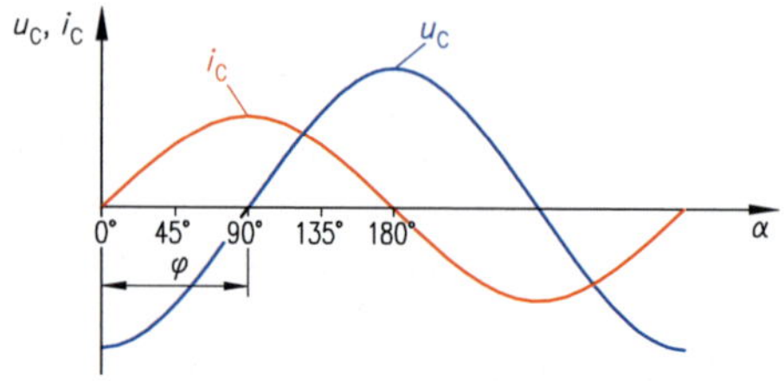

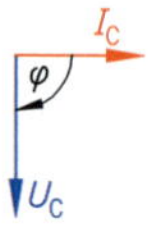

Der Strom eilt der Spannung um 90° vor ⇒ φ = (–) 90°

⇓

Kapazitäten im Wechselstromkreis verhalten sich wie Widerstände:

$$X_C = \frac{U_C}{I_C}$$ **Kapazitiver Blindwiderstand X_C** $$X_C = \frac{1}{2\pi \cdot f \cdot C}$$

⇓

Leistungsverlauf $q_C = u_C \cdot i_C$

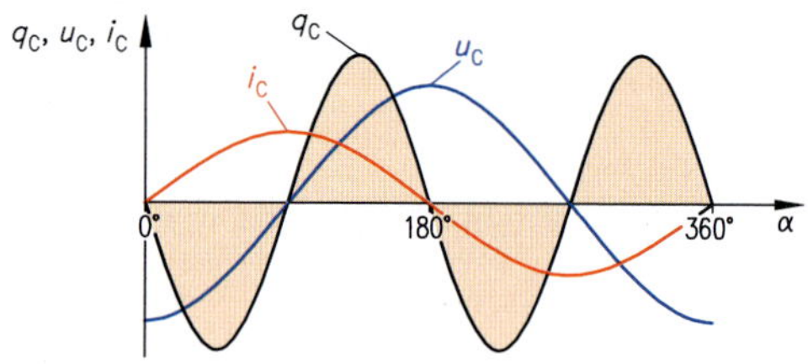

$$Q_C = \frac{U_C^2}{X_C}$$

Kapazitive Blindleistung Q_C

$Q_C = U_C \cdot I_C$

$[Q_C]$ = VAr

Volt-Ampère-reaktiv

$$Q_C = I_C^2 \cdot X_C$$

Aufgaben

Beispiel: Ein Kondensator nimmt am 230-V/50-Hz-Wechselstromnetz eine kapazitive Blindleistung von 1 kVAr auf. Wie groß ist

a) der Strom,

b) der kapazitive Blindwiderstand,

c) die Kapazität des Kondensators?

Gegeben: Q_C = 1 kVAr = 1000 VAr; U_C = 230 V; f = 50 Hz = 50 s^{-1}

Gesucht: I_C; X_C; C

Lösung:

a) $I_C = \frac{Q_C}{U_C} = \frac{1\,000\,VAr}{230\,V} = \mathbf{4{,}35\,A}$

b) $X_C = \frac{U_C}{I_C} = \frac{230\,V}{4{,}35\,A} = \mathbf{52{,}87\,\Omega}$

c) $X_C = \frac{1}{2\pi \cdot f \cdot C} \Rightarrow C = \frac{1}{2\pi \cdot f \cdot X_C} = \frac{1}{2\pi \cdot 50\,s^{-1} \cdot 52{,}87\,\Omega} = \mathbf{60{,}2\,\mu F}$

1. Wie groß ist der kapazitive Blindwiderstand eines Kondensators mit der Kapazität 47 µF, wenn er an eine sinusförmige Wechselspannung mit 100 kHz angeschlossen wird?

2. Wie groß ist die Kapazität eines Kondensators, der bei Anschluss an eine Wechselspannung mit 5 kHz einen Blindwiderstand von 100 Ω besitzt?

3. Ein Kondensator von 1,5 nF liegt an einer Wechselspannung von 10 V. Wie groß darf die Frequenz der Spannung sein, damit der Strom nicht über 12 mA steigt?

4. Ein 1,8-µF-Kondensator wird an das 230-V/50-Hz-Wechselstromnetz angeschlossen. Wie groß ist
   a) der Effektivwert des Stromes,
   b) der Spitzenwert der Leistung?

5. Bei welcher Frequenz einer 24-V-Wechselspannung nimmt ein Kondensator mit 1000 µF die kapazitive Blindleistung von 50 VAr auf?

6. Ein Kondensator mit der Kapazität von 6,8 pF liegt an einer Wechselspannung mit 17 V Spitzenwert. Wie groß ist die Frequenz der Spannung, wenn 3 µA fließen?

7. Ein Kondensator soll an 110 V/60 Hz die kapazitive Blindleistung 900 VAr aufnehmen. Wie groß muss die Kapazität des Kondensators sein?

8. Ein Kondensator mit 4,7 nF wird an 24 V/100 Hz angeschlossen.
   a) Wie groß ist die Blindleistungsaufnahme?
   b) Welchen Spitzenwert erreicht die Leistung?
   c) Wie groß sind die Augenblickswerte von Strom und Spannung, wenn die Leistung ihren positiven Spitzenwert erreicht hat?

9. Ein Kondensator nimmt an 230 V/50 Hz eine kapazitive Blindleistung von 200 VAr auf.
   a) Wie groß ist der kapazitive Blindstrom?
   b) Wie groß ist der kapazitive Blindwiderstand?
   c) Wie groß ist die Kapazität des Kondensators?
   d) Bei welcher Netzfrequenz halbiert sich die Blindleistungsaufnahme?

10. Die Parallelschaltung liegt an 42 V/60 Hz Wechselspannung. Wie groß
   a) sind die einzelnen Blindwiderstände,
   b) ist die Gesamtkapazität,
   c) ist der Gesamtblindwiderstand,
   d) sind die Ströme in der Schaltung?

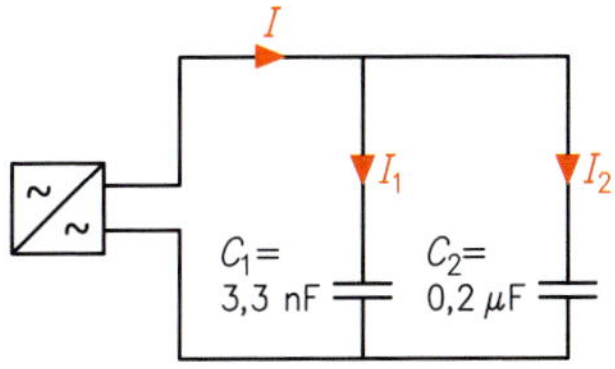

11. Das abgebildete Liniendiagramm zeigt den Leistungsverlauf eines Kondensators an 6 V Wechselspannung. Wie groß ist
   a) die Frequenz der Wechselspannung,
   b) die kapazitive Blindleistung,
   c) der Effektivwert des Stromes,
   d) der Spitzenwert der Spannung,
   e) der kapazitive Blindwiderstand,
   f) die Kapazität?

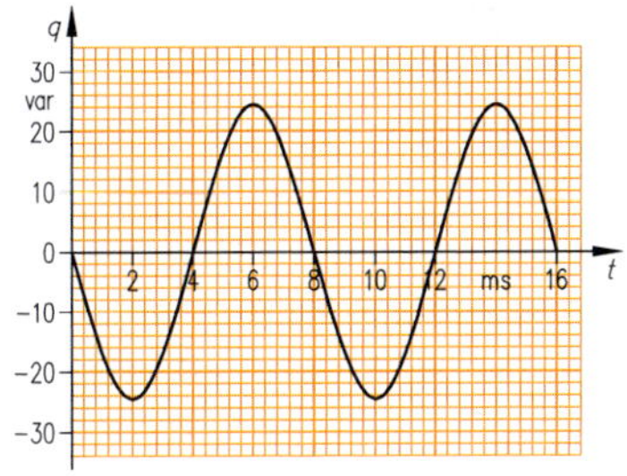

12. An einem Kondensator wurde das nebenstehende Liniendiagramm aufgenommen. Wie groß ist
   a) der Effektivwert der Spannung,
   b) der Effektivwert des Stromes,
   c) die aufgenommene kapazitive Blindleistung,
   d) die Frequenz der Spannung,
   e) die Kapazität?

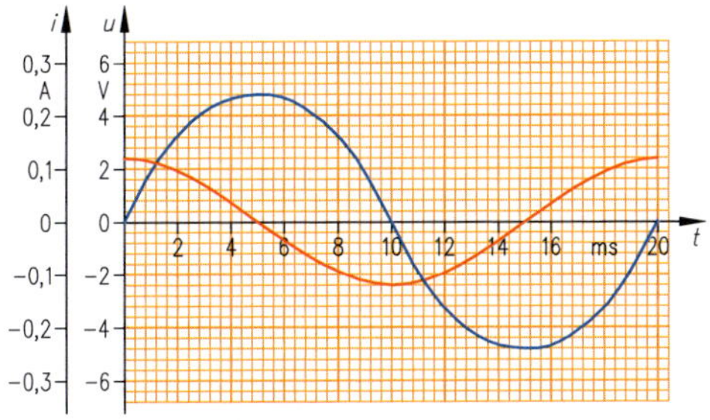

13. Die kapazitive Blindleistungsaufnahme eines Kondensators an 300 V Wechselspannung erhöhte sich bei einer Frequenzänderung von 25 Hz auf 50 Hz um 30 VAr. Wie groß ist die Kapazität?

9.2 Betriebsmittel im Wechselstromkreis

9.2.1 R-L-Reihenschaltung (reale Spule)

U_R ist in Phase mit I

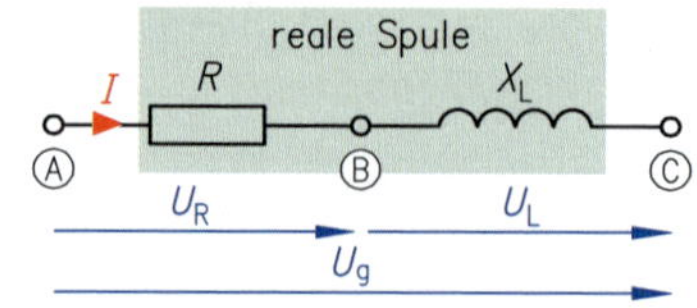

U_L eilt I um 90° voraus.

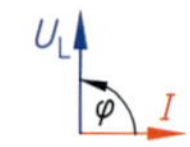

Wechselstromgrößen dürfen nur geometrisch addiert werden!

⇓

Widerstandsdreieck		Spannungsdreieck		Leistungsdreieck
Scheinwiderstand Z $Z = \frac{U_g}{I}$	$:I$ ⇐	Scheinspannung U_g $U_g = Z \cdot I$	$\cdot I$ ⇒	Scheinleistung S $S = U_g \cdot I$

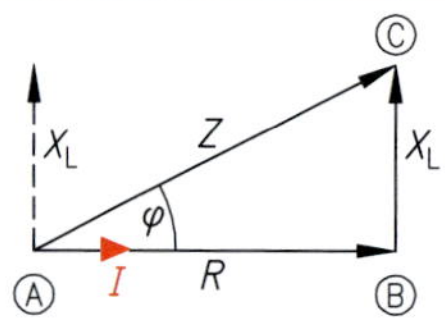

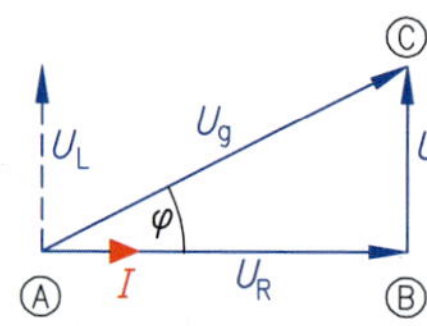

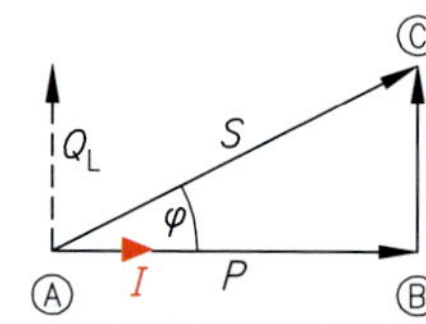

$Z = \sqrt{R^2 + X_L^2}$ | $U_g = \sqrt{U_R^2 + U_L^2}$ | $S = \sqrt{P^2 + Q_L^2}$

Wirkanteile

$R = \sqrt{Z^2 - X_L^2}$	$U_R = \sqrt{U_g^2 - U_L^2}$	$P = \sqrt{S^2 - Q_L^2}$
$R = Z \cdot \cos\varphi$	$U_R = U_g \cdot \cos\varphi$	$P = S \cdot \cos\varphi$

Wirkleistungsfaktor $\cos\varphi$ | Blindleistungsfaktor $\sin\varphi$

Blindanteile

$X_L = \sqrt{Z^2 - R^2}$	$U_L = \sqrt{U_g^2 - U_R^2}$	$Q_L = \sqrt{S^2 - P^2}$
$X_L = Z \cdot \sin\varphi$	$U_L = U_g \cdot \sin\varphi$	$Q_L = S \cdot \sin\varphi$

Aufgaben

Beispiel: Eine Spule mit der Induktivität 0,32 H und dem Wirkwiderstand 150 Ω wird an Wechselspannung 230 V/50 Hz angeschlossen. Wie groß ist

a) der induktive Widerstand,
b) der Scheinwiderstand,
c) die Stromstärke,
d) der Wirkleistungsfaktor $\cos\varphi$?

Gegeben: $U_g = 230\,\text{V}$; $f = 50\,\text{Hz} = 50\,\text{s}^{-1}$; $R = 150\,\Omega$; $L = 0{,}32\,\text{H} = 0{,}32\,\frac{\text{Vs}}{\text{A}}$

Gesucht: X_L; Z; I; φ; U_R; Q_L

Lösung:

a) $X_L = 2\pi \cdot f \cdot L = 2\pi \cdot 50\,\text{s}^{-1} \cdot 0{,}32\,\frac{\text{Vs}}{\text{A}} = \mathbf{100{,}53\,\Omega}$

b) $Z = \sqrt{R^2 + X_L^2} = \sqrt{(150\,\Omega)^2 + (100{,}53\,\Omega)^2} = \mathbf{180{,}57\,\Omega}$

c) $I = \frac{U_g}{Z} = \frac{230\,\text{V}}{180{,}57\,\Omega} = \mathbf{1{,}27\,A}$

d) $\cos\varphi = \frac{R}{Z} = \frac{150\,\Omega}{180{,}57\,\Omega} = 0{,}83$ $(\Rightarrow \varphi = \mathbf{33{,}83°})$

1. Eine Spule hat den Wirkwiderstand 150 Ω und den Blindwiderstand 100 Ω.
- **a)** Wie sieht die zeichnerische Lösung zur Ermittlung des Phasenwinkels und Scheinwiderstandes aus?
- **b)** Welche Lösungen ergeben sich rechnerisch?

2. Eine Spule besitzt an der Wechselspannung 220 V/50 Hz die Wirkspannung 180 V.
- **a)** Welchen Phasenverschiebungswinkel und welche Blindspannung ergibt das Spannungsdreieck (Maßstab 40 V ≙ 1 cm)?
- **b)** Wie lauten die rechnerisch ermittelten Lösungen?

3. Der Wirkwiderstand 40 Ω liegt mit dem induktiven Blindwiderstand 30 Ω in Reihe an Wechselspannung 220 V/50 Hz. Wie groß ist
- **a)** die Induktivität,
- **b)** der Scheinwiderstand,
- **c)** der Winkel zwischen dem Strom und der anliegenden Spannung,
- **d)** der Wirkanteil der Spannung?

4. Eine Spule hat bei der Frequenz 50 Hz einen Scheinwiderstand von 1500 Ω. Der Phasenverschiebungswinkel beträgt 38°.
- **a)** Wie groß ist der Wirkwiderstand?
- **b)** Wie groß ist die Induktivität?

5. Die nebenstehende reale Spule liegt an der Klemmenspannung 150 V/50 Hz.
- **a)** Welche Induktivität hat die Spule?
- **b)** Wie groß ist der Wirkleistungsfaktor?
- **c)** Wie groß ist der Phasenverschiebungswinkel?

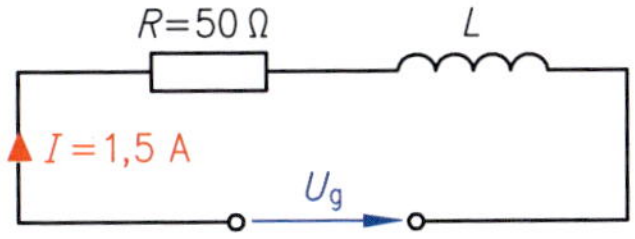

6. Durch eine Spule an Wechselspannung 230 V/50 Hz fließt ein Strom von 10 A. Der Wirkleistungsfaktor beträgt 0,8.
- **a)** Wie groß sind die Wechselstromwiderstände?
- **b)** Welche Wirkleistung wird umgesetzt?
- **c)** Wie groß ist der Winkel zwischen dem Strom und der Klemmenspannung?

7. Wird eine Spule mit dem Wirkwiderstand 200 Ω an das 230-V/50-Hz-Netz angeschlossen, beträgt der Strom 1 A. Wie groß ist
- **a)** der Scheinwiderstand,
- **b)** der Blindanteil der Spannung,
- **c)** der Wirkanteil der Leistung,
- **d)** der Blindanteil der Leistung?

8. Durch eine R-L-Reihenschaltung fließt der Strom 1,15 A. Die angelegte Spannung 230 V/50 Hz eilt dem Strom um den Phasenverschiebungswinkel 40° voraus.
- **a)** Wie groß ist die Wirkspannung?
- **b)** Welche Induktivität besitzt die Spule?
- **c)** Wie groß ist die Blindleistung?
- **d)** Welcher Phasenverschiebungswinkel ergibt sich bei der Frequenz 60 Hz?

9. Liegt eine Spule an 12 V Gleichspannung, fließt der Strom 1 A. Die Spule wird an Wechselspannung 230 V/50 Hz von dem Strom 2 A durchflossen. Wie groß ist
- **a)** der induktive Widerstand,
- **b)** der Blindanteil der Spannung,
- **c)** der Phasenverschiebungswinkel,
- **d)** die umgesetzte Wirkleistung?

10. Wie groß ist in der Schaltung
- **a)** die Wirkspannung,
- **b)** der Phasenverschiebungswinkel der Spulen und der Schaltung,
- **c)** die aufgenommene Blindleistung,
- **d)** das Widerstandsdreieck (30 Ω ≙ 1 cm)?

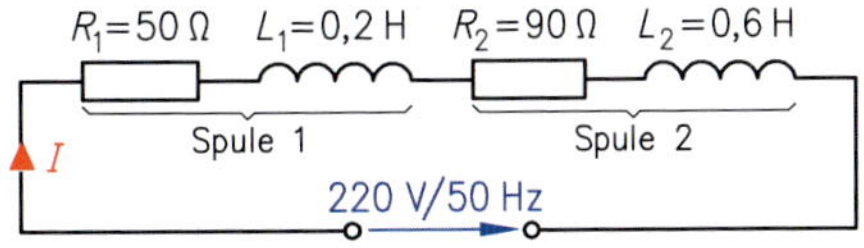

11. Wie groß ist für den dargestellten Strom- und Spannungsverlauf einer R-L-Reihenschaltung
- **a)** der Phasenverschiebungswinkel,
- **b)** der Scheinwiderstand,
- **c)** der Wirkanteil der Spannung,
- **d)** der Blindanteil der Leistung?

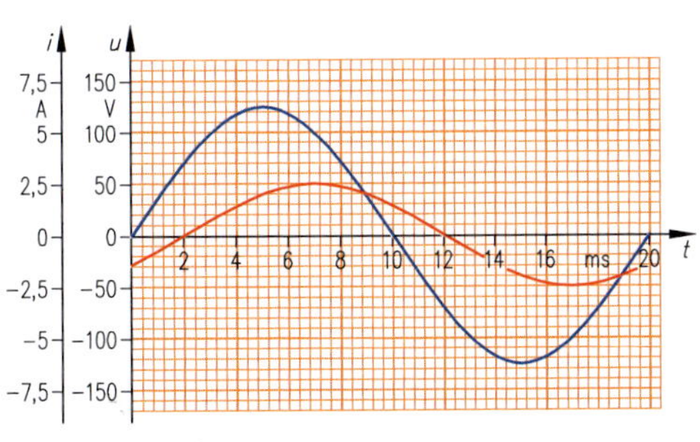

9.2.2 R-C-Reihenschaltung

U_R ist in Phase mit I

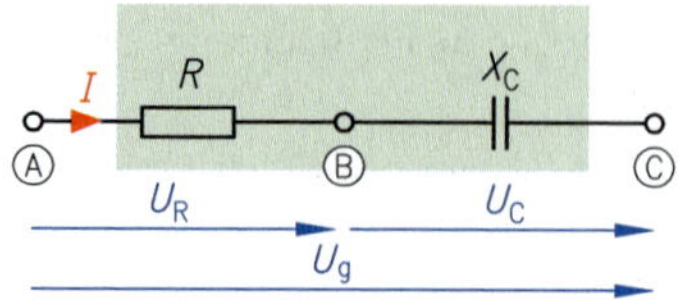

U_C eilt I_C um 90° nach

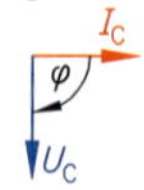

⇓

Widerstandsdreieck		Spannungsdreieck		Leistungsdreieck
Scheinwiderstand Z $Z = \frac{U_g}{I}$	$:I$ ⇐	Scheinspannung U_g $U_g = \sqrt{U_R^2 + U_C^2}$	$\cdot I$ ⇒	Scheinleistung S $S = U_g \cdot I$

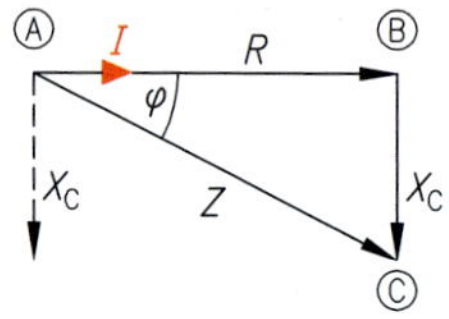

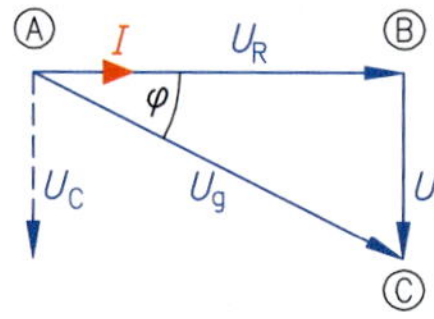

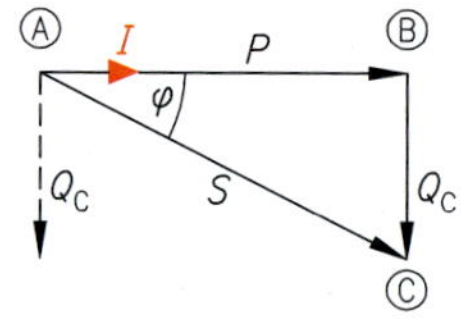

$Z = \sqrt{R^2 + X_C^2}$	$U_g = \sqrt{U_R^2 + U_C^2}$	$S = \sqrt{P^2 + Q_C^2}$
	Wirkanteile	
$R = \sqrt{Z^2 - X_C^2}$	$U_R = \sqrt{U_g^2 - U_C^2}$	$P = \sqrt{S^2 - Q_C^2}$
$R = Z \cdot \cos\varphi$	$U_R = U_g \cdot \cos\varphi$	$P = S \cdot \cos\varphi$
	Blindanteile	
$X_C = \sqrt{Z^2 - R^2}$	$U_C = \sqrt{U_g^2 - U_R^2}$	$Q_L = \sqrt{S^2 - P^2}$
$X_C = Z \cdot \sin\varphi$	$U_C = U_g \cdot \sin\varphi$	$Q_L = S \cdot \sin\varphi$

Aufgaben

Beispiel: Wie groß ist in einer R-C-Reihenschaltung mit dem Wirkwiderstand 200 Ω und der Kapazität 13 μF an 230 V/50 Hz

a) der kapazitive Blindwiderstand,
b) der Scheinwiderstand,
c) der Blind- und Wirkleistungsfaktor,
d) die kapazitive Blindspannung U_L,
e) die Scheinleistung und
f) die Wirkleistung?

Gegeben: $U_g = 230\,\text{V}$; $f = 50\,\text{Hz} = 50\,\text{s}^{-1}$; $R = 200\,\Omega$; $C = 13\,\mu\text{F} = 13 \cdot 10^{-6}\frac{\text{As}}{\text{V}}$

Gesucht: X_C; Z; I; $\sin\varphi$; S; P

Lösung:

a) $X_C = \frac{1}{2\pi \cdot f \cdot C} = \frac{1\,\text{V}}{2\pi \cdot 50\,\text{s}^{-1} \cdot 13 \cdot 10^{-6}\,\text{As}} = \mathbf{244{,}85\,\Omega}$

b) $Z = \sqrt{R^2 + X_C^2} = \sqrt{(200\,\Omega)^2 + (244{,}85\,\Omega)^2} = \mathbf{316{,}15\,\Omega}$

c) $\sin\varphi = \frac{X_C}{Z} = \frac{244{,}85\,\Omega}{316{,}15\,\Omega} = \mathbf{0{,}77} \Rightarrow (\varphi = 50{,}75°) \Rightarrow \cos\varphi = 0{,}63$

d) $U_C = U_g \cdot \sin\varphi = 230\,\text{V} \cdot 0{,}77 = \mathbf{177{,}1\,V}$

e) $S = \frac{U_g^2}{Z} = \frac{(230\,\text{V})^2}{316{,}15\,\Omega} = \mathbf{167{,}32\,VA}$

f) $P = S \cdot \cos\varphi = 167{,}32\,\text{VA} \cdot 0{,}63 = \mathbf{105{,}42\,VA}$

1. Fließt in einer R-C-Reihenschaltung der Strom 1 A, werden am Kondensator 30 V und am Wirkwiderstand 40 V gemessen.
   a) Wie groß ist die Klemmenspannung?
   b) Welche Wechselstromwiderstände sind in der Schaltung vorhanden?
   c) Wie sieht das Widerstandsdreieck aus (10 Ω ≙ 1 cm)?

2. Eine Reihenschaltung mit dem Wirkwiderstand 200 Ω und einem Kondensator hat an 300 V/50 Hz den Scheinwiderstand 280 Ω.
   a) Wie groß ist die Kapazität?
   b) Welcher Strom fließt?
   c) Wie groß ist der Phasenverschiebungswinkel?

3. Die Kapazität 26,53 µF liegt in Reihe zu dem Wirkwiderstand 150 Ω an Wechselspannung 230 V/50 Hz.
   a) Wie groß ist der Scheinwiderstand?
   b) Welcher Strom wird gemessen?
   c) Wie groß ist die Phasenverschiebung?

4. Ein Wirkwiderstand und eine Kapazität liegen in Reihe an 400 V/50 Hz. Der Strom von 2,5 A ist gegenüber der Spannung um 40° phasenverschoben.
   a) Wie groß sind die Teilspannungen?
   b) Welche Widerstände (Wirk-, Blind- und Scheinwiderstand) hat die Schaltung?
   c) Wie groß ist der Wirkanteil der Leistung?
   d) Welches Spannungsdreieck hat die Schaltung (60 V ≙ 1 cm)?

5. Der Wirkleistungsfaktor einer Reihenschaltung mit Wirkwiderstand und Kondensator beträgt 0,9. Wird die Schaltung an 230 V/50 Hz angeschlossen, fließt ein Strom von 15 A.
   a) Wie groß sind die Widerstände (Wirk-, Blind- und Scheinwiderstand)?
   b) Welche Spannungen können an den Bauelementen gemessen werden?

6. Die nebenstehende Schaltung wird an Wechselspannung 110 V/50 Hz angeschlossen.
   a) Welche Kapazität hat der Kondensator?
   b) Wie groß ist der Wirkleistungsfaktor?
   c) Welche Kapazität ist bei 60 Hz einzusetzen, damit die Wirkleistung gleich bleibt?

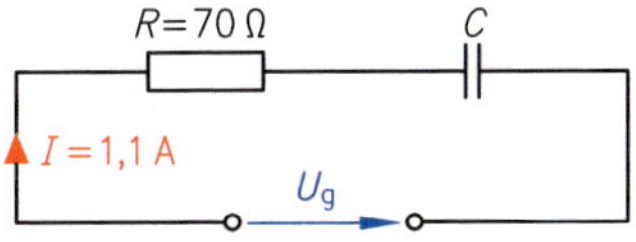

7. Der Wirkanteil einer R-C-Reihenschaltung beträgt 1 kΩ. An 230 V Wechselspannung fließt der Strom 0,1 A.
   a) Welche Kapazität hat der Kondensator bei der Frequenz 0,5 kHz?
   b) Wie groß muss die Frequenz werden, damit der doppelte Strom fließt?

8. Durch eine R-C-Reihenschaltung fließt an der Wechselspannung 150 V/50 Hz der Strom 0,75 A. Der Wirkwiderstand beträgt 120 Ω.
   a) Wie groß ist die Kapazität des Kondensators?
   b) Welcher Phasenverschiebungswinkel besteht?
   c) Wie groß ist die kapazitive Blindleistung?
   d) Wie hoch ist die Wirkleistung bei 60 Hz?

9. In der Schaltung fließt der Strom 1,1 A.
   a) Wie groß ist der Wirkwiderstand R_2?
   b) Um welchen Winkel eilt der Strom vor?
   c) Wie groß ist die Wirkleistung?
   d) Wie sieht das Spannungsdreieck aus (40 V ≙ 1 cm)?

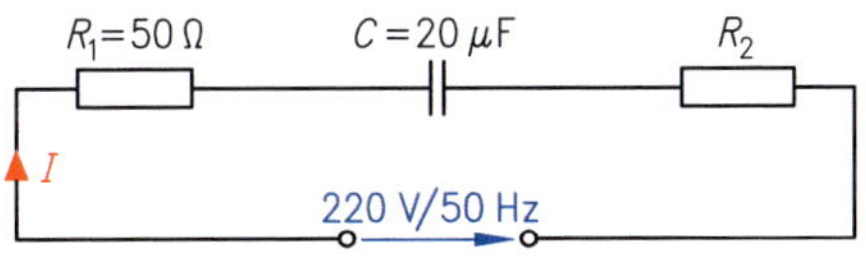

10. Wie groß ist für die U-I-Kennlinien
   a) der Phasenverschiebungswinkel,
   b) der Wirk- und Blindwiderstand,
   c) der Blindanteil der Spannung,
   d) der Wirkanteil der Leistung,
   e) der Wirkleistungsfaktor,
   f) das Leistungsdreieck (50 VA ≙ 1 cm)?

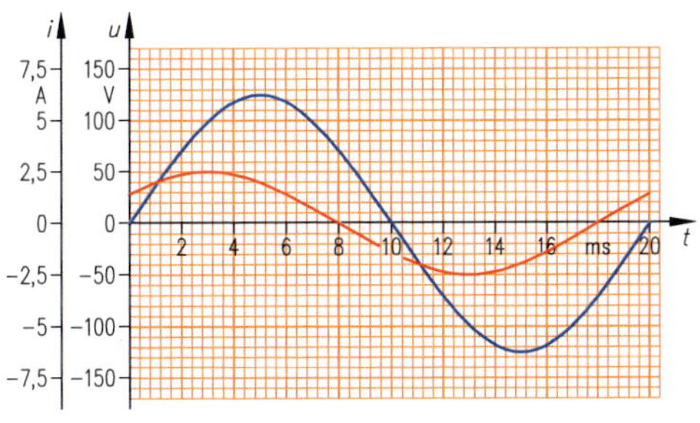

9.2.3 R-L-C-Reihenschaltung

U_R ist in Phase mit I — U_L eilt I um 90° vor — U_C eilt I um 90° nach

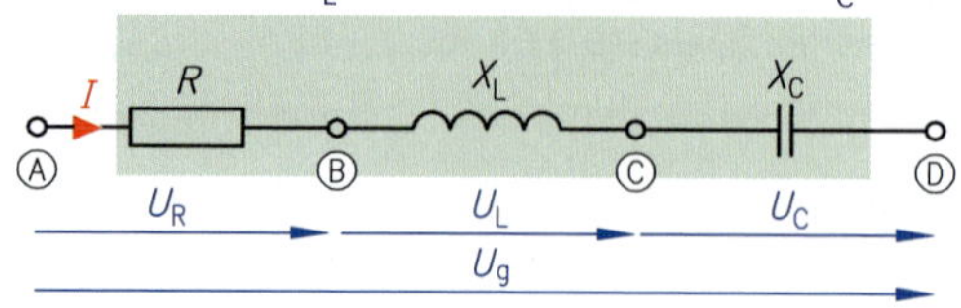

⇓

Spannungsdreieck für $U_L > U_C$

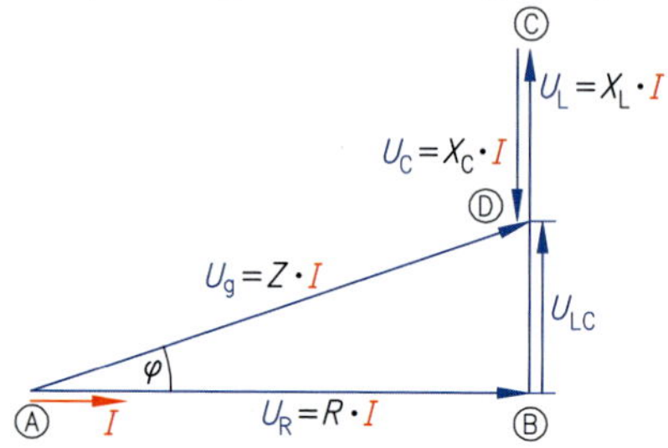

$$U_{LC} = U_L - U_C$$

$$U_g = \sqrt{U_R^2 + U_{LC}^2}$$

$$U_{LC} = U_g \cdot \sin\varphi$$

Widerstands- und Leistungsdreieck sind dem Spannungsdreieck ähnlich mit:

$$Z = \sqrt{R^2 + X_{LC}^2}$$

$$S = \sqrt{P^2 + Q_{LC}^2}$$

Sonderfall: Reihen-(Spannungs-)Resonanz

bei gleichen Blindanteilen

$$U_L = U_C \Rightarrow X_L = X_C \Rightarrow Q_L = Q_C$$

bei Resonanzfrequenz

$$f_{res} = \frac{1}{2\pi\sqrt{L \cdot C}}$$

Aufgaben

Beispiel: Wie groß ist

a) der Blindwiderstand der Schaltung,
b) der Scheinwiderstand der Schaltung,
c) die Stromstärke,
d) das Widerstandsdreieck?

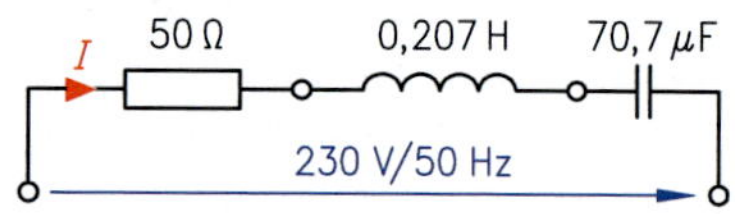

Gegeben: $U_g = 230\,V$; $f = 50\,s^{-1}$; $R = 50\,\Omega$; $C = 70{,}7 \cdot 10^{-6}\frac{As}{V}$; $L = 0{,}207\,H = 0{,}207\frac{Vs}{A}$

Gesucht: X_{LC}; Z; I; Widerstandsdreieck

Lösung:

a) $X_L = 2\pi \cdot f \cdot L = 2\pi \cdot 50\,s^{-1} \cdot 0{,}207\frac{Vs}{A} = 65{,}03\,\Omega$

$$X_C = \frac{1}{2\pi \cdot f \cdot C} = \frac{1}{2\pi \cdot 50\,s^{-1} \cdot 70{,}7 \cdot 10^{-6}\,As} = 45{,}02\,\Omega$$

$X_{LC} = X_L - X_C = 65{,}03\,\Omega - 45{,}02\,\Omega = \mathbf{20{,}01\,\Omega}$

b) $Z = \sqrt{R^2 + X_{LC}^2} = \sqrt{(50\,\Omega)^2 + (20{,}01\,\Omega)^2} = \mathbf{53{,}86\,\Omega}$

c) $I = \frac{U_g}{Z} = \frac{230\,V}{53{,}86\,\Omega} = \mathbf{4{,}27\,A}$

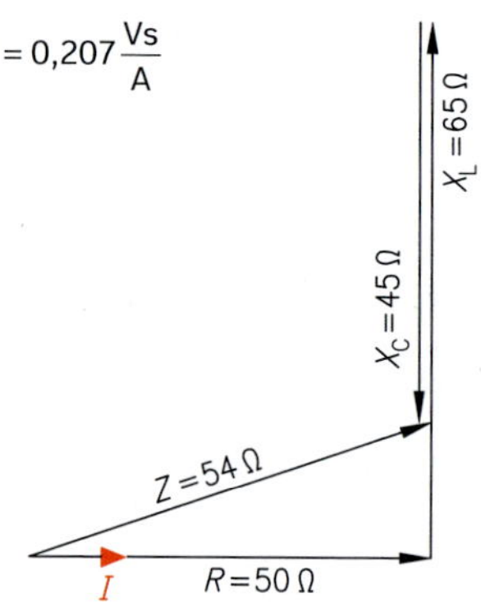

1. Der Wirkwiderstand 25 Ω, der induktive Blindwiderstand 50 Ω und der kapazitive Blindwiderstand 40 Ω liegen in Reihe an Wechselspannung 220 V/50 Hz.

a) Welchen Scheinwiderstand hat die Schaltung?

b) Wie groß ist der Phasenverschiebungswinkel der gesamten Schaltung?

c) Wie sieht das Widerstandsdreieck aus (10 Ω ≙ 1 cm)?

2. Eine Spule mit dem Wirkwiderstand 300 Ω und dem induktiven Widerstand 200 Ω liegt in Reihe mit einem kapazitiven Widerstand 100 Ω am 230-V/50-Hz-Netz.

a) Wie groß sind die Teilspannungen?

b) Welche Phasenverschiebung besteht zwischen der anliegenden Spannung und dem Strom?

c) Welche Kapazität ist vorhanden?

d) Wie groß ist die Induktivität?

3. Wie groß ist für die R-L-C-Reihenschaltung

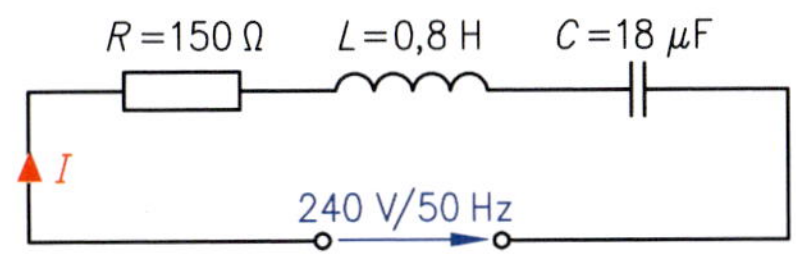

a) der Strom,

b) die induktive und die kapazitive Blindspannung,

c) die kapazitive Blindspannung bei Resonanzfrequenz,

d) das Widerstandsdreieck (50 Ω ≙ 1 cm)?

4. Zu einer Spule mit der Induktivität 795,8 mH und dem Wirkwiderstand 100 Ω ist ein Kondensator in Reihe an 230 V/100 Hz geschaltet.

a) Wie groß ist die Kapazität bei einer Voreilung der Spannung um 40°?

b) Welche Blindspannungen sind in der Schaltung vorhanden?

5. Durch eine Reihenschaltung mit Wirkwiderstand und Induktivität fließt an 240 V/50 Hz der Strom 4 A. Die Phasenverschiebung beträgt 60°. Welche Kapazität muss zugeschaltet werden, damit der Wirkleistungsfaktor 0,8 erreicht wird?

6. Wie groß sind für die gegebene Schaltung

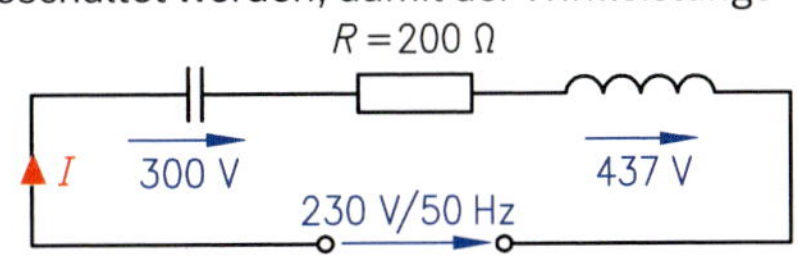

a) die Wirkspannung,

b) die Leistungen,

c) die Phasenverschiebung der Schaltung?

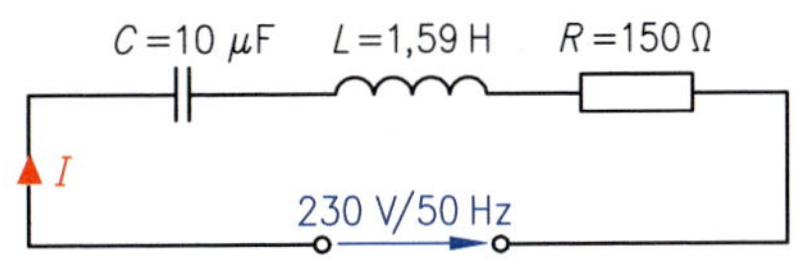

7. a) Wie groß ist der Phasenverschiebungswinkel?

b) Welche Kapazität bewirkt den Leistungsfaktor 0,9?

c) Wie groß sind die Spannungen bei Verdopplung der Frequenz?

8. Durch einen Wirkwiderstand von 20 Ω und eine in Reihe geschaltete Induktivität fließen 3 A an Wechselspannung 120 V/50 Hz. Ein zugeschalteter Kondensator erhöht bei konstanter Spannung den Strom auf 4 A.

a) Wie groß ist die Induktivität?

b) Welche Kapazität hat der Kondensator?

c) Wie sieht das Leistungsdreieck aus (100 VA ≙ 1 cm)?

d) Welche Frequenz ist für den Resonanzfall erforderlich?

9. Ein kapazitiver Blindwiderstand von 40 Ω ist mit einer Spule (Wirkwiderstand 40 Ω, induktiver Blindwiderstand 70 Ω) in Reihe an Wechselspannung 240 V/50 Hz angeschlossen.

a) Wie groß ist der Scheinwiderstand von Spule und Schaltung?

b) Welche Frequenz ist für die Spannungsresonanz erforderlich?

c) Wie groß ist der Strom bei den gegebenen Werten und im Resonanzfall?

d) Welche Teilspannungen können in beiden Fällen gemessen werden?

10. Die dargestellte Schaltung ist an Wechselspannung 120 V/50 Hz angeschlossen.

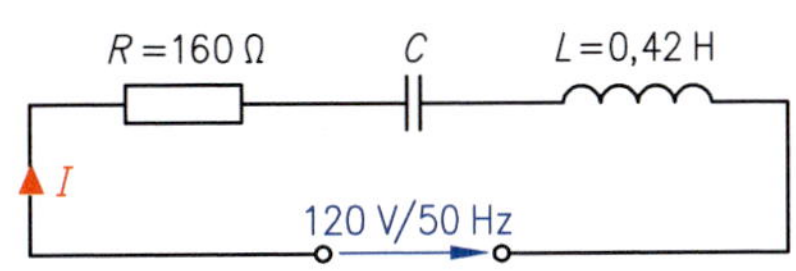

a) Mit welcher Kapazität wird Resonanz erreicht?

b) Wie groß ist dann die Spannung am Kondensator?

c) Wie sieht das Widerstandsdreieck aus (50 Ω ≙ 1 cm)?

11. Bei Anschluss einer Spule an 12 V Gleichspannung fließen 100 mA. Wird die Spule an 230 V/50 Hz Wechselspannung angeschlossen, fließt ein Strom von 0,5 A.

a) Wie groß sind Wirkwiderstand und Induktivität der Spule?

b) Welche Kapazität muss in Reihe zugeschaltet werden, damit bei 230 V/50 Hz der Resonanzfall eintritt?

9.2.4 R-L-Parallelschaltung

Wirkleitwert $G = \frac{1}{R}$ | Scheinleitwert $Y = \frac{1}{Z}$ | Blindleitwert $B_L = \frac{1}{X_L}$

I_R ist in Phase mit U

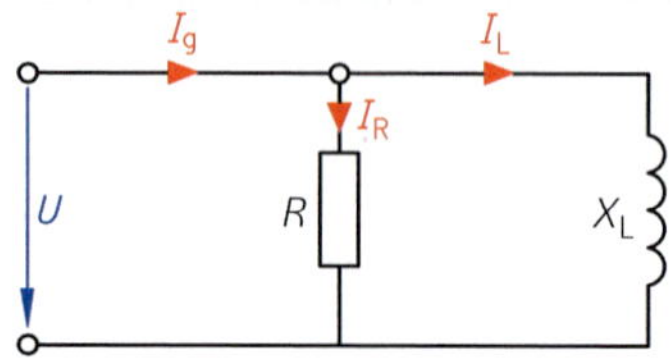

I_L eilt U um 90° nach.

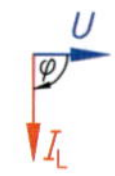

Wechselstromgrößen dürfen nur geometrisch addiert werden!

⇓

Leitwertdreieck		Stromdreieck		Leistungsdreieck
Scheinleitwert Y $Y = \frac{I_g}{U}$	$: U$ ⇐	Scheinstrom I_g $I_g = U \cdot Y$	$\cdot U$ ⇒	Scheinleistung S $S = U \cdot I_g$

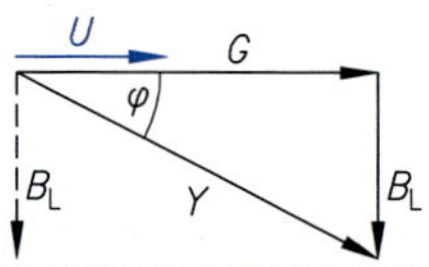

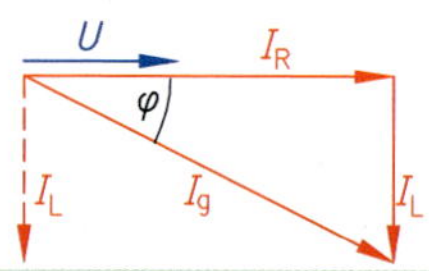

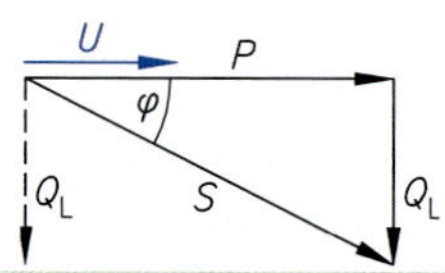

$\boldsymbol{Y} = \sqrt{G^2 + B_L^2}$	$\boldsymbol{I_g} = \sqrt{I_R^2 + I_L^2}$	$\boldsymbol{S} = \sqrt{P^2 + Q_L^2}$

Wirkanteile

$\boldsymbol{G} = \sqrt{Y^2 - B_L^2}$	$\boldsymbol{I_R} = \sqrt{I_g^2 - I_L^2}$	$\boldsymbol{P} = \sqrt{S^2 - Q_L^2}$
$\boldsymbol{G} = Y \cdot \cos\varphi$	$\boldsymbol{I_R} = I_g \cdot \cos\varphi$	$\boldsymbol{P} = S \cdot \cos\varphi$

Blindanteile

$\boldsymbol{B_L} = \sqrt{Y^2 - G^2}$	$\boldsymbol{I_L} = \sqrt{I_g^2 - I_R^2}$	$\boldsymbol{Q_L} = \sqrt{S^2 - P^2}$
$\boldsymbol{B_L} = Y \cdot \sin\varphi$	$\boldsymbol{I_L} = I_g \cdot \sin\varphi$	$\boldsymbol{Q_L} = S \cdot \sin\varphi$

Aufgaben

Beispiel: Eine Induktivität mit 0,25 H ist parallel zu dem Wirkwiderstand 116 Ω an Wechselspannung 230 V/50 Hz angeschlossen. Wie groß ist

a) der induktive Blindleitwert B_L,
b) der Scheinleitwert Y,
c) die Stromaufnahme I_g und
d) der Wirkleistungsfaktor $\cos\varphi$?

Gegeben: $U_g = 230\,\text{V};\ f = 50\,\text{s}^{-1};\ R = 116\,\Omega;\ L = 0{,}25\,\text{H} = 0{,}25\,\frac{\text{Vs}}{\text{A}}$

Gesucht: $B_L;\ Y;\ I_g;\ \cos\varphi$

Lösung:

a) $X_L = 2\pi \cdot f \cdot L = 2\pi \cdot 50\,\text{s}^{-1} \cdot 0{,}25\,\frac{\text{Vs}}{\text{A}} = 78{,}54\,\Omega \Rightarrow B_L = \frac{1}{X_L} = \frac{1}{78{,}54\,\Omega} = \mathbf{12{,}73\,mS}$

b) $G = \frac{1}{R} = \frac{1}{116\,\Omega} = 8{,}62\,\text{mS}$

$Y = \sqrt{G^2 + B_L^2} = \sqrt{(8{,}62)^2 + (12{,}73)^2}\,\text{mS} = \mathbf{15{,}37\,mS}$

c) $I_g = U \cdot Y = 230\,\text{V} \cdot 15{,}37 \cdot 10^{-3}\,\text{S} = \mathbf{3{,}535\,A}$

d) $\cos\varphi = \frac{G}{Y} = \frac{8{,}62\,\text{mS}}{15{,}37\,\text{mS}} = \mathbf{0{,}56}\quad (\varphi = 55{,}9°)$

1. Ein Wirkwiderstand liegt parallel zu einer Induktivität. Der Wirkleistungsfaktor beträgt 0,6, der Gesamtstrom 2 A. Wie groß sind Wirk- und Blindanteil des Scheinstromes?

2. Die Scheinleistungsaufnahme einer R-L-Parallelschaltung beträgt 130 VA bei dem Wirkleistungsfaktor 0,68. Wie groß sind Wirk- und Blindanteil der aufgenommenen Leistung?

3. Ein ohmscher Widerstand von 400 Ω und eine Induktivität von 0,995 H liegen parallel an 230-V/50-Hz-Wechselspannung.
   a) Welche Ströme fließen in der Schaltung?
   b) Wie sieht das Leitwertdreieck (1 mS ≙ 1 cm) aus?

4. Die nebenstehende Schaltung ist an Wechselspannung 120 V/50 Hz angeschlossen.
   a) Welchen Scheinwiderstand und Scheinleitwert hat die Schaltung?
   b) Wie groß sind Blind- und Wirkanteil des Scheinleitwertes bei einem Phasenverschiebungswinkel von 37°?

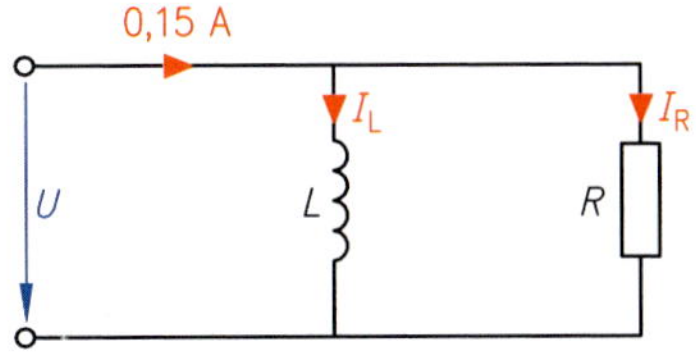

5. Parallel zu einem induktiven Blindwiderstand von 875 Ω liegt der Wirkwiderstand 500 Ω.
   a) Welche Leitwerte haben die Bauelemente?
   b) Wie groß sind Scheinwiderstand und Scheinleitwert?
   c) Welcher Phasenverschiebungswinkel besteht zwischen Spannung und Scheinstrom?

6. Eine R-L-Parallelschaltung nimmt einen Wirkstrom von 2 A und einen Scheinstrom von 4 A auf. Die Schaltung ist an die Wechselspannung 230 V/50 Hz angeschlossen.
   a) Wie groß ist der induktive Blindstrom?
   b) Welche Induktivität hat die Spule?
   c) Wie sieht das Leistungsdreieck aus (100 VA ≙ 1 cm)?

7. Ein Wirkwiderstand hat die Aufschrift 120 V/220 W. Eine parallel geschaltete Induktivität bewirkt bei 50 Hz eine Phasenverschiebung von 30°.
   a) Welche Widerstände (Wirk-, Blind- und Scheinwiderstand) sind vorhanden?
   b) Wie groß ist die Induktivität?
   c) Welche Ströme fließen in der Schaltung?

8. Ein Wirkwiderstand liegt mit einem induktiven Blindwiderstand parallel an Wechselspannung 240 V/50 Hz. Bei einer Stromaufnahme von 6 A beträgt die Wirkleistung 600 W.
   a) Wie groß ist der Scheinwiderstand?
   b) Welche Induktivität hat die Spule?
   c) Wie groß ist der Phasenverschiebungswinkel?
   d) Welche Teilströme fließen in der Schaltung?

9. Eine Spule mit dem Wirkwiderstand 125 Ω und der Induktivität 0,22 H wird parallel zu dem Wirkwiderstand 55 Ω an ein 230-V/50-Hz-Netz angeschlossen.
   a) Welcher Gesamtstrom fließt in der Schaltung?
   b) Wie groß ist der Gesamtwiderstand?
   c) Wie groß ist die Wirkleistung?

10. a) Wie groß ist der Wirkwiderstand, wenn bei geöffnetem Schalter 960 VA aufgenommen werden?
    b) Welche Induktivität L_2 hat die Spule, wenn bei geschlossenem Schalter der Phasenverschiebungswinkel 40° beträgt?
    c) Welche Stromverteilung besteht dann?
    d) Wie groß ist die prozentuale Blindleistungszunahme?

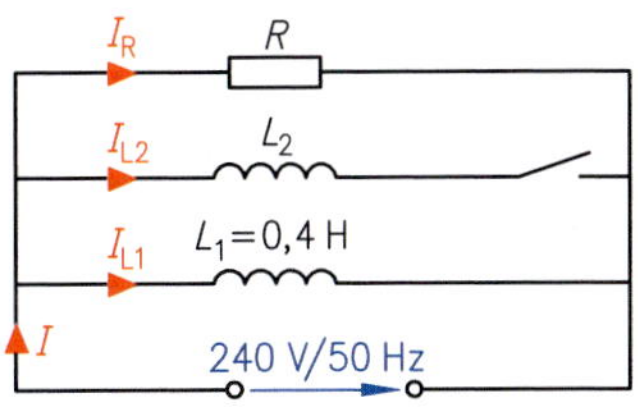

11. Wie sieht das Zeigerdiagramm für die Ströme aus (0,3 A ≙ 1 cm), wenn die nebenstehende Gruppenschaltung an Wechselspannung 100 V/50 Hz angeschlossen wird?

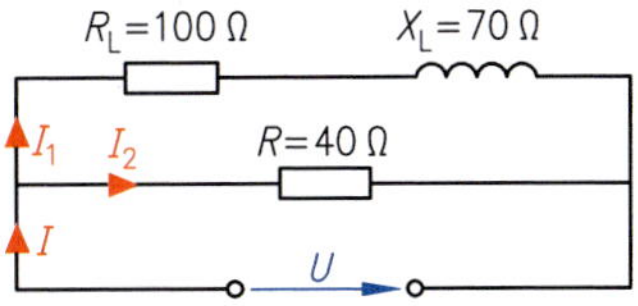

12. Eine Reihenschaltung mit einem induktiven Blindwiderstand von 500 Ω und dem Wirkwiderstand von 300 Ω soll durch eine Parallelschaltung bei einer Frequenz von 50 Hz ersetzt werden. Wie groß sind Wirkwiderstände und Induktivitäten in beiden Schaltungen, wenn Scheinwiderstand und Phasenverschiebungswinkel gleich bleiben sollen?

9.2.5 R-C-Parallelschaltung

Wirkleitwert $G = \frac{1}{R}$ Scheinleitwert $Y = \frac{1}{Z}$ Blindleitwert $B_C = \frac{1}{X_C}$

I_R ist in Phase mit U

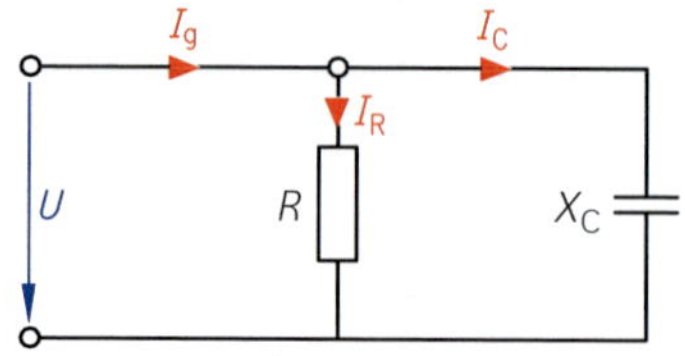

I_C eilt U um 90° voraus.

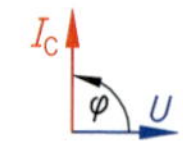

⇓

Leitwertdreieck		Stromdreieck		Leistungsdreieck
Scheinleitwert Y	$:U$	Scheinstrom I_g	$\cdot U$	Scheinleistung S
$\boldsymbol{Y} = \frac{I_g}{U}$	⇐	$\boldsymbol{I_g} = U \cdot Y$	⇒	$\boldsymbol{S} = U \cdot I_g$

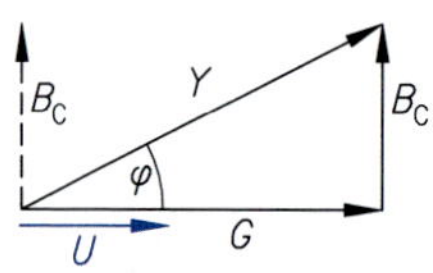

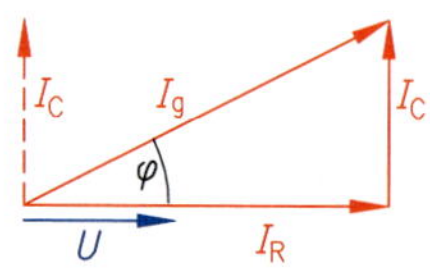

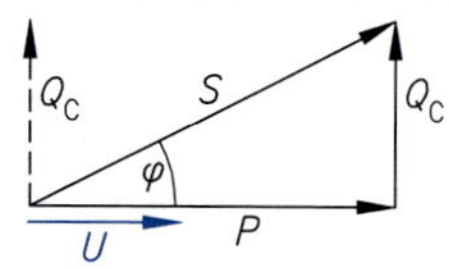

$\boldsymbol{Y} = \sqrt{G^2 + B_C^2}$ $\boldsymbol{I_g} = \sqrt{I_R^2 + I_C^2}$ $\boldsymbol{S} = \sqrt{P^2 + Q_C^2}$

Wirkanteile

$\boldsymbol{G} = \sqrt{Y^2 - B_C^2}$	$\boldsymbol{I_R} = \sqrt{I_g^2 - I_C^2}$	$\boldsymbol{P} = \sqrt{S^2 - Q_C^2}$
$\boldsymbol{G} = Y \cdot \cos\varphi$	$\boldsymbol{I_R} = I_g \cdot \cos\varphi$	$\boldsymbol{P} = S \cdot \cos\varphi$

Blindanteile

$\boldsymbol{B_C} = \sqrt{Y^2 - G^2}$	$\boldsymbol{I_C} = \sqrt{I_g^2 - I_R^2}$	$\boldsymbol{Q_C} = \sqrt{S^2 - P^2}$
$\boldsymbol{B_C} = Y \cdot \sin\varphi$	$\boldsymbol{I_C} = I_g \cdot \sin\varphi$	$\boldsymbol{Q_C} = S \cdot \sin\varphi$

Aufgaben

Beispiel: Wie groß ist in einer Parallelschaltung mit dem Wirkleitwert 5 mS und der Kapazität 33 µF an 230 V/50 Hz

a) der kapazitive Blindleitwert,
b) der Scheinwiderstand,
c) der Blindleistungsfaktor $\sin\varphi$,
d) der Scheinstrom und
e) der kapazitive Blindstrom?

Gegeben: $U = 230\,\text{V};\ f = 50\,\text{s}^{-1};\ C = 33 \cdot 10^{-6}\,\frac{\text{As}}{\text{V}};\ G = 5\,\text{mS}$

Gesucht: $B_C;\ Z;\ \sin\varphi;\ I_G;\ I_C$

Lösung:

a) $B_C = \frac{1}{X_C} = 2\pi \cdot f \cdot C = 2\pi \cdot 50\,\text{s}^{-1} \cdot 33 \cdot 10^{-6}\,\frac{\text{As}}{\text{V}} = \mathbf{10{,}37\,mS}$

b) $Y = \sqrt{G^2 + B_C^2} = \sqrt{(5)^2 + (10{,}37)^2}\,\text{mS} = 11{,}51\,\text{mS} \Rightarrow Z = \frac{1}{Y} = \frac{1}{11{,}51\,\text{mS}} = \mathbf{86{,}88\,\Omega}$

c) $\sin\varphi = \frac{B_C}{Y} = \frac{10{,}37\,\text{mS}}{11{,}51\,\text{mS}} = \mathbf{0{,}9}$ $(\varphi = 64{,}28°)$

d) $I_g = U \cdot Y = 230\,\text{V} \cdot 11{,}51 \cdot 10^{-3}\,\frac{\text{As}}{\text{V}} = \mathbf{2{,}65\,A}$

e) $I_C = I_g \cdot \sin\varphi = 2{,}65\,\text{A} \cdot 0{,}9 = \mathbf{2{,}385\,A}$

1. In einer R-C-Parallelschaltung fließt ein kapazitiver Blindstrom von 0,62 A und ein Wirkstrom von 1,3 A. Wie groß sind Gesamtstrom und Phasenverschiebung der Schaltung?

2. In einer Parallelschaltung mit Wirkwiderstand und Kondensator beträgt die Phasenverschiebung zwischen Gesamtstrom und Spannung 12°. Welchen Wert haben Wirk- und Blindstrom, wenn der Gesamtstrom 2 A fließt?

3. Eine Parallelschaltung, bestehend aus Kondensator und Wirkwiderstand, nimmt eine Scheinleistung von 800 VA auf. Die Wirkleistung beträgt 600 W. Wie groß ist der Blindleistungsbedarf?

4. Wird ein Kondensator parallel zu einem Wirkwiderstand geschaltet, ergibt sich ein Scheinleitwert von 4,717 mS. Der kapazitive Blindleitwert beträgt 2,5 mS. Wie groß ist der Wirkwiderstand?

5. Eine R-C-Parallelschaltung nimmt die Scheinleistung 700 VA auf.
   a) Wie groß ist der Wirkanteil bei einer kapazitiven Blindleistung von 120 VAr?
   b) Welchen Phasenverschiebungswinkel hat die Schaltung?

6. Ein Wirkwiderstand mit dem Leitwert 8 mS liegt parallel zu einem Kondensator mit dem kapazitiven Blindleitwert 16 mS an Wechselspannung 230 V/50 Hz.
   a) Wie groß ist der Gesamtleitwert?
   b) Welche Widerstandswerte hat die Schaltung?
   c) Wie sieht das Stromdreieck aus (1 A ≙ 1 cm)?

7. Die Kapazität 8,2 µF ist parallel zu einem Wirkwiderstand an 150 V/50 Hz geschaltet. Der Gesamtwiderstand beträgt 300 Ω. Wie groß ist
   a) der Blindleitwert und der Wirkwiderstand,
   b) der Phasenverschiebungswinkel,
   c) die umgesetzte Wirkleistung?

8. Die nebenstehende Schaltung ist am 230-V/50-Hz-Wechselstromnetz angeschlossen. Wie groß ist
   a) der Scheinwiderstand,
   b) der Phasenverschiebungswinkel,
   c) die Stromverteilung innerhalb der Schaltung?

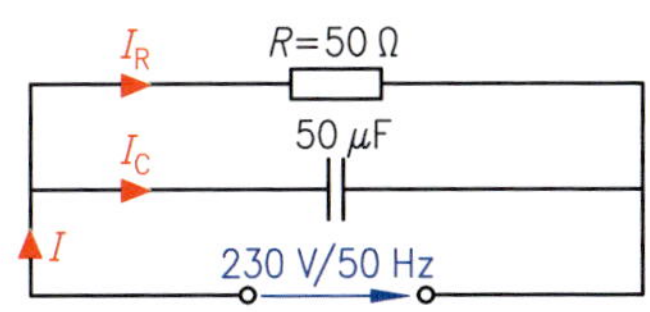

9. Eine Parallelschaltung mit Wirkwiderstand und Kondensator wird an Gleichspannung 100 V von 0,5 A durchflossen. Ist die Schaltung an Wechselspannung 50 V/50 Hz angeschlossen, wird der gleiche Stromwert gemessen. Wie groß sind
   a) der Wirk- und der Scheinwiderstand sowie die Kapazität des Kondensators,
   b) die Phasenverschiebung,
   c) der Wirkstrom und der kapazitive Blindstrom?

10. Am 230-V/50-Hz-Netz liegt parallel zu einem Verbraucher mit der Wirkleistung 550 W ein Kondensator mit der Blindleistung 600 VAr.
    a) Welche Scheinleistung wird aus dem Netz bezogen?
    b) Wie groß sind die Widerstände (Wirk-, Blind- und Scheinwiderstand)?
    c) Wie verteilen sich die Ströme innerhalb der Schaltung?
    d) Wie sieht das Leistungsdreieck aus (200 VA ≙ 1 cm)?

11. Die gegebene Schaltung ist an eine Wechselspannung 150 V/60 Hz angeschlossen.
    a) Wie groß ist der Wirk-, Blind- und Scheinwiderstand?
    b) Welche Ströme fließen in der Schaltung?
    c) Wie groß ist der Wirkleistungsfaktor?
    d) Welche Leistungen treten in der Schaltung auf?

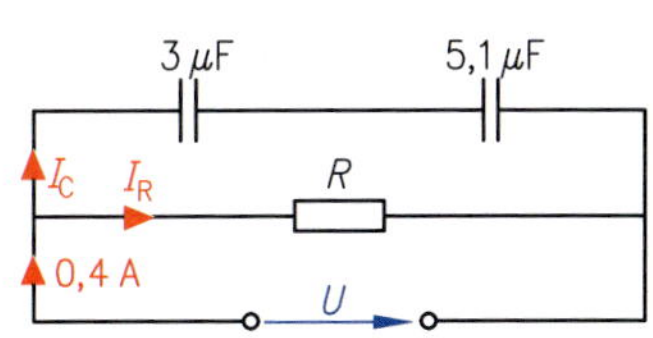

12. In der nebenstehenden Schaltung soll jeder Widerstand mit Nennspannung versorgt werden. Welche Kapazität ist erforderlich, damit die Bauteile mit der Nennspannung versorgt werden?

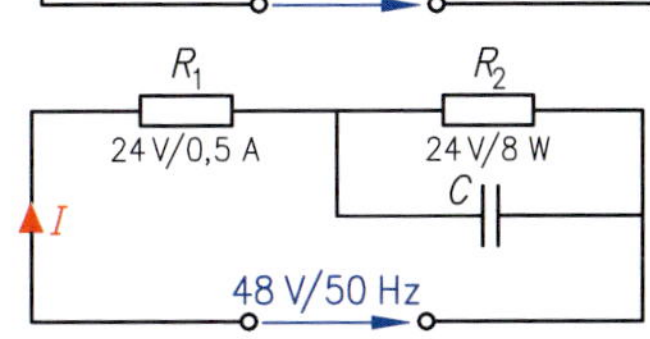

13. Durch eine Parallelschaltung mit Wirkwiderstand und Kondensator fließt an der Wechselspannung 230 V/50 Hz ein Scheinstrom von 2,5 A. Der Phasenverschiebungswinkel beträgt 30°.
    a) Wie groß ist der Scheinwiderstand der Schaltung?
    b) Welche Phasenverschiebung ist bei einer Reihenschaltung dieser Bauelemente vorhanden?
    c) Wie hoch sind die Wirkleistungen in beiden Schaltungen?

9.2.6 R-L-C-Parallelschaltung

I_L eilt U um 90° nach

I_R ist in Phase mit U

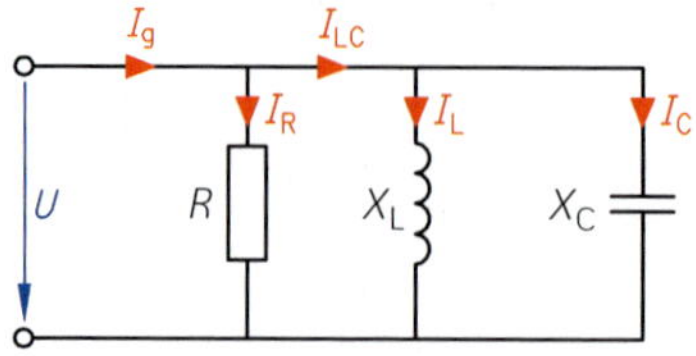

I_C eilt U um 90° vor.

⇓

Stromdreieck für $I_L > I_C$

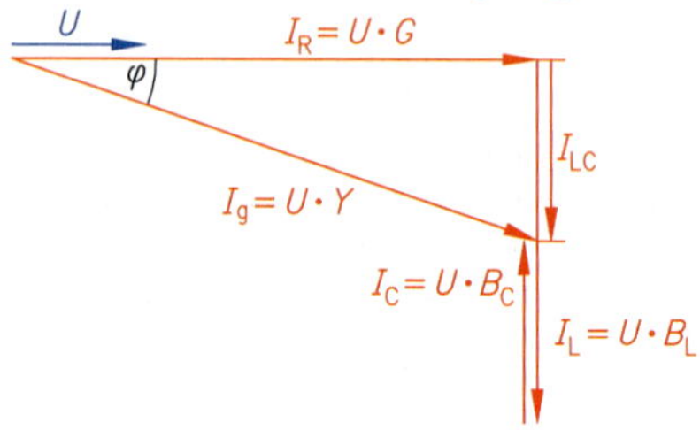

$$I_{LC} = I_L - I_C$$

$$I_g = \sqrt{I_R^2 + I_{LC}^2}$$

$$I_{LC} = I_g \cdot \sin\varphi$$

Leitwert- und Leistungsdreieck sind dem Spannungsdreieck ähnlich mit:

$$Y = \sqrt{G^2 + B_{LC}^2}$$

$$S = \sqrt{P^2 + Q_{LC}^2}$$

Sonderfall: Parallel-(Strom-)Resonanz

bei gleichen Blindanteilen oder bei Resonanzfrequenz

$$I_L = I_C \;\Rightarrow\; X_L = X_C \;\Rightarrow\; Q_L = Q_C \qquad f_{res} = \frac{1}{2\pi\sqrt{L \cdot C}}$$

Aufgaben

Beispiel: Wie groß ist an 230 V/50 Hz
a) der Scheinwiderstand der Schaltung,
b) der Wirkleistungsfaktor?

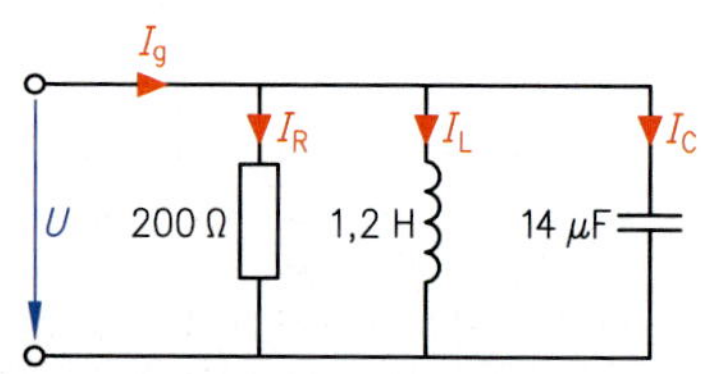

Gegeben: $U = 230\,\text{V}$; $f = 50\,\text{s}^{-1}$; $C = 14 \cdot 10^{-6}\,\frac{\text{As}}{\text{V}}$; $L = 1{,}2\,\text{H}$; $R = 200\,\Omega$

Gesucht: B_{LC}; Z; $\cos\varphi$

Lösung:

a) $B_C = \frac{1}{X_C} = 2\pi \cdot f \cdot C = 2\pi \cdot 50\,\text{s}^{-1} \cdot 14 \cdot 10^{-6}\,\frac{\text{As}}{\text{V}} = \mathbf{4{,}4\,mS}$

$B_L = \frac{1}{X_L} = \frac{1}{2\pi \cdot f \cdot L} = \frac{1\,\text{A}}{2\pi \cdot 50\,\text{s}^{-1} \cdot 1{,}2\,\text{Vs}} = \mathbf{2{,}65\,mS}$

$B_{LC} = B_L - B_C = 4{,}4\,\text{mS} - 2{,}65\,\text{mS} = 1{,}75\,\text{mS}$ $\qquad G = \frac{1}{R} = \frac{1}{200\,\Omega} = 5\,\text{mS}$

$Y = \sqrt{G^2 + B_{LC}^2} = \sqrt{(5)^2 + (1{,}75)^2}\,\text{mS} = 5{,}3\,\text{mS} \Rightarrow Z = \frac{1}{Y} = \frac{1}{5{,}3\,\text{mS}} = \mathbf{0{,}19\,\Omega}$

b) $\cos\varphi = \frac{G}{Y} = \frac{5\,\text{mS}}{5{,}3\,\text{mS}} = \mathbf{0{,}9434}$ $\quad (\varphi = 19{,}37°)$

1. Eine Parallelschaltung hat den Wirkwiderstand 50 Ω, den induktiven Blindwiderstand 100 Ω und den kapazitiven Blindwiderstand 80 Ω.
   a) Wie groß sind der Scheinwiderstand und der Scheinleitwert der Schaltung?
   b) Welcher Phasenverschiebungswinkel ist in der Schaltung vorhanden?

2. Eine R-L-C-Parallelschaltung mit dem Wirkwiderstand 100 Ω nimmt an Wechselspannung 220 V/50 Hz einen Scheinstrom von 5,5 A auf. Der induktive Blindanteil ist 6 A.
   a) Wie groß ist der kapazitive Blindstrom, wenn der induktive Blindstrom überwiegt?
   b) Welche Induktivität und Kapazität hat die Schaltung?
   c) Wie groß ist der Phasenverschiebungswinkel?

3. Nebenstehende Schaltung ist an Wechselspannung 50 Hz angeschlossen.
   a) Wie groß ist der Scheinwiderstand?
   b) Welches Leitwertdreieck ergibt sich für die Schaltung (2,5 mS ≙ 1 cm)?
   c) Wie groß ist die umgesetzte Wirkleistung?
   d) Welcher Phasenverschiebungswinkel besteht?

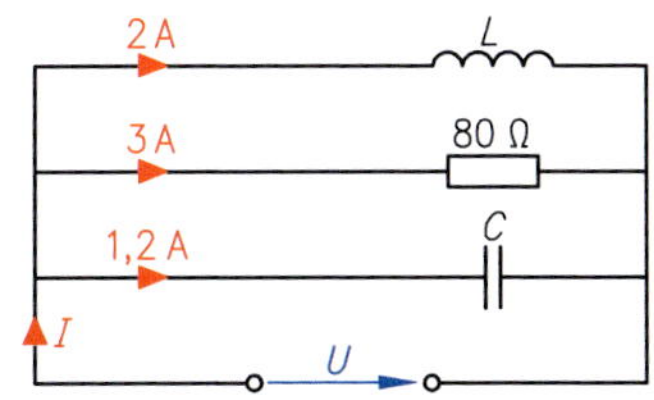

4. An ein 230-V/50-Hz-Netz ist eine R-C-L-Parallelschaltung angeschlossen. Es fließt ein Wirkstrom von 2,5 A und ein kapazitiver Blindstrom von 4 A. Der Gesamtstrom eilt der Spannung um 30° nach.
   a) Wie groß sind induktiver Blindstrom und Scheinstrom?
   b) Welche Kapazität und Induktivität hat die Schaltung?
   c) Wie groß sind die von den Bauelementen aufgenommenen Leistungen?

5. Von einer R-L-C-Parallelschaltung sind Daten bekannt: Wirkwiderstand 200 Ω, Wirkstrom 0,92 A, induktiver Blindstrom 1,5 A, kapazitiver Blindstrom 0,7 A, Frequenz 50 Hz.
   a) Wie groß ist die anliegende Spannung?
   b) Welche Kapazität und Induktivität haben die Bauelemente?
   c) Wie groß ist der Scheinwiderstand der Schaltung?
   d) Welcher Wirkleistungsfaktor liegt vor?

6. Eine R-C-L-Parallelschaltung ist an das 230-V/50-Hz-Wechselstromnetz angeschlossen. Bei einer Induktivität von 0,955 H und Kapazität von 15 µF fließt der Scheinstrom 1,4 A.
   a) Wie groß sind die Widerstände?
   b) Wie verteilt sich der Scheinstrom?
   c) Wie groß ist der Phasenverschiebungswinkel der Schaltung?
   d) Welche Frequenz ergibt sich für den Resonanzfall?

7. Der Wirkleistungsfaktor der nebenstehenden Schaltung beträgt 0,85.
   a) Wie groß ist der Scheinwiderstand?
   b) Welche Kapazität hat der Kondensator?
   c) Wie groß sind die Leitwerte?
   d) Wie sieht das Leistungsdreieck aus (200 VA ≙ 1 cm)?

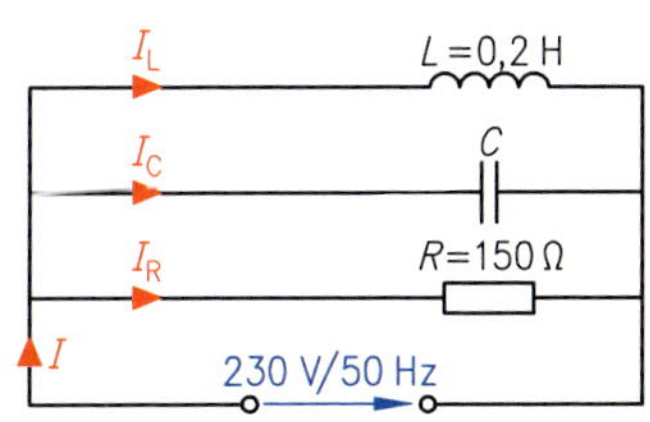

8. Eine Spule mit einem Wirkanteil von 80 Ω und der Induktivität von 0,5 H liegt parallel zu einem Kondensator an 230 V.
   a) Wie groß ist die Kapazität, wenn bei einer Frequenz von 150 Hz Resonanz vorliegt?
   b) Welche Ströme fließen im Resonanzfall?

9. Wie groß ist für die nebenstehende Schaltung
   a) der Spulenstrom,
   b) der kapazitive Blindstrom,
   c) die Phasenverschiebung der Schaltung,
   d) das Leistungsdreieck (20 VA ≙ 1 cm)?

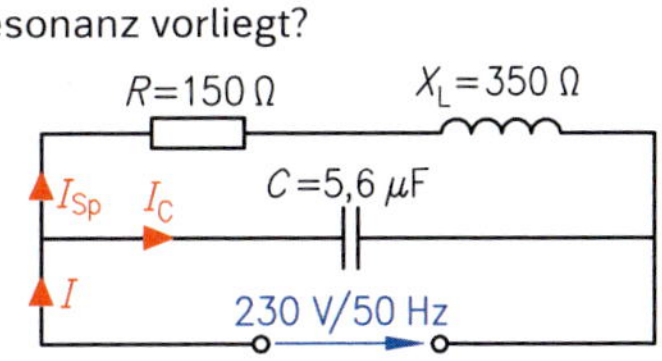

10. Ein Elektrogerät mit 750 W Wirkleistung nimmt an 230 V/50 Hz den Strom 4,5 A auf.
   a) Wie groß sind Wirkwiderstand, induktiver Blindwiderstand und Scheinwiderstand?
   b) Wie groß sind die Ströme?
   c) Wie groß ist die parallel zu schaltende Kapazität, damit die induktive Wirkung aufgehoben wird?

11. Die Stromaufnahme der Spule (50-Ω-Wirkanteil, 0,4-H-Induktivität) und einem parallel geschalteten Kondensator beträgt 1,5 A.
   a) Wie groß sind die Leistungen, die von den einzelnen Bauelementen aufgenommen werden?
   b) Welcher kapazitive Blindstrom fließt in der Schaltung?
   c) Wie groß ist die Kapazität des Kondensators?

9.2.7 Blindleistungskompensation in Wechselstromanlagen

Kompensation induktiver Blindleistung zur Verbesserung des Wirkleistungsfaktors *) von $\cos\varphi_1$ auf $\cos\varphi_2$ durch Zuschalten kapazitiver Blindleistung:

S_1: Scheinleistung ***vor*** der Kompensation

S_2: Scheinleistung ***nach*** der Kompensation

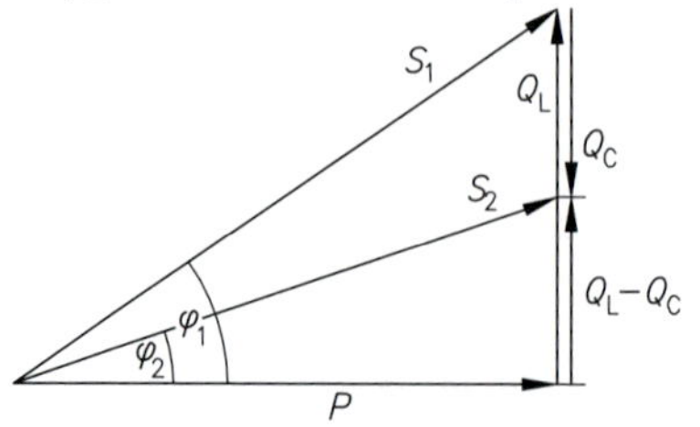

$Q_L = P \cdot \tan\varphi_1$

$Q_L - Q_C = P \cdot \tan\varphi_2$

Notwendige kapazitive Blindleistung

$$Q_C = P \cdot (\tan\varphi_1 - \tan\varphi_2)$$

bei Reihenkompensation mit $X_C = \dfrac{Q_C}{I_C^2}$

$$X_C = \frac{1}{2\pi f \cdot C}$$

bei Parallelkompensation mit $X_C = \dfrac{U_c^2}{Q_C}$

⇓

$C_R = \dfrac{I^2}{2\pi f \cdot Q_C}$ **Erforderliche Kondensatorkapazität** $C_P = \dfrac{Q_C}{2\pi f \cdot U^2}$

$P = U \cdot I_1 \cdot \cos\varphi_1$ Die Wirkleistung ändert sich nicht! $P = U \cdot I_2 \cdot \cos\varphi_2$

*) Nach TAB auch Verschiebungsfaktor.

Aufgaben

Beispiel: Ein Wechselstrommotor nimmt an 230 V/50 Hz bei einem Leistungsfaktor von 0,7 einen Strom von 6,2 A auf. Ein parallel geschalteter Kondensator soll den Wirkleistungsfaktor auf 0,9 verbessern.

a) Wie groß ist die Wirkleistungsaufnahme?
b) Welche Blindleistung ist zu kompensieren?
c) Wie groß muss die Kapazität des Kondensators sein?
d) Welcher Strom fließt nach der Kompensation in der Zuleitung?

Gegeben: $U = 230\,\text{V}$; $f = 50\,\text{Hz}$; $I_1 = 6{,}2\,\text{A}$; $\cos\varphi_1 = 0{,}7$; $\cos\varphi_2 = 0{,}9$

Gesucht: P; Q_L; C; I_2

Lösung:

a) $P = U \cdot I_1 \cdot \cos\varphi_1 = 230\,\text{V} \cdot 6{,}2\,\text{A} \cdot 0{,}7 = \mathbf{998{,}2\,W}$

b) $Q_L = P(\tan\varphi_1 - \tan\varphi_2) = 998{,}2\,\text{W}\,(1{,}02 - 0{,}474) = \mathbf{545{,}02\,VAr} \Rightarrow Q_C$

c) $C_p = \dfrac{Q_C}{2\pi f \cdot U^2} = \dfrac{545{,}02\,\text{VAr}}{2\pi \cdot 50\,\text{Hz} \cdot (230\,\text{V})^2} = \mathbf{32{,}8\,\mu F}$

d) $I_2 = \dfrac{P}{U \cdot \cos\varphi_2} = \dfrac{998{,}2\,\text{W}}{230\,\text{V} \cdot 0{,}9} = \mathbf{4{,}82\,A}$

1. Eine Leuchtstofflampe nimmt an 230 V/50 Hz eine Blindleistung von 46 VAr auf. Wie groß muss die Kapazität des parallel geschalteten Kondensators sein, um diese Blindleistung zu kompensieren?

2. Welche induktive Blindleistung kann ein 100-µF-Kondensator am 230-V/50-Hz-Netz kompensieren?

3. Welche Kapazität muss ein Kondensator besitzen, um 1 kVAr zu kompensieren
a) an 230 V/50 Hz,
b) an 400 V/50 Hz?

4. Ein Motor nimmt an 235 V/50 Hz eine induktive Blindleistung von 430 VAr auf. Wie groß muss die Kapazität des parallel geschalteten Kondensators sein, damit die induktive Blindleistung auf 150 VAr reduziert wird?

5. Eine 230-V/50-Hz-Leuchtstofflampenanlage nimmt bei einem Leistungsfaktor von 0,6 eine Wirkleistung von 3 kW auf. Wie groß ist
   a) der Blindleistungsbedarf der Anlage,
   b) die Kondensatorkapazität bei Parallelkompensation auf $\cos \varphi_2 = 0{,}92$?

6. Der Wechselstrommotor einer Pumpe nimmt bei einem Leistungsfaktor von 0,68 einen Strom von 6,2 A aus dem 230-V/50-Hz-Wechselspannungsnetz auf.
   a) Wie groß ist die aufgenommene Schein-, Wirk- und Blindleistung?
   b) Welche Kapazität muss ein parallel geschalteter Kondensator besitzen, um die Blindleistung vollkommen zu kompensieren?
   c) Wie groß ist der Strom in der Zuleitung nach erfolgter Kompensation?

7. In einem 230-V/150-Hz-Wechselspannungsnetz ist wegen einer Tonfrequenz-Rundsteuerung die Reihenkompensation vorgeschrieben. Der abgebildete Verbraucher nimmt ohne den Kompensationskondensator bei einem Wirkleistungsfaktor von 0,7 einen Strom von 3,5 A auf.
   a) Wie groß muss die Kapazität sein, damit der Leistungsfaktor auf 0,9 verbessert wird?
   b) Welche Spannung liegt nach der Kompensation am Verbraucher an?
   c) Wie groß ist die Wirkleistungsaufnahme nach der Kompensation?

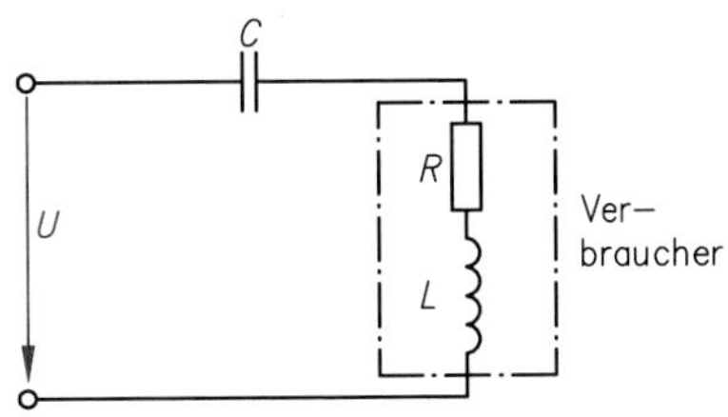

8. Ein Wechselstrommotor mit 73 % Wirkungsgrad gibt bei Anschluss an 235 V/50 Hz eine Leistung von 1,1 kW ab. Dabei nimmt er einen Strom von 8,5 A auf.
   a) Wie groß ist die Wirkleistungsaufnahme?
   b) Wie groß ist der Wirkleistungsfaktor?
   c) Welche Kapazität muss ein parallel geschalteter Kondensator besitzen, damit der Wirkleistungsfaktor auf 0,95 verbessert wird?
   d) Wie groß ist der Strom in der Zuleitung nach erfolgter Kompensation?

9. Eine Beleuchtungsanlage nimmt aus dem 230-V/50-Hz-Wechselspannungsnetz bei einem Wirkleistungsfaktor von 0,5 einen Strom von 77,3 A auf. Durch einen parallel geschalteten Kondensator soll der Leistungsfaktor auf 0,9 verbessert werden.
   a) Wie groß ist die Wirkleistungsaufnahme der Anlage?
   b) Welche Blindleistung muss der Kondensator kompensieren?
   c) Wie groß muss die Kapazität des Kompensationskondensators sein?

10. Durch die abgebildete Leuchtstofflampenschaltung fließt an 220 V/50 Hz ein Strom von 0,67 A. Die Schaltung nimmt mit Vorschaltgerät 69 W auf.
   a) Wie groß ist der Wirkleistungsfaktor?
   b) Welche induktive Blindleistung nimmt die Schaltung auf?
   c) Welche induktive Blindleistung muss der Kompensationskondensator liefern, damit der Leistungsfaktor auf 0,9 verbessert wird?
   d) Wie groß ist dann die Kondensatorkapazität?
   e) Welcher Strom fließt nach erfolgter Kompensation in der Zuleitung?

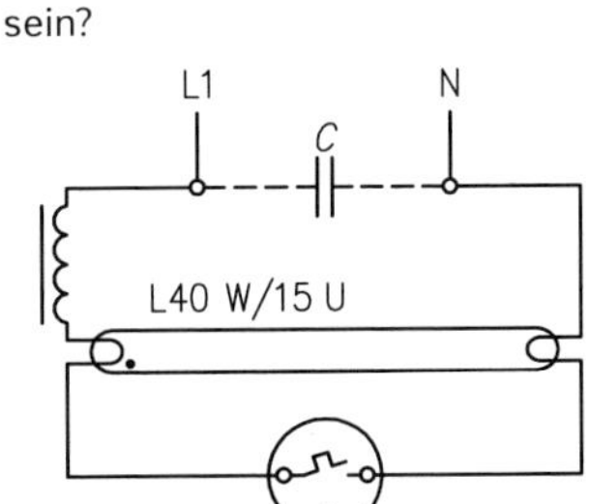

11. Eine Beleuchtungsanlage nimmt aus einem 230-V/50-Hz-Spannungsnetz bei einem Wirkleistungfaktor von 0,5 einen Strom von 77,3 A auf. Durch einen parallel zu schaltenden Kondensator soll der Wirkleistungsfaktor auf 0,9 verbessert werden.
   a) Wie groß ist die Wirkleistungsaufnahme der Schaltung?
   b) Welcher Kupferquerschnitt muss für die Zuleitung nach DIN VDE 0298 und 0636 (Gruppe B2) mindestens verlegt werden, wenn die Anlage nicht kompensiert wird?
   c) Wie groß darf der Querschnitt bei einer kompensierten Anlage sein?
   d) Welche Blindleistung muß vom Kondensator kompensiert werden?
   e) Wie groß ist die Kapazität des Kompensationskondensators?

9.3 Betriebsmittel im Drehstromkreis

9.3.1 Symmetrische Belastung bei Stern- und Dreieckschaltung

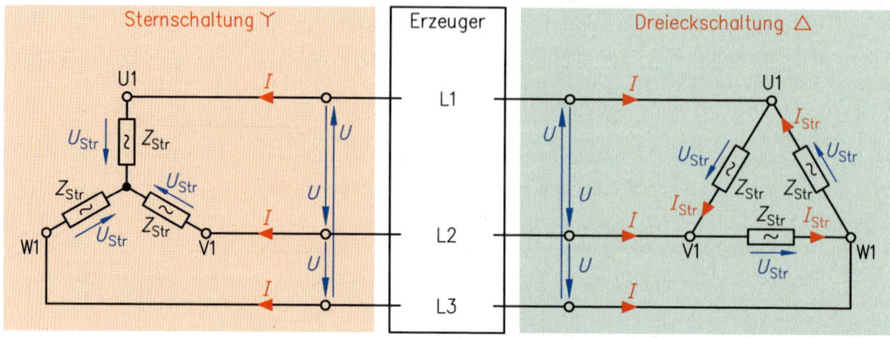

$I = I_{Str}$ $U = \sqrt{3}\, U_{Str}$ $U = U_{Str}$ $I = \sqrt{3}\, I_{Str}$

Die Berechnungsformeln gelten für beide Schaltungen.

Stranggrößen

$S_{Str} = U_{Str} \cdot I_{Str}$ ⇓ $U_{Str} = R_{Str} \cdot I_{Str}$

Gesamtgrößen

mit Strangwerten	Scheinleistung	mit Leiterwerten
$\boldsymbol{S = 3 \cdot U_{Str} \cdot I_{Str}}$	$[S] = \text{VA}$	$\boldsymbol{S = \sqrt{3} \cdot U \cdot I}$

Wirkleistung	Blindleistung
$[P] = \text{W}$ $\boldsymbol{P = S \cdot \cos\varphi}$	$\boldsymbol{Q = S \cdot \sin\varphi}$ $[Q] = \text{VAr}$

Werden Elektrowärmegeräte > 4,6 kW angeschlossen, ist ein Drehstromkreis erforderlich!

$\boldsymbol{Z = R \quad \Rightarrow \quad S = P \quad \Rightarrow \quad \cos\varphi = 1}$

Aufgaben

Beispiel: Drei gleiche Spulen mit $R = 50\,\Omega$ und $X_L = 20\,\Omega$ werden in Sternschaltung an das 400-V-Drehstromnetz angeschlossen.

a) Wie groß ist der Scheinwiderstand eines Stranges?
b) Welche Spannung liegt an einem Strang an?
c) Wie groß ist der Strom in den Zuleitungen?
d) Welche Wirkleistung nimmt die Schaltung auf?

Gegeben: $U = 400\,\text{V}$; $R = 50\,\Omega$; $X_L = 20\,\Omega$; Y-Schaltung

Gesucht: Z_{Str}; U_{Str}; I; P_{zu}

Lösung:

a) $Z = \sqrt{R^2 + X_L^2} = \sqrt{(50\,\Omega)^2 + (20\,\Omega)^2} = \mathbf{53{,}85\,\Omega}$

b) $U_{Str} = \dfrac{U}{\sqrt{3}} = \dfrac{400\,\text{V}}{\sqrt{3}} = \mathbf{230{,}94\,V}$

c) $I = I_{Str} = \dfrac{U_{Str}}{Z_{Str}} = \dfrac{230{,}94\,\text{V}}{53{,}85\,\Omega} = \mathbf{4{,}29\,A}$

d) $\cos\varphi = \dfrac{R}{Z} = \dfrac{50\,\Omega}{53{,}85\,\Omega} = 0{,}9285$

$P = \sqrt{3} \cdot U \cdot I \cdot \cos\varphi = \sqrt{3} \cdot 400\,\text{V} \cdot 4{,}29\,\text{A} \cdot 0{,}9285 = \mathbf{2759{,}7\,W}$

1. Drei gleiche Widerstände werden in Sternschaltung an ein Drehstromnetz mit 400 V Leiterspannung angeschlossen. Wie groß ist die Spannung an einem Widerstand?
2. In der Zuleitung eines in Dreieck geschalteten Durchlauferhitzers fließen 27 A. Welcher Strom fließt durch einen Strang der Heizwicklung?
3. In einer symmetrisch belasteten 1-kV-Drehstromleitung wird ein Strom von 525 A bei einem Wirkleistungsfaktor von 0,87 ermittelt. Wie groß ist die übertragene Wirkleistung?
4. Ein Drehstrommotor gibt bei 6 kV Netzspannung, 87% Wirkungsgrad und einem Wirkleistungsfaktor von 0,85 eine Wirkleistung von 5,3 MW ab. Wie groß ist der Strom in der Zuleitung?
5. Drei Heizwiderstände mit jeweils 10 Ω sind an das 400-V-Drehstromnetz angeschlossen. Wie groß ist jeweils bei Stern- und bei Dreieckschaltung
   a) die Spannung an den Widerständen,
   b) der Strom in der Zuleitung,
   c) die Wirkleistungsaufnahme eines Widerstandes und
   d) die gesamte Wirkleistungsaufnahme der Schaltung?
6. Ein Elektrowärmegerät in Sternschaltung nimmt am 400-V-Drehstromnetz 6,6 kW auf.
   a) Wie groß ist die Strangleistung?
   b) Wie groß ist der Strom in der Zuleitung?
   c) Welchen Widerstandswert hat ein Strang des Elektrogerätes?
7. Am 400-V-Drehstromnetz nimmt ein Durchlauferhitzer in Dreieckschaltung 18 kW auf.
   a) Wie groß ist die Strangleistung?
   b) Wie groß ist der Strom in einem Heizstrang?
   c) Welchen Widerstandwert hat ein Strang?
8. In der Zuleitung eines symmetrisch belasteten 1-kV-Drehstromnetzes fließen 125 A bei einem Leistungsfaktor von 0,88. Wie groß ist die übertragene Schein-, Wirk- und Blindleistung?
9. Drei gleiche Spulen mit $R = 100\,\Omega$ und $L = 0{,}2\,\text{H}$ sind in Dreieck an ein Drehstromnetz 1 kV/50 Hz angeschlossen.
   a) Wie groß ist der Scheinwiderstand einer Spule?
   b) Wie groß ist der Strom durch eine Spule und in der Zuleitung?
   c) Welche Wirkleistung nimmt die Schaltung auf?
   d) Wie groß ist der Strom in der Zuleitung bei Sternschaltung der Spulen?
10. Drei gleiche Spulen liegen in Sternschaltung am Drehstromnetz 400 V/50 Hz. Bei einem Wirkleistungsfaktor von 0,7 fließen 3 A in der Zuleitung.
    a) Welche Wirkleistung nimmt die Schaltung auf?
    b) Wie groß sind der Wirkwiderstand und die Induktivität einer Spule?
11. Drei 100-µF-Kondensatoren werden an ein Drehstromnetz 400 V/230 V, 50 Hz angeschlossen. Wie groß ist jeweils bei beiden Schaltungen
    a) der Strangstrom,
    b) der Strom in der Zuleitung,
    c) die gesamte Blindleistungsaufnahme?

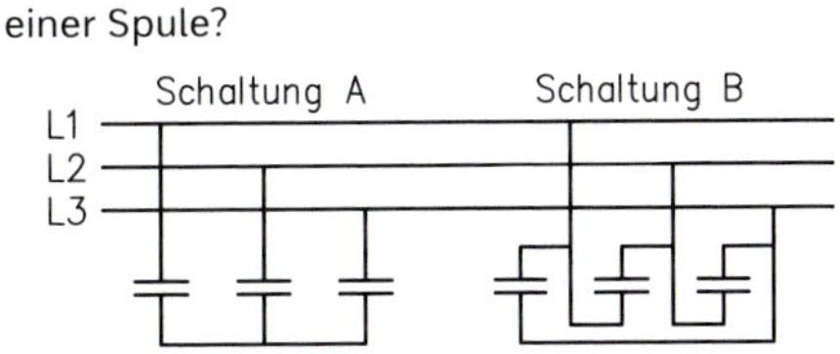

12. Ein Heizofen an 400 V wird von Stern auf Dreieck umgeschaltet. Dabei erhöht sich die Leistungsaufnahme um 2,5 kW. Wie groß ist
    a) die Leistungsaufnahme bei Sternschaltung,
    b) der Widerstand der Heizwiderstände?
13. Drei 50-Ω-Widerstände sind an ein 400-V/230-V-Drehstromnetz angeschlossen. Wie groß sind bei den jeweiligen Fehlern die Ströme in der Zuleitung und die Gesamtleistung?

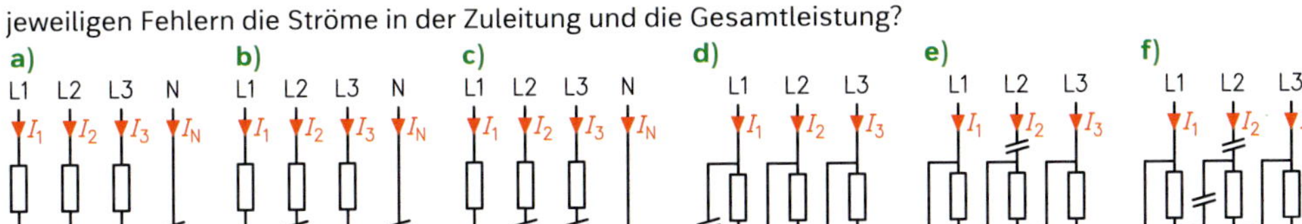

14. Innerhalb von 2,5 Stunden werden 80 Liter Wasser von 13 °C auf 90 °C in einem Heißwasserspeicher erwärmt. Dieser Speicher ist in Dreieckschaltung an ein 400-V-Netz angeschlossen. Der Nutzungsgrad wurde mit 87% angegeben.
    a) Wie groß ist die Leistungsaufnahme?
    b) Welchen Widerstandswert haben die Heizstäbe?

9.3.2 Blindleistungskompensation in Drehstromanlagen

Ziel: $\cos\varphi$-Verbesserung, Netzentlastung

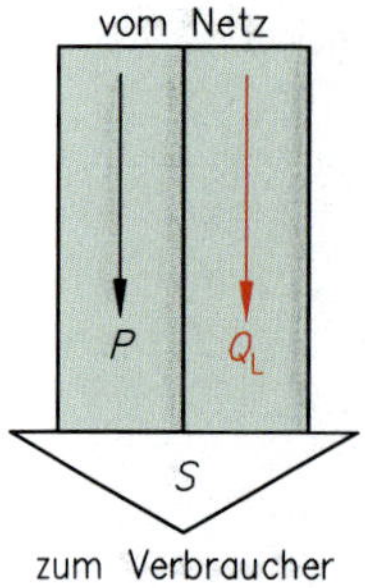

durch Kompensation von

$$Q_L^* = P \cdot (\tan\varphi_1 - \tan\varphi_2) = Q_C$$

$$\text{mit } C_{ges} = \frac{Q_C}{2\pi f \cdot U^2}$$

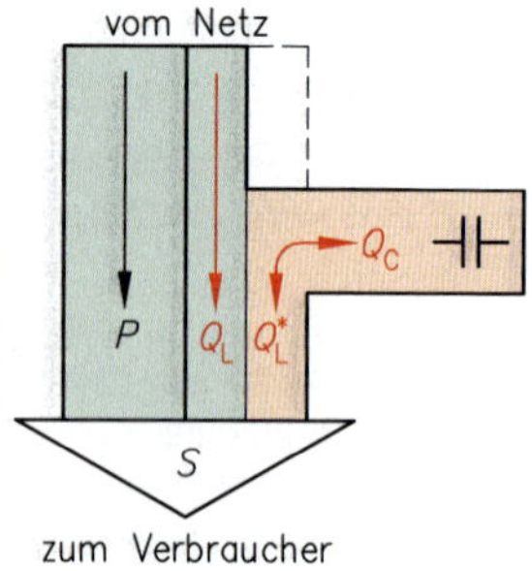

Bei verketteten Schaltungen übernimmt jeder Kondensator 1/3 der Gesamtleistung.

Einzelkompensation von Motoren
Die Blindleistung des Kondensators soll nicht höher sein als die Leerlaufblindleistung des Motors.

Richtwerte bei Motoren mit 1500 min^{-1} (Auszug)

Motorbemessungsleistung in kW	1,5	2,2	3	4	5,5	7,5	11	15	18,5	22
Blindleistung bei Leerlauf in kVAr	1	1,2	1,6	2	2,4	3,6	5,5	7	9	11

Aufgaben

Beispiel: Ein vierpoliger 15-kW-Drehstrommotor ist in Dreieckschaltung an das 400-V/50Hz-Drehstromnetz angeschlossen. Er soll entsprechend den Richtwerten für Motoren kompensiert werden.

a) Wie groß ist nach dem abgebildeten Auszug für die Richtwerte die zu kompensierende Blindleistung?

b) Welche Einzel-Kondensatorkapazität ist dazu notwendig?

Gegeben: $p = 2 \quad n_D = 1500\,min^{-1}$; $P_N = 15\,kW$; $U_N = 400\,V$; $f = 50\,Hz$

Gesucht: Q_C; C_{1-3}

Lösung: **a)** Nach Tabelle: $Q_L^* = Q_C = \mathbf{7\,kVAr}$

b) $C_{ges} = \frac{Q_C}{2\pi \cdot f \cdot U^2} = \frac{7\,kVAr\,s}{2\pi \cdot 50 \cdot (400\,V)^2} = 139{,}26 \cdot 10^{-6}\frac{As}{V} = 139{,}26\,\mu F$

$C_{1-3} = C_{ges}/3 = \mathbf{46{,}42\,\mu F}$

1. Von einem Drehstrommotor ist bekannt: 18,5 kW; 400 VΔ; 50 Hz; 36 A; η = 0,88; n_N = 1470 min^{-1}. Er soll gemäß den Richtwerten kompensiert werden.

a) Welche Blindleistung wird vor der Kompensation aus dem Netz bezogen?

b) Auf welchen Wert verringert sich die bezogene Blindleistung nach der Kompensation?

c) Welche Kondensatorkapazität ist zur Kompensation notwendig?

d) Wie groß ist nach der Kompensation der Strom in der Zuleitung?

2. Ein vierpoliger 7,5-kW-Drehstrommotor für 400 V/50 Hz nimmt im Bemessungsbetrieb bei einem Wirkleistungsfaktor von 0,81 den Strom von 16,7 A auf.

a) Welche induktive Blindleistung muss für eine Verbesserung der Wirkleistung auf 0,9 im Bemessungsbetrieb kompensiert werden?

b) Wie groß ist der Wirkleistungsfaktor im Bemessungsbetrieb, wenn mit einem Richtwert von 3,6 kVAr kompensiert wird?

c) Welche Kapazität ist erforderlich, damit die drei in Dreieck geschalteten Kondensatoren eine induktive Blindleistung von 3,6 kVAr kompensieren können?

3. Drei gleiche sechspolige Drehstrommotoren nehmen in Dreieckschaltung an 660 V/50 Hz eine Wirkleistung von je 90 kW auf. Der Bemessungsstrom beträgt jeweils 98,4 A. Messungen im Leerlauf ergeben die Werte $I_{10} = 40{,}56$ A; $P_{10} = 11{,}25$ kW
   a) Wie groß sind Scheinleistung, Blindleistung und Leistungsfaktor im Bemessungsbetrieb eines Motors?
   b) Welchen Wert haben Scheinleistung, Leistungsfaktor und Blindleistung eines Motors bei Leerlauf?
   c) Welche Kapazität müssen die Kondensatoren haben, wenn 80 % der Gesamt-Leerlaufblindleistung in Gruppenkompensation kompensiert werden soll?
   d) Auf welchen Wert hat sich die Einzel-Blindleistungs- und Scheinleistungsaufnahme sowie der Leistungsfaktor geändert?

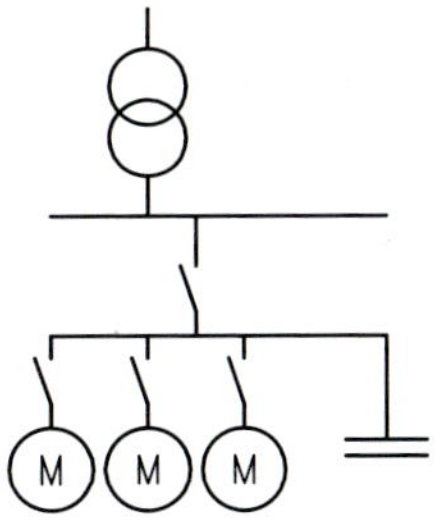

4. Von einem 30-kW-Motor an 400 V/50 Hz, Wirkungsgrad 0,9, Leistungsfaktor 0,83 soll durch Kompensation eine cos-φ-Verbesserung bei Bemessungslast (100 %) auf 0,90 erfolgen.
   a) Welche Blindleistung muss kompensiert werden?
   b) Welche Kapazität ist für jeden der in Dreieck verschalteten Kondensatoren notwendig?
   c) Wie ändert sich der lastabhängige Leistungsfaktor bei Halblast nach nebenstehendem Diagramm für große Motoren?

Belastungsabhängige Richtwerte für Leistungsfaktoren

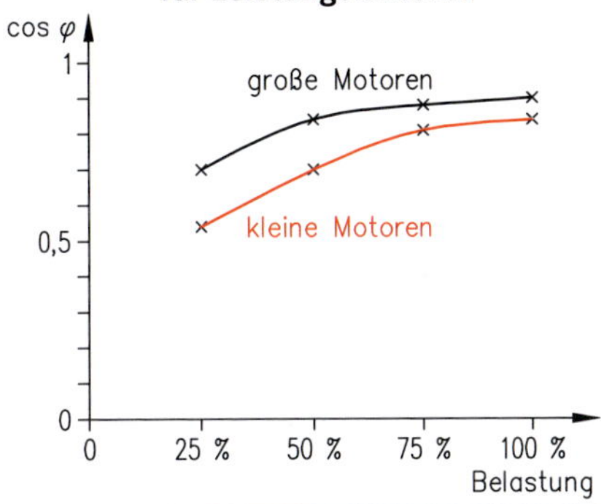

Einzelkompensation von Transformatoren
Die Kompensationsleistung soll die Leerlaufblindleistung nicht überschreiten. Bei Drehstromtransformatoren beträgt die Kompensationsleistung je nach Größe zwischen 3 % und 10 % der Bemessungsleistung.

Richtwerte bei Oberspannungen von 5 – 10 kV (Auszug)

Transformator-Bemessungsleistung in kVA	25	50	75	100	160	200	250	315	400	500	630
Leerlauf-Blindleistung in kVAr	2,5	3,5	5	6	10	11	15	18	20	22	28

Aufgaben

5. Bei einem 75-kVA-Transformator mit 10/0,4 kV sollen entsprechend der Tabelle mit den Richtwerten 85 % der Leerlauf-Blindleistung kompensiert werden.
   a) Wie groß ist die zu kompensierende Blindleistung?
   b) Welche Kondensatorkapazität ist dazu notwendig, wenn die Kondensatoren sekundärseitig in Dreieck zugeschaltet werden?

6. Von einem Verteilertransformator ist vom Anbieter her bekannt: 630 kVA; Dyn 11; 20/0,4 kV; 61/915 A. Messungen auf dem Prüffeld ergeben im Leerlauf einen Strom von 1,9 % · I_N und eine Wirkleistungsaufnahme von 2200 W.
   a) Welche Leerlauf-Blindleistung bezieht der Transformator aus dem Netz?
   b) Welche Kapazität ist notwendig, wenn sekundärseitig 70 % der Leerlaufblindleistung kompensiert werden sollen?

7. Ein 160-kVA-Transformator mit 10/0,4 kV ist entsprechend der gegebenen Tabelle mit den Richtwerten der Leerlauf-Blindleistung zu kompensieren.
   a) Wie groß ist die zu kompensierende Blindleistung?
   b) Welche Kondensatorkapazität ist erforderlich, wenn die Kondensatoren sekundärseitig in Sternschaltung zugeschaltet werden?

10 Elektrische Anlagen der Haustechnik

10.1 Schutzmaßnahmen nach DIN VDE 0100

10.1.1 Kenngrößen

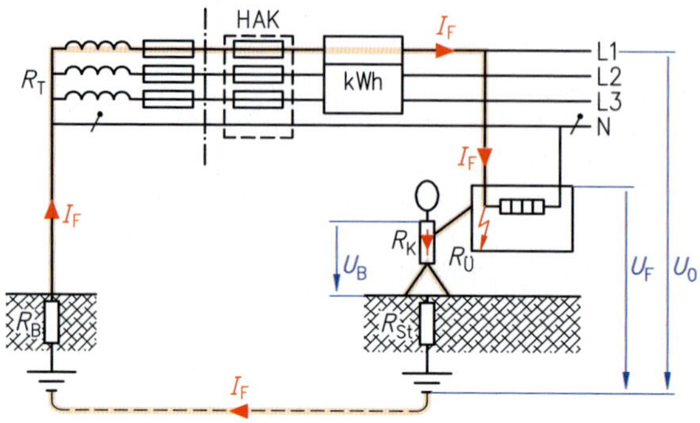

Fehlerstromkreis:

I_F: Fehlerstrom
R_T: Transformatorwiderstand
R_L: Leitungswiderstand
$R_Ü$: Übergangswiderstand
R_K: Körperwiderstand
R_{ST}: Standortwiderstand
R_B: Erdungswiderstand

Berührungsspannung	Fehlerstrom	Fehlerspannung
$U_B = I_F \cdot R_K$	$I_F = \frac{U_0}{R_g}$	$U_F = I_F \cdot (R_K + R_{St})$

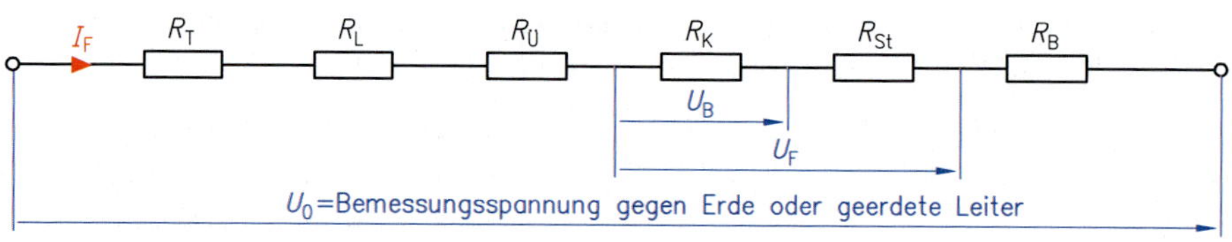

Grenzwerte für zulässige Berührungsspannungen U_L ⇒ AC 50 V und DC 120 V

Aufgaben

Beispiel: Ein Elektroinstallateur steht auf einem isolierenden Fußboden (R_{St} = 250 kΩ) und berührt mit einer Hand (R_K = 1 kΩ) am 230-V-Wechselstromnetz den spannungsführenden Leiter (R_T = 20 mΩ; R_L = 2Ω; R_B = 980 mΩ).

a) Wie groß sind Fehlerstrom und Fehlerspannung?

b) Wie groß ist der Fehlerstrom über den menschlichen Körper und die Berührungsspannung, wenn er mit der anderen Hand (R_K = 1 kΩ) gleichzeitig den Neutralleiter berührt?

Gegeben: $U_0 = 230\,V$; $R_{St} = 250\,k\Omega$; $R_K = 1\,k\Omega$; $R_T = 20\,m\Omega$; $R_L = 2\Omega$; $R_B = 980\,m\Omega$

Gesucht: I_{F1}; U_{F1}; I_{F2}; U_{F2}

Lösung: **a)** $R_{g1} = R_T + R_L + R_K + R_{St} + R_B = (0{,}02 + 2 + 1000 + 250 \cdot 10^3 + 0{,}98)\,\Omega = 251{,}003\,k\Omega$

$$I_{F1} = \frac{U_0}{R_{g1}} = \frac{230\,V}{251{,}003\,k\Omega} = \mathbf{916{,}32\,\mu A}$$

$$U_B = I_{F1} \cdot R_K = 916{,}32 \cdot 10^{-6}\,A \cdot 1\,000\,\Omega = \mathbf{0{,}915\,V}$$

b) $R_{g2} = R_T \cdot 2\,R_L + R_K = (0{,}02 + 4 + 1\,500)\,\Omega = 1504{,}02\,\Omega$

$$I_{F2} = \frac{U_0}{R_{g2}} = \frac{230\,V}{1504{,}02\,\Omega} = \mathbf{153\,mA}$$

$$U_{B2} = I_{F2} \cdot R_K = 153\,mA \cdot 1\,000\,\Omega = \mathbf{153\,V}$$

1. Der Gesamtwiderstand eines Fehlerstromkreises beträgt 5,75 kΩ. Wie hoch ist der Fehlerstrom im Wechselstromnetz 230 V/50 Hz?

2. Bei einem durch Isolationsfehler auftretenden Körperschluss fließt über den menschlichen Körper ein Strom von 5 mA. Der Standortwiderstand beträgt 21,4 kΩ. Wie hoch ist die Fehlerspannung, wenn der Widerstand des menschlichen Körpers 1 kΩ beträgt?

3. Der Körperwiderstand des Menschen (linke Hand – Füße) wird mit 1000 Ω angenommen. Welcher Fehlerstrom tritt bei der dauernd zulässigen Berührungsspannung auf
   a) bei Wechselstrom,
   b) bei Gleichstrom?

4. Bei Arbeiten mit einem defekten elektrischen Bügeleisen erlitt eine Person einen elektrischen Unfall. Durch anschließende Messungen wurden folgende Werte ermittelt: Bemessungsspannung gegen geerdete Leiter: 228 V, Transformatorwiderstand: 15 mΩ, Leiterwiderstand: 0,75 Ω, Widerstand des Betriebserders: 0,55 Ω, Standortwiderstand: 3 kΩ, Fehlerwiderstand: 285 Ω.
   a) Wie hoch war der durch den menschlichen Körper fließende Strom, wenn der Körperwiderstand mit 1000 Ω angenommen wird?
   b) Nach welcher Zeit kann dieser Strom tödliche Folgen haben?
   c) Wie groß war die Fehlerspannung?
   d) Welche Spannung wurde vom menschlichen Körper überbrückt?

für Erwachsene
(Stromweg: linke Hand — Füße)

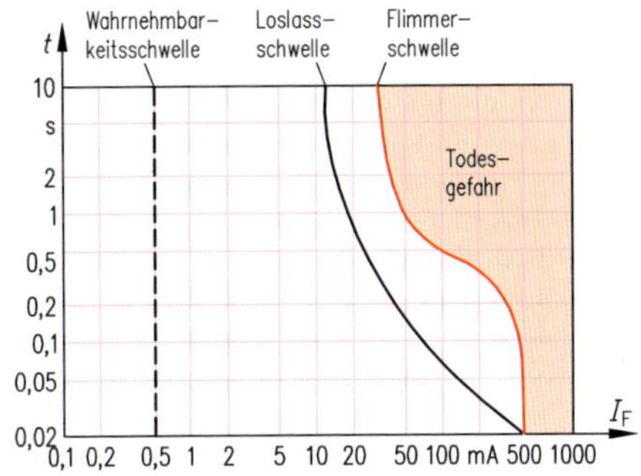

5. Bei einer routinemäßigen Kontrolle im Wechselstromnetz 230 V/50 Hz wurde wegen einer fehlerhaften Isolation zwischen Körper und spannungsführendem Geräteteil (Körperschluss) ein Widerstand von 150 Ω gemessen. Welcher Standortwiderstand ist bei einem Körperwiderstand von 1400 Ω mindestens notwendig, damit die dauernd zulässige Berührungsspannung nicht überschritten wird?

6. Bei Arbeiten am Drehstromnetz 400/230 V überbrückt ein Monteur zwei Außenleiter.
   a) Welcher Fehlerstrom fließt bei einem Körperwiderstand von 1500 Ω?
   b) Nach welcher Zeit kann dieser Strom tödlich sein?
   c) Welche Spannung überbrückt der Monteur?

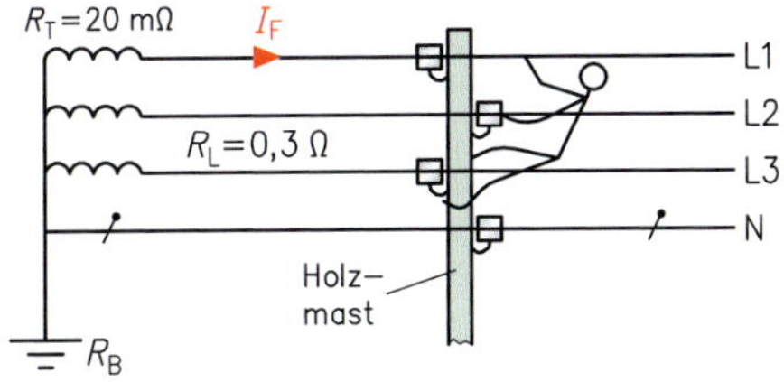

7. Im 230-V/50-Hz-Wechselstromnetz fließt ein Fehlerstrom von 9 mA.
   a) Nach welcher Zeit wird die Loslassgrenze erreicht?
   b) Welchen Gesamtwiderstand hat der Fehlerstromkreis?
   c) Wie hoch wird der Fehlerstrom, wenn sich durch ungünstige Umstände der Gesamtwiderstand um 7,5 kΩ verringert?

8. Ein Elektroinstallateur steht auf einem isolierenden Fußboden (R_{St} = 250 kΩ) und berührt mit einer Hand (R_K = 1000 Ω) den spannungsführenden Leiter (R_T = 20 mΩ; R_L = 2Ω; R_B = 980 mΩ) des 230-V-Wechselspannungsnetzes. Wie groß sind Fehlerstrom und Berührungsspannung?

9. Eine Person berührt gleichzeitig das Gehäuse einer Waschmaschine mit Körperschluss und eine Stahl-Türzarge.
   a) Wie groß wird der Fehlerstrom?
   b) Nach welcher Zeit kann dieser Strom tödlich sein?
   c) Welche Spannung überbrückt der menschliche Körper?
   d) Wie hoch ist die Fehlerspannung?

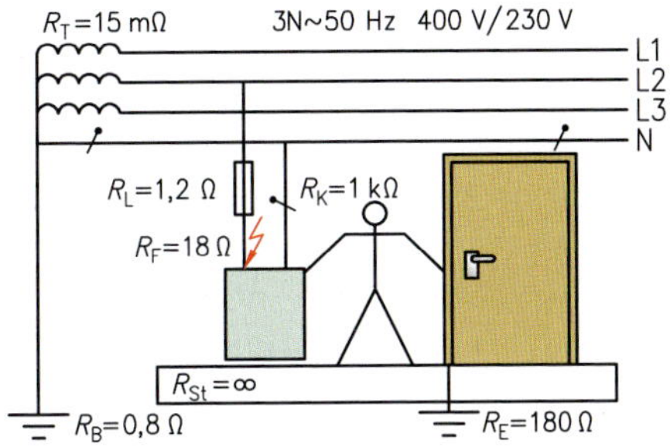

10.1.2 Schutzmaßnahmen im TN-System

Schleifenimpedanz:

$$Z_s = \frac{U_0 - U}{I}$$

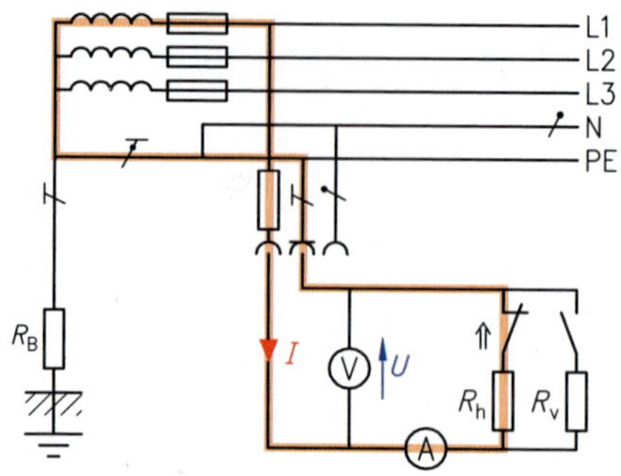

Abschaltzeiten t_a:

$\leq$ 0,4 s bei $U_0 = 230\,V$

$\leq$ 0,2 s bei $U_0 = 400\,V$

$\leq$ 0,1 s bei $U_0 > 400\,V$

Abschaltbedingung:

$$Z_s \cdot I_a \leq U_0$$

Abschaltströme I_a von Schmelzsicherungen der Charakteristik gG

$U_0 = 230\,V$	
I_N A	I_a (0,4 s) A
10	80
16	120
20	150
25	210
32	250
40	300
50	460
63	610

Auslöseströme von Leitungsschutzschaltern der Charakteristik B, C, Z und K

B-Charakteristik verzögert innerhalb 1 h 1,13 bis 1,45 x I_n, unverzögert 3 bis 5 x I_n	**C**-Charakteristik verzögert innerhalb 1 h 1,13 bis 1,45 x I_n, unverzögert 5 bis 10 x I_n
Z-Charakteristik verzögert innerhalb 1 h 1,05 bis 1,2 x I_n, unverzögert 2 bis 3 x I_n	**K**-Charakteristik verzögert innerhalb 1 h 1,05 bis 1,2 x I_n, unverzögert 8 bis 14 x I_n

Bei Verwendung eines RCD (Fehlerstrom-Schutzschalter) ist $I_a = I_{\Delta n}$.

Aufgaben

Beispiel: Bei Messungen zur Ermittlung der Impedanz eines Steckdosenstromkreises mit 226,5 V gegen Erde wurde bei 8,3 A Belastung eine Spannung von 212 V gemessen (vgl. Messschaltung oben).

a) Wie groß ist der Scheinwiderstand der Fehlerschleife?

b) Welcher einpolige Kurzschlussstrom kann im Stromkreis auftreten?

c) Genügt die Absicherung einer 16-A-gG-Schmelzsicherung?

d) Welcher Widerstandswert erfüllt die Abschaltbedingung beim Einsatz eines RCD mit einem Bemessungs-Fehlerstrom von 500 mA?

Gegeben: $U_0 = 226{,}5\,V$; $U = 212\,V$; $I_2 = 8{,}2\,A$; $I_{\Delta n} = 0{,}5\,A$

Gesucht: Z_S; I_K; I_a; $Z_{S\,(RCD)}$

Lösung:

a) $Z_S = \frac{U_0 - U}{I} = \frac{226{,}5\,V - 212\,V}{8{,}2\,A} = \mathbf{1{,}77\,\Omega}$

b) $I_K = \frac{U_0}{Z_S} = \frac{226{,}5\,V}{1{,}77\,\Omega} = \mathbf{127{,}97\,A}$

c) Bei $t_a = 0{,}4\,s \Rightarrow I_K = 127{,}97\,A > I_a = 120\,A \Rightarrow$ ausreichende Absicherung

d) $Z_{S\,(RCD)} = \frac{U_0}{I_{\Delta n}} = \frac{226{,}5\,V}{0{,}5\,A} = \mathbf{453\,\Omega}$

1. Die Abschaltströme von Schmelzsicherungen der Betriebsklasse gG werden der Tabelle auf Seite 120 entnommen. Bei welchen Schleifenimpedanzen schalten die Schmelzsicherungen mit den aufgeführten Nennströmen sicher ab?

a)

innerhalb von 0,2 s im 3 × 690-V/400-V-Netz						
I_n	10 A	16 A	25 A	32 A	50 A	63 A
Z_S	?	?	?	?	?	?

b)

innerhalb von 0,4 s im 3 × 400-V/230-V-Netz						
Z_S	?	?	?	?	?	?

2. In einem 230-V-Lichtstromkreis beträgt die Schleifenimpedanz 1,8 Ω. Ist durch eine 16-A-gG-Sicherung bei einem Kurzschluss die automatische Abschaltung gewährleistet?

3. Welche Schleifenimpedanz ist in einem TN-System 3 × 400 V/230 V erlaubt, damit eine 25-A-Sicherung der Betriebsklasse gL bei einem vollkommenen Körperschluss sicher abschaltet?

4. Bei der Messung der Schleifenimpedanz ergeben sich folgende Messwerte: Nennspannung gegen Erde: 228 V; Spannungsanzeige: 216,5 V; Stromanzeige: 9,2 A.

a) Wie groß ist die Impedanz der Fehlerschleife?

b) Welcher Strom fließt bei einpoligem Kurzschluss?

5. Die nebenstehenden Kennlinien zeigen das Zusammenwirken des thermischen und magnetischen Auslöseelements von Leitungsschutzschaltern.

a) Wie hoch sind die Auslöseströme bei den aufgeführten Bemessungsströmen von LS-Schaltern der Charakteristik B, unverzögert?

I_n	10 A	16 A	20 A	25 A	32 A	40 A	50 A	63 A
I_a	?	?	?	?	?	?	?	?

b) Welche Impedanz der Fehlerschleife ist für diese Bemessungsströme maximal zulässig bei 230 V gegen Erde?

Z_S	?	?	?	?	?	?	?	?

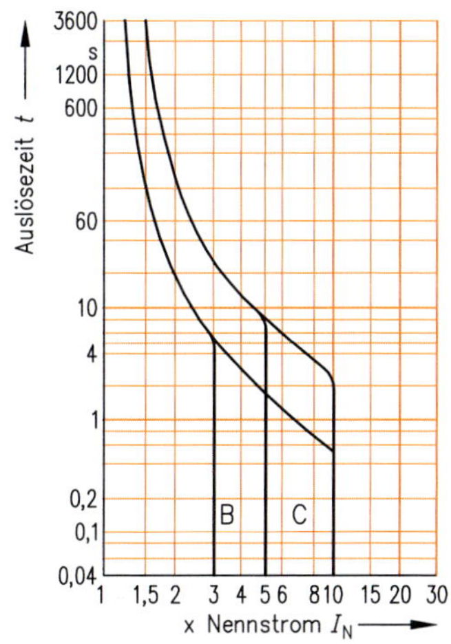

6. Bei der Überprüfung der Wirksamkeit der Schutzmaßnahme „Abschaltung im TN-C-S-System" werden an einer Steckdose folgende Werte gemessen: Nennspannung gegen geerdete Leiter: 229 V; Spannung bei Belastung mit einem Widerstand 25 Ω: 211 V.

a) Ist die Abschaltbedingung für die gG-Sicherung 16 A erfüllt?

b) Kann der Stromkreis mit einem LS-Schalter B 16 A ausreichend abgesichert werden?

7. Eine Schutzkontaktsteckdose ist über eine 40 m lange Mantelleitung NYM 3 × 1,5 mm² an eine Hauptleitung angeschlossen.

a) Wie groß ist der Schleifenwiderstand, wenn nur die Leitung berücksichtigt wird?

b) Löst eine 16-A-gG-Schmelzsicherung schnell genug aus?

c) Ist noch ausreichender Schutz vorhanden, wenn das Betriebsmittel über eine 25 m lange Verlängerung mit einem Leitungsquerschnitt von 0,8 mm² betrieben wird?

8. Bei einem vollkommenen Körperschluss fließt in dem abgebildeten Fehlerstromkreis ein Kurzschlussstrom von 183 A.

a) Wie groß ist die Impedanz der Fehlerschleife?

b) Bietet eine Leitungsschutzsicherung gG 32 A ausreichenden Schutz, wenn die automatische Abschaltung innerhalb von 0,4 s erfolgen soll?

c) Welcher Leitungsschutzschalter der Charakteristik B erfüllt die Abschaltbedingung?

d) Nach welcher Zeit löst dieser Leitungsschutzschalter aus, wenn der Übergangswiderstand des Körperschlusses 1,05 Ω beträgt?

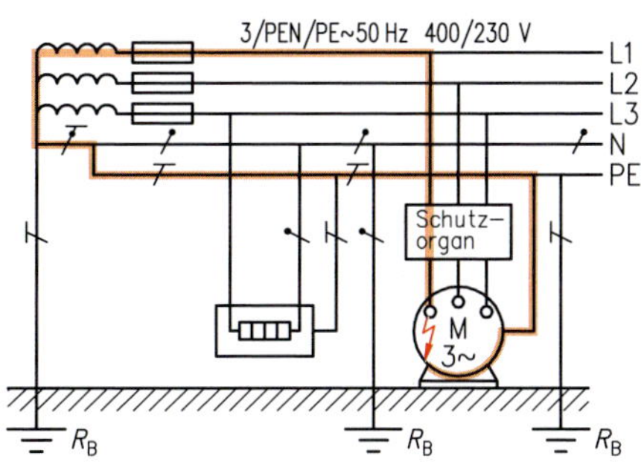

10.1.3 Schutzmaßnahmen im TT-System

Erdungswiderstand:

$$R_A = \frac{U_A}{I}$$

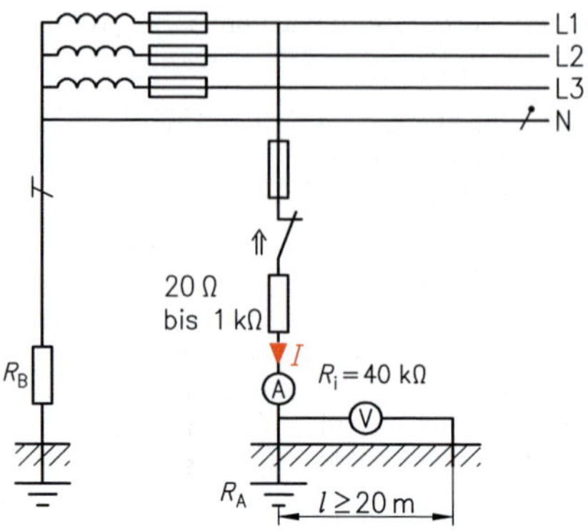

Abschaltbedingung:

$$R_A \cdot I_a \leq U_L$$

Abschaltzeiten

$t_a \leq 5$ s

$t_a \leq 1$ s bei RCDs

Abschaltströme I_A von Schmelzsicherungen der Charakteristik gG bei $t_a = 5$ s

$I_n =$	10 A	16 A	20 A	25 A	32 A	40 A	50 A	63 A
$I_a =$	48 A	70 A	88 A	115 A	150 A	200 A	250 A	330 A

Bei Verwendung eines RCD (Fehlerstrom-Schutzschalter) ist $I_a = I_{\Delta n}$.

Aufgaben

Beispiel: Bei der Messung des Erdungswiderstandes nach dem Strom-Spannungs-Messverfahren (Schaltung oben) zeigt das Strommessgerät 0,2 A, das Spannungsmessgerät 16 V an.

a) Wie groß ist der Erdungswiderstand?

b) Welcher Erdungswiderstand darf bei einer zulässigen Berührungsspannung von AC 50 V vorhanden sein, wenn die Absicherung erfolgt durch
- Schmelzsicherungen der Betriebsklasse gG mit 10 A Bemessungsstrom,
- Leitungsschutzschalter der Charakteristik B mit einem Bemessungsstrom von 16 A,
- RCD mit einem Bemessungs-Fehlerstrom von 500 mA?

Gegeben: $U_L = 50$ V; $U_A = 16$ V; $I = 0{,}2$ A; $I_{\Delta n} = 0{,}5$ A

Gesucht: R_A; $R_{A\,(gG)}$; $R_{A\,(LS)}$; $R_{A\,(RCD)}$

Lösung:

a) $R_A = \frac{U}{I} = \frac{16\text{ V}}{0{,}2\text{ A}} = \mathbf{80\ \Omega}$

b) $R_{A\,(gG)} = \frac{U_L}{I_a} = \frac{50\text{ V}}{48\text{ A}} = \mathbf{1{,}04\ \Omega}$

$R_{A\,(LS)} = \frac{U_L}{I_a} = \frac{U_L}{5 \cdot I_n} = \frac{50\text{ V}}{5 \cdot 16\text{ A}} = \mathbf{0{,}625\ \Omega}$

$R_{A\,(RCD)} = \frac{U_L}{I_{\Delta n}} = \frac{50\text{ V}}{0{,}5\text{ A}} = \mathbf{100\ \Omega}$

1. Nach der oben abgebildeten Zeichnung wurde eine Erdungsmessung durchgeführt. Dabei zeigte das Strommessgerät 100 mA, das Spannungsmessgerät 10 V an.

a) Wie groß ist der Erdungswiderstand?

b) Welcher Strom fließt über das Spannungsmessgerät?

c) Wie groß ist der Erdungswiderstand mit korrigierten Werten?

2. Ein Betriebsmittel im TT-Netz ist mit einer 25-A-Schmelzsicherung mit gG-Charakteristik abgesichert.

a) Wie groß darf der Erdungswiderstand maximal sein, damit die Sicherung bei Körperschluss innerhalb von 5 Sekunden auslöst?

b) Welchen Wert darf der Erdungswiderstand maximal haben, damit eine Berührungsspannung von 50 V nicht überschritten wird?

3. Bei der Messung des Erdungswiderstandes nach dem Strom-Spannungsmessverfahren (Schaltung S. 122) zeigt das Strommessgerät 0,2 A, das Spannungsmessgerät 16 V an.

Abschaltzeiten nach VDE 0100/Teil 410	
≤ 5 s	in allen Stromkreisen
≤ 1 s	bei Verwendung von RCDs

a) Wie groß ist der Erdungswiderstand?

b) Welcher Erdungswiderstand darf vorhanden sein bei einer zulässigen Berührungsspannung von 50 V, wenn die Absicherung erfolgt durch
- Leitungsschutzsicherungen der Betriebsklasse gG mit 10 A Nennstrom,
- Leitungsschutzschalter der Charakteristik B mit einem Nennstrom von 13 A,
- Fehlerstrom-Schutzschalter mit einem Nennfehlerstrom von 0,5 A?

4. Der Fehlerstrom-Schutzschalter (Nennstrom 40 A, Nennfehlerstrom 0,3 A) soll eine Anlage mit einem Erdungswiderstand von 64 Ω schützen.

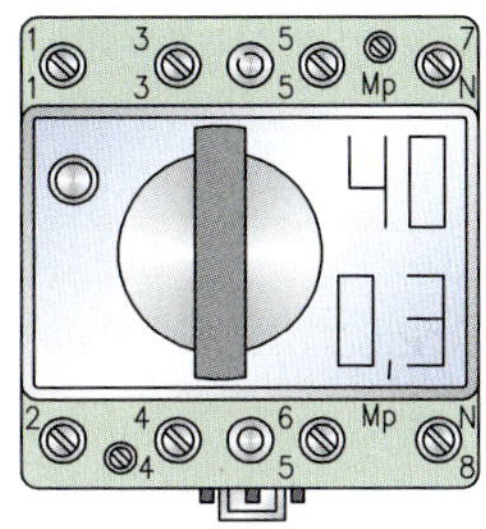

a) Ist die Abschaltbedingung bei einer dauernd zulässigen Berührungsspannung von 50 V erfüllt?

b) Bei welcher tatsächlichen Berührungsspannung garantiert der Hersteller die automatische Abschaltung?

5. Fehlerstrom-Schutzschalter werden mit verschiedenen Nennfehlerströmen gefertigt. Wie hoch ist jeweils der höchstzulässige Erdungswiderstand, wenn die dauernd zulässige Berührungsspannung 50 V oder 25 V beträgt?

	$I_{\Delta n}$	0,01 A	0,03 A	0,1 A	0,3 A	0,5 A	1 A
$U_L = 50\,V$	R_A	?	?	?	?	?	?
$U_L = 25\,V$	R_A	?	?	?	?	?	?

6. Die beiden abgebildeten Verbraucher sollen über einen gemeinsamen Schutzerder geschützt werden. Die zulässige Berührungsspannung beträgt 50 V.

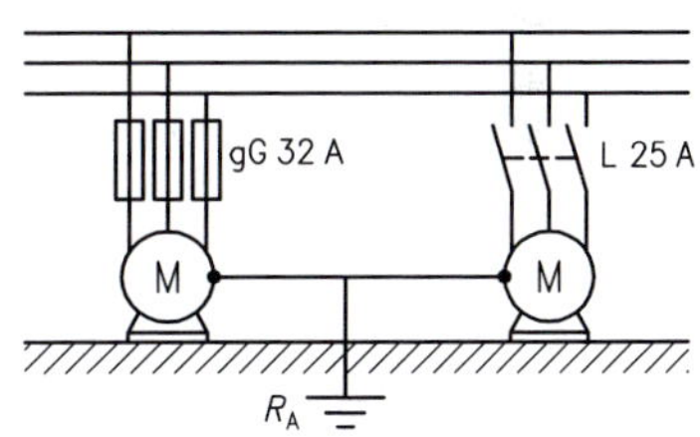

a) Welcher Strom bewirkt jeweils das automatische Abschalten innerhalb 5 s?

b) Wie ist der gemeinsame Schutzerder zu bemessen?

7. Der Erdungswiderstand eines Einzelerders wurde mit dem Strom-Spannungs-Messverfahren ermittelt. Dabei wurde ein Strom von 0,8 A und eine Spannung von 22 V gemessen.

a) Wie groß ist der Erdungswiderstand?

b) Bei welchen Berührungsspannungen erfolgt die Abschaltung durch den FI-Schutzschalter mit den Nennfehlerströmen 0,03 A, 0,3 A und 0,5 A?

8. In einem landwirtschaftlichen Betrieb ($U_L = 25\,V$) wurde der Erdungswiderstand eines zwei Meter langen Staberders in trockenem Sand mit 400 Ω ermittelt. Wie viele dieser Staberder sind zu setzen, damit ein FI-Schutzschalter mit dem Nennfehlerstrom 0,5 A den Schutz einer Anlage übernehmen kann?

9. Wie hoch ist vergleichsweise im 230-V/400-V-Netz an einer Fehlerstelle durch Erdschluss die Wärmeleistung eines

a) FI-Schutzschalters bei dem Nennfehlerstrom 0,3 A, sowie eines

b) LS-Schalters der Charakteristik B bei einem Nennstrom von 16 A?

10.2 Leitungsdimensionierung

10.2.1 Spannungsfall auf Wechsel- und Drehstromleitungen

10.2.1.1 Unverzweigte Leitungen

Der Querschnitt von Leitungen wird bestimmt aus Tabellen (vgl. S. 215) und wird **überprüft auf den zulässigen Spannungsfall:**

Nach TAB: Hauptleitungen bis 100 kVA ⇒ **$\Delta u \leq 0{,}5\,\%$**

Spannungsfall ΔU auf Wechselstromleitungen

$$\Delta U = \frac{2l}{\gamma \cdot A} \cdot I \cdot \cos\varphi$$

$$\Delta U = \frac{2l}{\gamma \cdot A \cdot U} \cdot P_{zu}$$

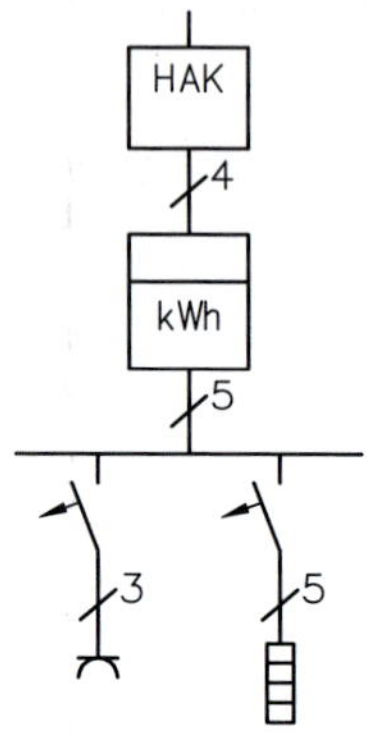

Nach DIN 18015: vom Zähler zum Verbrauchsmittel ⇒ **$\Delta u \leq 3\,\%$**

Spannungsfall ΔU auf Drehstromleitungen

$$\Delta U = \frac{\sqrt{3}\,l}{\gamma \cdot A} \cdot I \cdot \cos\varphi$$

$$\Delta U = \frac{l}{\gamma \cdot A \cdot U} \cdot P_{zu}$$

Prozentualer Spannungsfall

$$\Delta u = \frac{\Delta U}{U_1} \cdot 100\,\%$$

Aufgaben

Beispiel: Ein Wechselstrommotor mit dem Wirkleistungsfaktor 0,78 nimmt an 230 V/50 Hz eine Leistung von 6 kW auf. Er ist über eine 42 m lange Mantelleitung angeschlossen.

a) Wie groß ist der Motor-Bemessungsstrom?

b) Welcher Normquerschnitt muss verlegt werden, damit der Spannungsfall 3 % der Bemessungsspannung nicht überschreitet?

c) Ist der Querschnitt der Zuleitung für die Belastung bei Verlegung im Installationsrohr auf Putz ausreichend, wenn die Umgebungstemperatur 50 °C beträgt?

d) Wie groß ist der tatsächliche Spannungsfall bei Verlegung des Normquerschnitts?

Gegeben: $P_{zu} = 6\,\text{kW}$; $\cos\varphi = 0{,}78$; $U_n = 230\,\text{V}$; $l = 42\,\text{m}$

Gesucht: I_n; A_n; I_z; ΔU

Lösung:

a) $$I_n = \frac{P_{zu}}{U_n \cdot \cos\varphi} = \frac{6\,\text{kW}}{230\,\text{V} \cdot 0{,}78} = \mathbf{33{,}44\,A}$$

b) $$\Delta U = \frac{U_n}{100\,\%} \cdot 3\,\% = \frac{230\,\text{V}}{100\,\%} \cdot 3\,\% = 6{,}9\,\text{V}$$

$$\Delta U = \frac{2l}{\gamma \cdot A} \cdot I \cdot \cos\varphi \Rightarrow A = \frac{2l}{\gamma \cdot \Delta U} \cdot I \cdot \cos\varphi$$

$$A = \frac{2 \cdot 42\,\text{m} \cdot \text{mm}^2}{56\,\text{m} \cdot 6{,}9\,\text{V}} \cdot 33{,}44\,\text{A} \cdot 0{,}78 = 5{,}54\,\text{mm}^2 \Rightarrow A_n = \mathbf{6\,mm^2}$$

c) Nach Tabelle S. 215: Gruppe B2, 2 belastete Adern, $A_n = 6\,\text{mm}^2$
$I_Z = I_r \cdot f_1 = 37\,\text{A} \cdot 0{,}71 = 26{,}27\,\text{A}$: der Querschnitt ist nicht ausreichend!
Versuch mit $A_n = 10\,\text{mm}^2$: $I_Z = I_r \cdot f_1 = 52\,\text{A} \cdot 0{,}71 = 36{,}9\,\text{A}$: der Querschnitt ist ausreichend!

d) $$\Delta U = \frac{2l}{\gamma \cdot A} \cdot I \cdot \cos\varphi = \frac{2 \cdot 42 \cdot \Omega \cdot \text{mm}^2}{56\,\text{m} \cdot 10\,\text{mm}^2} \cdot 33{,}44\,\text{A} \cdot 0{,}78 = \mathbf{3{,}91\,V}$$

1. Für den Anschluss eines Wechselstrommotors an 230 V/50 Hz werden drei 45,5 m lange Leiter (H07V-U 6 mm^2) im Elektroinstallationsrohr in der Wand verlegt. Bei einem Wirkleistungsfaktor von 0,85 fließen 30 A. Wie groß ist der Spannungsfall in Volt und Prozent?

2. Auf einer Baustelle wird eine Kreissäge mit 2,5 kW Leistungsaufnahme an 230 V/50 Hz angeschlossen. Der Wirkleistungsfaktor beträgt 0,8. Die 25 m lange Zuleitung aus NMHöu wird auf dem Boden verlegt. Welcher Kupferquerschnitt muss verlegt werden, damit ein Spannungsfall von 3 % nicht überschritten wird?

3. Ein Elektrowärmegerät mit der Leistungsaufnahme 3,5 kW ist an das Wechselstromnetz 230 V/50 Hz angeschlossen. Welche Länge darf die Anschlussleitung NYIF 3 × 2,5 mm^2 maximal haben, damit der Spannungsfall von 3 % nicht überschritten wird?

4. Ein 3,5-kW-Einphasenmotor hat an 230 V/50 Hz den Wirkleistungsfaktor 0,79 und den Wirkungsgrad 0,78. Für den Anschluss wird NYM im Installationskanal verwendet. Der Spannungsfall darf 3 % nicht übersteigen.
   a) Welcher Nennquerschnitt ist bei 35 m Leitungslänge erforderlich?
   b) Wie hoch darf der Leitungsstrom laut Belastbarkeitstabelle (Seite 215) sein?
   c) Welcher Leistungsverlust entsteht in der Leitung?

5. Der Bemessungsstrom eines Drehstromwärmeofens für Metallbearbeitung ist mit 43 A angegeben.
   a) Welcher Kupferdrahtquerschnitt ist für eine 35 m lange im Rohr auf Putz verlegte NYM-Leitung bei einer Umgebungstemperatur von 40 °C (siehe Anhang, S. 215) zu verlegen?
   b) Wie groß ist die Spannung am Leitungsende, wenn 400 V am Leitungsanfang anliegen?

6. In einem Büro ist ein 18-kW-Durchlauferhitzer zu installieren. Es wird über eine 35 m lange Mantelleitung an das Drehstromnetz 400 V/50 Hz angeschlossen. Die Leitung wird in einem Installationskanal auf der Wand verlegt, in dem sich bereits die Zuleitung eines weiteren Durchlauferhitzers befindet.
   a) Welcher Querschnitt ist erforderlich, wenn der Spannungsfall 3 % betragen darf?
   b) Wie groß ist der tatsächliche Spannungsfall bei Verlegung des Normquerschnittes?
   c) Welche Leistung nimmt die Leitung auf?

7. Ein Drehstrommotor mit 15 A Nennstrom und dem Wirkleistungsfaktor 0,85 ist an ein Drehstromnetz 400 V/50 Hz angeschlossen. Die 55 m lange Anschlussleitung aus NYM ist in der Wand verlegt.
   a) Welcher Normquerschnitt ist laut Belastungstabelle (Seite 215) zu wählen?
   b) Bei welchem Normquerschnitt wird der zulässige Spannungsfall von 3 % eingehalten?
   c) Wie groß ist dann die Verlustleistung der Leitung?

8. Ein Drehstrommotor mit 15 kW Nennleistung ist an ein Drehstromnetz 400 V/50 Hz angeschlossen. Der Wirkleistungsfaktor beträgt 0,82, der Wirkungsgrad beträgt 85 %. Die auf der Wand verlegte Anschlussleitung besteht aus NYBUY 5 × 6 mm^2.
   a) Welche Länge darf die Zuleitung bei 3 % Spannungsfall maximal haben?
   b) Wie groß ist die prozentuale Verlustleistung bei maximaler Leitungslänge?

9. In der nebenstehenden Schaltung ist ein Wechselstromverbraucher an ein TN-C-S-System mit 400 V Nennspannung angeschlossen. Der Schleifenwiderstand an der Steckdose wurde mit 0,23 Ω ermittelt. Der Verbraucher nimmt einen Nennstrom von 14 A auf. Die Anschlussleitung besteht aus einer 3 × 1,5 mm^2 Gummischlauchleitung. Die Steckdose ist mit einem 16-A-Leitungsschutzschalter der Auslösecharakteristik B abgesichert.
   a) Wie lang darf die Leitung höchstens sein, damit der Spannungsfall 3% der Nennspannung nicht überschreitet?
   b) Ab welcher Leitungslänge ist ein ausreichender Schutz vor Bestehenbleiben einer zu hohen Berührungsspannung nicht mehr gegeben?

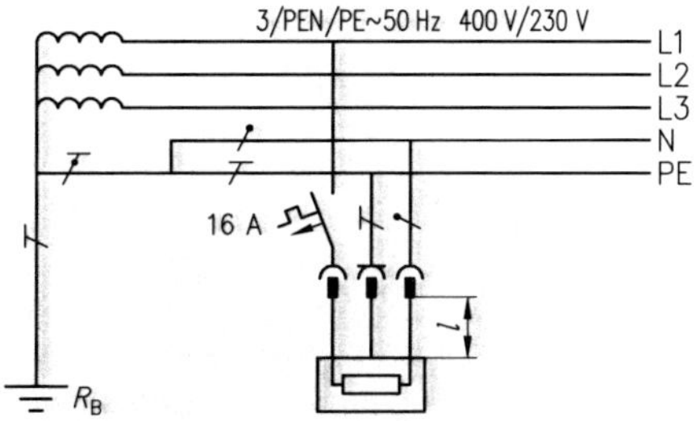

10. Eine Leuchtstofflampen-Anlage nimmt an 230 V/50 Hz einen Strom von 28 A auf. Der Wirkleistungsfaktor der unkompensierten Anlage beträgt 0,55. Die 30 m lange Zuleitung aus NYM soll im Putz verlegt werden.
   a) Welcher Querschnitt ist nach der Belastungstabelle (Seite 215) zu verlegen?
   b) Bei welchem Mindestnormquerschnitt wird auch der zulässige Spannungsfall von 1,5 % berücksichtigt?
   c) Welcher Normquerschnitt ist auch bei Berücksichtigung des zulässigen Spannungsfalles zu verlegen, wenn die Leuchtstofflampen auf $\cos\varphi = 0,9$ kompensiert werden?
   d) Um wie viel Prozent verringert sich durch die Blindleistungskompensation der Leistungsverlust auf der Leitung?

10.2.1.2 Verzweigte Leitungen

Spannungsfall ΔU

$$\Delta U_g = \Delta U_1 + \Delta U_2 + \Delta U_3 + \ldots$$

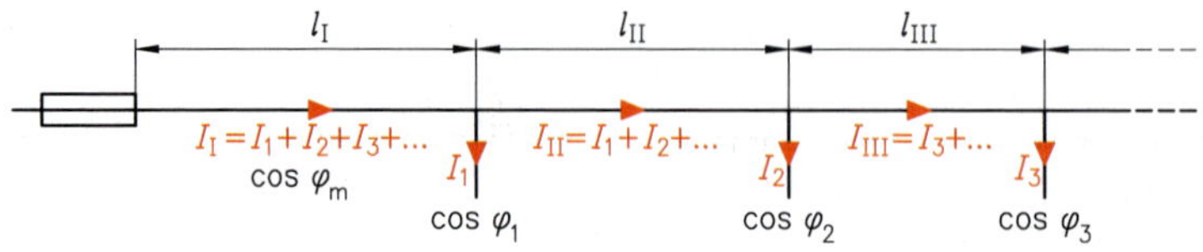

auf Wechselstromleitungen

$$\Delta U = \frac{2 \cdot \cos \varphi_m}{\gamma \cdot A} \cdot \Sigma (I_n \cdot l_n)$$

$n = \mathrm{I, II, III}, \ldots$

auf Drehstromleitungen

$$\Delta U = \frac{\sqrt{3} \cdot \cos \varphi_m}{\gamma \cdot A} \cdot \Sigma (I_n \cdot l_n)$$

mit Näherungsformel

$$\cos \varphi_m \approx \frac{I_1 \cdot \cos \varphi_1 + I_2 \cdot \cos \varphi_2 + I_3 \cdot \cos \varphi_3 + \ldots}{I_1 + I_2 + I_3 + \ldots}$$

und

$$\Sigma (I_n \cdot l_n) = I_I \cdot l_I + I_{II} \cdot l_{II} + I_{III} \cdot l_{III} + \ldots$$

Aufgaben

Beispiel: Die oben abgebildete elektrische Anlage versorgt über Abzweigleitungen vier verschiedene Verbraucher. Die Hauptleitung besteht aus Mantelleitung und ist im Installationskanal auf der Wand verlegt. Der zulässige Spannungsfall von 3 % darf nicht überschritten werden!

a) Wie groß ist der Strom und näherungsweise der Leistungsfaktor in der Hauptleitung bis zum ersten Abzweig?

b) Welcher Normquerschnitt muss verlegt werden?

c) Wie groß ist der Spannungsfall beim verlegten Normquerschnitt?

Gegeben: $I_1 = 10\,A$; $\cos \varphi_1 = 0{,}75$; $l_1 = 5\,m$; $I_2 = 9\,A$; $\cos \varphi_2 = 0{,}8$; $l_{II} = 6\,m$; $I_3 = 18\,A$; $\cos \varphi_3 = 1$; $l_{III} = 8\,m$; $I_4 = 11\,A$; $\cos \varphi_4 = 0{,}9$; $l_{IV} = 7\,m$; $U = 230\,V$; $\Delta u = 6{,}9\,V$

Gesucht: I_I; $\cos \varphi_m$; A_n

Lösung:

a) $I_{IV} = I_4 = 11\,A$ $I_{III} = I_{IV} + I_3 = 11\,A + 18\,A = 29\,A$

$I_{II} - I_{III} + I_2 = 29\,A + 9\,A = 38\,A$ $I_I = I_{II} + I_1 = 38\,A + 10\,A = \mathbf{48\,A}$

$$\cos \varphi_m \approx \frac{I_1 \cdot \cos \varphi_1 + I_2 \cdot \cos \varphi_2 + I_3 \cdot \cos \varphi_3 + I_4 \cdot \cos \varphi_4}{I_I}$$

$$\cos \varphi_m \approx \frac{10\,A \cdot 0{,}75 + 9\,A \cdot 0{,}8 + 18\,A \cdot 1 + 11\,A \cdot 0{,}9}{48\,A} = \mathbf{0{,}888}$$

b) $$\Delta U = \frac{2 \cdot \cos \varphi_m}{\gamma \cdot A} \cdot \Sigma(I_n \cdot l_n) \Rightarrow A = \frac{2 \cdot \cos \varphi_m}{\gamma \cdot \Delta U} \cdot \Sigma(I_n \cdot l_n)$$

$$A = \frac{2 \cdot 0{,}888\,\Omega \cdot mm^2}{56\,m \cdot 6{,}9\,V} \cdot (48\,A \cdot 5\,m + 38\,A \cdot 6\,m + 29\,A \cdot 8\,m + 11\,A \cdot 7\,m) = 3{,}57\,mm^2$$

Nach Tabelle S. 215: Gruppe B2, 2 belastete Adern, $A_n = \mathbf{10\,mm^2}$

$I_Z = I_r = 52\,A \geq I_n = 50\,A$: Der Querschnitt ist ausreichend!

c) $$\Delta U = \frac{2 \cdot \cos \varphi_m}{\gamma \cdot A} \cdot \Sigma(I_n \cdot l_n) = \frac{2 \cdot 0{,}888\,\Omega \cdot mm^2}{56\,m \cdot 10\,mm^2} \cdot 777\,Am = \mathbf{2{,}46\,V}$$

1. Die Hauptleitung des nebenstehenden Verteilungssystems besteht aus Mantelleitung Cu $3 \times 6\,mm^2$. Wie groß ist der Spannungsfall auf der Hauptleitung?

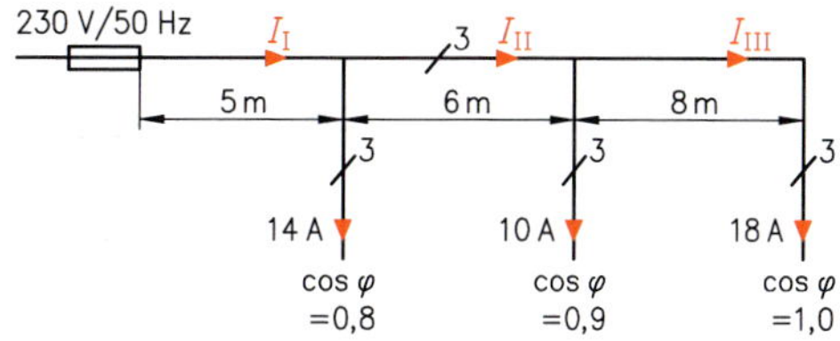

2. Welcher Kupfer-Normquerschnitt ist für die Hauptleitung mindestens zu verlegen, damit der Spannungsfall auf der Hauptleitung 0,5 % der Nennspannung nicht überschreitet?

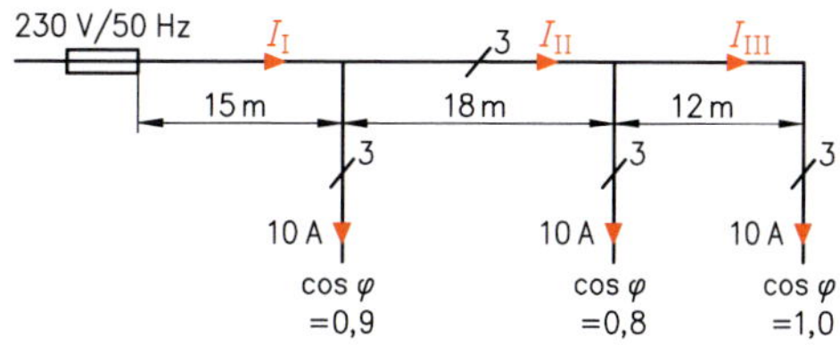

3. Wie groß ist in der nebenstehenden Anlage
   a) der mittlere Wirkleistungsfaktor,
   b) der Gesamtstrom in der Zuleitung,
   c) der für diesen Strom laut Belastungstabelle Seite 215 erforderliche Normquerschnitt,
   d) der Normquerschnitt bei Berücksichtigung eines zulässigen Spannungsfalls von 3 %?

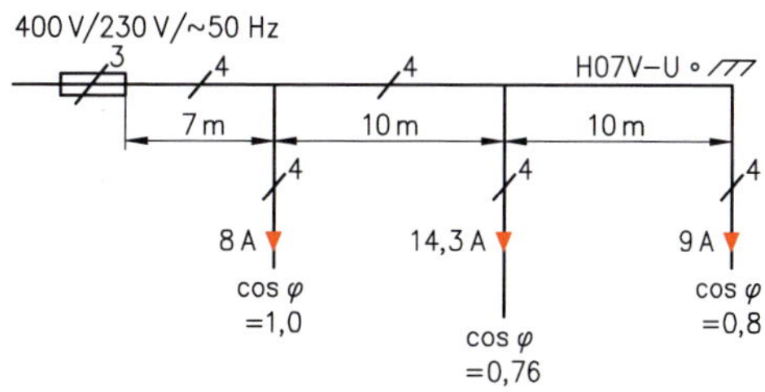

4. Die Hauptleitung ist rein ohmisch belastet. Der Spannungsfall soll 0,5 % nicht überschreiten.
   a) Welcher Normquerschnitt ist zu verlegen?
   b) Wie groß ist der tatsächliche Spannungsfall?
   c) Wie groß ist die Spannung am Ende der Hauptleitung?

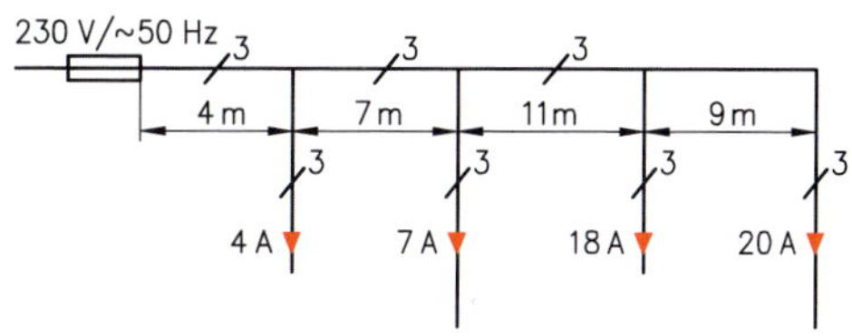

5. Die in der Schaltung dargestellten Motoren sind an 400 V/230 V/50 Hz angeschlossen.
   a) Wie groß ist der mittlere Leistungsfaktor der Anlage?
   b) Welcher Gesamtstrom fließt bis zum ersten Abzweig?
   c) Ist der verlegte Querschnitt ausreichend?
   d) Wie groß ist der Spannungsfall auf der Hauptleitung?
   e) Wie groß ist der Spannungsfall in Prozent?

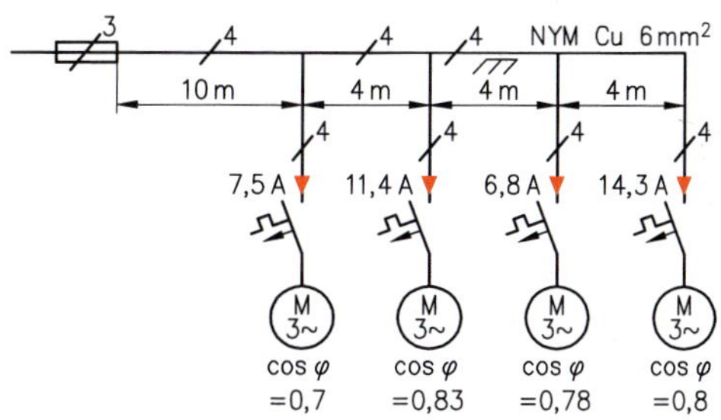

6. Für nebenstehende Beleuchtungsanlage ist der Kupferquerschnitt festzulegen.
   a) Welcher Strom fließt in der Zuleitung bis zum ersten Abzweig?
   b) Welcher Normquerschnitt muss für die Zuleitung verlegt werden, damit der Spannungsfall auf 3 % begrenzt bleibt?
   c) Welcher Normquerschnitt ist zu verlegen, wenn die Leuchtstofflampenstromkreise auf einen Wirkleistungsfaktor von 0,9 kompensiert werden?

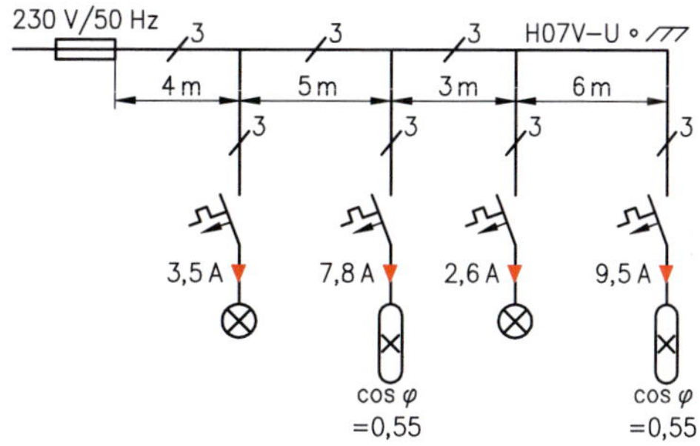

10.3 Licht- und Beleuchtungstechnik

10.3.1 Größen der Lichttechnik

Elektrische Leistung P wird entsprechend der Lampenart in Lichtstrom Φ umgewandelt:

Lichtausbeute η

$$\eta = \frac{\Phi}{P} \qquad [\eta] = \frac{\text{lm}}{\text{W}}$$

Das gesamte Licht, das erzeugt wird:

⇓

Lichtstrom Φ

$$\Phi = P \cdot \eta$$
$[\Phi]$ = lm (Lumen)

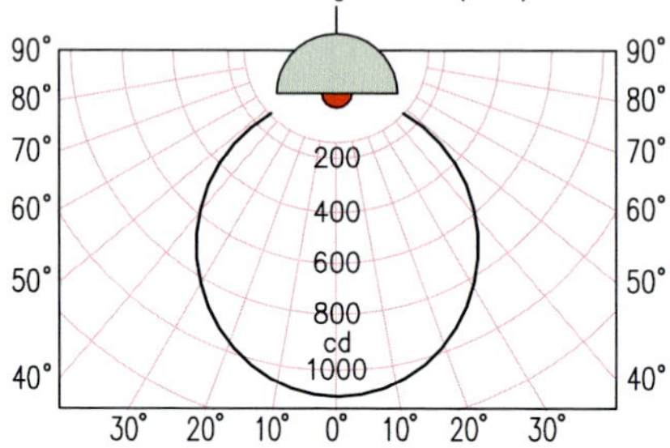

Lichtstärke I

$[I]$ = cd (Candela)*)

Der Lichtstrom erzeugt auf einer Fläche A:

⇓

Beleuchtungsstärke

$$E = \frac{\Phi}{A} \qquad [E] = \frac{\text{lm}}{\text{m}^2}$$

$$1\,\frac{\text{lm}}{\text{m}^2} = 1\ \text{lx (lux)}$$

Die Lichtstärke bewirkt auf der leuchtenden Fläche:

Leuchtdichte L

$$L = \frac{I}{A_{\text{Lampe}}} \qquad [L] = \frac{\text{cd}}{\text{m}^2}$$

*) SI-Einheit Candela:

1 cd ist 1/60 der Lichtstärke, die 1 cm² der Oberfläche des schmelzenden Platins (1773 °C) in senkrechter Richtung abstrahlt.

Aufgaben

Beispiel: Das Datenblatt eines Lampenherstellers enthält neben der oben abgebildeten Lichtverteilungskurve die folgenden Angaben: Halogenlampe mit Reflektor, 12 V/100 W, 16 lm/W.

a) Wie groß ist der erzeugte Lichtstrom?

b) Welche Beleuchtungsstärke wird auf einer Fläche von 1,5 m² erzielt?

c) Wie groß ist die Leuchtdichte, wenn bei senkrechter Betrachtung nach oben die leuchtende Lampenfläche einen Durchmesser von 110 mm hat?

Gegeben: $U = 12\,\text{V}$; $P = 100\,\text{W}$; $d = 0{,}11\,\text{m}$; $\eta = 16\,\text{lm/W}$; $A = 1{,}5\,\text{mm}^2$; LVK (0°): $I = 1100\,\text{cd}$

Gesucht: Φ; E_V; L

Lösung:

a) $\eta = \frac{\Phi}{P} \Rightarrow \Phi = \eta \cdot P = 16\,\frac{\text{lm}}{\text{W}} \cdot 100\,\text{W} = \mathbf{1600\,lm}$

b) $E = \frac{\Phi}{A} = \frac{1600\,\text{lm}}{1{,}5\,\text{m}^2} = \mathbf{1066{,}7\,lx}$

c) $A = \frac{d^2 \cdot \pi}{4} = \frac{(0{,}11\,\text{m})^2 \cdot \pi}{4} = 9{,}5 \cdot 10^{-3}\,\text{m}^2$

$L = \frac{I}{A} = \frac{1\,100\,\text{cd}}{9{,}5 \cdot 10^{-3}\,\text{m}^2} = \mathbf{11{,}58\,\frac{cd}{cm^2}}$

1. Eine 40-W-Glühlampe erzeugt einen Lichtstrom von 430 lm. Wie groß ist die Lichtausbeute?

2. Ein Lichtstrom von 12 000 lm beleuchtet eine Fläche 1 m × 1,5 m. Wie groß ist die Beleuchtungsstärke auf der beleuchteten Fläche?

3. Eine Lampe erzeugt bei einer Lichtausbeute von 18 lm/W einen Lichtstrom von 1080 lm. Welche elektrische Leistung hat die Lampe?

4. Die Lichtausbeute einer 58-W-Leuchtstofflampe wird vom Hersteller mit 68 lm/W angegeben. Welcher Lichtstrom wird von der Lampe erzeugt?

5. Ein Lichtstrom von 300 lm trifft auf eine Fläche mit 1,2 m². Wie groß ist die Beleuchtungsstärke auf der beleuchteten Fläche?

6. Auf einer Fläche mit den Maßen 2,4 m × 3,2 m soll eine Beleuchtungsstärke von 240 lm/m² erreicht werden. Welcher Lichtstrom ist dazu notwendig?

7. Von einem Lampenhersteller sind für verschiedene Lampentypen die elektrische Leistung und der erzeugte Lichtstrom bekannt. Wie groß ist jeweils die Lichtausbeute der Lampen?
   a) Standard-Glühlampe: 200 W/3150 lm
   b) Mischlichtlampe: 250 W/5 600 lm
   c) Kompakt-Leuchtstofflampe: 11 W/600 lm
   d) Natriumdampf-Hochdrucklampe: 250 W/25 000 lm

8. Um wie viel Prozent höher liegt die Lichtausbeute einer 58-W-Leuchtstofflampe mit einem Lichtstrom von 4 000 lm gegenüber einer 60-W-Glühlampe mit 700 lm?

9. Eine Glühlampe wird an 230 V von 0,35 A durchflossen. Wie groß ist der erzeugte Lichtstrom der Lampe, wenn die Lichtausbeute mit 15 lm/W angegeben ist?

10. Für eine Kreisfläche mit 2,5 m Durchmesser ist eine Beleuchtungsstärke von 150 lx gefordert. Welcher Lichtstrom ist dazu notwendig?

11. Wie hoch ist vergleichsweise die Leistungsaufnahme der aufgeführten Lampen, wenn ein Lichtstrom von 1250 Im erzeugt werden soll?
   a) Standard-Glühlampe

   12,5 lm/W
   b) Compacta

   50 lm/W
   c) Circolux EL

   52 lm/W
   d) Dulux EL
   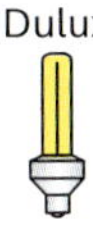
   62,5 lm/W

12. In einer Werkstatt muss die Beleuchtungsanlage einen Lichtstrom von 30000 lm erzeugen. Zur Installation stehen 40-W/230-V-Leuchtstofflampen mit 75 lm/W bereit.
   a) Wie viele Lampen müssen installiert werden?
   b) Wie hoch ist die Wirkleistungsaufnahme, wenn das Vorschaltgerät einer Lampe zusätzlich 10 W aufnimmt?

13. Der Wendel einer Klarglas-Glühlampe besitzt eine leuchtende Fläche von 1,5 cm², die Lichtstärke in senkrechter Richtung nach unten beträgt 90 cd.
   a) Wie groß ist die Leuchtdichte?
   b) Welche Leuchtdichte tritt auf, wenn gegen die Blendwirkung durch Innenmattierung die leuchtende Fläche auf 32 cm² vergrößert wird?

14. Für die Sportplatzbeleuchtung wurde eine Halogen-Metalldampflampe mit 360 W/25 000 lm entwickelt.
   a) Wie groß ist die Lichtausbeute der Lampe?
   b) Welche Lichtstärke liefert die Lampe bei 25° Neigung?
   c) Wie viele Lampen sind notwendig, damit auf einem Sportplatz 120 m × 60 m eine Beleuchtungsstärke von 80 lx erreicht wird (ohne Berücksichtigung der Verluste)?
   d) Welche elektrische Arbeit wird während 5 h aus dem Netz bezogen?

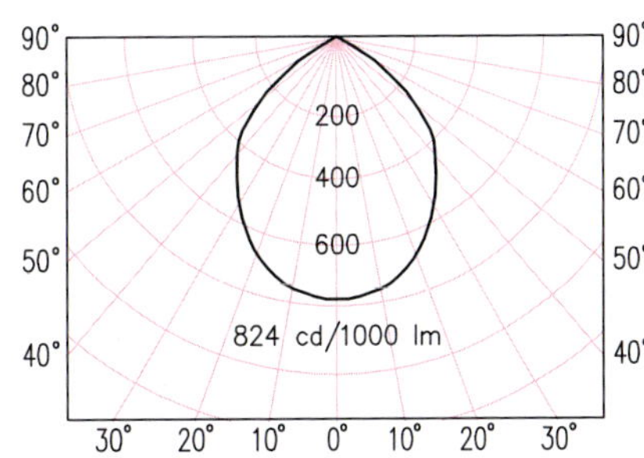

10.3.2 Beleuchtungstechnik

Bei der Planung einer Beleuchtungsanlage sind nach DIN 5035 Richtwerte für Raumarten oder Tätigkeiten vorgeschrieben (Auszug):

Raumart/Tätigkeit	E_m
Büroräume allgemein	500 lx
Unterrichtsräume	300 lx
Montage kleiner Maschinen	500 lx
Montage elektronischer Bauteile	1500 lx
Maschinenarbeiten (Drehen)	300 lx
Montage, fein	500 lx

benötigter Lichtstrom Φ_2
auf der beleuchteten Fläche

$$\Phi_2 = E_m \cdot A$$

Wegen Art der Leuchte (Leuchtenbetriebswirkungsgrad η_{LB}), wegen der Raumabmessungen (Raumindex k) und wegen Reflexion und Absorption an Wänden, Decke und Boden (Raumwirkungsgrad η_R), ist die Anzahl der Leuchten auch abhängig von:

Leuchtentyp
▼
aus Tabelle S. 216
▼
Leuchtenbetriebswirkungsgrad
η_{LB}

Raumabmessungen: Länge, Breite, Nutzhöhe
▼
Raumindex *k*

$$k = \frac{l \cdot b}{h_N \cdot (l + b)}$$

zur Tabelle S. 217

Reflexionsgrad
ϱ_{Decke}, $\varrho_{Wände}$, ϱ_{Boden}
▼
aus Tabelle S. 217
▼
Raumwirkungsgrad
η_R

→ **Beleuchtungswirkungsgrad** ←

$$\eta_B = \eta_{LB} \cdot \eta_R$$

zu erzeugender **Lichtstrom Φ_1**
unter Berücksichtigung des Wartungsfaktors *WF*

$$\Phi_1 = \frac{\Phi_2}{\eta_B \cdot WF}$$

$WF_{normal} = 0{,}8$
$WF_{erhöht} = 0{,}7$
$WF_{stark} = 0{,}6$

Anzahl der Lampen *n* mit Berücksichtigung der Verschmutzung/Alterung:

$$n = \frac{E_m \cdot A}{\eta_B \cdot \Phi_{Lampe} \cdot WF}$$

Aufgaben

Beispiel: Der abgebildete Raum soll auf der Nutzebene mit der Nennbeleuchtungsstärke 500 lx gleichförmig ausgeleuchtet werden.
Die Decke ist weiß ($\varrho_1 = 0{,}8$), die Wände sind mittelhell ($\varrho_2 = 0{,}5$), der Parkettboden aus Eiche hell ($\varrho_3 = 0{,}3$).
Die Beleuchtung soll mit einlampigen Spiegelreflektor-Leuchten, breitstrahlend, mit 58-W-Dreibanden-Leuchtstofflampen ausgeführt werden.
Wie viele Leuchten sind bei Deckenmontage und normaler Alterung notwendig?

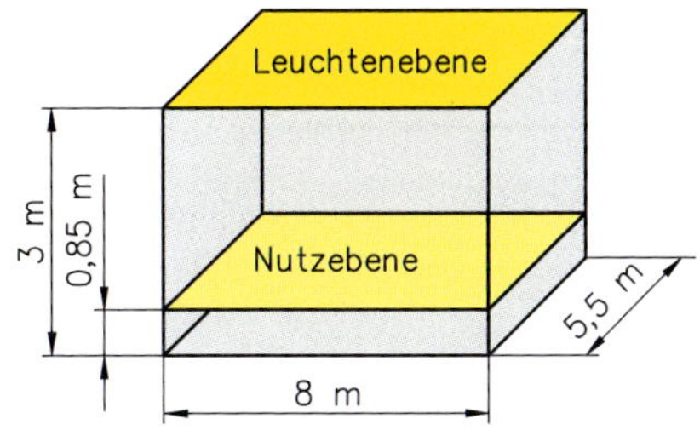

Gegeben: $E_m = 500\,\text{lx}$; $\varrho_1 = 0{,}8$; $\varrho_2 = 0{,}5$; $\varrho_3 = 0{,}3$; $\Phi_1 = 5400\,\text{lm}$; $A = 8 \cdot 5{,}5\,\text{m}^2$; $h_N = 2{,}15\,\text{m}$

Gesucht: n

Lösung: $\eta_{LB} = 0{,}8$ (aus Tabelle S. 216)

$$k = \frac{l \cdot b}{h_N(l+b)} = \frac{8\,\text{m} \cdot 5{,}5\,\text{m}}{2{,}15\,\text{m}\,(8\,\text{m} + 5{,}5\,\text{m})} = 1{,}516 \Rightarrow k = 1{,}5$$

$\eta_R = 0{,}95$ (aus Tabelle S. 217)

$$\eta_B = \eta_{LB} \cdot \eta_R = 0{,}8 \cdot 0{,}95 = 0{,}76$$

$$n = \frac{E_m \cdot A}{\eta_B \cdot \Phi_1 \cdot \text{WF}} = \frac{500\,\text{lm} \cdot 8 \cdot 5{,}5\,\text{m}^2}{0{,}76 \cdot 5400\,\text{lm} \cdot 0{,}8} = 6{,}7 \Rightarrow n = 7$$

1. Welcher Lichtstrom ist auf einer Fläche von 72 m^2 erforderlich, damit eine Beleuchtungsstärke von 300 lx erreicht wird?

2. Welche Fläche kann von einem Lichtstrom 10500 lm mit 250 lx beleuchtet werden?

3. Wie groß ist die Beleuchtungsstärke auf einem Arbeitstisch 0,8 m × 1,5 m, wenn ein Lichtstrom von 540 lm auftrifft?

4. Aus Tabellen wird der Leuchtenbetriebswirkungsgrad mit 82 % und der Raumwirkungsgrad mit 65 % abgelesen. Wie groß ist der Beleuchtungswirkungsgrad?

5. Welcher Lichtstrom muss von einer Lichtquelle bei erhöhter Alterung erzeugt werden, wenn bei einem Beleuchtungswirkungsgrad von 0,55 der Lichtstrom auf die beleuchtete Fläche 2640 lm betragen soll?

6. Ein Arbeitsplatz zur Montage elektronischer Bauteile (S. 130: Auszug aus DIN 5035) soll von zwei Leuchtstofflampen mit je 5400 lm unter Berücksichtigung normaler Alterung beleuchtet werden. Der Beleuchtungswirkungsgrad wird mit 0,56 angenommen. Auf welcher Arbeitsfläche kann bei Nennbeleuchtungsstärke gearbeitet werden?

7. Die Beleuchtungsanlage eines Raumes ($L/B/H$) 7 m × 4 m × 3,20 m soll nach DIN 5035 für die Montage elektronischer Bauteile mit zweiflammigen Lamellenraster-Leuchten mit Dreibanden-Leuchtstofflampen mit je 5200 lm bestückt werden. Als Reflexionsgrade werden näherungsweise $\varrho_1 = 0{,}8$, $\varrho_2 = 0{,}5$ und $\varrho_3 = 0{,}3$ angenommen, die Arbeitshöhe beträgt 0,85 m.

Normale Alterung soll berücksichtigt werden.

Wie viele Leuchten müssen installiert werden?

8. Ein Konstruktionsbüro 14 m × 8 m wird von 30 Spiegelreflektor-Leuchten, einlampig, 58 W, beleuchtet. Als Reflexionsgrade für Decke/Wände/Boden werden 0,8/0,3/0,3 angenommen, die Nutzhöhe beträgt 2,80 m. Die mittlere Beleuchtungsstärke soll 1000 lx betragen.
- **a)** Wie groß ist der notwendige Lichtstrom auf Arbeitshöhe?
- **b)** Welchen Wert hat der Beleuchtungswirkungsgrad?
- **c)** Wie groß ist der zu erzeugende Lichtstrom bei normaler Alterung?
- **d)** Ist die Lampenanzahl ausreichend?

9. In einer Montagehalle mit einer Grundfläche von 16 m × 8 m sind 30 zweilampige Lamellenrasterleuchten direkt an der 5 m hohen Decke montiert. Die Decke ist weiß gestrichen. Die Betonwände und der Estrichboden sind nicht gestrichen. Wie groß ist die Beleuchtungsstärke 1,5 m über dem Boden, wenn die frisch gereinigten Leuchten mit neuen 58-W-Dreibandenleuchten bestückt werden?

10.4 Photovoltaik

10.4.1 Solarzellen

Strahlungsleistung	Wirkungsgrad	el. Leistung im Leistungsmaximum
$\boldsymbol{P_E = E \cdot A}$	$\boldsymbol{\eta = \frac{U_{MPP} \cdot I_{MPP}}{E \cdot A}}$	$\boldsymbol{P_{MPP} = U_{MPP} \cdot I_{MPP}}$

Wenn die Lichtquelle nicht senkrecht über der bestrahlten Oberfläche steht, beträgt die Strahlungsleistung bezüglich der bestrahlten Fläche:

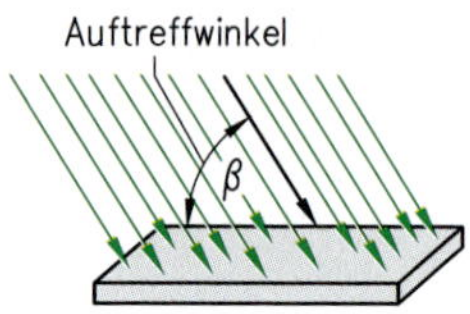

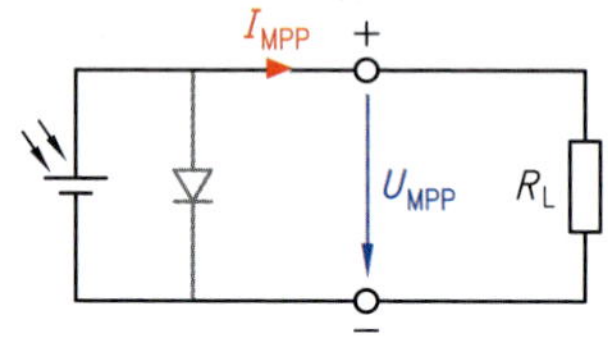

$$\boldsymbol{E = E_0 \cdot \sin\beta}$$

Die Solarkonstante E_0 ist für Deutschland auf 1000 W/m² festgelegt.

Die erzeugten Spannungen U_{OC} und U_{MPP} sinken mit zunehmender Temperatur.

$$\boldsymbol{I_{SC} \sim E}$$

Die Kurzschlussströme verhalten sich proportional zur Strahlungsintensität.

Der Wirkungsgrad wird mit schwächerer Einstrahlung kaum kleiner.

Kennlinie einer Solarzelle mit A = 64 cm²

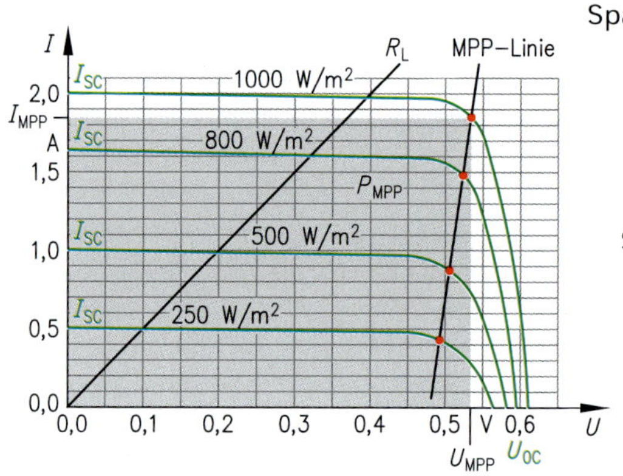

Spannungserhöhung

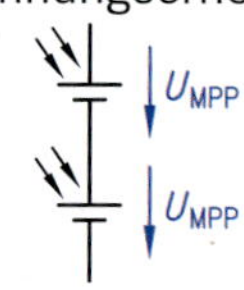

Stromerhöhung

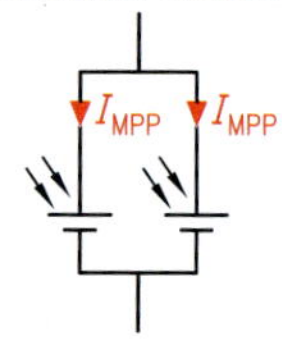

In Datenblättern von Solarzellen und Solarmodulen werden MPP-Daten (Maximum Power Point) angegeben. Sie werden bei einer Einstrahlung von E_0 = 1000 W/m² und einer Temperatur von ϑ_1 = 25 °C bestimmt.

Aufgaben

Beispiel: Eine 8 cm x 8 cm große Solarzelle mit der obigen Kennlinie ist einer Bestrahlung von 1000 W/m² ausgesetzt. Die Strahlen treffen mit einem Winkel von 53° auf die Zellenfläche.

a) Wie groß sind Strom und Spannung bei maximaler Leistungsabgabe?

b) Wie groß ist der Wirkungsgrad?

Gegeben: l = 8 cm; b = 8 cm; E_0 = 1000 W/m²; β = 53°

Gesucht: I_{MPP}; U_{MPP}; η

Lösung: **a)** $E = E_0 \cdot \sin\beta = 1000\ \text{W/m}^2 \cdot \sin 53° = 800\ \text{W/m}^2$

Abgelesen: I_{MPP} = **1,49 A**; U_{MPP} = **0,52 V**

b) $A = l \cdot b = 8\ \text{cm} \cdot 8\ \text{cm} = 64\ \text{cm}^2$ $\quad P_E = E \cdot A = 800\ \text{W/m}^2 \cdot 64\ \text{cm}^2 = 5{,}12\ \text{W}$

$P_{MPP} = U_{MPP} \cdot I_{MPP} = 0{,}52\ \text{V} \cdot 1{,}49\ \text{A} = 0{,}775\ \text{W}$

$$\eta = \frac{P_{MPP}}{P_E} = \frac{0{,}775\ \text{W}}{5{,}12\ \text{W}} = \mathbf{0{,}151}$$

Die Aufgaben auf dieser Seite beziehen sich auf die Solarzelle der vorangegangenen Seite.

1. Welche elektrische Leistung kann die Solarzelle maximal abgeben, wenn sie im rechten Winkel mit 1000 W/m^2 bestrahlt wird?

2. Wie groß muss der Lastwiderstand sein, damit die maximal mögliche elektrische Leistung bei 1000 W/m^2 Strahlungsintensität abgegeben werden kann?

3. Wie groß ist der Innenwiderstand der Solarzelle bei 1000 W/m^2 Strahlungsintensität?

4. Wie groß ist der Innenwiderstand der Solarzelle bei 250 W/m^2 Strahlungsintensität?

5. Auf die Oberfläche der Solarzelle treffen im rechten Winkel 800 W/m^2.
   a) Wie groß sind die Strom- und Spannungswerte im Leistungsmaximum?
   b) Welche maximale elektrische Leistung kann der Zelle entnommen werden?
   c) Wie groß sind die Strom-, Spannungs- und Leistungswerte, wenn die Zelle mit einem ohmschen Widerstand von 200 mΩ belastet wird?

6. Unter einem Winkel von 30° treffen 900 W/m^2 auf die Solarzelle.
   a) Wie groß ist die wirksame Strahlungsintensität?
   b) Welche elektrische Leistung kann die Solarzelle dann maximal abgeben?

7. Auf die Solarzelle treffen 750 W/m^2 unter einem Winkel von 60° auf.
   a) Wie groß ist die wirksame Strahlungsintensität?
   b) Wie groß sind die Strom- und Spannungswerte im Leistungsmaximum?
   c) Welche maximale elektrische Leistung kann der Zelle entnommen werden?
   d) Wie groß ist der Kurzschlussstrom und die Leerlaufspannung?
   e) Wie groß ist der Innenwiderstand der Solarzelle bei dieser Einstrahlung?

8. Die Solarzelle liegt im Schatten, sodass die Strahlungsintensität nur 50 W/m^2 beträgt.
   a) Wie groß ist der Kurzschlussstrom und die Leerlaufspannung?
   b) Wie groß ist der Innenwiderstand der Solarzelle bei dieser Einstrahlung?

9. Die Solarzelle gibt 0,7 A bei einer Spannung von 0,3 V ab.
   a) Welche elektrische Leistung gibt die Zelle ab?
   b) Wie groß ist der Lastwiderstand?
   c) Wie groß ist die wirksame Strahlungsintensität?
   d) Wie groß ist der Innenwiderstand der Solarzelle bei dieser Einstrahlung?

10. Wie viele Solarzellen müssen mindestens in Reihe geschaltet werden, damit bei 800 W/m^2 eine Leerlaufspannung von 12 V abgegeben werden kann?

11. Wie groß muss die Kantenlänge einer quadratischen Solarzelle sein, damit sie bei 1000 W/m^2 einen Kurzschlussstrom von 8 A liefern kann?

12. Ein Solarmodul soll als Ladegerät für Smartphone-Akkus dienen. Es soll bei einer Einstrahlung von 1000 W/m^2 etwa 500 mA bei 5 V liefern.
   a) Wie viele Zellen müssen in Reihe geschaltet werden, damit im MPP-Bereich mindestens 5 V erreicht werden?
   b) Welche Zellenfläche wird benötigt, um den Strom zu erzeugen?
   c) Wie groß ist dann die Kantenlänge des quadratischen Solarmoduls?

13. Um eine höhere Spannung zu erreichen werden 24 Solarzellen in Reihe geschaltet.
   a) Welche elektrische Leistung wird bei einer Strahlungsintensität von 1100 W/m^2 und einem Auftreffwinkel von 55° maximal erreicht?
   b) Mit welchem Widerstand muß das Modul belastet werden, damit die maximale Leistung abgegeben werden kann?
   c) Wie groß sind der Kurzschlussstrom und die Leerlaufspannung?
   d) Wie groß ist der Innenwiderstand des Solarmodules bei dieser Einstrahlung?

14. Wie groß ist die Intensität der Lichtstrahlung, wenn die Solarzelle unter einem Winkel von 40° bestrahlt wird und sie bei Belastung mit einem 100-mΩ-Widerstand eine Spannung von 150 mV liefert?

15. In einem Taschenrechner sind vier 8 mm x 12 mm große Solarzellen verbaut. Ab einer Strahlungsintensität von 250 W/mm^2 soll der Rechner funktionsfähig sein.
   a) Wie groß sind Strom und Spannung in MPP-Betrieb?
   b) Wie groß ist der Widerstand des Taschenrechners?
   c) Welche Leistung nimmt der Rechner auf?
   d) Wie viele Stunden könnte der Rechner mit einer 2000 mAh großen Batterie ungefähr in Betrieb sein?

10.4.2 Photovoltaik-Anlagen

In der Photovoltaik wird der Azimutwinkel $\boldsymbol{\alpha_{PV}}$ als Abweichung vom Süden gemessen!

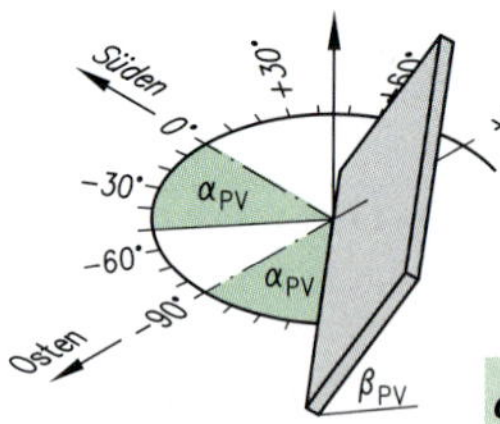

$$\alpha_{PV} = \alpha - 180°$$

η_{PV} in %		südliche Ausrichtung ± α_{PV}									
		0°	10°	20°	30°	40°	50°	60°	70°	80°	90°
Dachneigung β_{PV}	0°	87	87	87	87	87	87	87	87	87	87
	10°	93	93	93	92	92	91	90	89	88	86
	20°	97	97	97	96	95	93	91	89	87	85
	30°	100	99	99	97	96	94	91	88	85	82
	40°	100	99	99	97	95	93	90	86	83	79
	50°	98	97	96	93	93	90	87	83	79	75
	60°	94	93	92	91	88	85	85	78	74	70
	70°	88	87	86	85	82	79	76	72	68	70
	80°	80	79	78	77	75	72	68	65	61	56
	90°	69	69	68	67	65	63	60	56	53	48

Die nutzbare Einstrahlung einer PV-Anlage wird von direkter und diffuser Strahlung und durch die Ausrichtung der Solarmodule beeinflusst.

$$E = E_0 \cdot \eta_{PV}$$

Da der erzeugte Strom bei relativ konstanter Spannung proportional steigt, gilt auch:

$$I \approx I_0 \cdot \eta_{PV} \qquad P \approx P_0 \cdot \eta_{PV}$$

Zur Spannungserhöhung werden Solarmodule in Reihe geschaltet (String).

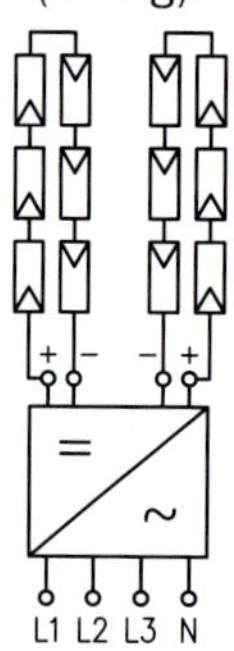

Solarmodul	SM265	SM280
Länge l (mm)	1660	1660
Breite b (mm)	990	990
Nennleistung P_{MPP} (W)	265	280
Nennspannung U_{MPP} (W)	31,4	31,6
Nennstrom I_{MPP} (A)	8,44	8,85
Leerlaufspannung U_{OC} (V)	38,3	38,5
Kurzschlussstrom I_{SC} (A)	8,91	9,34
Wirkungsgrad η	0,16	0,17
Temperaturkoeffizient für Spannungen γ (1/K)	−0,003	−0,003

Bei erhöhter Zellentemperatur verringert sich die erzeugte Spannung.

$$U_{MPP} = U_{MPP25} \cdot (1 + \gamma \cdot \Delta T)$$

Wechselrichter mit MPP-Tracker	WR3	WR5
Max. DC-Leistung (W)	3200	7500
Startspannung (V)	120	160
MPP-Spannungsbereich (V)	80-550	180-850
Max. Eingangsspannung (V)	600	1000
Anzahl der MPP-Eingänge	2	2
Max. Eingangsstrom (A)	11	12,5
Max. Kurzschlussstrom (A)	13,8	15,6
AC-Leistung (W)	3000	5000
AC-Spannung (V)	230	400
Wirkungsgrad η	0,97	0,97

*) Der MPP-Tracker stellt den Wechselrichter so ein, dass er immer im MPP-Betrieb arbeitet.

Aufgaben

Beispiel: Acht Solarmodule (SM280) sind in einem String am Wechselrichter (WR3) angeschlossen. Sie sind auf einem Dach mit 60° Neigung montiert, das nach 140° (Azimut) ausgerichtet ist.

a) Wie groß ist die wirksame Strahlungsintensität?

b) Wie groß ist der Eingangsstrom und die Eingangsspannung des Wechselrichters?

c) Auf welchen Wert sinkt die MPP-Spannung, wenn sich die Solarmodule auf 70°C erwärmen?

Gegeben: $n = 8$; $\beta_{PV} = 60°$; $\alpha = 140°$; $E_0 = 1000\ \text{W/m}^2$

Gesucht: E; I_{MPP}; U_{MPP}; $U_{MPP70°}$

Lösung:

a) $\alpha_{PV} = \alpha - 180° = 140° - 180° = -40°$

$E = E_0 \cdot \eta_{PV} = 1000\ \text{W/m}^2 \cdot 0{,}88 = \mathbf{880\ W/m^2}$

b) $I_{MPP} = I_{MPP0} \cdot \eta_{PV} = 8{,}85\ \text{A} \cdot 0{,}88 = \mathbf{7{,}79\ A}$

$U_{MPP} = U_{MPP0} \cdot n = 31{,}6\ \text{V} \cdot 8 = \mathbf{252{,}8\ V}$

c) $U_{MPP70} = U_{MPP25} \cdot (1 + \gamma \cdot \Delta T) = 252{,}8\ \text{V} \cdot [1 - 0{,}003\ \text{K}^{-1} \cdot (70°\text{C} - 25°\text{C})] = \mathbf{218{,}7\ V}$

Die Aufgaben auf dieser Seite beziehen sich auf die Solarmodule und Wechselrichter der vorangegangenen Seite.

1. Sechs optimal ausgerichtete Solarmodule (SM265) sind an einen Wechselrichter (WR3) angeschlossen. Die Strahlungsintensität beträgt 1000 W/m².
   a) Wie groß sind die Strom- und Spannungswerte im MPP-Betrieb?
   b) Welche maximale elektrische Leistung kann dem Wechselrichter entnommen werden?
2. Zehn Solarmodule SM280 sind in einem String an den Wechselrichter WR3 angeschlossen. Die Module sind nach Südwesten (140°) ausgerichtet und haben eine Neigung von 60°. Die Strahlungsintensität beträgt 1000 W/m².
   a) Wie groß ist die nutzbare Strahlungsintensität?
   b) Wie groß ist etwa der erzeugte Gleichstrom und die Spannung im MPP-Betrieb?
   c) Welche Leistung kann der Wechselrichter dann abgeben?
3. 30 Solarmodule (SM265) sollen auf ein 60°-Dach mit Ausrichtung nach Südwesten (250°) montiert werden. Die Module sollen in zwei Strings aufgeteilt werden. Mit Zelltemperaturen von −15°C bis 70°C ist am Aufstellungsort zu rechnen.
   a) Wie groß muss der MMP-Spannungsbereich des Wechselrichters mindestens bemessen sein?
   b) Wie groß kann der MPP-Strom bei der gegebenen Ausrichtung und bei 1000 W/m² werden?
   c) Wie groß ist die Gleichstromleistung bei −15°C?
   d) Für welchen Kurzschlussstrom der Anlage muss der Wechselrichter ausgelegt sein?
4. Der Wechselrichter WR5 soll eine PV-Anlage in optimaler Ausrichtung mit dem 400-V-Drehstromnetz verbinden. Die PV-Anlage soll mit Solarmodulen SM280 realisiert werden.
   a) Wie viele Module könnte man maximal in einem String einsetzen, ohne die Spannungswerte des Wechselrichters auch bei −20°C zu überschreiten?
   b) Wie viele Module kann man maximal im MPP-Betrieb einsetzen, ohne den Wechselrichter auf Dauer zu überlasten?
   c) Welche Leistung kann der Wechselrichter bei 70°C abgeben?
   d) Welche Fläche benötigen die Module auf dem Dach?
5. Eine nach Südwesten (210°) hin ausgerichtete Dachfläche hat eine Neigung von 50°, ist 14,5 m lang und 7,5 m breit.
   a) Wie viele Solarmodule SM280 lassen sich maximal montieren, wenn ein Randabstand von mindestens 20 m einzuhalten ist?
   b) Wie groß ist dann die installierte Leistung der Anlage?
   c) Wie groß ist die Leistung, die sich bei der gegebenen Ausrichtung erzielen lässt?
6. Der Wechselrichter WR3 kann in das öffentliche Netz einspeisen, wenn die von den Solarmodulen gelieferte Spannung mindestens 120 V beträgt.
   a) Wie viele Module SM265 müssen hierzu mindestens installiert werden?
   b) Welche Leistung kann dann bei idealer Ausrichtung ins Netz eingespeist werden?
   c) Welche Leistung wird dann bei reiner Westlage und 20° Dachneigung eingespeist?
7. Der Giebel eines Einfamilienhauses weist genau nach Süden. Auf beiden Dachhälften soll die gleiche Anzahl von Solarmodulen (SM280) installiert werden. Als Wechselrichter ist der WR5 mit zwei getrennten MPP-Eingängen vorgesehen.
   a) Wie viele Module können insgesamt montiert werden?
   b) Mit welcher Einstrahlungsintensität kann man für die beiden Dachhälften bei 10° bzw. bei 80° Dachneigung rechnen?
8. Auf einem Flachdach sollen 96 Solarmodule (SM265) installiert werden, die auf besonderen Gestellen optimal ausgerichtet werden. Die gängigen Wechselrichter haben einen Eingangsspannungsbereich von 180 V – 850 V.
   a) Welche Leistung kann die PV-Anlage liefern?
   b) Wie viele Module können maximal in Reihe geschaltet werden, damit auch bei −15 °C die zulässige MPP-Spannung nicht überschritten wird?
   c) Wie müssen dann die 96 Module verschaltet werden?
   d) Wie groß muss der zulässige Eingangsstrom sein, wenn der Wechselrichter nur einen MPP-Tracker mit einem Anschluss besitzt?
   e) Wie groß muss der Eingangsstrom des Wechselrichters mindestens sein, wenn er zwei MPP-Eingänge mit jeweils 2 Eingängen besitzt?
   f) Wie groß ist die Stromabgabe des nahezu verlustfreien Wechselrichters an das 400-V-Drehstromnetz bei 1000 W/m² Einstrahlung und 70°C Zellentemperatur?

11 Elektrische Antriebe

11.1 Leistungs- und Drehmomentübertragung

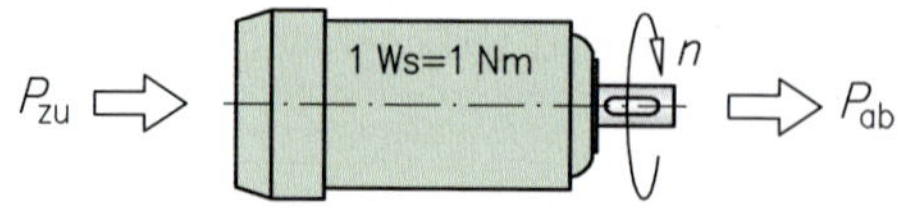

$$M = \frac{P_{ab}}{2\pi n}$$

Sollen Drehfrequenzen und/oder Drehmomente mechanisch verändert werden, gilt:

$$\frac{\boldsymbol{M_1}}{\boldsymbol{M_2}} = \frac{\boldsymbol{n_2}}{\boldsymbol{n_1}}$$

Die Übertragung erfolgt durch

Riementriebe

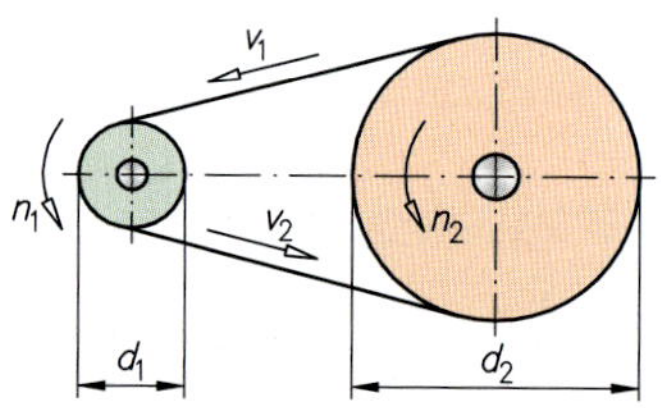

treibend getrieben

$v_1 = d_1 \cdot \pi \cdot n_1 = d_2 \cdot \pi \cdot n_2 = v_2$

Zahnradtriebe

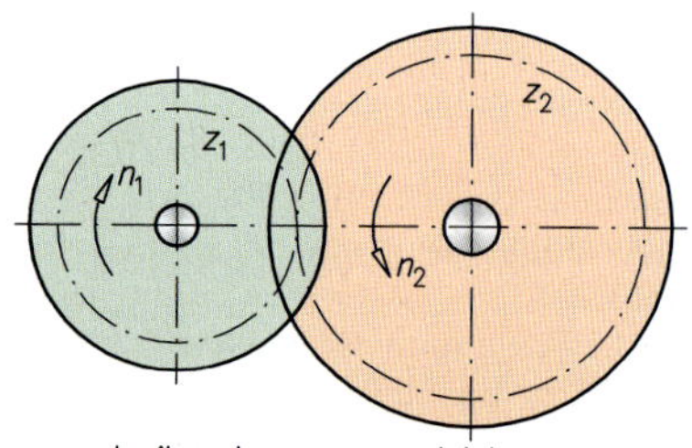

treibend getrieben

z_1 Zähne z_2 Zähne

Übersetzungsverhältnis

$$\frac{n_1}{n_2} = \frac{d_2}{d_1} \qquad i = \frac{n_1}{n_2} \qquad \frac{n_1}{n_2} = \frac{z_2}{z_1}$$

Bei doppelter Übersetzung multiplizieren sich die Übersetzungsverhältnisse:

$$i = i_1 \cdot i_2$$

Aufgaben

Beispiel: Ein Kreissägeblatt soll eine Drehfrequenz von $2400\,\text{min}^{-1}$ erhalten. Es wird von einem 2-kW-Motor mit $1440\,\text{min}^{-1}$ angetrieben. Die Riemenscheibe an der Motorwelle hat einen Durchmesser von 150 mm.

a) Wie groß muss der Durchmesser der Riemenscheibe auf der Sägeblattwelle sein?
b) Wie groß ist das Bemessungsdrehmoment des Motors?
c) Wie groß ist das Drehmoment am Sägeblatt?

Gegeben: $n_1 = 1440\,\text{min}^{-1} = 24\,\text{s}^{-1}$; $n_2 = 2400\,\text{min}^{-1} = 40\,\text{s}^{-1}$; $d_1 = 150\,\text{mm}$; $P = 2\,\text{kW}$

Gesucht: d_2; M_1; M_2

Lösung:

a) $d_2 = d_1 \frac{n_1}{n_2} = 150\,\text{mm} \frac{1440\,\text{min}^{-1}}{2400\,\text{min}^{-1}} = \mathbf{90\,mm}$

b) $M_1 = \frac{P}{2\pi \cdot n_1} = \frac{2\,\text{kNm s}^{-1}}{2\pi \cdot 24\,\text{s}^{-1}} = \mathbf{13{,}26\,Nm}$

c) $M_2 = M_1 \frac{n_1}{n_2} = 13{,}26\,\text{Nm} \frac{1440\,\text{min}^{-1}}{2400\,\text{min}^{-1}} = \mathbf{7{,}96\,Nm}$

1. Ein Elektromotor gibt bei 1450 min⁻¹ eine mechanische Leistung von 14 kW ab. Wie groß ist das Drehmoment?

2. Welche Leistung gibt ein Motor ab, wenn die Antriebswelle bei 950 min⁻¹ mit einem Drehmoment von 150 Nm belastet wird?

3. Wie groß ist die Drehfrequenz eines 5-kW-Motors, der seine Bemessungsleistung bei einem Drehmoment von 8 Nm abgibt?

4. Bei der Leistungsmessung wird eine Motorwelle mittels einer Backenbremse abgebremst. Bei 2900 min⁻¹ wird der Hebel durch eine Kraft von 280 N im Gleichgewicht gehalten.
   a) Welches Drehmoment gibt der Motor an der Welle ab?
   b) Wie groß ist die Leistungsabgabe?

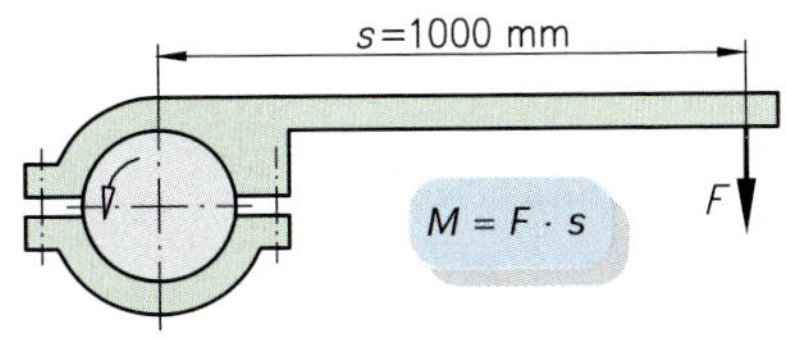

5. Bei welchem Drehmoment geben 1-kW-Motoren ihre Bemessungsleistung ab, wenn jeweils die Bemessungsdrehfrequenz mit
   a) 2950 min⁻¹, sowie mit
   b) 970 min⁻¹ angegeben ist?

6. Ein 100-W-Motor gibt seine Bemessungsleistung bei 2800 min⁻¹ ab. Auf welche Drehfrequenz muss ein Getriebe untersetzen, damit die Bemessungsleistung mit einem Drehmoment von 100 Nm abgegeben wird?

7. Wie groß sind jeweils die unbekannten Drehfrequenzen, Durchmesser und Zähnezahlen?

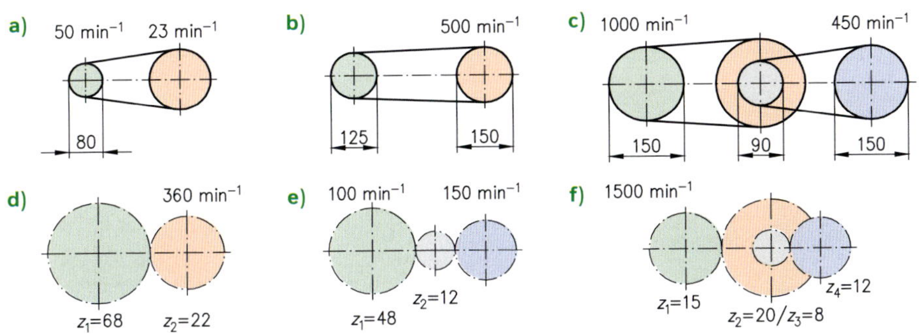

8. Ein Elektromotor mit 1450 min⁻¹ Bemessungsdrehfrequenz treibt über einen Zahnradtrieb mit dem Übersetzungsverhältnis 10 und einen Riementrieb mit den Scheibendurchmessern 50 mm und 200 mm die Trommel einer Waschmaschine an.
   a) Wie groß ist das Übersetzungsverhältnis des Riementriebes?
   b) Wie groß ist das Gesamtübersetzungsverhältnis?
   c) Welche Drehfrequenz hat die Wäschetrommel?
   d) Wie groß ist die Umfangsgeschwindigkeit der Wäschetrommel mit 500 mm Durchmesser?

9. Das Lastdrehmoment eines Kranes wird durch das Getriebe eines Motors auf höchstens 100 Nm begrenzt.
   a) Wie viele Zähne besitzt das Zahnrad auf der Motorwelle?
   b) Mit welcher Geschwindigkeit wird die Last gehoben, wenn der Motor 9,8 kW abgibt?

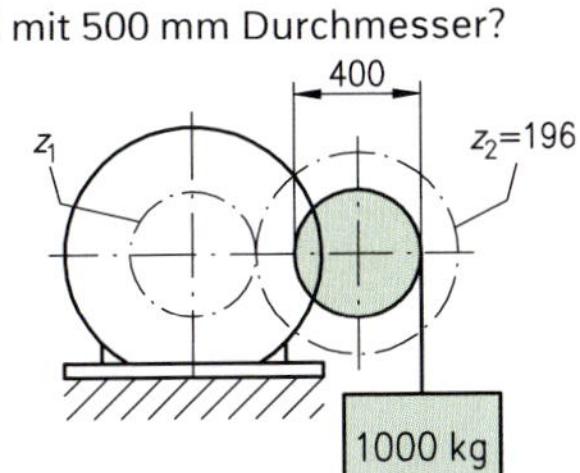

10. Eine Schleifscheibe mit 200 mm Durchmesser wird über einen Riementrieb von einem Elektromotor mit 945 min⁻¹ Bemessungsdrehfrequenz angetrieben. Der Durchmesser der Riemenscheibe am Motor beträgt 200 mm und der Durchmesser der Riemenscheibe an der Schleifscheibe 60 mm. Welche Umfangsgeschwindigkeit erreicht die Schleifscheibe?

11. Ein Fahrrad hat am Hinterrad mit 700 mm Durchmesser sechs Kettenritzel mit 14, 16, 20, 26 und 30 Zähnen. Der Zahnkranz am Tretlager besitzt 48 Zähne. Mit welchen Geschwindigkeiten kann in den einzelnen Gängen gefahren werden, wenn das Pedalrad in der Sekunde einmal gedreht wird.

11.2 Kraftwirkung auf stromdurchflossene Leiter

Befindet sich ein stromdurchflossener Leiter in einem magnetischen Fremdfeld,
wird auf ihn eine Kraft ausgeübt!

Lineare Bewegung

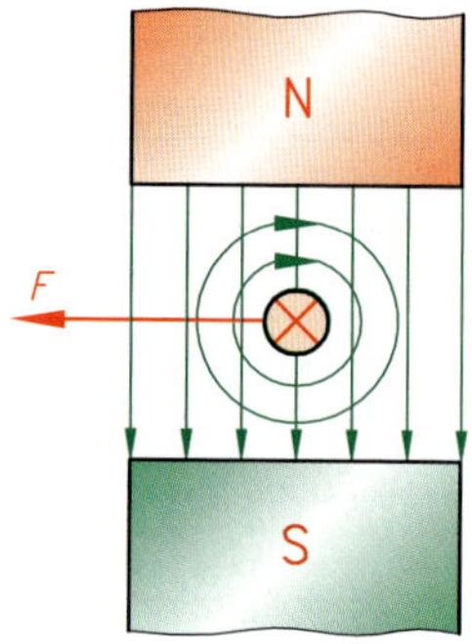

$$[F] = \frac{\text{VAs}}{\text{m}} = \frac{\text{Nm}}{\text{m}} = \text{N}$$

$$\Rightarrow$$

$$[M] = \text{Nm}$$

Drehbewegung

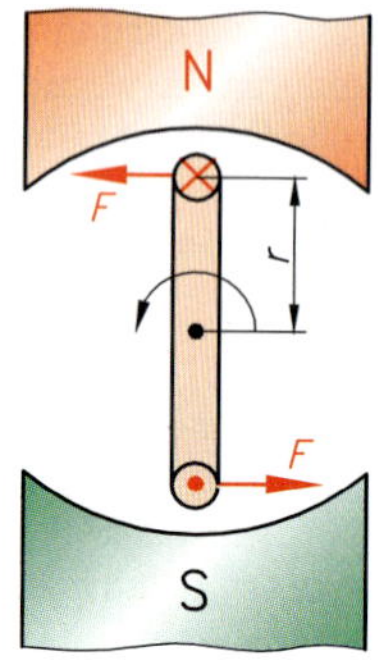

Kraftwirkung F auf z Leiter:

$$\boldsymbol{F = z \cdot l \cdot I \cdot B}$$

Drehmoment M auf eine Spule:

$$\boldsymbol{M = 2F \cdot r}$$

Aufgaben

Beispiel: Das magnetische Feld des abgebildeten Dauermagneten mit 1,5 T wirkt auf die 30 cm lange Spule, die von 10 A durchflossen wird.

a) Wie groß ist die Kraftwirkung auf eine Spulenseite?

b) Welches Drehmoment wirkt auf die Spule?

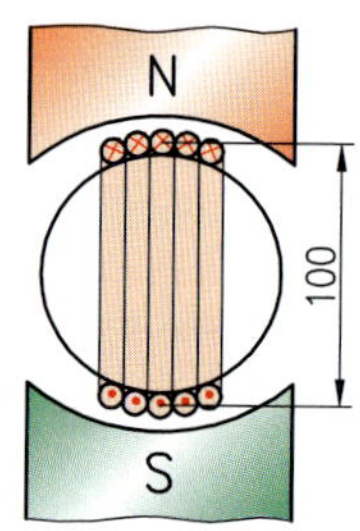

Gegeben: $B = 1{,}5\,\frac{\text{Vs}}{\text{m}^2}$; $l = 0{,}3\,\text{m}$; $d = 2\,\text{r} = 0{,}1\,\text{m}$; $N = 5$

Gesucht: F; M

Lösung: **a)** $F = z \cdot l \cdot I \cdot B = 5 \cdot 0{,}3\,\text{m} \cdot 10\text{A} \cdot 1{,}5\,\frac{\text{Vs}}{\text{m}^2} = 22{,}5\,\frac{\text{VAs}}{\text{m}} = \mathbf{22{,}5\,N}$

b) $M = 2 \cdot F \cdot r = 2 \cdot 22{,}5\,\text{N} \cdot 0{,}05\,\text{m} = \mathbf{2{,}25\,Nm}$

1. Durch einen Leiter, auf den eine Kraft 0,1 N ausgeübt wird, fließt der Strom 1,5 A. Welche Leiterlänge ist bei der magnetischen Flussdichte 0,4 T erforderlich?

2. Welche Kraft wirkt auf einen Leiter mit der wirksamen Leiterlänge 50 mm, wenn er von 1,5 A durchflossen wird und die magnetische Flussdichte 1 T vorhanden ist?

3. Die Kraft auf ein Leiterpaket beträgt 1,5 N. Welche wirksame Leiterlänge ist für eine Drehspule mit 75 Windungen erforderlich, wenn die magnetische Flussdichte 0,6 T und der Strom durch den Leiter 0,5 A beträgt?

4. Auf einen Leiter, der von 2,5 A durchflossen ist, wird die Kraft 0,0025 N ausgeübt. Welche magnetische Flussdichte ist für den 20 cm langen Leiter erforderlich?

5. Durch die 150 Windungen einer Spule fließt der Strom 1,5 A. Wie groß ist die Kraft auf die Leiter mit der wirksamen Länge 250 mm im Magnetfeld mit 75 mT?

6. Eine Spule mit 50 Windungen und einer wirksamen Leiterlänge von je 10 cm befindet sich in einem homogenen Magnetfeld mit einer Flussdichte von 0,6 T. Wie groß muss der Strom sein, damit bei einem Windungsdurchmesser von 200 mm ein Drehmoment von 0,2 Nm erzeugt wird?

7. Eine Spule wird von 0,5 A durchflossen. Sie besitzt bei einer wirksamen Leiterlänge von je 30 cm und 40 cm Spulendurchmesser 25 Windungen. Wie groß muss die magnetische Flussdichte im Luftspalt sein, damit ein Drehmoment von 1 Nm erzeugt wird?

8. Wie lauten die fehlenden Werte der Tabelle, wenn die stromdurchflossenen Leiter senkrecht zur Feldlinienrichtung stehen?

	a)	b)	c)	d)	e)	f)
I	0,8 A	1 A	12 A	?	63 A	16 A
l	15 cm	?	800 mm	65 cm	1,6 m	30 cm
z	1	30	?	40	?	200
B	0,12 Vs/m²	0,6 T	90 mVs/m²	0,48 T	0,65 T	0,5 Vs/m²
F	?	3,6 N	103,7 N	0,87 N	3,28 kN	?

9. Auf die Spule eines Drehspulmesswerkes mit der wirksamen Leiterlänge 2 cm wird die Kraft 0,05 N ausgeübt. Wie viele Windungen werden benötigt, wenn die magnetische Flussdichte 0,05 T durch den Spulenstrom 0,5 A erzeugt wird?

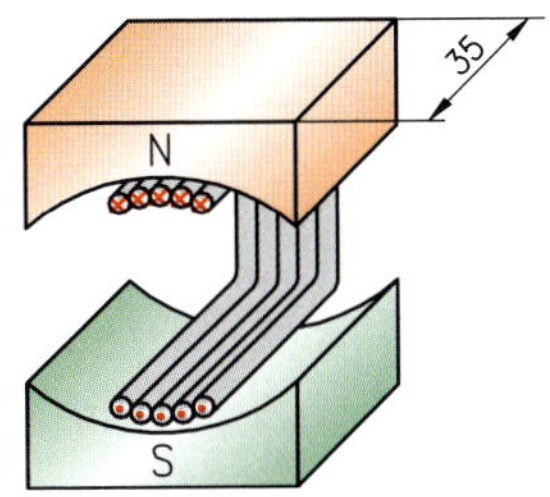

10. In dem dargestellten drehbar gelagerten Leiterpaket mit 15 Windungen fließen 15 A. Die Flussdichte des Dauermagneten beträgt 0,3 T.

a) Wie groß ist die Kraft auf das Leiterpaket?

b) Wie viele Windungen sind für 60 N erforderlich?

c) In welche Richtung bewegt sich die Leiterschleife?

11. Eine Spule mit 50 Windungen hat die wirksame Leiterlänge 5 cm. Die magnetische Flussdichte beträgt 1,25 T. Wie groß ist der Strom, wenn die Kraft 2,4 N auf die Spule übertragen wird?

12. Im Magnetfeld mit der magnetischen Flussdichte 0,8 T befindet sich eine Spule mit 25 Windungen, die eine wirksame Leiterlänge von je 20 cm haben. Wie groß ist der Strom, damit bei dem Windungsdurchmesser 30 mm das Drehmoment 0,15 Nm entsteht?

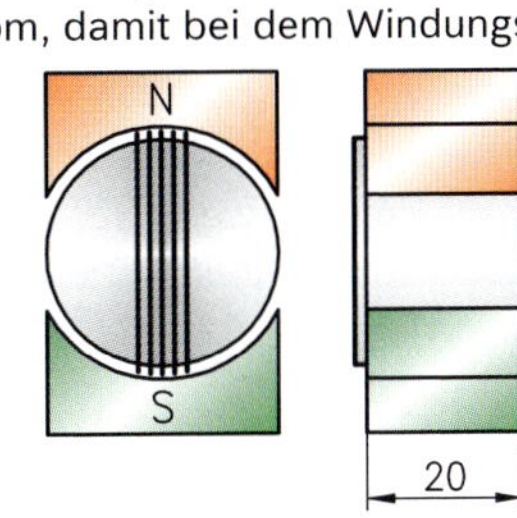

13. Die abgebildete Spule mit 48 Windungen wird von 1,5 A durchflossen.

a) Wie groß ist die Kraftwirkung auf die Spule, wenn die magnetische Flussdichte 0,25 T zur Verfügung steht?

b) Welches Drehmoment entsteht bei dem Windungsdurchmesser 4 cm?

14. Eine Spule mit einem Drehmoment 500 mNm besitzt 20 Windungen mit einer wirksamen Leiterlänge von je 250 mm. Der Durchmesser der Spule beträgt 400 mm. Wie groß ist die magnetische Flussdichte im Luftspalt, wenn der Spulenstrom 0,5 A beträgt?

15. Durch die Spule des abgebildeten Drehspulmesswerkes mit 100 Windungen fließt der Strom 2,5 A. Die auf die Spule wirkende Kraft wird durch die Gegenkraft der Spiralfeder aufgehoben. Die Gegenkraft beträgt bei Endausschlag 20 N. Im Luftspalt ist die magnetische Flussdichte 0,4 T wirksam.

a) Wie groß ist die Kraft, die bei Endausschlag auf den Zeiger wirkt?

b) Welche wirksame Leiterlänge hat eine Windung?

c) Wie groß ist die elektrische Durchflutung?

16. Das magnetische Feld eines Dauermagneten mit 1,8 T wirkt auf die nebenstehende Spule, die von 1,5 A durchflossen wird. Die Spule besitzt 40 Windungen.

a) Welche Kraft wirkt auf eine Spulenseite?

b) In welche Richtung wird die Spule bewegt?

c) Welches Drehmoment wirkt auf jedes Leiterpaket?

d) Wie groß ist das von der Spule erzeugte Drehmoment?

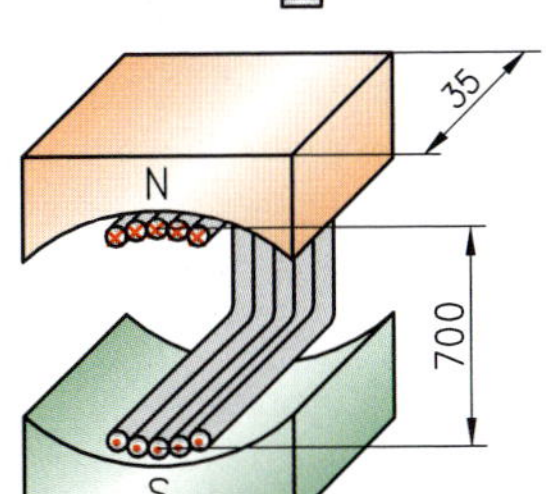

11.3 Gleichstrommotoren

11.3.1 Ankerkreis, Anlasser

Gleichstrommotoren werden über den Kommutator mit Gleichstrom versorgt:
Ersatzschaltbild des Ankerkreises mit dem Ankerkreiswiderstand und der induzierten Gegenspannung

Induktionsgesetz
$U_q = z \cdot l \cdot v \cdot B$
mit $v = d \cdot \pi \cdot n$
und $B = \frac{\Phi}{A}$

$\Rightarrow$ $U_q = c_M \cdot n \cdot \Phi$ $\Leftarrow$

Motorkonstante
$c_M = \frac{z \cdot l \cdot d \cdot \pi}{A}$

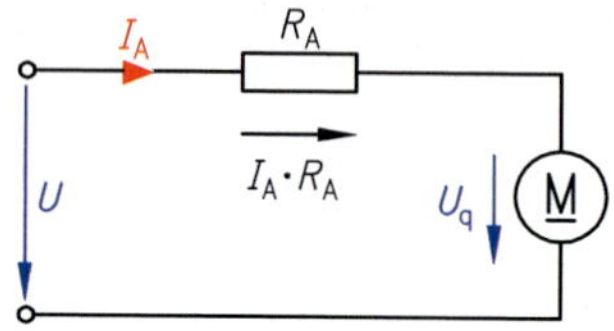

$\Rightarrow$ $P_n = U_{qn} \cdot I_{An}$

$M_n = \frac{P_n}{2\pi \cdot n_n}$

Beim Einschalten:

$n = 0\,\text{min}^{-1}$; $U_q = 0\,\text{V}$

$I_A = I_{A,\,Anl} = \frac{U_n}{R_A}$

$U - U_q - I_A \cdot R_a = 0\,\text{V}$

$I_A = \frac{U - U_q}{R_A}$

Im Bemessungsbetrieb:

$n = n_n$; $U_q = U_{qn}$

$I_A = I_{An} = \frac{U_n - U_{qn}}{R_A}$

Zur Strombegrenzung auf den erlaubten Wert $I_{a,MAX}$ wird beim Anlauf ein Widerstand R_{AV} (Anlasser) in den Ankerkreis geschaltet:

$$R_{AV} = \frac{U}{I_{A,\,max}} - R_A$$

Aufgaben

Beispiel: Ein 175-V-Gleichstrommotor mit Permanenterregung nimmt im Nennbetrieb einen Ankerstrom von 3,7 A auf. Der Ankerkreiswiderstand beträgt 7 Ω

a) Wie groß ist die im Anker induzierte Gegenspannung?
b) Welche mechanische Leistung gibt der Motor näherungsweise ab?
c) Wie groß ist der Anlaufstrom bei direktem Einschalten?
d) Welcher Ankerkreisvorwiderstand verringert den Anlaufstrom auf $2 \cdot I_{An}$?

Gegeben: $U_n = 175\,\text{V}$; $I_{An} = 3{,}7\,\text{A}$; $R_A = 7\,\Omega$; $I_{A,\,max} = 2 \cdot I_{An}$

Gesucht: U_{qn}; P_n; I_A; R_{AV}

Lösung:

a) $U_{qn} = U_n - I_{An} \cdot R_A = 175\,\text{V} - 3{,}7\,\text{A} \cdot 7\,\Omega = \mathbf{149{,}1\,V}$

b) $P_n = U_{qn} \cdot I_{An} = 149{,}1\,\text{V} \cdot 3{,}7\,\text{A} = \mathbf{551{,}7\,W}$

c) $I_{A,\,Anl} = \frac{U_n}{R_A} = \frac{175\,\text{V}}{7\,\Omega} = \mathbf{25\,A}$

d) $R_{AV} = \frac{U_n}{I_{A,max}} - R_A = \frac{175\,\text{V}}{2 \cdot 3{,}7\,\text{A}} - 7\,\Omega = \mathbf{16{,}65\,\Omega}$

1. In der Ankerwicklung eines Gleichstrommotors wird bei $1500\,\text{min}^{-1}$ eine Spannung von 370 V induziert. Wie groß ist der magnetische Fluss in den Polschuhen, wenn die Motorkonstante 174 beträgt?

2. Der Ankerkreiswiderstand eines Gleichstrommotors beträgt 1 Ω. Bei einem Ankerstrom von 24 A wird im Anker eine Gegenspannung von 416 V induziert. Wie groß ist die Spannung am Ankerkreis?

3. Im Bemessungsbetrieb eines Gleichstrommotors an 400 V fließen im Ankerkreis 46 A. Die induzierte Gegenspannung beträgt dabei 380 V. Wie groß ist der Ankerkreiswiderstand?

4. Bei 400 V Bemessungsspannung werden im Anker einer Gleichstrommaschine 365 V induziert. Der Ankerkreiswiderstand beträgt 0,5 Ω. Wie groß ist der Ankerstrom?

5. Der Anker-Bemessungsstrom einer Gleichstrommaschine mit 1,6 Ω Ankerkreiswiderstand beträgt 7,8 A. Wie groß ist die induzierte Gegenspannung bei einer Klemmenspannung von 175 V?

6. Wie groß ist die im Anker induzierte Spannung eines Gleichstrommotors an 440 V mit 120 mΩ Ankerkreiswiderstand und 267 A Ankerstrom?

7. Ein Gleichstrommotor für 300 V hat 0,8 Ω Ankerkreiswiderstand. Wie groß ist der Anlassstrom bei direktem Einschalten?

8. Wird bei 440 V Netzspannung ein Gleichstrommotor direkt eingeschaltet, fließen im Ankerkreis 250 A. Wie groß ist der Ankerkreiswiderstand?

9. Der Ankerkreis eines 400-V-Gleichstrommotors hat einen Widerstand von 0,2 Ω. Wie groß ist der Anlaufstrom, wenn ein Anlasser mit 1,3 Ω verwendet wird?

10. Der Anlaufstrom eines 440-V-Gleichstrommotors mit einem Ankerkreiswiderstand von 0,3 Ω soll auf 70 A begrenzt werden. Wie groß muss der Anlasserwiderstand bemessen werden?

11. Bei einem Gleichstrommotor für 600 V fließt im Bemessungsbetrieb ein Ankerstrom von 109 A. Der Ankerkreiswiderstand beträgt 0,53 Ω.
   a) Wie groß ist die induzierte Gegenspannung in der Ankerwicklung?
   b) Wie groß ist die Leistungsabgabe bei Vernachlässigung der mechanischen Verluste?
   c) Welcher Anlaufstrom fließt bei direktem Einschalten?
   d) Auf welchen Wert wird der Anlaufstrom begrenzt, wenn ein 2,5-Ω-Widerstand in den Ankerkreis geschaltet wird?

12. Ein 200-W-Gleichstrommotor mit Permanenterregung nimmt im Bemessungsbetrieb bei Anschluss an 300 V einen Strom von 1 A auf. Der Anker dreht sich dabei mit 1530 min^{-1}, der Ankerkreiswiderstand beträgt 40 Ω. Wie groß sind
   a) Drehmoment,
   b) Wirkungsgrad,
   c) Verlustleistung in der Ankerwicklung,
   d) mechanische Verluste,
   e) induzierte Gegenspannung,
   f) Anlaufstrom?

13. Ein Gleichstrommotor mit Permanenterregung dreht mit konstanter Drehzahl. Im Bemessungsbetrieb bei 400 V fließen 1,5 A. Der Ankerkreiswiderstand beträgt 50 Ω. Während des Betriebes sinkt die Spannung auf 350 V.
   a) Welche Spannung fällt dann im Ankerkreis ab?
   b) Wie groß wird der Ankerstrom?

14. Der Ankerkreiswiderstand eines Gleichstrommotors beträgt 1 Ω. Bei 75 A Ankerstrom werden in der Ankerwicklung 325 V induziert. Wie groß ist die Klemmenspannung?

15. Der fremderregte Gleichstrommotor mit dem nebenstehenden Leistungsschild besitzt einen Ankerkreiswiderstand von 150 mΩ.
   a) Welches Drehmoment gibt der Motor im Bemessungsbetrieb ab?
   b) Wie groß ist die Verlustleistung im Anker?
   c) Wie groß sind die gesamten elektrischen Verluste?
   d) Wie groß sind die mechanischen Verluste?
   e) Welche Gegenspannung wird im Anker induziert?
   f) Wie groß wird die induzierte Gegenspannung, wenn bei Bemessungsspannung ein Ankerstrom von 200 A fließt?
   g) Wie groß ist der Ankerstrom, wenn bei Bemessungsspannung die induzierte Ankerspannung 500 V beträgt?
   h) Mit welchem Anlasserwiderstand wird der Anlaufstrom auf das 1,5-Fache des Ankerbemessungsstromes begrenzt?

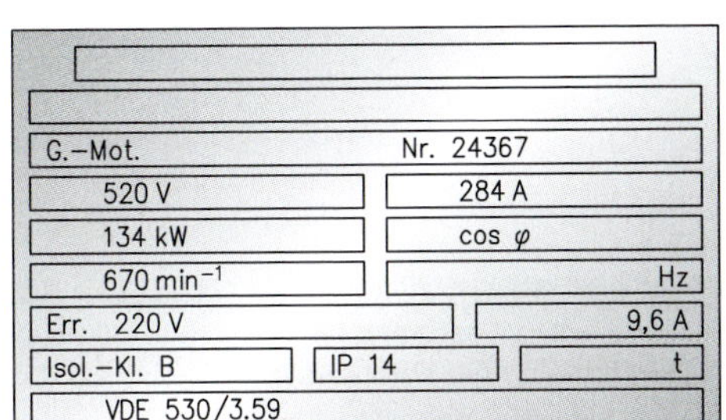

16. Ein 28,5-kW-Gleichstrommotor gibt bei Anschluss an 400 V seine Nennleistung ab. Wie groß ist der Ankerkreiswiderstand, wenn im Nennbetrieb ein Ankerstrom von 88 A fließt?

11.3.2 Anker- und Erregerkreis

Nebenschlussmotor

Anker- und Erregerwicklung sind parallel geschaltet.

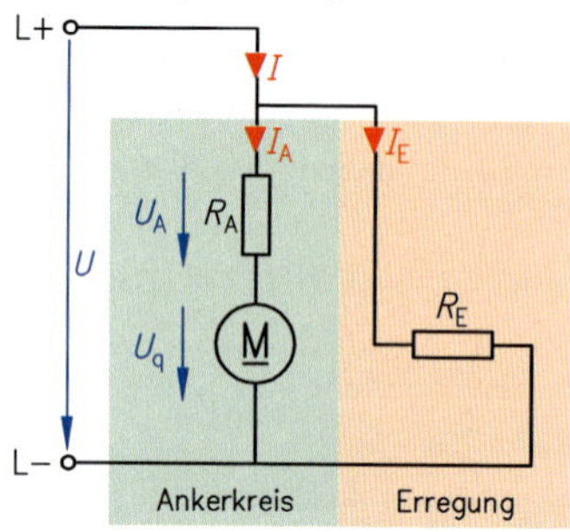

$$P_{zu} = U \cdot I$$
$$P_{ab} = U_q \cdot I_A$$

Reihenschlussmotor

Anker- und Erregerwicklung sind in Reihe geschaltet.

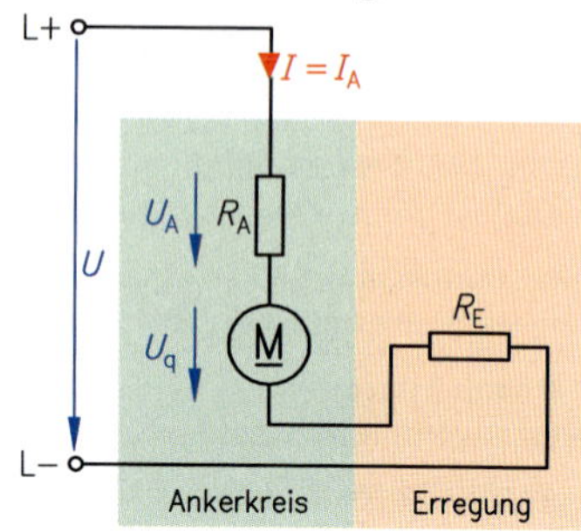

Ist der Gleichstrommotor voll kompensiert, ist zur Ankerwicklung (A1–A2) eine Wendepolwicklung (B1–B2) und eine Kompensationswicklung (C1–C2) in Reihe zugeschaltet.

Nebenschlussmotor		Reihenschlussmotor
$U = U_q + I_A \cdot \Sigma R_A$	Motorspannung	$U = U_q + I_A \cdot (\Sigma R_A + R_E)$
$I = I_A + I_E$	Stromaufnahme	$I = I_A = I_E$
$I_A = \dfrac{U - U_q}{\Sigma R_A}$	Ankerstrom	$I_A = I = \dfrac{U - U_q}{\Sigma R_A + R_E}$
$I_E = \dfrac{U}{R_E}$	Erregerstrom	$I_E = I$

Aufgaben

Beispiel: Ein 175-V-Gleichstrommotor mit Permanenterregung nimmt im Bemessungsbetrieb einen Ankerstrom von 3,7 A auf. Der Ankerkreiswiderstand beträgt 7 Ω.

a) Wie groß ist die im Anker induzierte Gegenspannung?
b) Welche mechanische Leistung gibt der Motor näherungsweise ab?
c) Wie groß ist der Anlaufstrom bei direktem Einschalten?
d) Welcher Ankerkreisvorwiderstand verringert den Anlaufstrom auf $2 \cdot I_{An}$?

Gegeben: $U_n = 175\,V$; $I_{An} = 3{,}7\,A$; $R_A = 7\,\Omega$; $I_{A,max} = 2 \cdot I_{An}$

Gesucht: U_{qn}; P_n; I_A; R_{AV}

Lösung:

a) $U_{qn} = U_n - I_{An} \cdot R_A = 175\,V - 3{,}7\,A \cdot 7\,\Omega = \mathbf{149{,}1\,V}$

b) $P_n = U_{qn} \cdot I_{An} = 149{,}1\,V \cdot 3{,}7\,A = \mathbf{551{,}7\,W}$

c) $I_{A,Anl} = \dfrac{U_n}{R_A} = \dfrac{175\,V}{7\,\Omega} = \mathbf{25\,A}$

d) $R_{VA} = \dfrac{U_n}{I_{A,max}} - R_A = \dfrac{175\,V}{2 \cdot 3{,}7\,A} - 7\,\Omega = \mathbf{16{,}65\,\Omega}$

1. Wie groß ist der Ankerkreiswiderstand eines voll kompensierten Gleichstrom-Nebenschlussmotors, wenn der Widerstand der Ankerwicklung 0,08 Ω, der Widerstand der Wendepolwicklung 28 mΩ und der Widerstand der Kompensationswicklung 30 mΩ beträgt?
2. Der Widerstand der Erregerwicklung eines 400-V-Gleichstrom-Nebenschlussmotors beträgt 500 Ω. Wie groß ist der Erregerstrom?
3. Ein 400-V-Gleichstrom-Nebenschlussmotor nimmt im Bemessungsbetrieb 15 A auf. Wie groß ist der Ankerstrom, wenn der Widerstand der Erregerwicklung 250 Ω beträgt?

4. Ein Gleichstrom-Nebenschlussmotor nimmt an 220 V den Bemessungsstrom 60 A auf. Die Erregerwicklung besitzt den Widerstand 100 Ω, die Ankerwicklung 0,3 Ω. Wie groß ist die induzierte Gegenspannung in der Ankerwicklung?

5. Im Anker eines 400-V-Gleichstrom-Nebenschlussmotors werden im Bemessungsbetrieb 360 V induziert. Der Bemessungsstrom beträgt 52 A, die Erregerwicklung hat den Widerstand 200 Ω. Wie groß ist der Ankerkreiswiderstand?

6. Ein 400-V-Gleichstrom-Nebenschlussmotor nimmt im Bemessungsbetrieb 16,5 kW auf. Der Ankerkreiswiderstand beträgt 0,8 Ω, der Erregerkreis hat einen Widerstand von 200 Ω. Wie groß sind
   a) Bemessungsstrom,
   b) Erregerstrom,
   c) Ankerstrom,
   d) induzierte Gegenspannung?

7. Ein Gleichstrom-Nebenschlussmotor hat die Bemessungsdaten: 3 kW, 220 V, 1800 min^{-1}, 16 A Ankerstrom, 1,4 A Erregerstrom.
   a) Wie groß ist der Erregerwiderstand?
   b) Welche Leistung nimmt der Motor auf?
   c) Wie groß ist der Wirkungsgrad?
   d) Welche Spannung wird bei Vernachlässigung der mechanischen Verluste im Anker induziert?

8. Wie groß sind die fehlenden Daten der Gleichstrom-Nebenschlussmotoren?

	a)	b)	c)	d)	e)	f)
U	110 V	?	600 V	?	?	110 V
I	?	15,2 A	?	18,4 A	?	4,2 A
I_A	10,72 A	?	22,83 A	?	16,26 A	?
I_E	?	1,09 A	0,87 A	0,55 A	?	0,41 A
R_A	1,24 Ω	?	?	2,37 Ω	1,26 Ω	?
R_E	160 Ω	230 Ω	?	800 Ω	410 Ω	?
U_q	?	247,6 V	?	?	200 V	?
P_{ab}	?	?	12,78 kW	?	?	390,2 Nm/s

9. Bei Anschluss an 300 V Gleichspannung nimmt ein Reihenschlussmotor 8 A auf. Der Ankerwiderstand beträgt 2, 1 Ω, der Erregerwiderstand 1, 8 Ω. Wie groß ist die induzierte Gegenspannung im Anker?

10. Im Bemessungsbetrieb an 220 V Gleichspannung nimmt ein 750-W-Reihenschlussmotor 5 A auf. Anker und Erregerwicklung haben zusammen einen Widerstand von 1,8 Ω.
   a) Welche Spannung wird im Anker induziert?
   b) Welche Leistung nimmt der Motor auf?
   c) Wie groß ist der Wirkungsgrad?
   d) Wie groß ist der Anlaufstrom?

11. Bei direktem Einschalten eines 220-V-Gleichstrom-Reihenschlussmotors fließen 25 A. Nach erfolgtem Hochlauf fließen im Bemessungsbetrieb 2,6 A.
   a) Wie groß ist der innere Widerstand des Motors?
   b) Wie groß ist die induzierte Gegenspannung im Bemessungsbetrieb?

12. Ein 220-V-Gleichstrom-Reihenschlussmotor besitzt einen Ankerkreiswiderstand von 1, 2 Ω und einen Erregerwiderstand von 0,8 Ω. Im Bemessungsbetrieb bei 3200 min^{-1} liegen 6,4 V an der Erregerwicklung. Wie groß ist die induzierte Gegenspannung?

13. Ein Gleichstrommotor mit Permanenterregung nimmt an 42 V einen Ankerstrom von 8,6 A auf. Der Ankerkreiswiderstand beträgt 0,83 Ω.
   a) Welche Spannung fällt am Ankerkreiswiderstand ab?
   b) Wie groß ist die induzierte Gegenspannung in der Ankerwicklung?
   c) Welche Leistung nimmt der Motor aus dem Gleichstromnetz auf?
   d) Welche elektrischen Verluste treten im Ankerkreis auf?
   e) Welche Leistung gibt der Motor bei Vernachlässigung der mechanischen Verluste ab?
   f) Wie groß ist dann der Wirkungsgrad?

11.3.3 Drehfrequenzverstellung

Die Gleichung für die induzierte Gegenspannung $U_q = c_M \cdot n \cdot \Phi$ (vgl. 11.3.1) zeigt:

mit $U_q = U - I_A \cdot R_A$ $n \sim U_q$ $n \sim \frac{U_q}{\Phi}$ $n \sim \frac{1}{\Phi}$ mit $\Phi \sim I_E$

Bei Φ = konstant verhalten sich die Drehfrequenzen wie die induzierten Gegenspannungen:

$$\frac{n_x}{n_n} = \frac{U_{qx}}{U_{qn}}$$

Verringerung der Ankerspannung mit einem Vorwiderstand im Ankerkreis ⇒ **Anlasser**

$$R_{AV} = \frac{U_n - U_{qx}}{I_A} - R_{An}$$

für Drehfrequenzen unterhalb n_n

Bei U_q = konstant verhalten sich die Drehfrequenzen umgekehrt wie die magn. Flüsse:

$$\frac{n_x}{n_n} = \frac{\Phi_n}{\Phi_x} = \frac{I_{En}}{I_{Ex}} \text{*)}$$

Verringerung des Erregerstromes mit einem Vorwiderstand im Erregerkreis ⇒ **Feldsteller**

$$R_{EV} = \frac{U_n}{I_{Ex}} - R_{En}$$

für Drehfrequenzen oberhalb n_n

*) Bei sättigungs- und mechanisch verlustfrei angenommenem Motor.

Aufgaben

Beispiel: Ein 400-V-Gleichstrom-Nebenschlussmotor dreht im Bemessungsbetrieb mit 30 A Ankerstrom und 1,57 A Erregerstrom mit 930 min^{-1}. Der Ankerkreis hat einen Widerstand von 3 Ω. Er wird sättigungs- und mechanisch verlustfrei angenommen.

a) Wie groß ist die induzierte Gegenspannung im Bemessungsbetrieb?

b) Welcher Ankerkreis-Vorwiderstand ist notwendig, wenn der Motor mit 800 min^{-1} arbeiten soll?

c) Mit welchem Vorwiderstand im Erregerkreis wird die Drehfrequenz auf 1050 min^{-1} erhöht?

Gegeben: $U_n = 400\,\text{V}$; $I_{An} = 30\,\text{A}$; $R_{An} = 3\,\Omega$; $n_n = 930\,\text{min}^{-1}$; $n_b = 800\,\text{min}^{-1}$; $n_c = 1050\,\text{min}^{-1}$; $I_{En} = 1{,}57\,\text{A}$

Gesucht: U_{qn}; R_{AV}; R_{EV}

Lösung:

a) $U_{qn} = U_n - I_{An} \cdot R_A = 400\,\text{V} - 30\,\text{A} \cdot 3\,\Omega = \mathbf{310\,V}$

b) $U_{qb} = U_{qn} \frac{n_b}{n_n} = 310\,\text{V} \cdot \frac{800\,\text{min}^{-1}}{930\,\text{min}^{-1}} = 266{,}67\,\text{V}$

$$R_{AV} = \frac{U_n - U_{qb}}{I_{An}} - R_{An} = \frac{400\,\text{V} - 266{,}67\,\text{V}}{30\,\text{A}} - 3\,\Omega = \mathbf{1{,}44\,\Omega}$$

c) $I_{EC} = I_{En} \frac{n_n}{n_c} = 1{,}57\,\text{A} \cdot \frac{930\,\text{min}^{-1}}{1050\,\text{min}^{-1}} = 1{,}37\,\text{A}$

$$R_{En} = \frac{U_n}{I_{En}} = \frac{400\,\text{V}}{1{,}57\,\text{A}} = 254{,}77\,\Omega$$

$$R_{Ev} = \frac{U_n}{I_{Ec}} - R_{En} = \frac{400\,\text{V}}{1{,}37\,\text{A}} - 254{,}77\,\Omega = \mathbf{37{,}2\,\Omega}$$

1. Im Anker eines 400-V-Gleichstrom-Nebenschlussmotors fließen 12 A bei 1000 min^{-1}. Der Ankerkreiswiderstand beträgt 1,6 Ω. Durch zusätzliche Belastung wird der Motor auf 950 min^{-1} abgebremst.

a) Welche induzierte Gegenspannung wirkt im Bemessungsbetrieb?

b) Wie groß wird die Gegenspannung und der Ankerstrom bei 950 min^{-1}?

2. Bei Entlastung eines 220-V-Gleichstrom-Nebenschlussmotors sinkt der Ankerstrom von 8 A (Bemessungsbetrieb) auf 6 A. Der Ankerkreiswiderstand beträgt 1 Ω. Die Bemessungsdrehfrequenz ist mit 1200 min^{-1} angegeben.
   a) Welche Gegenspannung wird im Bemessungsbetrieb induziert?
   b) Wie groß wird der Spannungsabfall im Ankerkreiswiderstand bei 6 A Ankerstrom?
   c) Wie ändert sich die Gegenspannung bei Entlastung des Motors?
   d) Welche Drehfrequenz erreicht dann der Motor?
3. Ein 400-V-Gleichstrommotor mit Permanenterregung, 15 Ω Ankerkreiswiderstand, nimmt bei 1500 min^{-1} einen Strom von 2 A auf. Wie groß wird die Stromaufnahme, wenn die Ankerfrequenz auf 1200 min^{-1} sinkt?
4. Der Anker eines fremderregten Gleichstrommotors liegt an 440 V. Bei 150 A Ankerstrom dreht der Motor mit 450 min^{-1}. Der Ankerkreiswiderstand beträgt 0,18 Ω. Welche Drehfrequenz stellt sich bei 400 V Ankerspannung und konstantem Ankerstrom ein?
5. Durch einen Feldsteller wird das Erregerfeld eines Gleichstrom-Nebenschlussmotors mit 1450 min^{-1} Bemessungsdrehfrequenz um 20 % geschwächt. Welche Drehfrequenz stellt sich bei gleichbleibendem Ankerstrom ein?
6. Der Ankerkreiswiderstand eines fremderregten 220-V-Gleichstrommotors beträgt 0,4 Ω. Bei 45 A Ankerstrom erreicht er seine Bemessungsdrehfrequenz 630 min^{-1}.
   a) Mit welcher Drehfrequenz dreht der Motor bei einem Ankerstrom von 60 A?
   b) Welche Leerlaufdrehfrequenz erreicht der Motor, wenn 1,5 A im Anker fließen?
   c) Wie groß ist der Anlaufstrom bei 30 V Ankerspannung?
7. Ein fremderregter Gleichstrommotor hat folgende Bemessungsdaten: 20 kW, 2400 min^{-1}, 440 V Ankerspannung, 52 A Ankerstrom, 0,8 Ω Ankerkreiswiderstand, 440 V Erregerspannung, Erregerstrom 1 A.
   a) Welche Leistung nimmt der Motor auf?
   b) Wie groß ist der Wirkungsgrad?
   c) Wie groß ist die induzierte Gegenspannung im Bemessungsbetrieb?
   d) Bei welcher Drehfrequenz fließen im Anker 30 A?
   e) Wie groß ist die Drehfrequenz, wenn bei 400 V Ankerspannung 65 A fließen?
   f) Bei welcher Ankerspannung dreht der Motor bei 30 A Ankerstrom mit 1000 min^{-1}?
8. Ein 400-V-Gleichstrom-Nebenschlussmotor nimmt im Bemessungsbetrieb 46 A bei 2000 min^{-1} auf. Die Erregerwicklung hat den Widerstand 200 Ω, die Ankerkreiswicklung 1 Ω.
   a) Wie groß sind Erregernennstrom und Ankerbemessungsstrom?
   b) Mit welchem Ankerkreisvorwiderstand lässt sich die Drehfrequenz 500 min^{-1} bei 50 A Stromaufnahme einstellen?
   c) Wie groß ist die Drehfrequenz bei 10 Ω Ankervorwiderstand und 22 A Stromaufnahme?
9. Beim Einschalten eines 400-V-Gleichstrom-Nebenschlussmotors fließt ein Ankerstrom von 183 A. Im Bemessungsbetrieb bei 920 min^{-1} beträgt der Ankerstrom 15 A.
   a) Wie groß ist der Ankerkreiswiderstand?
   b) Wie ändert sich der Ankerstrom, wenn der Motor mit 800 min^{-1} dreht?
   c) Welcher Ankerstrom stellt sich ein, wenn der Motor mit 1200 min^{-1} entgegen seiner Drehrichtung angetrieben wird?
10. Ein Gleichstrom-Nebenschlussmotor für 440 V dreht bei 28 A Ankerstrom mit 1500 min^{-1}. Bei der Leerlaufdrehfrequenz 1550 min^{-1} fließen 3 A Ankerstrom.

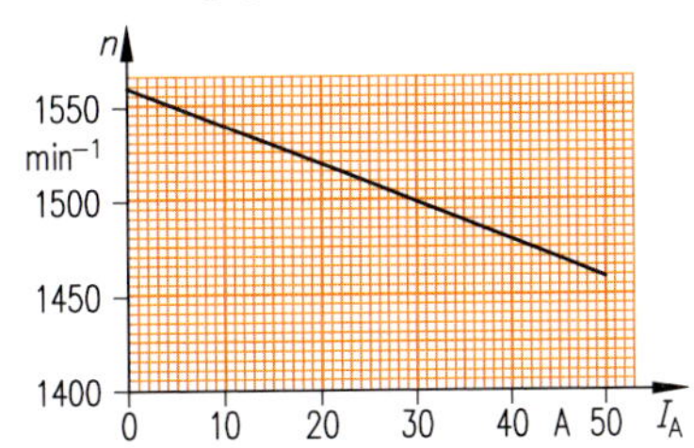

   a) Um wie viele Umdrehungen fällt die Drehfrequenz bei 1 A Ankerstromerhöhung ab?
   b) Wie groß ist der Ankerstrom bei 1000 min^{-1}?
   c) Wie groß ist der Anlaufstrom?
   d) Wie groß ist der Ankerkreiswiderstand?
11. Im Nennbetrieb gibt ein 440-V-Gleichstrom-Nebenschlussmotor bei 820 min^{-1} ein Drehmoment von 124 Nm ab. Der Wirkungsgrad beträgt 80 %. Der Motor hat den Ankerwiderstand von 2 Ω. Die Erregerwicklung nimmt 500 W auf.
   a) Wie groß ist der Erregerwiderstand?
   b) Welcher Erregerstrom fließt in der Schaltung?
   c) Wie groß ist die mechanische Leistung, die vom Motor abgegeben wird?
   d) Welche elektrische Leistung nimmt der Motor auf?
   e) Wie groß ist der Ankerstrom?
   f) Welche Spannung wird bei Nennbetrieb im Anker induziert?
   g) Welcher Widerstand muss im Ankerkreis zugeschaltet werden, damit der Motor bei gleichem Drehmoment mit 600 min^{-1} dreht?

11.4 Drehstrom-Asynchronmotoren

11.4.1 Drehfrequenzen und Schlupf

Kennlinie $M = f(s) = f(n)$ des Schleifringläufer-Motors

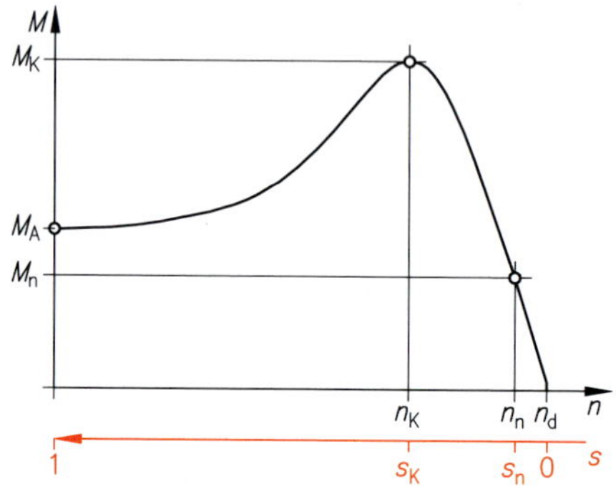

Drehfeld-drehfrequenz n_d

$$n_d = \frac{f}{p}$$

f: Netzfrequenz
p: Polpaarzahl

Schlupf-drehfrequenz n_s

$$n_{sn} = n_d - n_n$$

Schlupf s

in Prozent

$$s_{n\%} = \frac{n_{sn}}{n_d} \cdot 100\,\%$$

als Dezimalzahl

$$s_n = \frac{n_{sn}}{n_d}$$

Drehfrequenz n_n

$$n_n = n_d \cdot (1 - s_n)$$

Aufgaben

Beispiel: Ein vierpoliger Drehstrom-Asynchronmotor für 400 V/50 Hz hat eine Bemessungsdrehfrequenz von 1450 min^{-1}. Wie groß ist

a) die Drehfelddrehfrequenz,
b) die Schlupfdrehfrequenz und
c) der Schlupf in Prozent und als Dezimalzahl?

Gegeben: $U_n = 400\,\text{V}$; $f = 50\,\text{Hz} = 50\,\text{s}^{-1}$; $n_n = 1450\,\text{min}^{-1}$; $p = 2$

Gesucht: n_d; n_{sn}; $s_{n\%}$; s_n

Lösung:

a) $n_d = \frac{f}{p} = \frac{50\,\text{s}^{-1}}{2} = 25\,\text{s}^{-1} = \mathbf{1\,500\,min^{-1}}$

b) $n_{sn} = n_d - n_n = 1\,500\,\text{min}^{-1} - 1\,450\,\text{min}^{-1} = \mathbf{50\,min^{-1}}$

c) $s_{n\%} = \frac{n_{sn}}{n_d} \cdot 100\,\% = \frac{50\,\text{min}^{-1}}{1\,500\,\text{min}^{-1}} \cdot 100\,\% = \mathbf{3{,}33\,\%} \Rightarrow s_n = \mathbf{0{,}033}$

1. Ein sechspoliger Drehstrom-Asynchronmotor wird an ein 50-Hz-Drehstromnetz angeschlossen. Wie groß ist die Drehfelddrehfrequenz?

2. Wie viele Pole besitzt ein Asynchronmotor an 50 Hz bei einer Drehfelddrehfrequenz von 750 min^{-1}?

3. Mit welcher Frequenz wird ein vierpoliger Asynchronmotor versorgt, wenn sich das Drehfeld mit 500 min^{-1} dreht?

4. Die Drehfelddrehfrequenz eines Asynchronmotors beträgt 3000 min^{-1}.
a) Wie groß ist die Schlupfdrehfrequenz bei einer Drehfrequenz von 2920 min^{-1}?
b) Wie groß ist der prozentuale Schlupf?

5. Ein vierpoliger Asynchronmotor an 50 Hz hat einen Schlupf von 4,5 %. Wie groß ist
a) die Schlupfdrehfrequenz,
b) die Bemessungsdrehfrequenz?

6. Der Bemessungsschlupf eines achtpoligen Asynchronmotors für 50 Hz beträgt 3,4 %. Wie groß ist die Bemessungsdrehfrequenz?

7. Bei einer Bemessungsdrehfrequenz von 240 min^{-1} beträgt der Schlupf eines achtpoligen Asynchronmotors 4 %. Wie groß ist die Netzfrequenz?

8. Für welche Drehfelddrehzahlen oberhalb 300 min^{-1} lassen sich Asynchronmotoren für 50 Hz bauen?

9. Der Bemessungsschlupf von Asynchronmotoren liegt zwischen 1,5 und 5 %. Bei 50 Hz sind folgende Bemessungsdrehfrequenzen angegeben:
   a) 2935 min^{-1}
   b) 697 min^{-1}
   c) 1480 min^{-1}
   d) 965 min^{-1}
   Wie viele Pole besitzen die Motoren?

10. Die Bemessungsdrehfrequenz eines sechspoligen Drehstrom-Asynchronmotors für 60 Hz ist mit 1150 min^{-1} angegeben. Welche Drehfrequenz erreicht der Motor bei konstantem Schlupf an einem 50-Hz-Drehstromnetz?

11. Ein Drehstrom-Asynchronmotor für 60 Hz dreht sich im Leerlauf mit 896 min^{-1}.
    a) Wie groß ist die Drehfelddrehfrequenz?
    b) Wie viele Pole besitzt der Motor?
    c) Welche Leerlaufdrehfrequenz erreicht der Motor bei konstantem Schlupf am 50-Hz-Netz?

12. Wie groß sind die fehlenden Werte der Asynchronmotoren?

	a)	b)	c)	d)	e)	f)
f	50 Hz	400 Hz	?	60 Hz	?	200 Hz
p	1	?	8	?	1	?
n_d	?	6000 min^{-1}	375 min^{-1}	?	1000 min^{-1}	?
n_s	84 min^{-1}	?	34 min^{-1}	?	?	180 min^{-1}
n	?	?	?	1720 min^{-1}	940 min^{-1}	5820 min^{-1}
$s_{\%}$	?	4 %	?	4,44 %	?	?

13. Bei einem Asynchronmotor an 50 Hz mit Dahlanderschaltung werden die Bemessungsdrehfrequenzen 1455 min^{-1}/2870 min^{-1} angegeben. Wie groß ist jeweils der Schlupf?

14. Die Bemessungsdrehfrequenz eines 450-kW/50-Hz-Asynchronmotors wird mit 1480 min^{-1}, die eines 11-kW/50-Hz-Asynchronmotors mit 1420 min^{-1} angegeben. Wie groß ist jeweils der Schlupf?

15. Ein zweipoliger Asynchronmotor hat bei 50 Hz eine Bemessungsdrehfrequenz von 2900 min^{-1}. Zur Drehrichtungsumkehr werden zwei Phasen der Zuleitung miteinander vertauscht. Wie groß ist der Schlupf im Umschaltaugenblick?

16. Zur Drehfrequenzeinstellung können Asynchronmotoren über Frequenzrichter gesteuert werden. Im Bemessungsbetrieb bei 50 Hz dreht der Motor mit 950 min^{-1}. Zum Abbremsen wird die Frequenz auf 25 Hz reduziert.
    a) Auf welche Drehfrequenz wird der Motor bei konstantem Schlupf abgebremst?
    b) Wie groß ist der Schlupf bei 25 Hz, wenn sich der Motor durch seine Schwungmasse noch mit 900 min^{-1} weiterdreht?

17. In der Läuferwicklung eines vierpoligen Schleifringläufermotors wird im Einschaltaugenblick eine Wechselspannung von 100 V/50 Hz induziert.
    a) Wie groß ist die Läuferspannung und ihre Frequenz bei Erreichen der Bemessungsdrehfrequenz von 1450 min^{-1}?
    b) Wie groß ist die Läuferspannung und ihre Frequenz bei Erreichen der Drehfeldfrequenz?

18. Ein achtpoliger Schleifringläufermotor für 400 V/50 Hz wird als Kranmotor eingesetzt. Im Bemessungsbetrieb erreicht er eine Drehfrequenz von 712,5 min^{-1}. In der Läuferwicklung werden dabei 10 V induziert.
    a) Wie groß ist im Bemessungsbetrieb der Schlupf?
    b) Welche Läuferspannung wird im Einschaltaugenblick induziert?
    c) Wie groß ist der Schlupf und die induzierte Spannung, wenn beim Absenken der Last der Motor eine Drehfrequenz von 787,5 min^{-1} erreicht?

11.4.2 Leistungen und Wirkungsgrad

Auf dem Leistungsschild des Motors ist die abgebbare Bemessungs-Wirkleistung angegeben.

Wirkungsgrad η

$$\eta = \frac{P_{ab}}{P_{zu}}$$

Zugeführte elektrische Größen

$$S = \sqrt{3} \cdot U \cdot I$$

$$Q_L = S \cdot \sin\varphi$$

$$P_{zu} = S \cdot \cos\varphi$$

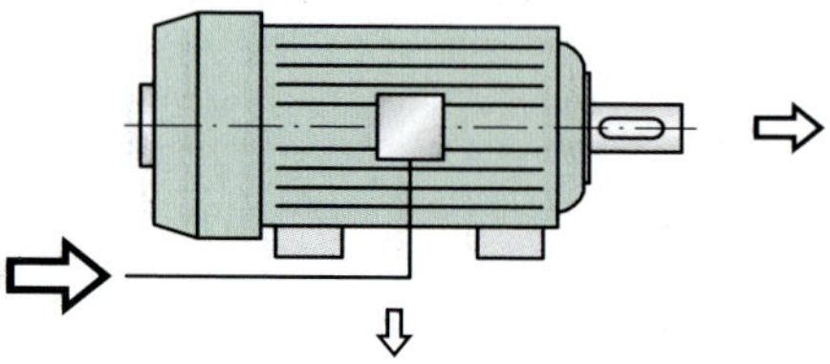

Abgegebene mechanische Größen

$$M_n = \frac{P_{ab}}{2\pi n_n}$$

$$P_{ab} = S \cdot \cos\varphi \cdot \eta$$

Verlustleistung P_v

$$P_v = P_{zu} - P_{ab}$$

Aufgaben

Beispiel: Ein Drehstrom-Asynchronmotor 2,2 kW/400 V nimmt bei einem Leistungsfaktor von 0,85 einen Strom von 4,9 A auf.

a) Wie groß ist die aufgenommene Scheinleistung?
b) Welche Wirkleistung nimmt der Motor auf?
c) Wie groß ist die Verlustleistung?
d) Wie groß ist der Wirkungsgrad des Motors?

Gegeben: $U_n = 400\,\text{V}$; $I_n = 4{,}9\,\text{A}$; $\cos\varphi = 0{,}85$; $P_{ab} = 2{,}2\,\text{kW}$

Gesucht: S; P_{zu}; P_v; η

Lösung:

a) $S = \sqrt{3} \cdot U_n \cdot I_n = \sqrt{3} \cdot 400\,\text{V} \cdot 4{,}9\,\text{A} = \mathbf{3{,}39\,kVA}$

b) $P_{zu} = S \cdot \cos\varphi = 3{,}39\,\text{kVA} \cdot 0{,}85 = \mathbf{2{,}88\,kW}$

c) $P_v = P_{zu} - P_{ab} = 2{,}88\,\text{kW} - 2{,}2\,\text{kW} = \mathbf{0{,}68\,kW}$

d) $\eta = \frac{P_{ab}}{P_{zu}} = \frac{2{,}2\,\text{kW}}{2{,}88\,\text{kW}} = \mathbf{0{,}764}$

1. Ein Drehstrommotor nimmt am 400-V-Drehstromnetz 12,4 A auf. Wie groß ist die aufgenommene Scheinleistung?

2. In der Zuleitung eines Drehstrom-Asynchronmotors fließen 2,4 A bei 400 V Netzspannung. Der Leistungsfaktor beträgt 0,78. Wie groß ist
a) die aufgenommene Wirkleistung,
b) die induktive Blindleistung?

3. Die Stromaufnahme eines Drehstrom-Asynchronmotors am 6-kV-Drehstromnetz beträgt 120 A. Wie groß ist die Wirkleistungsaufnahme bei einem Leistungsfaktor von 0,89?

4. Welche induktive Blindleistung nimmt ein 45-kW-Drehstrommotor an 400 V auf, wenn in der Zuleitung 88 A bei einem Leistungsfaktor von 0,87 fließen?

5. Wie groß ist die Stromaufnahme eines 5-kW-Drehstrommotors an 400 V mit 78 % Wirkungsgrad bei einem Wirkleistungsfaktor von 0,82?

6. Für einen Asynchronmotor sind die Bemessungsdaten auf dem abgebildeten Leistungsschild angegeben.

3~ Mot.	Nr.	
400 △ V	19,9 A	
11 kW	S1	cos φ 0,9
2940 /min	50 Hz	
V	A	
Isol. F	IP55	95 kg

a) Wie groß ist der Bemessungsstrom in einem Wicklungsstrang?
b) Wie groß ist die Wirkleistungsaufnahme?
c) Wie groß ist der Wirkungsgrad?
d) Wie groß ist das Bemessungsmoment?
e) Wie groß ist der Anlaufstrom (vgl. Tabelle S. 215)?

7. Welchen Leistungsfaktor hat ein 3-kW-Drehstrommotor an 400 V bei einem Wirkungsgrad von 0,85 und einem Bemessungsstrom von 6,9 A?

8. Ein 7,5-kW-Drehstrommotor nimmt 26 A aus dem Drehstromnetz auf. Der Leistungsfaktor beträgt 0,89, der Wirkungsgrad beträgt 85 %. Wie groß ist die Netzspannung?

9. Wie groß sind die fehlenden Werte der Drehstrom-Asynchronmotoren?

	a)	b)	c)	d)	e)	f)
U	400 V	230 V	?	5 kV	?	660 V
I	?	8,4 A	3 A	?	62,5	?
S	?	?	1200 VA	?	?	11,34 kVA
Q	?	?	?	82,6 kVAr	?	?
$\cos\varphi$	0,72	0,8	?	?	0,78	?
P_{zu}	?	?	860 W	133,3 kW	42,2 kW	?
η	0,88	0,82	?	0,9	?	0,86
P_{ab}	4,5 kW	?	645 W	?	38 kW	8 kW

10. Der Drehstrommotor mit nebenstehendem Leistungsschild ist an ein 380-V-Netz angeschlossen.

3~ Mot.	Nr.	
380/660 V	32/18,5 A	
15 kW	S1	cos φ 0,82
965 /min	50 Hz	
V	A	
Isol. F	IP23	135 kg

a) Wie groß ist der Wirkungsgrad?
b) Welcher Strom fließt in einem Wicklungsstrang?
c) Wie groß ist der Anlaufstrom bei $I_{Anl} = 5 \cdot I_N$?
d) Welcher Anlaufstrom fließt bei Verwendung eines Stern-Dreieck-Schalters?

11. Bei 65 % Wirkungsgrad fördert eine Pumpe 25 m^3 Wasser in 1 h aus 6,5 m Tiefe. Sie wird von einem 400-V-Drehstrommotor (Wirkungsgrad 83 %, Leistungsfaktor 0,79) angetrieben.
a) Welche Leistung gibt der Motor ab?
b) Welche Wirkleistung nimmt der Motor auf?
c) Wie groß ist der Strom in der Zuleitung?

12. Eine vierpolige Drehstrom-Asynchronmaschine wird im Generatorbetrieb mit 1560 min^{-1} angetrieben. Bei einem Leistungsfaktor von 0,85 liefert sie 9 A in ein Drehstromnetz 400 V/50 Hz. Der Wirkungsgrad beträgt 87 %.
a) Welche Leistung gibt die Maschine ab?
b) Mit welchem Drehmoment wird die Maschine angetrieben?
c) Wie groß ist der Schlupf?

13. Ein Drehstrom-Asynchronmotor 22 kW/400 V nimmt im Bemessungsbetrieb bei einem Leistungsfaktor von 0,85 einen Strom von 41 A auf. Dabei wird eine Drehfrequenz von 1455 min^{-1} erreicht.
a) Welche Scheinleistung nimmt der Motor auf?
b) Wie groß ist die aufgenommene Wirkleistung?
c) Welche Verlustleistung verursacht der Motor?
d) Wie hoch ist der Wirkungsgrad des Motors?
e) Welches Drehmoment gibt der Motor im Bemessungsbetrieb ab?
f) Bei Anlauf in Dreieckschaltung fließt der 7-fache Nennstrom. Wie groß ist der Strom bei Anlauf in Sternschaltung?

12 Umrichten elektrischer Energie

12.1 Ungesteuerte Stromrichter

12.1.1 Die Diode im Gleichstromkreis

Durchlasskennlinie

Konstruktion der Arbeitsgeraden

Punkt 1: $I = \frac{U_b}{R_a}$; $U = 0\,V$

Punkt 2: $U = U_b$; $I = 0\,A$

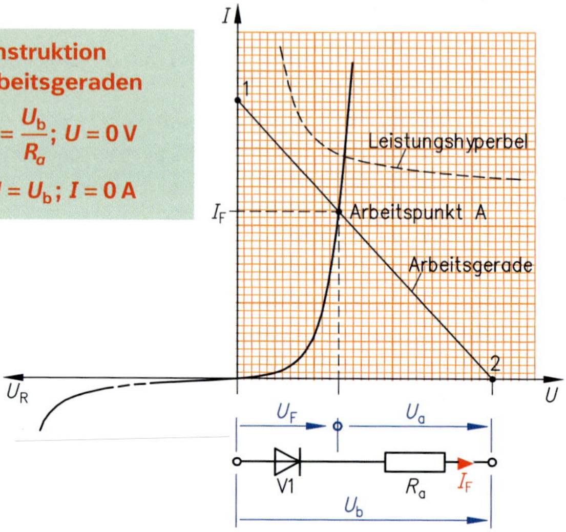

Zulässige Verlustleistung P_{tot}

$$P_{tot} = U_{F,max} \cdot I_{F,max}$$

(Leistungshyperbel)

Aufgaben

Beispiel: Die Diode mit der abgebildeten Kennlinie liegt in Reihe mit einem 15-Ω-Widerstand an 3 V Gleichspannung.

a) Wie groß ist die Spannung am Widerstand?

b) Welche Verlustleistung nimmt die Diode auf?

Gegeben: Diodenkennlinie; $R_a = 15\,\Omega$, $U_b = 3\,V$

Gesucht: U_a; P_v

Lösung: Konstruktion der Arbeitsgeraden

Punkt 1: $U = 0\,V$

$$I = \frac{U_b}{R_a} = \frac{3\,V}{15\,\Omega} = 200\,mA$$

Punkt 2: Liegt außerhalb des Datenblattes. Deshalb ausweichen auf Punkt 2':

Punkt 2': $U = 2\,V$ (Ende des Datenblattes)

$$I = \frac{U_b - U}{R_a} = \frac{3\,V - 2\,V}{15\,\Omega} = 66{,}6\,mA$$

Abgelesene Werte: $U_F = 1{,}4\,V$; $I_F = 105\,mA$

$U_a = U_b - U_F = 3\,V - 1{,}4\,V = \mathbf{1{,}6\,V}$

$P_v = U_F \cdot I_F = 1{,}4\,V \cdot 105\,mA = \mathbf{147\,mW}$

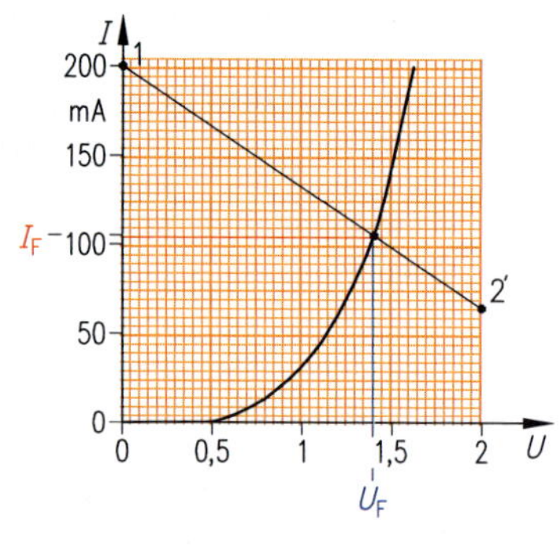

1. Durch eine Reihenschaltung aus Diode und Widerstand fließen 0,1 A bei Anschluss an 12 V Gleichspannung. An der Diode fallen 1,1 V ab.
   a) Wie groß ist die Diodenverlustleistung?
   b) Welchen Wert hat der Vorwiderstand?

Kennlinien zu den Aufgaben

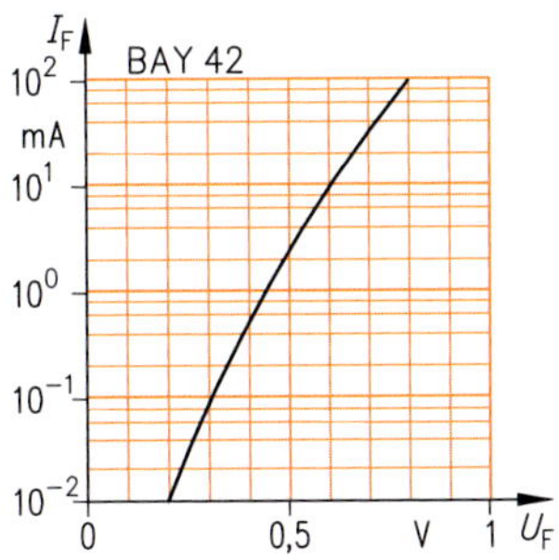

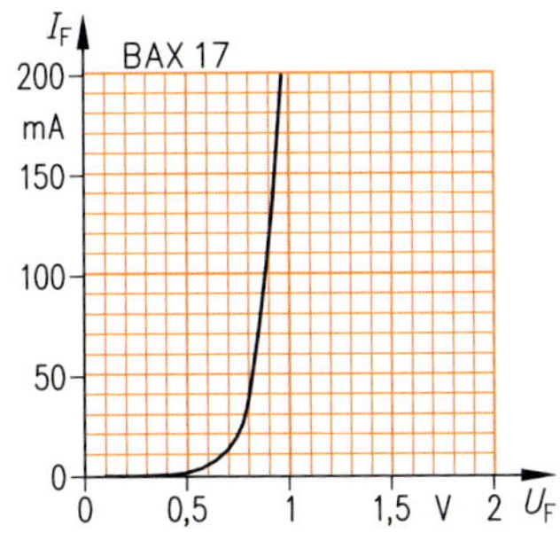

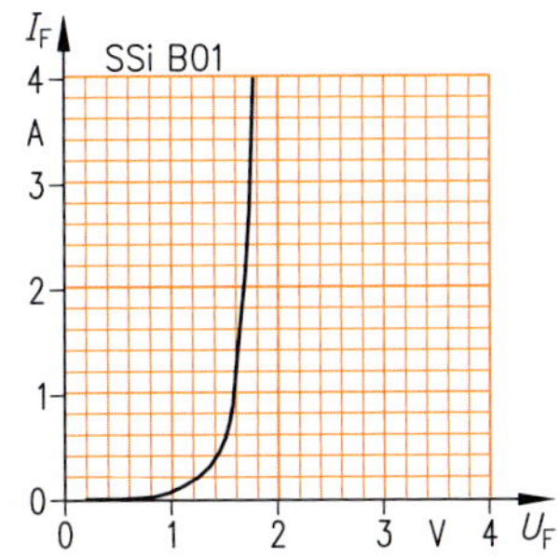

2. Welche Spannung fällt an der Diode BAY 42 ab, wenn sie von 0,5 mA durchflossen wird?

3. Durch eine Reihenschaltung aus der Diode BAX 17 und einem Widerstand fließt ein Strom von 0,2 A bei einer Spannung von 8 V.
   a) Wie groß sind die Teilspannungen?
   b) Welcher Vorwiderstand ist erforderlich?

4. Ein Widerstand und eine Diode BAX 17 liegen in Reihe an 4,5 V Gleichspannung.
   a) Welchen Verlauf hat die Leistungshyperbel für $P_{tot} = 100\,\text{mW}$?
   b) Welcher Widerstand muss mindestens vorgeschaltet werden?

5. Die Diode BAX 17 liegt mit einem 10-Ω-Widerstand in Reihe an 1,5 V Gleichspannung.
   a) Wie groß ist die Spannung am Widerstand?
   b) Welche Verlustleistung nimmt die Diode auf?
   c) Wie groß wird die Diodenverlustleistung, wenn die Gesamtspannung auf 3 V erhöht wird?

6. Eine Diode BAX 17 wird in Reihenschaltung mit einem Widerstand an 9 V Gleichspannung betrieben. Durch die Schaltung fließen 200 mA.
   a) Wie groß sind die Spannungen an Diode und Widerstand?
   b) Wie groß ist der Widerstand?

7. Die Leistungsdiode SSiB01 liegt in Reihe mit einem Widerstand an 6 V Gleichspannung. Die Schaltung nimmt 3 A auf.
   a) Wie groß ist der Vorwiderstand?
   b) Bei welcher Betriebsspannung liegt der Vorwiderstand an 6 V?

8. In einem Gleichstromverbraucher ist eine Diode SSiB01 als Verpolungsschutz eingebaut. Welchen Strom darf das Gerät aufnehmen, damit die Diodenverlustleistung 5 W nicht überschritten wird?

9. Ein 100-Ω-Vorwiderstand ist mit der Diode SSiB01 an 240 V/50 Hz angeschlossen.
   a) Welchen Maximalwert erreicht die Spannung am Widerstand?
   b) Wie groß ist die Spannung am Vorwiderstand bei dem Momentanwert 30 V?

10. In der nebenstehenden Schaltung werden beide Relais durch den Schalter S2 betätigt.
    a) Welcher Strom fließt bei geschlossenem S2 über K2?
    b) Welcher Strom fließt bei geschlossenem S2 über K1?
    c) Beim Öffnen von S2 werden in den Relais jeweils 100 V induziert. Welcher Strom fließt kurzzeitig über die Dioden V3 und V2?

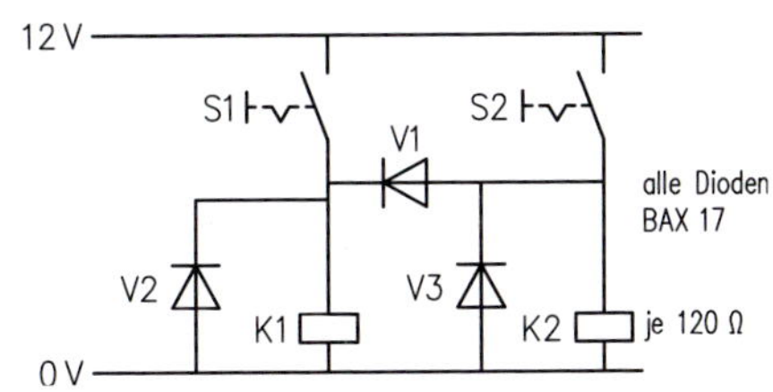

11. Die Diode mit nebenstehender Kennlinie ist in Reihe mit einem 4-Ω-Widerstand an 1 V angeschlossen.
    a) Welche Spannungen liegen an beiden Bauteilen an?
    b) Welche Leistung nimmt die Diode auf?
    c) Welche Spannungs-/Stromwerte dürfen nicht überschritten werden, wenn eine maximale Leistung von 240 mW erlaubt ist?

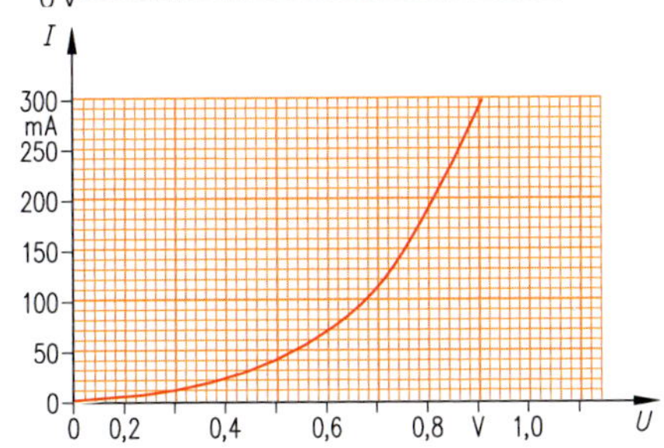

12.1.2 Ungesteuerte Gleichrichterschaltungen

quadratisch ⇓ **Effektivwert**	⇐ **Mittelwerte** ⇒	arithmetisch ⇓ **Gleichrichtwert**
$U = \frac{\hat{u}}{2}$	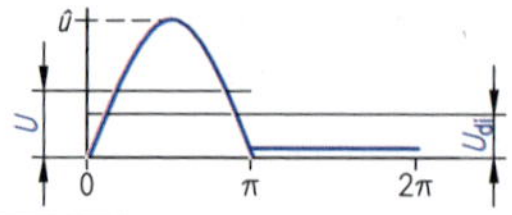	$U_{di} = \frac{\hat{u}}{\pi}$
$U = \frac{\hat{u}}{\sqrt{2}}$	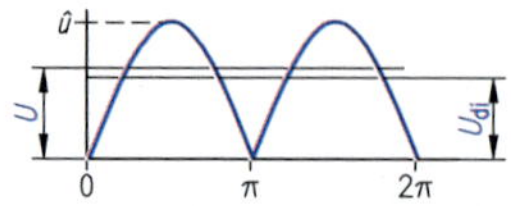	$U_{di} = \frac{2 \cdot \hat{u}}{\pi}$

Schaltung (Auszug)	**Kurvenform der Gleichspannung**	$\frac{U_{di0}}{U_{v0}}$	$\frac{I_v}{I_d}$	$\frac{S_{Tv}}{S_{di0}}$
M1u Einpuls-Mittelpunktschaltung 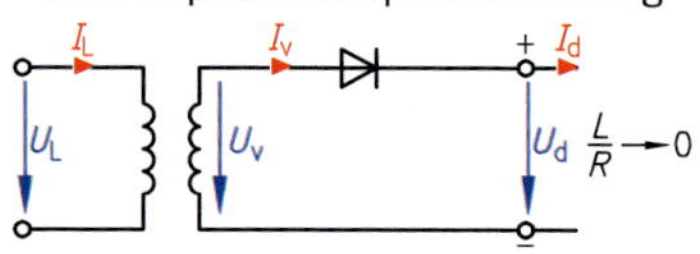	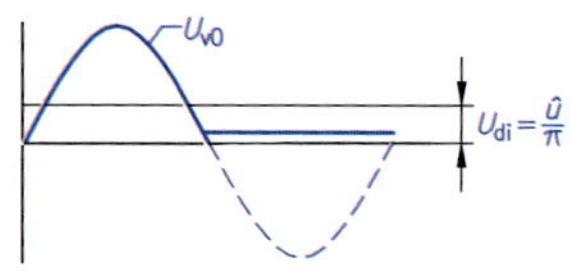	0,45	1,57	3,49
B2U Zweipuls-Brückenschaltung 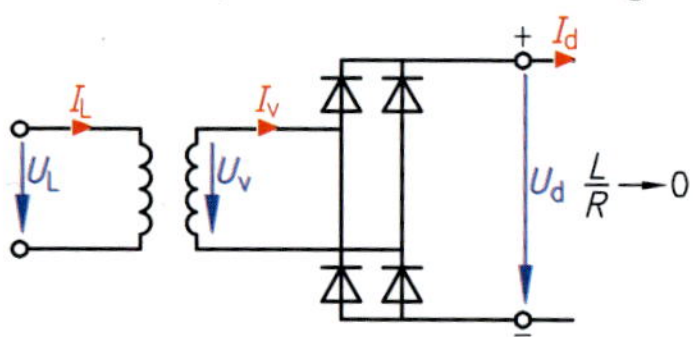	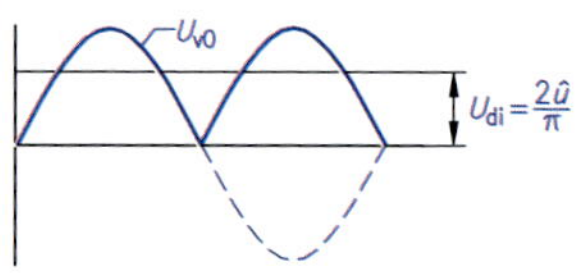	0,90	1,11	1,23
B6U Sechspuls-Brückenschaltung 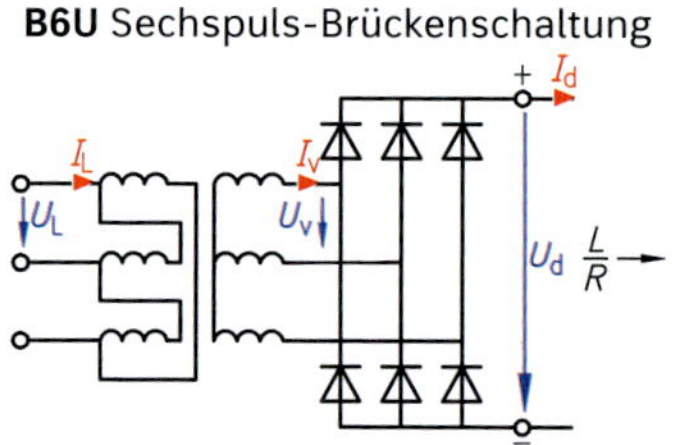	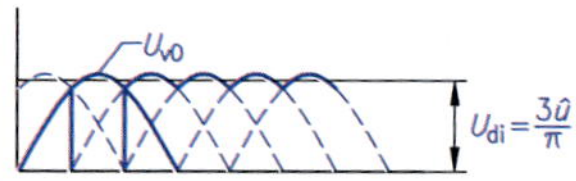	1,35	0,816	1,05

Aufgaben

Beispiel: Eine B2U-Gleichrichterschaltung ist über einen Transformator an das 230-V/50-Hz-Netz angeschlossen und soll 8 A bei 60 V liefern. Der Spannungsfall an einer Diode beträgt 1 V.

a) Welche Sekundärspannung muss der Transformator liefern?

b) Für welche Leistung ist der Transformator zu bemessen?

c) Für welchen Strom-Effektivwert müssen die Dioden mindestens ausgelegt sein?

Gegeben: $U_{di} = 60\,V$; $I_d = 8\,A$; $U_L = 230\,V$; $U_F = 1\,V$

Gesucht: U_{v0}; S_{Tv}; I_{Dv}

Lösung:

a) $U_{di0} = U_{di} + 2 \cdot U_F = 60\,V + 2\,V = 62\,V$ $\qquad U_{v0} = \frac{U_{di0}}{0{,}90} = \frac{62\,V}{0{,}90} = \mathbf{68{,}9\,V}$

b) $S_{di0} = U_{di0} \cdot I_d = 62\,V \cdot 8\,A = 496\,VA$ $\qquad S_{Tv} = 1{,}23 \cdot S_{di0} = 1{,}23 \cdot 496\,VA = \mathbf{610\,VA}$

c) $I_v = 1{,}11 \cdot I_d = 1{,}11 \cdot 8\,A = 8{,}88\,A$ $\qquad I_{dv} = \frac{I_v}{2} = \frac{8{,}88\,A}{2} = \mathbf{4{,}44\,A}$

1. Eine Wechselspannung hat den Effektivwert 42 V. Wie groß ist für die positive Halbwelle
   a) der Effektivwert,
   b) der arithmetische Mittelwert?
2. Der Scheitelwert einer über eine Zweipuls-Brückenschaltung gleichgerichteten Wechselspannung beträgt 325 V.
   a) Wie groß ist der Effektivwert der eingangsseitigen Wechselspannung?
   b) Wie groß ist der Gleichrichtwert der Gleichspannung?
   c) Welchen Effektivwert hat die Gleichspannung?
3. An eine Wechselspannung von 42 V wird eine Zweipuls-Brückenschaltung angeschlossen. Wie groß ist die ideelle Leerlaufgleichspannung?
4. Für welche Sperrspannungen müssen die Dioden mindestens ausgelegt sein, wenn bei einer Wechselspannung von 250 V eine
   a) Einpuls-Mittelpunktschaltung, sowie eine
   b) Zweipuls-Brückenschaltung verwendet wird?
5. Ein ohmscher Verbraucher wird mit 400 V Gleichspannung über eine Gleichrichterschaltung versorgt. Der Verbraucher nimmt dabei einen Gleichstrom von 3 A auf. Welche Leistung muss der Transformator mindestens abgeben, wenn eine B2-Gleichrichterschaltung eingesetzt wird?
6. Für einen ohmschen Verbraucher wird eine Gleichspannung von 24 V benötigt. Der Spannungsabfall an den Dioden wird mit 1,5 V angenommen. Wie groß muss die Sekundärspannung des Transformators bei Verwendung der
   a) Einpuls-Mittelpunktschaltung,
   b) Zweipuls-Brückenschaltung sein?
7. Mit welcher Gleichrichterschaltung kann ein 500-V-Gleichstrommotor ohne Transformator am 400-V-Drehstromnetz betrieben werden?
8. Ein Drehstromtransformator der Schaltgruppe Dy5 gibt 4 A bei 400 V Leiterspannung an eine induktiv belastete B6-Gleichrichterschaltung ab.
   a) Welche Leistung gibt der Transformator ab?
   b) Wie groß ist die Gleichstromleistung?
   c) Welche Leerlauf-Gleichspannung gibt die Gleichrichterschaltung ab?
9. Eine B2-Gleichrichterschaltung ist an Wechselspannung 230 V/50 Hz angeschlossen und mit einem 10-Ω-Widerstand belastet. Der Spannungsabfall an den Dioden wird vernachlässigt.
   a) Wie groß sind Gleichrichtwert und Effektivwert der Lastspannung?
   b) Wie groß sind Gleichrichtwert und Effektivwert des Laststromes?
   c) Wie groß ist die ideelle Gleichstromleistung?
   d) Welche Wirkleistung nimmt der Widerstand auf?
10. Eine ohmisch belastete Zweipuls-Brückenschaltung ist an einen 2-kVA-Transformator mit 230 V Sekundärspannung angeschlossen. Der Spannungsabfall an den Dioden kann aufgrund der Spannungshöhe vernachlässigt werden.
    a) Wie groß ist die Gleichrichter-Leerlaufspannung?
    b) Welche Gleichstromleistung kann der Schaltung maximal entnommen werden?
    c) Wie groß darf der arithmetische Mittelwert des Gleichstromes maximal sein, ohne den Transformator zu überlasten?
    d) Wie groß ist dann der Effektivwert des Diodenstromes?
    e) Bei welchem Lastwiderstand gibt der Transformator seine Bemessungslast ab?
11. Die Heizleistung eines 50-W-Lötkolbens für 230 V Wechselspannung wird in Lötpausen durch Vorschalten einer Diode reduziert.
    a) Für welche maximale Sperrspannung muss die Diode ausgelegt sein?
    b) Wie groß ist der Gleichrichtwert der Spannung am Lötkolben während der Lötpausen?
    c) Wie groß ist der Gleichrichtwert des Stromes in den Lötpausen?
    d) Wie groß ist der Effektivwert des Stromes während der Lötpausen?
    e) Welcher Strom fließt während des Lötbetriebes?
    f) Welche Leistung nimmt der Lötkolben während der Lötpausen auf?

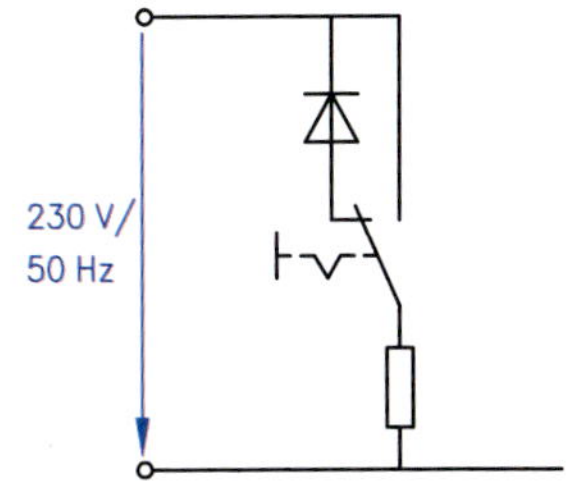

12.1.3 Z-Dioden (Spannungsstabilisierung)

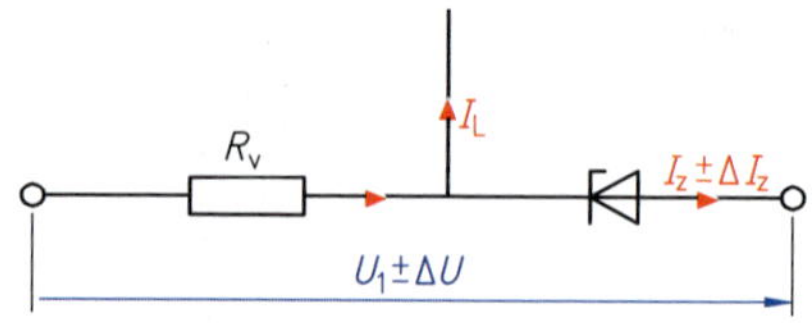

Verlustfreie P_{tot}

$$P_{tot} = I_{Z,max} \cdot U_Z$$

Notwendiger Vorwiderstand R_v

$$R_v = \frac{U_1 - U_Z}{I_L + I_Z}$$

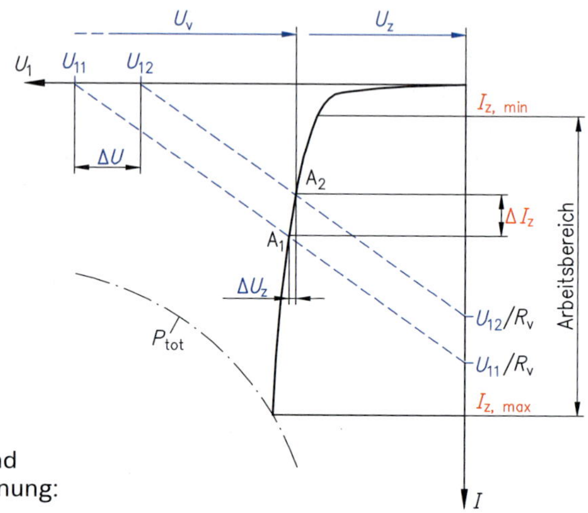

Bei veränderlicher Last und veränderlicher Eingangsspannung:

Kleinster Vorwiderstand $R_{v,min}$

$$R_{v,min} = \frac{U_{1,max} - U_Z}{I_{Z,max} + I_{L,min}}$$

Größter Vorwiderstand $R_{v,max}$

$$R_{v,max} = \frac{U_{1,min} - U_Z}{I_{Z,min} + I_{L,max}}$$

Aufgaben

Beispiel: Die Spannung an einem hochohmigen Verbraucher wird durch eine Z-Diode mit der abgebildeten Kennlinie stabilisiert. Die Betriebsspannung schwankt zwischen 6 V und 8 V. Der Vorwiderstand beträgt 100 Ω. Wie groß ist die Spannungsänderung am Verbraucher?

Gegeben: $U_{1min} = 6\,V$; $U_{1max} = 8\,V$; $R_v = 100\,\Omega$

Gesucht: ΔU_Z

Lösung: Konstruktion der Arbeitsgeraden:

Punkt 1: $U_Z = 8\,V$; $I_Z = 0\,A$

Punkt 2: $I_Z = \frac{U_{1max}}{R_V} = \frac{8\,V}{100\,\Omega} = 80\,mA$

$U_Z = 0\,V$

Abgelesener Wert: $\Delta U_Z = \mathbf{0{,}3\,V}$

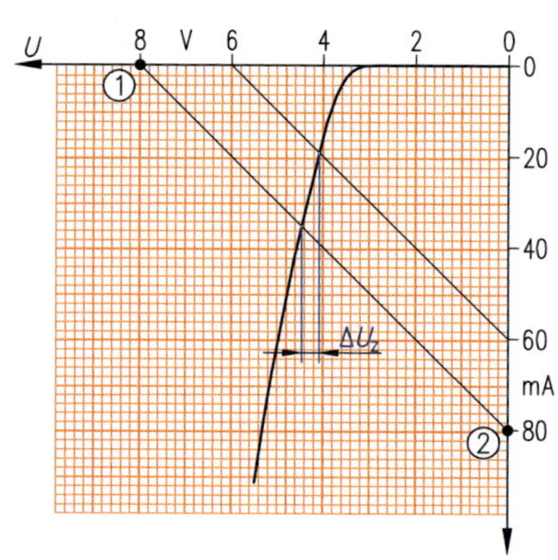

Kennlinien der Z-Diode BZX 97 C zu den Aufgaben

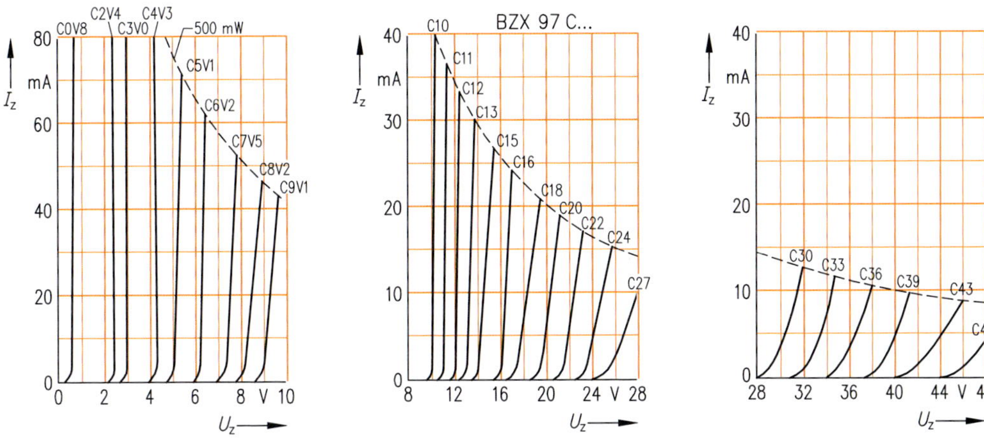

1. Die Z-Diode BZX 97 C5V1 liegt mit einem 125-Ω-Widerstand in Reihe an 10 V.
   a) Wie groß sind Zenerstrom und Verlustleistung der Z-Diode?
   b) Wie ändern sich Zenerstrom und Diodenverlustleistung, wenn die Schaltung an 8 V liegt?
2. Ein 7-kΩ-Lastwiderstand liegt parallel zu der Z-Diode BZX 97 C15. Es fließt ein Zenerstrom von 10 mA. Die Stabilisierungsschaltung liegt an 24 V.
   a) Welche Ströme fließen durch Lastwiderstand und Vorwiderstand?
   b) Wie groß ist der Vorwiderstand?
3. An einer Reihenschaltung aus Z-Diode BZX 97 C20 und 700-Ω-Widerstand liegen 26 V ± 2 V. Welche Grenzwerte hat die stabilisierte Spannung?
4. Eine Z-Diode mit 15 V Zenerspannung liegt mit einem Vorwiderstand an 20 V ± 15 %. Der Arbeitsbereich der Z-Diode liegt zwischen 5 mA und 25 mA. Zwischen welchen Werten muss der Vorwiderstand liegen?
5. Eine Stabilisierungsschaltung mit einer Z-Diode für 4 V soll an Spannungen von 8 V–10 V betrieben und mit 0 mA–20 mA belastet werden. Der Arbeitsbereich der Diode soll zwischen 10 mA und 70 mA liegen.
   a) Zwischen welchen Werten darf der Vorwiderstand liegen?
   b) Welcher Vorwiderstand der Reihe E6 (siehe Tabelle S. 214) muss ausgewählt werden?
   c) Welche Leistung nimmt dieser Widerstand maximal auf?
6. Bei 42 V Eingangsspannung liegen 33 V am 33-kΩ-Lastwiderstand einer Stabilisierungsschaltung mit der Z-Diode BZX 97 C33 an.
   a) Wie groß ist der Vorwiderstand?
   b) An welcher Spannung liegt die Z-Diode, wenn die Last abgeschaltet ist?

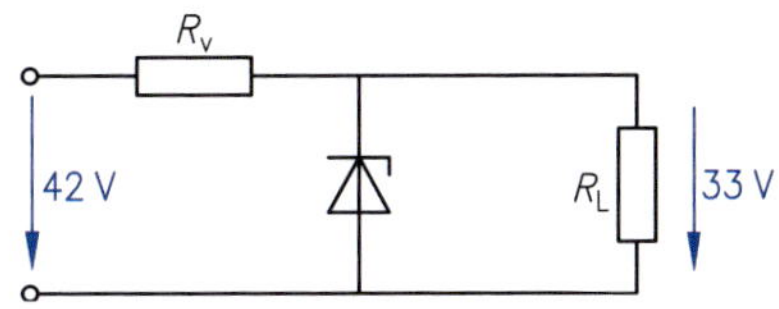

7. Die Ausgangsspannung eines Netzteiles schwankt zwischen 4 V und 4,5 V. Mit der Z-Diode BZX 97 C3V0 soll sie für Stromentnahmen bis 20 mA stabilisiert werden. Der Arbeitsbereich der Z-Diode liegt zwischen 10 mA und 70 mA.
   a) Welcher Vorwiderstand der Reihe E 12 ist auszuwählen?
   b) Für welche Verlustleistung muss der Vorwiderstand bemessen sein?
   c) Bis zu welchem Laststrom stabilisiert die Schaltung bei dem gewählten Vorwiderstand?
   d) Bis zu welchem Laststrom kann die Schaltung stabilisieren, wenn der kleinstmögliche Widerstand der Reihe E 12 (siehe Tabelle S. 214) eingebaut wird?
8. Ein hochwertiges Netzgerät liefert eine stabilisierte Spannung von 20 V. Es soll ein 18-V-Betriebsmittel, das die Ströme von 0–10 mA benötigt, mit der notwendigen Energie versorgen. Zur Stabilisierung wird eine Z-Diode BZX 97 C18 verwendet, deren Arbeitsbereich zwischen 5 mA und 20 mA liegt.
   a) Welcher Vorwiderstand der Reihe E 48 (siehe Tabelle S. 214) ist zu bevorzugen?
   b) Wie groß ist die Spannung am Betriebsmittel, wenn kein Laststrom fließt?
   c) Welche Leistung nimmt der Vorwiderstand im Leerlaufbetrieb auf?

12.2 Gesteuerte Stromrichter

12.2.1 Gesteuerte Gleichrichterschaltungen

Schaltung B2C mit aktiver Last

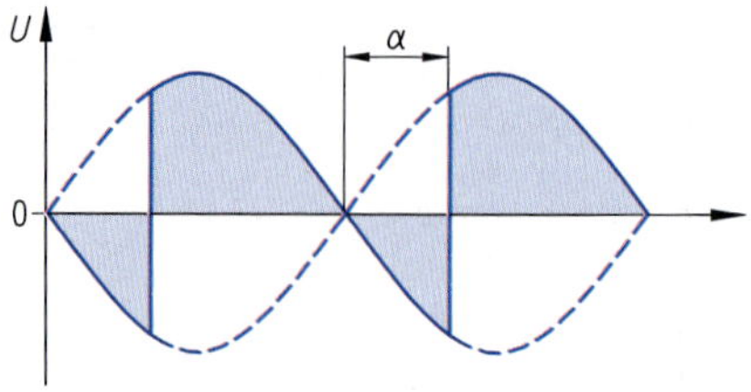

Schaltung B2C mit ohmscher Last

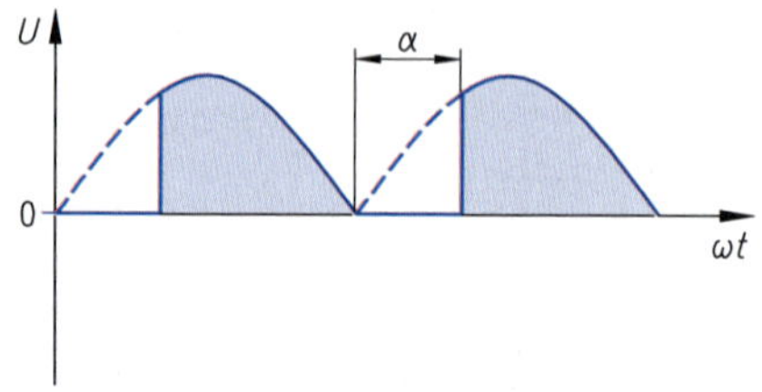

Steuerkennlinien:

	$\frac{U_{d\alpha}}{U_{d0}}$		
	aktive Last, nicht lückender Strom	**ohmsche Last**	
B2H	$0{,}5 \cdot (1 + \cos\alpha)$		$0{,}5 \cdot (1 + \cos\alpha)$
B2C	$\cos\alpha$		$0{,}5 \cdot (1 + \cos\alpha)$
M3C	$\cos\alpha$	für α = 0° bis 30° für α = 30° bis 150°	$\cos\alpha$ $0{,}577 \cdot [1 + \cos(\alpha + 30°)]$
B6H	$0{,}5 \cdot (1 + \cos\alpha)$		$0{,}5 \cdot (1 + \cos\alpha)$
B6C	$\cos\alpha$	für α = 0° bis 60° für α = 60° bis 120°	$\cos\alpha$ $1 + \cos(\alpha + 60°)$

Aufgaben

Beispiel: Eine Zweipuls-Brückenschaltung liefert bei rein ohmscher Last eine Gleichspannung von 75 V. Wie groß ist der Steuerwinkel, wenn bei $\alpha = 0°$ eine Spannung von 100 V abgegeben wird?

Gegeben: $U_{d\alpha} = 75\,\text{V}$; $U_{d0} = 100\,\text{V}$

Gesucht: α

Lösung: $\frac{U_{d\alpha}}{U_{d0}} = 0{,}5 \cdot (1 + \cos\alpha) \Rightarrow \cos\alpha = \frac{U_{d\alpha}}{0{,}5 \cdot U_{d0}} - 1 = \frac{75\,\text{V}}{0{,}5 \cdot 100\,\text{V}} - 1 = 0{,}5 \Rightarrow \alpha = \mathbf{60°}$

1. Bei einem Zündwinkel von 0° liefert eine vollgesteuerte Brückenschaltung 250 V Gleichspannung. Die Brückenschaltung ist mit einem Gleichstrommotor belastet. Eine Glättungsdrossel verhindert ein Lücken des Stromes. Welche Gleichspannung liefert die Schaltung, wenn ein Zündwinkel von 40° eingestellt wird?
2. Eine Gleichrichterbrückenschaltung mit sechs Thyristoren kann maximal 400 V Gleichspannung liefern. Welcher Zündwinkel ist eingestellt, wenn die aktive Last an 200 V Gleichspannung liegt?
3. Eine halbgesteuerte Brückenschaltung wird zum Dimmen einer Beleuchtungsanlage mit Glühlampen eingesetzt. Bei einem Zündwinkel von 0° liefert die Schaltung 230 V. Wie groß ist die Gleichspannung, wenn ein Zündwinkel von 60° eingestellt wird?
4. Eine vollgesteuerte Zweipuls-Brückenschaltung wird an 230 V Wechselspannung betrieben. Um ein Lücken des Stromes zu verhindern, ist der angeschlossene Gleichstrommotor mit einer Glättungsdrossel versehen. Wie groß ist die Gleichspannung an der Gleichrichterschaltung, wenn der Steuerwinkel 45° beträgt?
5. Die abgegebene Gleichspannung einer halbgesteuerten Brückenschaltung beträgt 180 V. Durch Verringerung des Steuerwinkels auf 0° erhöht sich die Spannung auf 207 V. Welcher Steuerwinkel war ursprünglich eingestellt?

6. Zur Drehzahlsteuerung eines Gleichstrom-Nebenschlussmotors wird der Ankerkreis über eine halbgesteuerte Sechspuls-Brückenschaltung an das 400-V-Drehstromnetz angeschlossen.
   a) Welche maximale Gleichspannung kann die Gleichrichterschaltung liefern?
   b) Bei welchem Steuerwinkel liegt der Anker des Motors an seiner Nennspannung von 440 V?
   c) Bei welchem Steuerwinkel liegt der Anker an 440 V, wenn die Spannung im Drehstromnetz um 3 % sinkt?

7. Eine mit einem 10-Ω-Widerstand belastete vollgesteuerte Zweipuls-Brückenschaltung wird an 230 V Wechselspannung betrieben. Der Transformator hat primärseitig 400 und sekundärseitig 200 Windungen.
   a) Wie groß sind Spannung, Strom und Wirkleistungsaufnahme am Lastwiderstand, wenn ein Steuerwinkel von 0° eingestellt ist?
   b) Wie groß sind Spannung, Strom und Wirkleistungsaufnahme bei einem Steuerwinkel von 90°?
   c) Ab welchem Steuerwinkel nimmt der Widerstand keine Leistung mehr auf?

8. Eine B6C-Schaltung soll an ohmscher Last Spannungen von 100 V bis 200 V abgeben können.
   a) Bei welchen Steuerwinkeln werden 200 V bzw. 100 V Gleichspannung abgegeben?
   b) Wie groß muss die Sekundärspannung des Stromrichtertransformators sein?

9. Bei einem Steuerwinkel von 80° liefert eine B6C-Schaltung mit ohmschem Verbraucher eine Gleichspannung von 180 V. Wie groß ist die Gleichspannung, wenn bei gleichem Steuerwinkel ein Gleichstrommotor mit Lückdrossel betrieben wird?

10. Wird der Zündwinkel bei einer vollgesteuerten Brückenschaltung mit aktiver Last von 20° auf 30° geändert, verringert sich die Spannung um 20 V. Wie groß ist die Gleichspannung bei einem Steuerwinkel von 0°?

11. Die sechs Diagramme zeigen die Ausgangsspannung einer Zweipuls-Brückenschaltung. Wie groß ist jeweils der arithmetische Mittelwert der Gleichspannung, wenn der Scheitelwert der eingangsseitigen Wechselspannung 300 V beträgt?

a)

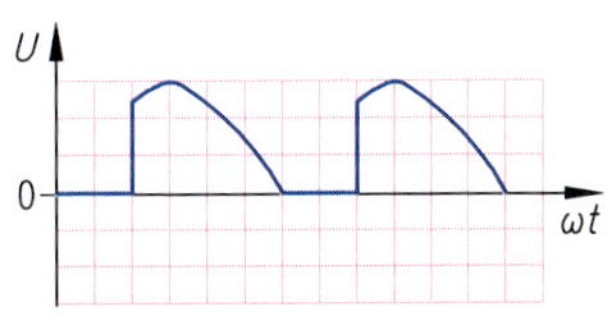

b)

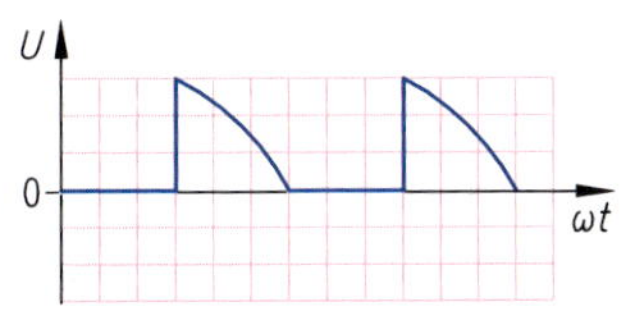

c)

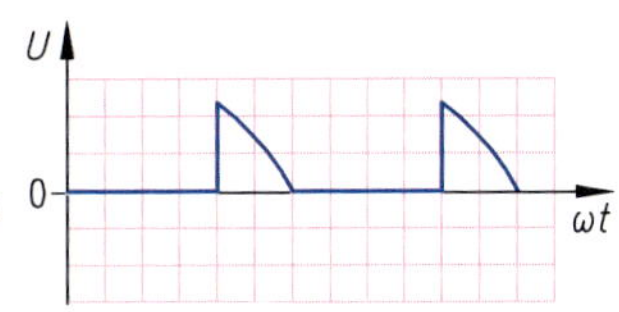

d)

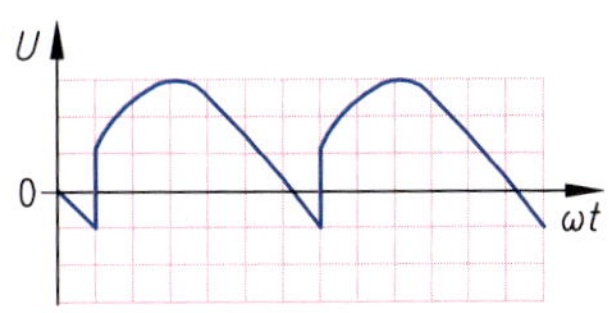

e)

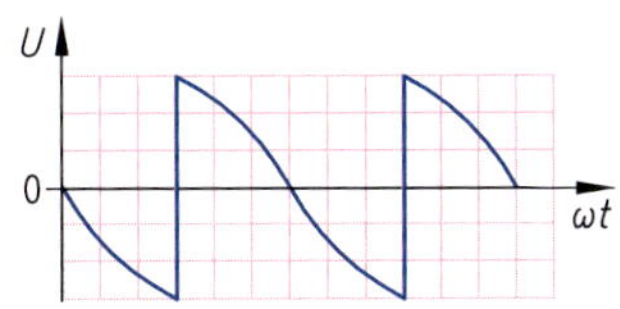

f)

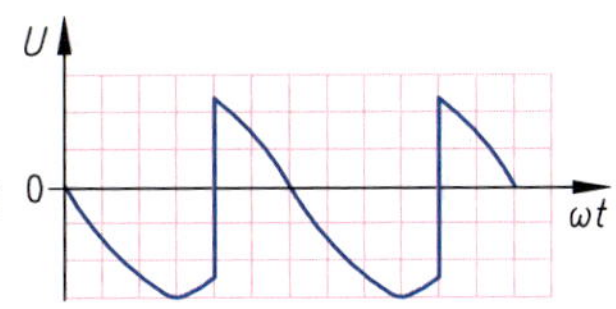

12. Das Diagramm zeigt die Steuerkennlinie einer B6C-Gleichrichterschaltung. Bei einem Steuerwinkel von 0° gibt sie eine Gleichspannung von 200 V ab.
   a) Bis zu welchem Steuerwinkel ist die Gleichspannung unabhängig von der Belastungsart?
   b) Welche Gleichspannung gibt die Schaltung bei einem Steuerwinkel von 30° ab?
   c) Bei welchem Steuerwinkel und bei nicht lückendem Strom werden 100 V abgegeben?

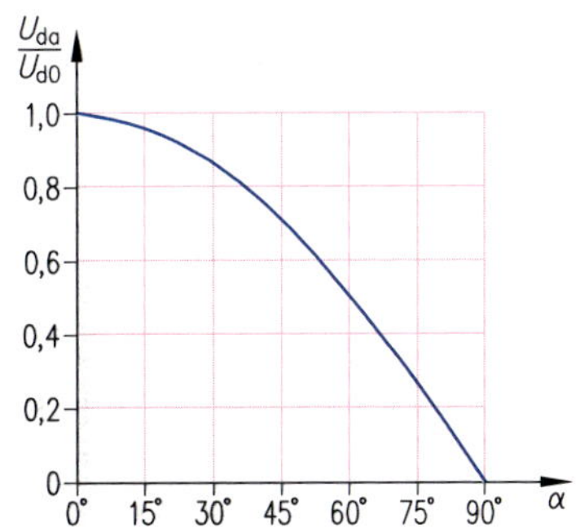

13. Der Steuerwinkel einer Dreipuls-Mittelpunktschaltung mit ohmscher Last soll nur so veränderbar sein, dass der Strom nicht lückt. Die Schaltung ist an einen Drehstromtransformator der Schaltgruppe Dy5 mit 400 V Sekundärspannung angeschlossen.
   a) Welcher Steuerwinkel darf maximal einstellbar sein?
   b) In welchem Bereich lässt sich die Gleichspannung einstellen?

12.2.2 Wechselstromsteller

Phasenanschnittsteuerung

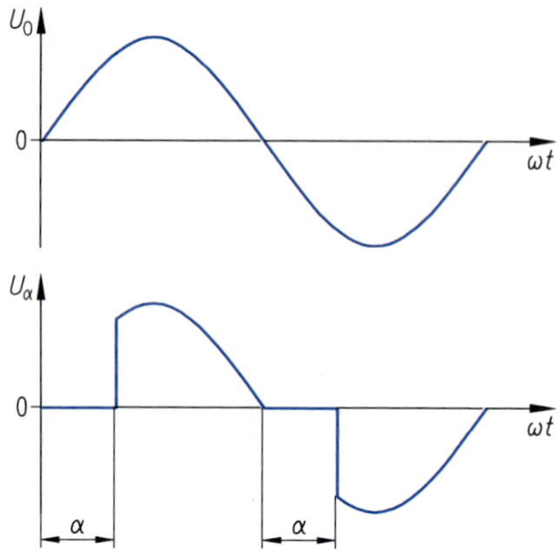

Steuerkennlinie (ohmsche Last)

$$\frac{P_\alpha}{P_0} = 1 - \frac{\alpha}{180°} + \frac{\sin 2\alpha}{2\pi}$$

$$\frac{U_\alpha}{U_0} = \sqrt{\frac{P_\alpha}{P_0}}$$

Steuerkennlinie (induktive Last)

für $\alpha = 0° \ldots 90°$ $\quad \frac{U_\alpha}{U_0} = 1$

für $\alpha = 90° \ldots 180°$ $\quad \frac{U_\alpha}{U_0} = 2 - \frac{2\alpha}{180°}$

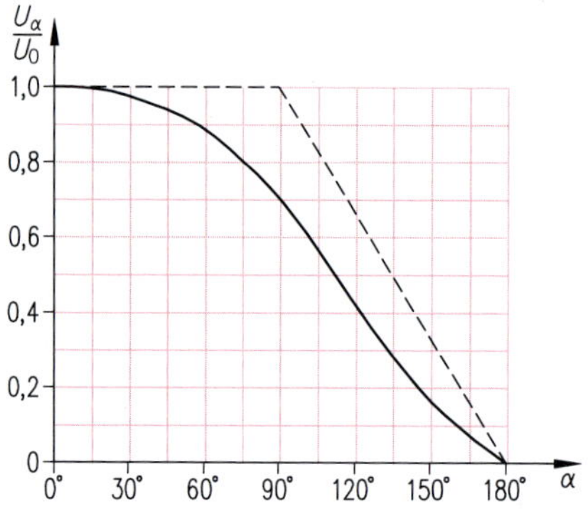

Schwingungspaketsteuerung

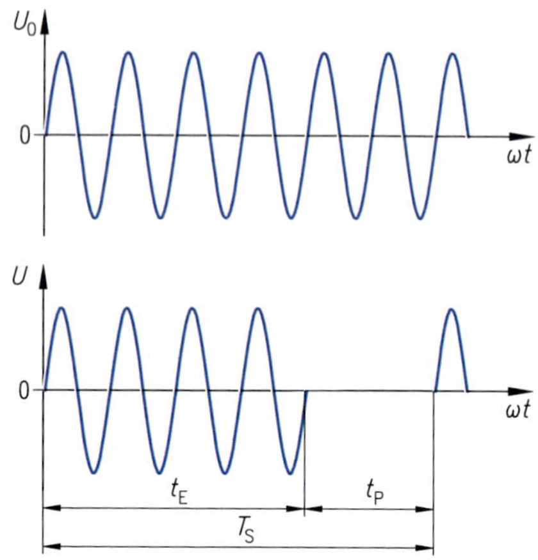

$$T_S = t_E + t_p \qquad P_0 = \frac{U_0^2}{R_L}$$

$$P = \frac{t_E}{T_S} \cdot P_0$$

Steuerkennlinie (ohmsche Last)

$$\frac{P}{P_0} = \frac{t_E}{T_S}$$

$$\frac{U}{U_0} = \sqrt{\frac{P}{P_0}} = \sqrt{\frac{t_E}{T_S}}$$

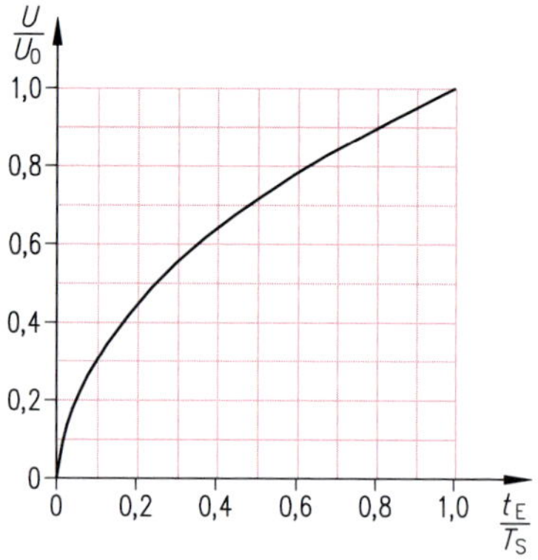

Aufgaben

Beispiel: Ein Wechselstromsteller mit Schwingungspaketsteuerung soll am 230-V/50-Hz-Wechselstromnetz eine Spannung von 218 V abgeben. Die Taktdauer umfasst zehn Perioden der Wechselspannung. Wie groß ist die Einschaltzeit?

Gegeben: $U_0 = 230\,\text{V};\ U_2 = 218\,\text{V};\ f = 50\,\text{Hz};\ T_S = 10 \cdot T$

Gesucht: t_E

Lösung: $T = \frac{1}{f} = \frac{1}{50\,\text{Hz}} = 20\,\text{ms}$ $\quad T_S = 10 \cdot T = 10 \cdot 20\,\text{ms} = 200\,\text{ms}$

$$t_E = T_S \cdot \frac{U_2}{U_0^2} = 200\,\text{ms} \cdot \frac{(218\,\text{V})^2}{(230\,\text{V})^2} = 179{,}67\,\text{ms}$$

Da nur mit ganzen Perioden (Vollwellensteuerung) gearbeitet wird, muss t_E ein Vielfaches der Periodendauer sein! $\Rightarrow$ $t_E = \mathbf{180\,ms}$

1. Die Leistungsaufnahme eines 100-W-Heizwiderstandes für 230 V wird mit einem Triac gesteuert. Dabei soll die Leistungsaufnahme halbiert werden.
   a) Welcher Zündwinkel muss hierzu eingestellt werden?
   b) Wie groß ist dann die Spannung am Widerstand?

2. Bei einer Dimmerschaltung am 230-V-Wechselstromnetz ist ein Zündwinkel von 126° eingestellt. Wie groß ist die abgegebene Spannung?

3. Ein Wechselstromsteller für 230 V Wechselspannung ist durch Anschluss eines Motors überwiegend induktiv belastet. Wie hoch kann die Spannung am Motor bei einem Steuerwinkel von 120° maximal werden?

4. Zur Leistungsbegrenzung eines Heizwiderstandes an 220 V wurde der Zündwinkel auf 60° eingestellt.
   a) Wie viel Prozent der maximal möglichen Leistung nimmt der Widerstand auf?
   b) Welcher Zündwinkel muss eingestellt werden, damit der Widerstand am 230-V-Wechselstromnetz die gleiche Leistung aufnimmt?

5. Ein 20-Ω-Heizwiderstand wird über einen Wechselstromsteller an 400 V/50 Hz angeschlossen.
   a) Wie groß ist die Leistungsaufnahme bei einem Steuerwinkel von 0°?
   b) Bei welcher Spannung nimmt der Widerstand ein Drittel der möglichen Leistung auf?
   c) Mit welchem Steuerwinkel lässt sich die Leistung auf ein Drittel begrenzen?
   d) Mit welchem Steuerwinkel wird die Leistung auf die Hälfte begrenzt?

6. Bei einem Steuerwinkel von 60° nimmt ein ohmscher Verbraucher 20 W aus dem 230-V-Wechselstromnetz auf.
   a) Wie groß ist die Bemessungsleistung des Verbrauchers?
   b) Bei welchem Steuerwinkel werden 15 W an das Betriebsmittel abgegeben?

7. Bei einer Schwingungspaketsteuerung ist die Wechselspannung während fünf Perioden eingeschaltet und während drei Perioden ausgeschaltet. Wie groß ist die Leistungsaufnahme eines 200-W-Heizwiderstandes?

8. Ein 4-kW-Glühofen für 400 V wird über einen Wechselstromsteller an 400 V/50 Hz betrieben. Die Steuerung schaltet 60 Schwingungspakete pro Minute.
   a) Wie groß ist die Schaltzeit?
   b) Welche Leistung nimmt der Glühofen bei einer Einschaltzeit von 0,4 s auf?
   c) Wie viele Perioden der Netzspannung werden innerhalb einer Schaltzeit gesperrt?

9. Die Leistungsaufnahme eines ohmschen Verbrauchers am 230-V/50-Hz-Wechselstromnetz soll auf 30 % begrenzt werden. Mit welchen kürzesten Ein- und Ausschaltzeiten kann dies eine Vollwellensteuerung realisieren?

10. Eine Schwingungspaketsteuerung an 230 V/50 Hz arbeitet mit einer Einschaltzeit von 0,3 s und einer Pausenzeit von 0,4 s. Die Schaltung ist mit einem 10-Ω-Widerstand belastet.
    a) Welche Leistung nimmt der Widerstand im ungesteuerten Betrieb auf?
    b) Wie groß ist die Wirkleistungsaufnahme im gesteuerten Betrieb?
    c) Wie groß ist der Effektivwert der gesteuerten Spannung?

11. Bei 0,2 s Einschaltzeit und einer Pausenzeit von 0,3 s nimmt ein Heizwiderstand eine Leistung von 100 W auf.
    a) Wie groß ist die Bemessungsleistung des Heizwiderstandes?
    b) Welchen Effektivwert hat die Spannung?
    c) Wie hoch ist der Effektivwert des Stromes?

12.2.3 Gleichstromsteller

Pulsbreitensteuerung

T_S = konstant

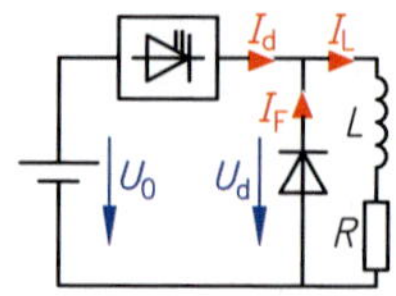

Pulsfolgesteuerung

t_E = konstant

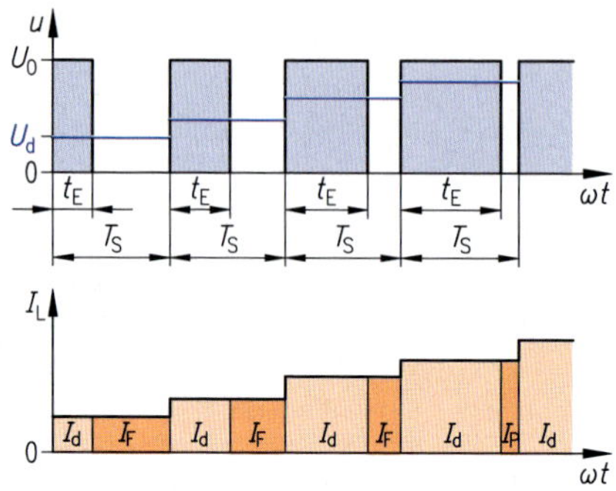

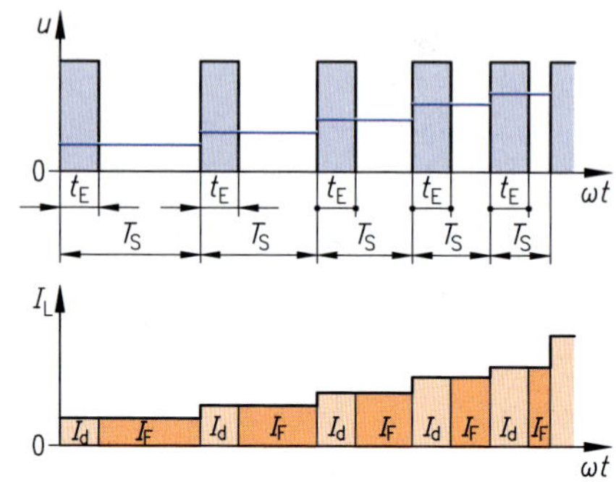

$$\frac{U_d}{U_0} = \frac{P}{P_0} = \frac{t_E}{T_S}$$

Steuerkennlinie

$$\frac{S_d}{S_0} = \left(\frac{t_E}{T_S}\right)^2$$

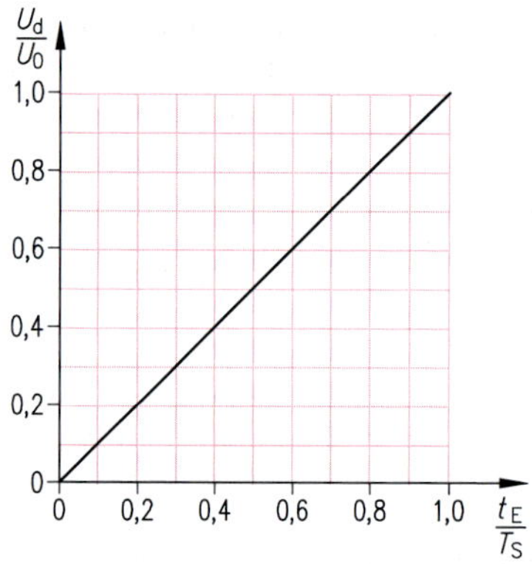

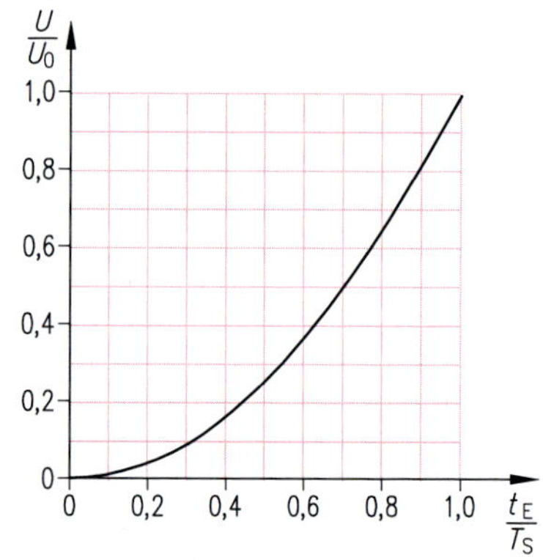

Aufgaben

Beispiel: Ein Gleichstromsteller mit Pulsbreitensteuerung soll an einem 400-V-Gleichstromnetz eine Spannung von 150 V abgeben. Die Pulsfrequenz beträgt 250 Hz. Wie groß sind Einschalt- und Pausenzeit?

Gegeben: $U_0 = 400\,V$; $U_2 = 150\,V$; $f_p = 250\,Hz$

Gesucht: t_E; t_P

Lösung: $T_S = \frac{1}{f_p} = \frac{1}{250\,Hz} = 4\,ms$ $\quad t_E = \frac{U_d}{U_0} \cdot T_S = \frac{150\,V}{400\,V} \cdot 4\,ms = \mathbf{1{,}5\,ms}$

$t_p = T_S - t_E = 4\,ms - 1{,}5\,ms = \mathbf{2{,}5\,ms}$

1. Die Pulsbreite einer Pulsfolgesteuerung ist mit 2 ms festgelegt. Welche Pulsfrequenz muss eingestellt werden, damit die Schaltung an einem 500-V-Gleichstromnetz 320 V abgibt?

2. Eine Pulsfolgesteuerung arbeitet mit einer Taktfrequenz von 400 Hz. Bei welcher Pulsbreite gibt die Schaltung ein Viertel der Eingangsspannung ab?

3. Bei 4 ms Pulsbreite und 200 Hz Pulsfrequenz gibt ein Gleichstromsteller mit Pulsfolgesteuerung eine Gleichspannung von 80 V ab. Wie groß ist die ungesteuerte Gleichspannung?

4. An eine Pulsbreitensteuerung ist ein 10-Ω-Widerstand angeschlossen. Die Netzspannung beträgt 200 V. Bei einer Taktfrequenz von 250 Hz ist eine Pulsbreite von 4 ms eingestellt.
   a) Welcher Strom fließt durch den Widerstand?
   b) Wie groß ist die Wirkleistungsaufnahme des Widerstandes?
   c) Welche Gleichspannung wird bei einer Pulsbreite von 2 ms abgegeben?
   d) Wie groß ist der Gleichstrom bei einer Pulsbreite von 2 ms?
   e) Wie groß ist die abgegebene Gleichstromleistung?
   f) Welche Wirkleistung nimmt der Widerstand auf?

5. Der Anker einer Gleichstrommaschine ist an einen Gleichstromsteller mit Pulsfolgesteuerung angeschlossen. Die Netzspannung beträgt 220 V. Bei einer Pulsbreite von 4 ms ist eine Pulsfrequenz von 200 Hz eingestellt. Durch die Glättungsdrossel fließt ein nahezu vollkommen geglätteter Gleichstrom von 15 A.
   a) Wie groß ist der arithmetische Mittelwert der gesteuerten Gleichspannung?
   b) Wie groß ist der arithmetische Mittelwert des Gleichstromes, den der Gleichstromsteller liefert?
   c) Wie groß ist der arithmetische Mittelwert des Gleichstromes, der über die Freilaufdiode fließt?

6. Ein Gleichstromsteller am 400-V-Gleichstromnetz gibt 200 V Gleichspannung an einen 50-Ω-Widerstand ab.
   a) Wie groß ist die Wirkleistungsaufnahme im ungesteuerten Betrieb?
   b) Welche Wirkleistung nimmt der Widerstand im gesteuerten Betrieb auf?
   c) Wie groß ist der Effektivwert der gesteuerten Spannung?

7. Der Ankerstrom einer Gleichstrommaschine wird mit einem Gleichstromsteller gesteuert. Zur Stromglättung liegt eine Drossel in Reihe zum Anker. Mit einem Drehspulmesswerk werden im Ankerkreis 4,8 A und durch die Freilaufdiode 1,8 A gemessen. Am Gleichstromstellerausgang werden 137,5 V gemessen.
   a) Wie groß ist die Pulsfrequenz, wenn eine Pulsbreite von 2,3 ms eingestellt ist?
   b) Wie groß ist die Netzspannung?
   c) Welche Gleichstromleistung gibt der Gleichstromsteller ab?
   d) Welche Wirkleistung gibt der Gleichstromsteller ab?
   e) Wie groß ist der Effektivwert des vom Gleichstromsteller abgegebenen Stromes?
   f) Wie groß ist der Effektivwert der vom Gleichstromsteller abgegebenen Spannung?

8. In der 400-V-Zuleitung eines Gleichstromstellers wird eine Leistung von 500 W gemessen. Die Gleichspannung am aktiv belasteten Gleichstromsteller beträgt 200 V.
   a) Wie groß ist das Verhältnis von Pulsbreite zur Pulsdauer?
   b) Wie groß ist der Strom durch die aktive Last?
   c) Wie groß ist der Gleichstrom, den der Gleichstromsteller abgibt?
   d) Wie groß ist der Gleichstrom durch die Freilaufdiode?
   e) Welchen Effektivwert hat der Strom, den der Gleichstromsteller abgibt?
   f) Wie groß ist der Effektivwert der abgegebenen Gleichspannung?
   g) Welche Wirkleistung nimmt die Last auf?
   h) Welche Gleichstromleistung gibt der Gleichstromsteller ab?
   i) Welche Gleichstromleistung nimmt die aktive Last auf?

9. Der Ankerkreis eines Gleichstrommotors ist über einen Gleichstromsteller mit Pulsfolgesteuerung an Gleichspannung angeschlossen. Die Pulsdauer beträgt 1 ms. Bei einer Frequenz von 200 Hz gibt der Gleichstromsteller 44 V ab. Durch die Freilaufdiode fließt dann ein Gleichstrom von 5 A.
   a) Wie groß ist die Pausenzeit?
   b) Welche Versorgungsgleichspannung wird benötigt?
   c) Wie groß ist der Ankerstrom?
   d) Welche Gleichstromleistung gibt der Gleichstromsteller ab?
   e) Wie groß sind die Spitzenwerte von Spannung, Strom und Leistung?
   f) Welche Wirkleistung wird abgegeben?
   g) Wie groß sind die Effektivwerte von Strom und Spannung am Gleichstromsteller?
   h) Bei welcher Frequenz liefert der Gleichstromsteller 220 V?

13 Steuern und Regeln elektrischer Antriebe

13.1 Steuerungstechnik

13.1.1 Zahlensysteme

Zahlen werden im Allgemeinen durch Ziffern (1, 2, 3 ...oder auch A, B, C ...) dargestellt.
Der Wert der Zahl ergibt sich durch den Ziffernwert und die Stellung der Ziffer innerhalb der Zahl.

Beispiel Dezimalzahl: **29,75** — 10 Ziffern ⇒ Basis 10

Stellenwert 10 × Ziffernwert 2 = 20

Stellenwert 1 × Ziffernwert 9 = 9

0,7 = Ziffernwert 7 × Stellenwert 0,1

0,05 = Ziffernwert 5 × Stellenwert 0,01

Basis 2 — **Dualzahlen** ⇒ Ziffern: 0, 1

Potenzwert	2^4	2^3	2^2	2^1	2^0		2^{-1}	2^{-2}	
Stellenwert	16	8	4	2	1		0,5	0,25	
	·	·	·	·	·		·	·	
Ziffernwert	1	1	1	0	1	,	1	1	
	=	=	=	=	=		=	=	
Zahlenwert	16 +	8 +	4 +	0 +	1	+	0,5 +	0,25	= **29,75**

Basis 10 — **Dezimalzahlen** ⇒ Ziffern: 0, 1, 2, 3, 4, 5, 6, 7, 8, 9

Potenzwert	10^4	10^3	10^2	10^1	10^0		10^{-1}	10^{-2}	
Stellenwert	10000	1000	100	10	1		0,1	0,01	
				·	·		·	·	
Ziffernwert				2	9	,	7	5	
				=	=		=	=	
Zahlenwert				20 +	9	+	0,7 +	0,05	= **29,75**

Basis 16 — **Hexadezimalzahlen** ⇒ Ziffern: 0, 1, 2, 3, 4, 5, 6, 7, 8, 9, A, B, C, D, E, F

Potenzwert	16^4	16^3	16^2	16^1	16^0		16^{-1}	16^{-2}	
Stellenwert	65536	4096	256	16	1		0,0625	0,0039..	
				·	·		·		
Ziffernwert				1	D	,	C		
				=	=		=		
Zahlenwert				16 +	13	+	0,7 +		= **29,75**

Die Ziffern A–F haben die Werte 10–15 (siehe auch Seite 163).

Aufgaben

Beispiel: Welcher Dezimalzahl entspricht 32,1 in einem Zahlensystem mit 4 bzw. 8 Ziffern?

Lösung:

4^1	4^0		4^{-1}	
4	1		0,25	
3	2	,	1	
12	2		0,25	= **14,25**

8^1	8^0		8^{-1}	
8	1		0,125	
3	2	,	1	
24	2		0,125	= **26,125**

1. Welchen Dezimalzahlen entsprechen 415 und 2,3 in einem Zahlensystem mit 6 bzw. 9 Ziffern?

2. Welche Dezimalwerte haben die aufgeführten Dualzahlen?

a) 1001 **b)** 1111 **c)** 101110 **d)** 111101 **e)** 10101010 **f)** 11110100 **g)** 1010,01 **h)** 1111,11 **i)** 1011,011 **j)** 1111,111 **k)** 111010,01 **l)** 1111111,111

3. Welche Dezimalwerte haben die aufgeführten Hexadezimalzahlen?

a) 1D3 **b)** AB6 **c)** 1845 **d)** FDDA **e)** 2D745 **f)** F23DA **g)** 2D,3 **h)** AB,C **i)** 2AD,3 **j)** ABC,DE **k)** 98D2,32 **l)** ABCD,EF

13.1.2 Umwandlung von Dezimalzahlen

Mit dem Resteverfahren lassen sich Dezimalzahlen in andere Zahlensysteme umwandeln.

Rest von (ganzer Zahl : Basis) — **Ganze Zahl** von (Nachkommazahl · Basis)

29 , 75

29 : 2 = **14** Rest **1**
14 : 2 = 7 Rest **0**
7 : 2 = 3 Rest **1**
3 : 2 = 1 Rest **1**
1 : 2 = 0 Rest **1**

0,75 · 2 = **1**,**5**
0,5 · 2 = **1**,0
0,0 · 2 = **0**,0

Dualzahl: **1 1 1 0 1 , 1 1**

29 , 75

29 : 16 = **1** Rest **13**
1 : 16 = 0 Rest **1**

0,75 · 16 = **12**,**0**
0,0 · 16 = **0**,0

Hexadezimalzahl: **1 D , C**

Ziffervorrat der Zahlensysteme		
Basis		
10	**16**	**2**
0	0	0000
1	1	0001
2	2	0010
3	3	0011
4	4	0100
5	5	0101
6	6	0110
7	7	0111
8	8	1000
9	9	1001
10	A	1010
11	B	1011
12	C	1100
13	D	1101
14	E	1110
15	F	1111

Aufteilung in Viererblöcke
Dualzahlen in Hexadezimalziffern

Dualzahl: **1 1101 , 11**

0001 1101 1100

Hexadezimalzahl: **1 D, C**

Dezimalziffern in Dualzahlen
BCD-Code

Dualzahl: **29 , 75**

0010 1001 0111 0101

BCD-Code: **10 1001 , 0111 0101**

BCD: Binary Coded Decimal

Aufgaben

Beispiel: Welche Dualzahl und welche Hexadezimalzahl entsprechen der Dezimalzahl 57,325?

Lösung:

57 : 2 = 28 R **1**
28 : 2 = 14 R **1**
14 : 2 = 7 R **0**
7 : 2 = 3 R **1**
3 : 2 = 1 R **1**
1 : 2 = 0 R **1**

0,375 · 2 = **0**,75
0,75 · 2 = **1**,5
0,5 · 2 = **1**,0

Dualzahl: **111011,011**

0011 1011 , 0110
3 B , E

Hexadezimalzahl: **3B,E**

1. Welche Dualzahlen, Hexadezimalzahlen und BCD-Codes ergeben sich für die Dezimalwerte?
a) 24 **c)** 89 **e)** 247 **g)** 10,5 **i)** 56,625 **k)** 3,5 **m)** 8,5 **o)** 30,5 **q)** 13,5
b) 67 **d)** 134 **f)** 305 **h)** 11,25 **j)** 251,5 **l)** 3,6 **n)** 3,4 **p)** 2,1 **r)** 1,6

2. Welche Hexadezimalzahlen ergeben sich aus den Dualzahlen?
a) 1001 **c)** 101110 **e)** 10101010 **g)** 1010,01 **i)** 1011,011 **k)** 111010,01
b) 1111 **d)** 111101 **f)** 11110100 **h)** 1111,11 **j)** 1111,111 **l)** 1111111,111

3. Welche Dualzahlen ergeben sich aus den Hexadezimalzahlen?
a) D3 **c)** AB **e)** D8F **g)** A,B **i)** CA,2 **k)** 2,AB **m)** D,28 **o)** 1,34 **q)** 2,37
b) 3D **d)** F2 **f)** 1D3 **h)** E,3 **j)** E3,7 **l)** A,B6 **n)** D2,8 **p)** 2,B6 **r)** F,B6

4. Welche Dezimalzahlen ergeben sich aus den Hexadezimalzahlen?
a) $1{,}1\overline{9}$ **b)** $2{,}\overline{3}$ **c)** $3{,}4\overline{\mathrm{C}}$ **d)** $4{,}\overline{6}$ **e)** $6{,}\overline{9}$ **f)** $7{,}\mathrm{B}\overline{3}$ **g)** $8{,}\overline{\mathrm{C}}$ **h)** $9{,}\mathrm{E}\overline{6}$

*) Zur Unterscheidung der verschiedenen Zahlensysteme können die Zahlen mit einem Index versehen werden: 2 oder B für dual, 10 oder D für dezimal, 8 oder o für oktal, 16 oder H für hexadezimal und 8-4-2-1 oder BCD für den BCD-Code.

13.1.3 Schaltalgebra

13.1.3.1 Logische Grundfunktionen

UND-Element (Konjunktion)	**NICHT-Element** (Negation)	**ODER-Element** (Disjunktion)

Schaltsymbol und Funktionsgleichung

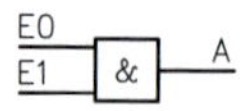

$E0 \wedge E1 = A$

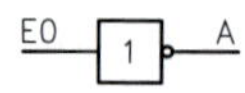

$\overline{E0} = A$

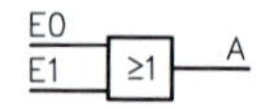

$E0 \vee E1 = A$

Zeitablaufdiagramm (Signal-Zeit-Verlauf)

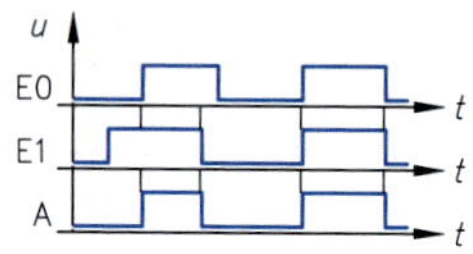

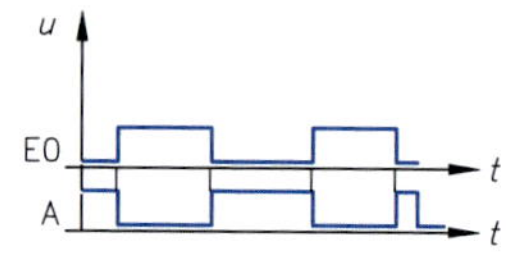

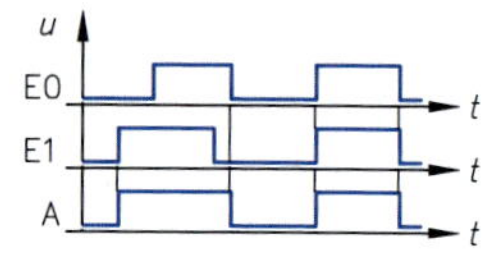

Funktionstabelle (Wahrheitstabelle)

E0	E1	A
0	0	0
0	1	0
1	0	0
1	1	1

E0	A
0	1
1	0

E0	E1	A
0	0	0
0	1	1
1	0	1
1	1	1

NAND-Element (NICHT-UND-Element)	**NOR-Element** (NICHT-ODER-Element)

Schaltsymbole und Funktionsgleichung

$\overline{E0 \wedge E1} = \overline{E0} \vee \overline{E1}$

Gesetz von de Morgan

$\overline{E0 \vee E1} = \overline{E0} \wedge \overline{E1}$

Gesetz von de Morgan

Zeitablaufdiagramm (Signal-Zeit-Verlauf)

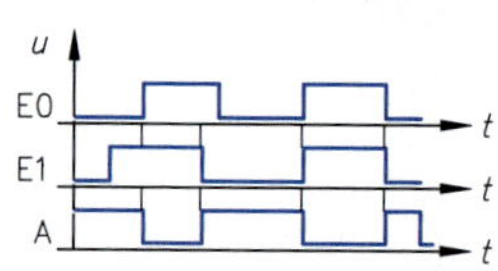

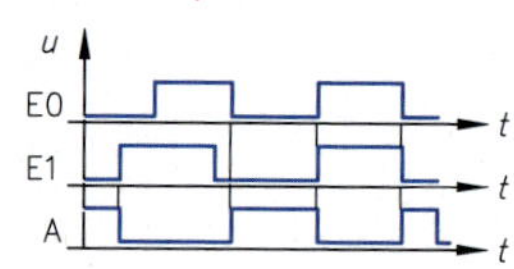

Funktionstabelle (Wahrheitstabelle)

E0	E1	A
0	0	1
0	1	1
1	0	1
1	1	0

E0	E1	A
0	0	1
0	1	0
1	0	0
1	1	0

Aufgaben

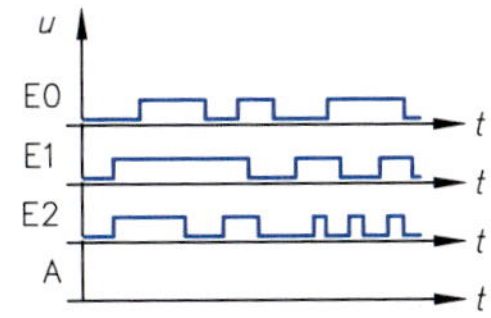

1. Wie sehen für ein UND-Element mit drei Eingängen
   a) das Schaltsymbol und die Funktionsgleichung,
   b) die Wahrheitstabelle (Funktionstabelle) und
   c) das Zeitablaufdiagramm für „A“ aus?

2. Die Funktionsgleichung E0 ∨ E1 ∨ E2 = A ist gegeben.
   a) Welches logische Schaltsymbol gilt?
   b) Wie lautet die Wahrheitstabelle?
   c) Welches Zeitablaufdiagramm hat „A“?

3. Für die folgenden logischen Schaltungen sind vereinfachte Darstellungen gesucht.
   a) Wie lauten die Funktionsgleichungen?
   b) Welche Vereinfachung ergibt sich nach de Morgan?
   c) Wie sieht die vereinfachte logische Schaltung aus?

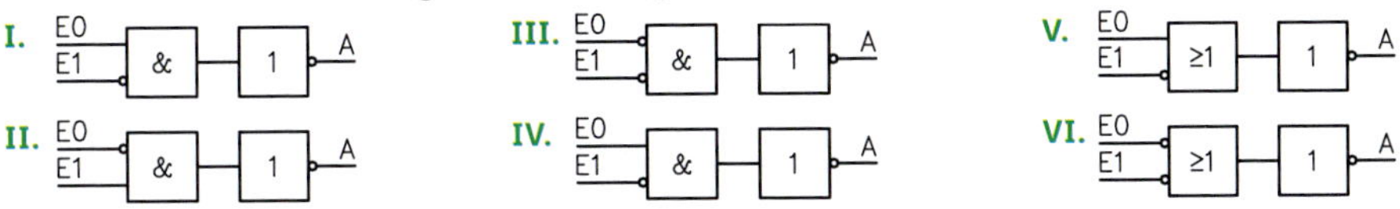

4. Gegeben ist die Funktionsgleichung E1 ∨ E2 = $\overline{A}$
   a) Wie lautet die Gleichung, wenn A nicht negiert sein soll?
   b) Welche logische Verknüpfung gibt Ausgangsgleichung und umgeformte Gleichung wieder?

5. **a)** Welche logischen Grundfunktionen können ein NAND-Element ersetzen?
   b) Wie sehen Funktionsgleichung und logische Schaltung dann aus?

6. In einem Schaltkreis treten NICHT-Elemente auf. Wie sind die logischen Schaltungen aufgebaut, wenn
   a) nur NAND-Elemente,
   b) nur NOR-Elemente verwendet werden?

7. Wie sehen die Funktionsgleichungen und logischen Schaltungen nach der Vereinfachung aus?

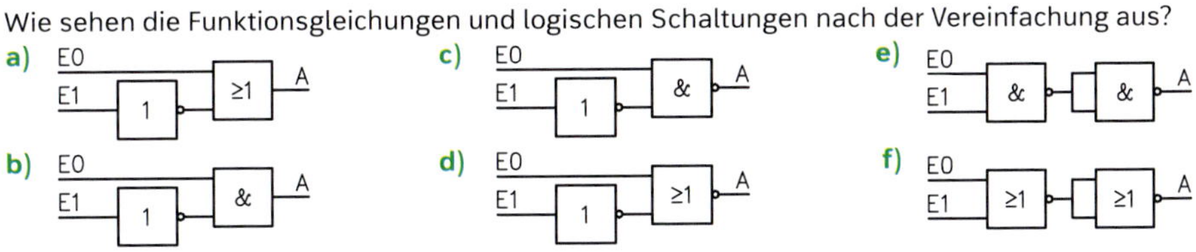

8. Wie sieht die Funktionsgleichung und die logische Schaltung eines UND-Elementes aus, das durch NAND-Elemente ersetzt wurde?

9. Für den Bau von UND-Elementen stehen nur NOR-Elemente zur Verfügung.
   a) Wie lautet die Funktionsgleichung?
   b) Welche logische Schaltung realisiert das UND-Element?

10. Ein Motor ist an zwei Schalter angeschlossen. Er kann jeweils nur von einem Schalter angelassen werden.
   a) Welche Wahrheitstabelle gibt die Schaltung wieder?
   b) Wie lautet die Funktionsgleichung?
   c) Welche logische Schaltung ist erforderlich?

11. Welche Funktionsgleichungen und logischen Schaltungen können anstelle der Wahrheitstabellen verwendet werden?

a)

E0	E1	A
0	0	0
0	1	1
1	0	0
1	1	1

b)

E0	E1	A
0	0	0
0	1	1
1	0	1
1	1	1

c)

E0	E1	E2	A
0	0	0	0
0	0	1	1
0	1	0	0
0	1	1	1
1	0	0	0
1	0	1	1
1	1	0	0
1	1	1	1

d)

E0	E1	E2	A
0	0	0	0
0	0	1	1
0	1	0	1
0	1	1	1
1	0	0	0
1	0	1	1
1	1	0	1
1	1	1	1

13.1.3.2 Funktionsformen

Logische Funktionen werden gern in einer **Normalform** dargestellt.

Disjunktiv: Alle Zeilen mit A = 1 werden mit ∧ zusammengefasst und mit ∨ verbunden!
Konjunktiv: Alle Zeilen mit A = 0 werden mit ∨ zusammengefasst und mit ∧ verbunden!

E0		E1	A
0	∧	0	1
0	∧	1	1
1	∨	0	0
1	∨	1	0

∨ ⇒ 0 wird negiert

$(\overline{E0} \wedge \overline{E1}) \vee (\overline{E0} \wedge E1) = A$

Disjunktive Normalform ⇒

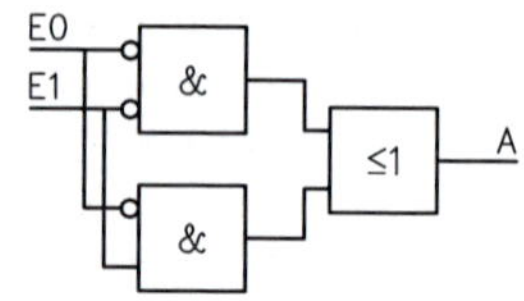

∧ ⇒ 1 wird negiert

$(\overline{E0} \vee E1) \wedge (\overline{E0} \vee \overline{E1}) = A$

Konjunktive Normalform ⇒

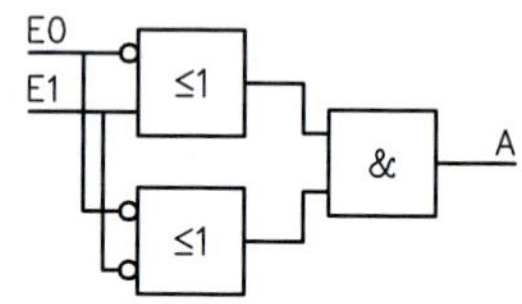

Aufgaben

1. a) Welche disjunktive Normalform ergibt sich aus der Wahrheitstabelle?
b) Wie sieht die logische Schaltung dafür aus?
c) Wie lautet die konjunktive Normalform?
d) Wie sieht die logische Schaltung dafür aus?

E0	E1	A
0	0	0
0	1	0
1	0	1
1	1	1

2. Eine Signallampe leuchtet dann auf, wenn der Eingang E0 = 1 oder Eingang E2 = 0 ist.
a) Wie lautet die Funktionsgleichung?
b) Welche logische Schaltung ergibt sich daraus?

3. a) Wie lautet für den Ausgang A = 1 der Wahrheitstabelle die Funktionsgleichung? (Für alle anderen Kombinationen gilt A = 0.)
b) Welche logische Schaltung ergibt sich aus dieser Gleichung?
c) Wie sieht die Funktionsgleichung in konjunktiver Normalform für A = 0 aus?

E0	E1	E2	A
0	1	0	1
1	0	1	1
0	0	1	1
1	0	0	1

4. Wie sehen Funktionsgleichung und logische Schaltung aus, wenn ein ODER-Glied durch
a) NAND-Elemente,
b) NOR-Elemente ersetzt wird?

5. Welches Ergebnis erhält man bei der Bearbeitung der logischen Schaltung für
a) die Funktionsgleichung,
b) die vereinfachte Gleichung,
c) die logische Schaltung mit NOR-Elementen?

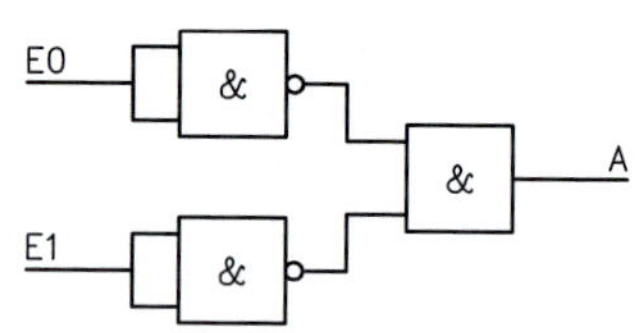

6. Eine Blechschneideanlage kann nur eingeschaltet werden, wenn der Handschutz heruntergelassen und die Schalter S1 und S2 gleichzeitig betätigt werden.
a) Welche Funktionsgleichung erfüllt die Bedingungen?
b) Wie sieht die logische Schaltung aus?

7. Wie lauten die Funktionsgleichungen der logischen Schaltungen für den Ausgang A = 1?

a)
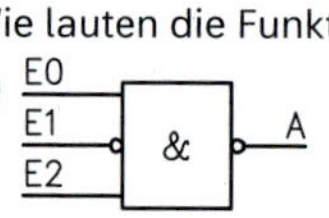

c)
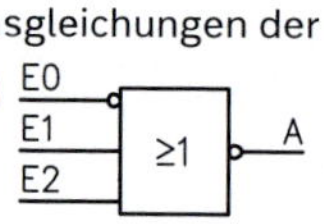

e)
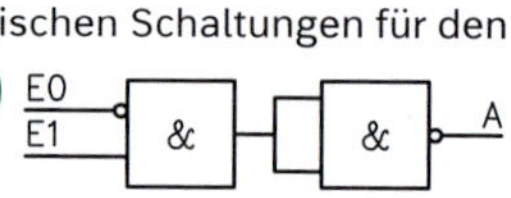

g)
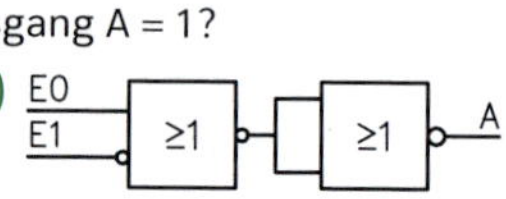

b)
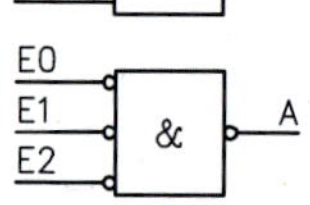

d)
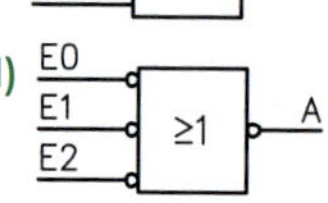

f)
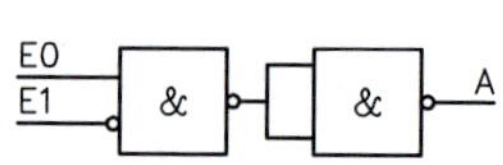

h)
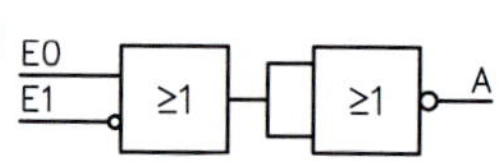

8. Welche Ergebnisse erhält man für die vereinfachten Gleichungen und logischen Schaltungen?

a) $\overline{\overline{E0} \wedge E1} = A$ **c)** $(\overline{E0} \wedge E1) \vee E2 = \overline{A}$ **e)** $\overline{E0 \vee \overline{E1}} = A$ **g)** $\overline{(\overline{E0} \wedge E1) \vee \overline{E2}} = A$

b) $\overline{E0} \wedge \overline{E1} = \overline{A}$ **d)** $(\overline{E0} \wedge E1) \vee (\overline{\overline{E0} \wedge E1}) = \overline{A}$ **f)** $\overline{E0 \wedge \overline{E1}} = A$ **h)** $\overline{(\overline{E0} \vee E1) \wedge (E1 \vee \overline{E2})} = A$

9. Ein Motor soll bei Einhaltung folgender Betriebsbedingungen eingeschaltet werden können:
1. Motorschutz hat nicht angesprochen.
2. Leitungsschutzsicherungen sind intakt.
3. Schließer S1 ist betätigt und Öffner S2 ist nicht betätigt.
   - **a)** Wie lautet die Funktionsgleichung?
   - **b)** Welche logische Schaltung erfüllt die Bedingungen?

10. Die Funktionstabelle zeigt eine Steuerschaltung mit vier Eingängen. Die übrigen Kombinationen haben keine Bedeutung.
- **a)** Wie lautet die Funktionsgleichung?
- **b)** Welche logische Schaltung liegt vor?
- **c)** Wie sieht die Schaltung aus, wenn nur NAND-Elemente zur Verfügung stehen?

E0	E1	E2	E3	A
0	1	0	0	1
0	1	1	0	1
1	0	1	1	1
1	1	1	1	1

11. Die Heizung einer Waschmaschine wird unter folgenden Bedingungen eingeschaltet:
1. Die Waschmaschinentrommel ist geschlossen.
2. Der Mindestwasserstand ist überschritten.
3. Die Temperatur ist niedriger als die gewünschte Temperatur.
4. Der Hauptwaschgang ist erreicht.

Wie sehen die Funktionsgleichung und die logische Schaltung aus?

12. a) Wie lautet die Funktionsgleichung für die nebenstehende Schaltung mit Schaltkontakten?
- **b)** Wie sieht die zu der Schaltung gehörende Funktionstabelle aus?
- **c)** Welche logische Schaltung ersetzt diese Darstellung?

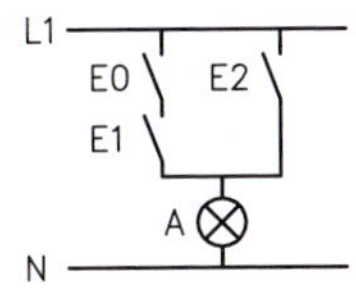

13. Wie lautet die Lösung zum gegebenen Kontaktplan für
- **a)** die Funktionsgleichung,
- **b)** die Funktionstabelle,
- **c)** die logische Schaltung,
- **d)** den Ausgang im Zeitablaufdiagramm?

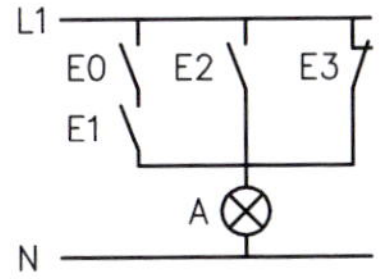

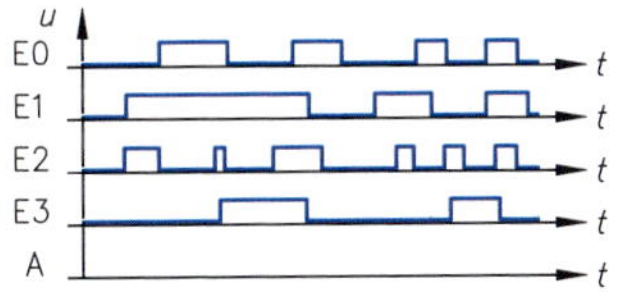

14. Gegeben ist die logische Schaltung mit Zeitablaufdiagramm.
- **a)** Wie lauten die Funktionsgleichung und die Wahrheitstabelle?
- **b)** Welches Zeitablaufdiagramm hat der Ausgang „A"?

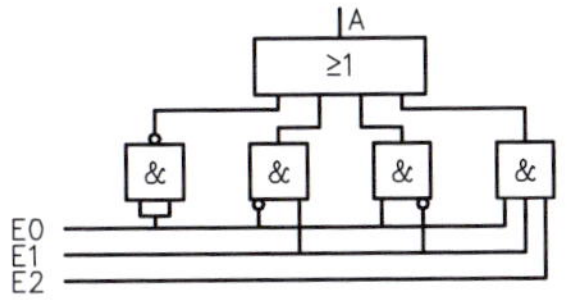

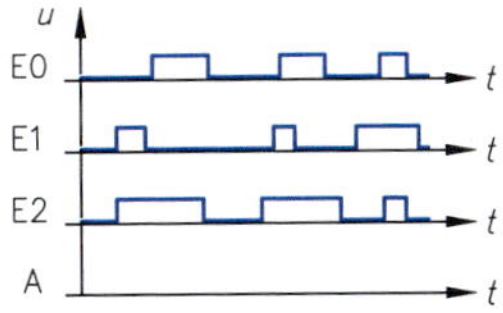

15. Die Heizung eines Kessels soll dann abgeschaltet werden, wenn die Temperatur erreicht wird bzw. der Wasserinhalt oder die zugeführte Gasmenge zu gering ist.
- **a)** Wie lautet die Funktionsgleichung?
- **b)** Welche logische Schaltung kann verwendet werden?

16. Die nachfolgenden Abbildungen zeigen die Zeitablaufdiagramme verschiedener Steuerschaltungen.
- **a)** Welche logischen Schaltungen geben diese Diagramme wieder?
- **b)** Wie sehen die dazugehörigen Wahrheitstabellen aus?

1)

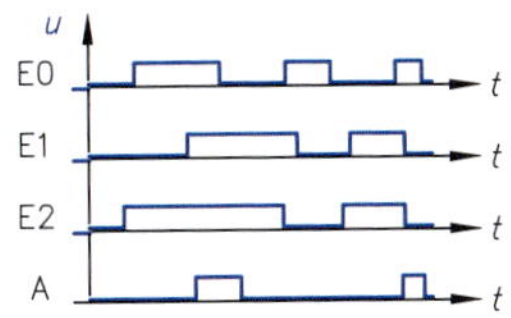

2)

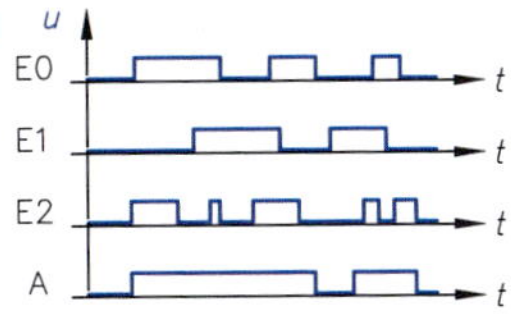

3)

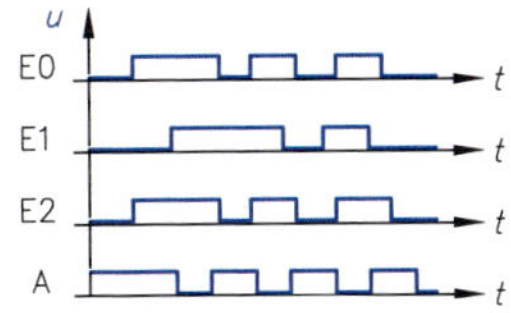

13.1.4 Vereinfachung von Schaltnetzen

13.1.4.1 KV-Tafeln (Karnaugh und Veitch)

Mithilfe von KV-Tafeln lassen sich logische Schaltungen einfach minimieren.

- Funktionstabelle in die KV-Tafel übertragen.
- Benachbarte Felder gleicher Wertigkeit werden zu 2^n großen Blöcken zusammengefasst.
- Einzelne Felder können mehrfach in Blöcken verwendet werden.
- Eingangsvariablen heben sich in benachbarten Feldern auf.
- Die Inhalte der 1er-Blöcke mit ∨ verknüpft, ergibt die vereinfachte Funktionsgleichung für A = 1.
- Die Inhalte der 0er-Blöcke mit ∧ verknüpft, ergibt die vereinfachte Funktionsgleichung für A = 0.

Funktionsgleichung: disjunktive Normalform

$(\overline{E0} \wedge \overline{E1} \wedge E2) \vee (\overline{E0} \wedge E1 \wedge E2) \vee (E0 \wedge \overline{E1} \wedge \overline{E2} \vee (E0 \wedge \overline{E1} \wedge E2) \vee (E0 \wedge E1 \wedge \overline{E2}) \vee$
$(E0 \wedge E1 \wedge E2) = A$

⇓

Funktionstabelle

E0	E1	E2	A
0	0	0	0_1
0	0	1	1_2
0	1	0	0_3
0	1	1	1_4
1	0	0	1_5
1	0	1	1_6
1	1	0	1_7
1	1	1	1_8

⇒

KV-Tafel

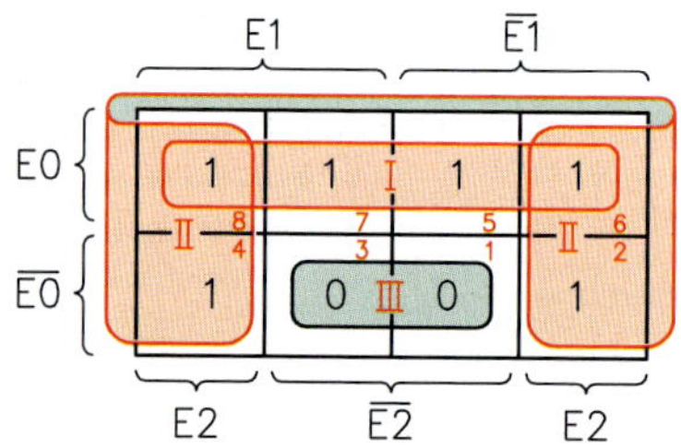

⇒

Vereinfachte Funktionsgleichung

Block I Block II

Für A = 1 ⇒ $A = E0 \vee E2$

⇩ ⇩

De Morgan

⇩ ⇩

Für A = 0 ⇒ $\overline{A} = \overline{E0} \wedge \overline{E2}$

Block III

Aufgaben

Beispiel: Wie sieht die mithilfe der KV-Tafel minimierte Schaltung der gegebenen Funktion aus?

Gegeben:
$(\overline{E0} \wedge \overline{E1} \wedge \overline{E2} \wedge E3) \vee (\overline{E0} \wedge \overline{E1} \wedge E2 \wedge E3) \vee (\overline{E0} \wedge E1 \wedge \overline{E2} \wedge \overline{E3}) \vee$
$(E0 \wedge \overline{E1} \wedge \overline{E2} \wedge \overline{E3}) \vee (E0 \wedge \overline{E1} \wedge \overline{E2} \wedge E3) \vee (E0 \wedge \overline{E1} \wedge E2 \wedge \overline{E3}) \vee$
$(E0 \wedge \overline{E1} \wedge E2 \wedge E3) \vee (E0 \wedge E1 \wedge \overline{E2} \wedge E3) \vee (E0 \wedge E1 \wedge E2 \wedge E3) = A$

Lösung: ⇓

Funktionstabelle

E0	E1	E2	E3	A
0	0	0	0	0
0	0	0	1	1
0	0	1	0	0
0	0	1	1	1
0	1	0	0	1
0	1	0	1	0
0	1	1	0	0
0	1	1	1	0
1	0	0	0	1
1	0	0	1	1
1	0	1	0	1
1	0	1	1	1
1	1	0	0	0
1	1	0	1	1
1	1	1	0	0
1	1	1	1	1

⇐

KV-Tafel

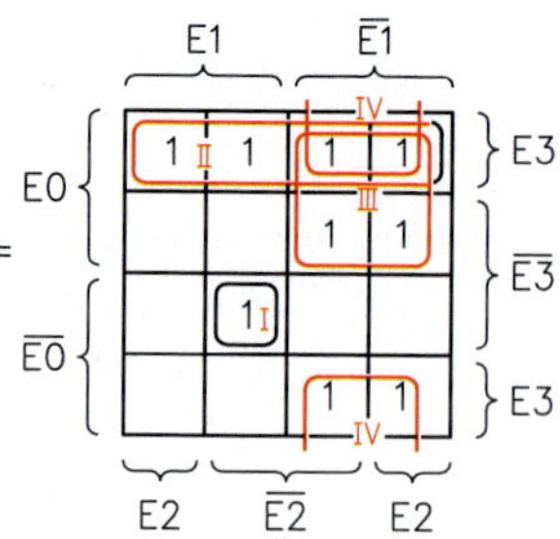

⇓

Minimierte Schaltung

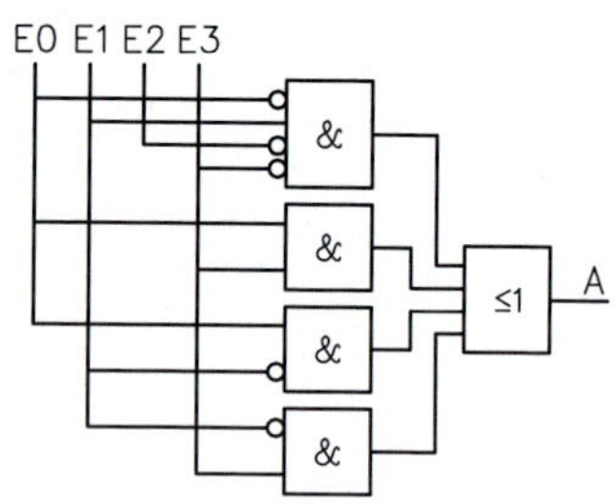

⇑

Vereinfachte Funktionsgleichung

Block I Block II Block III Block IV

$(\overline{E0} \wedge E1 \wedge \overline{E2} \wedge \overline{E3}) \vee (E0 \wedge E3) \vee (E0 \wedge \overline{E1}) \vee (\overline{E1} \wedge E3) = A$

1. Welche Funktionsgleichungen und logischen Schaltungen ergeben sich für die KV-Tafeln nach der Zusammenfassung zu Blöcken?

a) **b)** **c)** **d)** **e)** **f)** **g)**

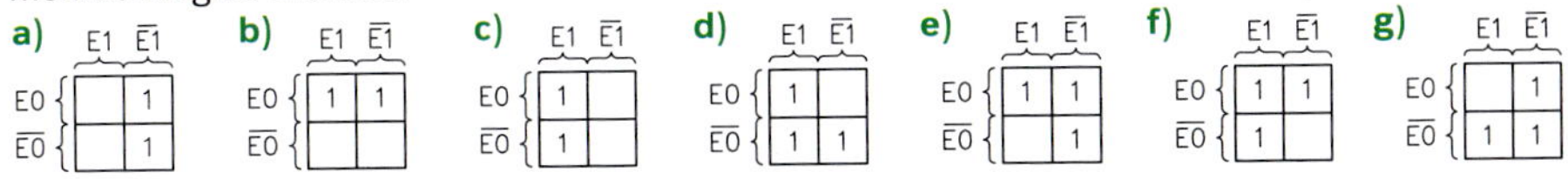

2. Welche vereinfachten logischen Schaltungen ergeben sich für die KV-Tafeln?

a) **b)** **c)** **d)** **e)**

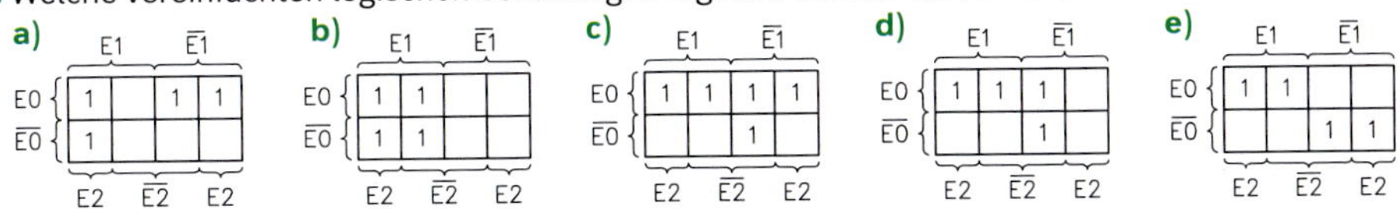

3. Für die nachfolgenden KV-Tafeln sind die minimierten logischen Schaltungen gesucht.

a) **b)** **c)** **d)** **e)**

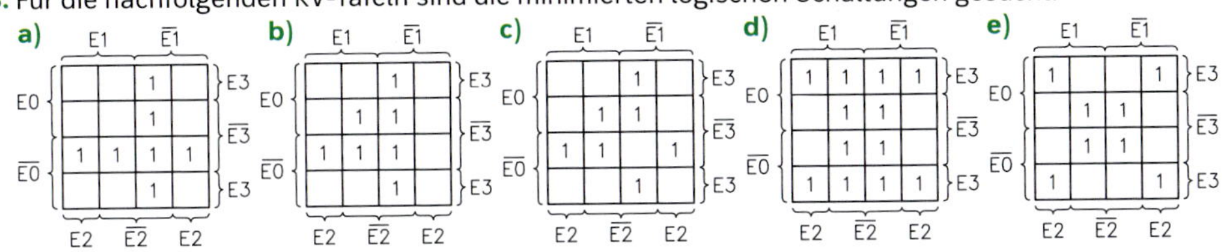

4. Die vorliegende Schaltung ist schrittweise mithilfe einer KV-Tafel zu vereinfachen.

a) Wie sieht die Funktionsgleichung der gegebenen logischen Schaltung aus?

b) Welche vereinfachte Funktionsgleichung ergeben die Blöcke der KV-Tafel?

c) Wie sieht die vereinfachte logische Schaltung aus?

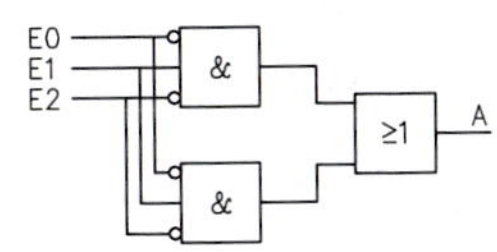

5. Wie lautet die Lösung zur dargestellten logischen Schaltung für

a) die Funktionsgleichung,

b) die vereinfachte Gleichung,

c) die vereinfachte logische Schaltung?

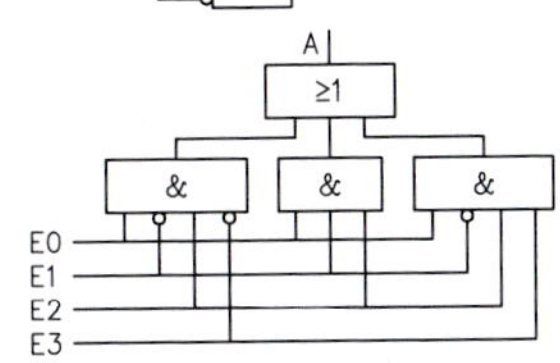

6. Bei den gegebenen Eingangszuständen liegt an den Ausgänge A = 1 an.

- Wie lauten die Funktionsgleichungen für die Schaltungen?
- Welche vereinfachten Funktionsgleichungen ergeben sich mithilfe der KV-Tafel?
- Wie sehen die logischen Schaltungen dann aus?

a) **b)** **c)** **d)**

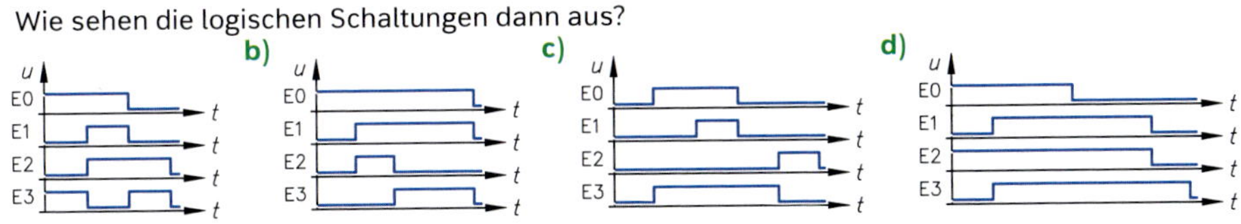

7. a) Wie lautet die mit der KV-Tafel vereinfachte Funktionsgleichung?

b) Welche logische Schaltung ergibt sich aus der Gleichung?

$(E0 \wedge E1 \wedge \overline{E2} \wedge \overline{E3}) \vee (\overline{E0} \wedge E1 \wedge \overline{E2} \wedge \overline{E3}) \vee (E0 \wedge E1 \wedge \overline{E2} \wedge E3) \vee (\overline{E0} \wedge E1 \wedge \overline{E2} \wedge E3) \vee$

$(E0 \wedge \overline{E1} \wedge \overline{E2} \wedge E3) \vee (E0 \wedge \overline{E1} \wedge E2 \wedge E3) \vee (\overline{E0} \wedge \overline{E1} \wedge E2 \wedge E3) \vee (\overline{E0} \wedge \overline{E1} \wedge \overline{E2} \wedge \overline{E3}) \vee$

$(E0 \wedge \overline{E1} \wedge \overline{E2} \wedge \overline{E3}) \vee (E0 \wedge \overline{E1} \wedge E2 \wedge \overline{E3}) \vee (\overline{E0} \wedge \overline{E1} \wedge E2 \wedge \overline{E3}) \vee (\overline{E0} \wedge \overline{E1} \wedge \overline{E2} \wedge \overline{E3}) = A$

8. a) Wie lautet die Funktionsgleichung für die Schaltung mit Schaltkontakten?

b) Welche Funktionstabelle entspricht der Schaltung?

c) Wie lautet die Funktionsgleichung nach der Vereinfachung mit der KV-Tafel?

d) Wie sieht dann die logische Schaltung aus?

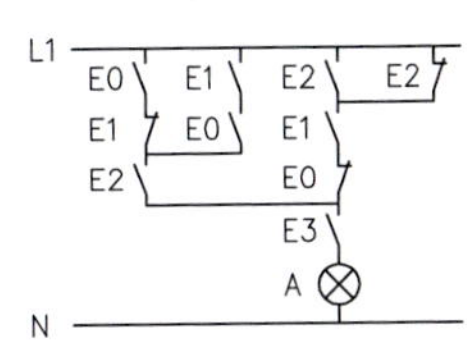

13.1.4.2 Mathematische Vereinfachung logischer Schaltungen

* Mathematische Grundlagen siehe im Anhang Seite 218!

Aufgaben

Beispiel 1: Wie kann die gegebene Funktionsgleichung vereinfacht werden?

Gegeben: $[E1 \wedge (\overline{E0} \wedge \overline{E2})] \vee (\overline{E0} \wedge \overline{E1}) = A$

Lösung:

Verteilungsgesetz:	$[(E1 \wedge \overline{E0}) \vee (E1 \vee \overline{E2})] \vee (\overline{E0} \wedge \overline{E1})$	$= A$
Verbindungsgesetze:	$(E1 \wedge \overline{E0}) \vee (E1 \vee \overline{E2}) \vee (\overline{E0} \wedge \overline{E1})$	$= A$
$\overline{E0}$ ausklammern:	$[\overline{E0} \wedge \underbrace{(E1 \vee \overline{E1})}_{1}] \vee (E1 \wedge \overline{E2})$	$= A$
	$1 \Rightarrow \mathbf{\overline{E0} \vee (E1 \wedge \overline{E2})}$	$\mathbf{= A}$

Lösung auch über KV-Tafel:

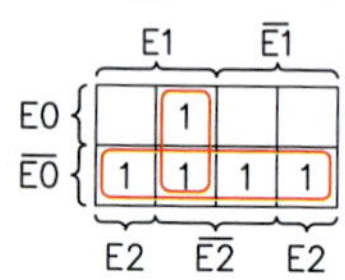

$\overline{E0} \vee (E1 \wedge \overline{E2}) = A \quad \Rightarrow$

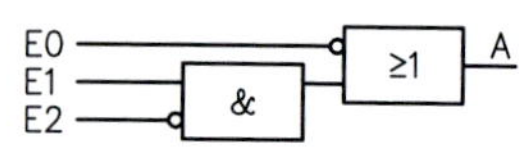

Beispiel 2: Wie kann die logische Schaltung vereinfacht werden?

Gegeben:

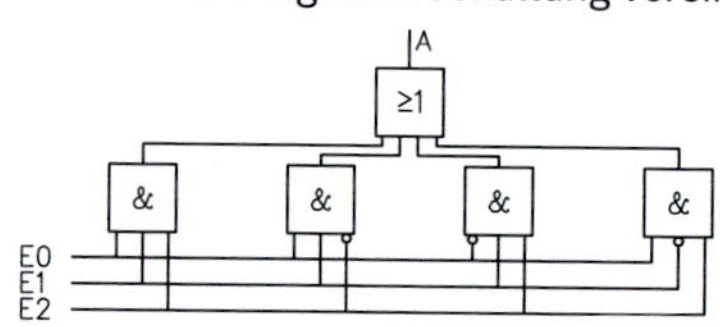

Lösung: Disjunktive Normalform:

$(E0 \wedge E1 \wedge E2) \wedge (E0 \wedge E1 \wedge \overline{E2}) \vee (\overline{E0} \wedge E1 \wedge E2) \vee (E0 \wedge \overline{E1} \wedge E2) = A$

Erweiterung mit zwei nicht negierten Gliedern:

$(E0 \wedge E1 \wedge E2) \vee (E0 \wedge E1 \wedge \overline{E2}) \vee (\mathbf{E0 \wedge E1 \wedge E2}) \vee (\overline{E0} \wedge E1 \wedge E2) \vee (\mathbf{E0 \wedge E1 \wedge E2}) \vee$

$(E0 \wedge \overline{E1} \wedge E2) = A$

Verteilungsgesetze und Sonderfälle:

$[(E0 \wedge E1) \wedge \underbrace{(E2 \vee \overline{E2})}_{1}] \vee [(E0 \wedge E2) \wedge \underbrace{(E1 \vee \overline{E1})}_{1}] \vee [(E1 \wedge E2) \wedge \underbrace{(E0 \vee \overline{E0})}_{1}] = A$

$[(E0 \wedge E1) \wedge 1] \vee [(E0 \wedge E2) \wedge 1] \vee [(E1 \wedge E2) \wedge 1] = A$

$\mathbf{(E0 \wedge E1) \vee (E0 \wedge E2) \vee (E1 \wedge E2) = A} \quad \Rightarrow$

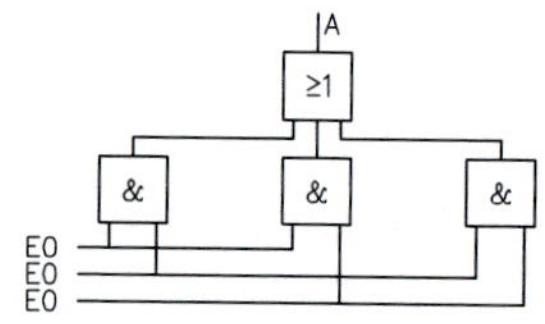

1. Wie lauten die mithilfe der Kommutativgesetze umgeformten Gleichungen?

a) $(E0 \wedge E1) \vee E2$

b) $E0 \wedge (E1 \vee E2)$

c) $E0 \wedge E1 \wedge E2$

2. Wie sehen die umgeformten Funktionsgleichungen bei Anwendung der Assoziativgesetze für die gegebenen Schaltfunktionen aus?

a) $E0 \wedge E1 \vee \overline{E2}$

b) $(E0 \vee E3) \wedge (E1 \vee E2)$

c) $E0 \wedge \overline{E1} \wedge E2$

3. a) Welche Funktionsgleichung entspricht der gegebenen Schaltung?

b) Wie sieht die mithilfe der Assoziativgesetze umgeformte Gleichung aus?

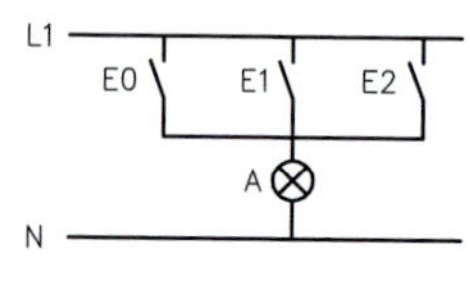

4. Eine Maschine wird eingeschaltet, wenn folgende Bedingungen zutreffen: Die in Reihe liegenden Schließer E0 und E1 und E2 oder die in Reihe liegenden Schließer E3 und E4 sind betätigt.
   a) Wie lautet die Schaltfunktion?
   b) Welche Funktionen ergeben sich nach Anwendung der Assoziativ- und Kommutativgesetze?
   c) Wie sieht die entsprechende logische Schaltung aus?

5. Gegeben ist die nebenstehende Schaltung.
   a) Wie lautet die Funktionsgleichung?
   b) Welche Gleichung ergibt sich nach der Umformung mithilfe der Distributivgesetze?
   c) Welche logische Schaltung kann daraus entwickelt werden?

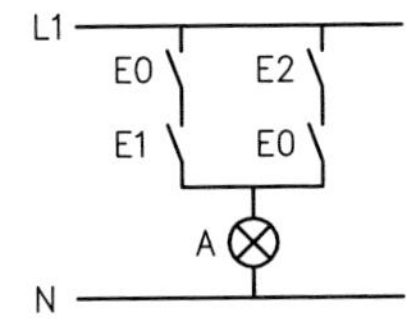

6. a) Wie lautet die Funktionsgleichung der Schaltung für den Ausgang A?
   b) Welche vereinfachte Funktionsgleichung ergibt sich bei Anwendung der Distributivgesetze?
   c) Wie sieht die logische Schaltung für die Vereinfachung aus?

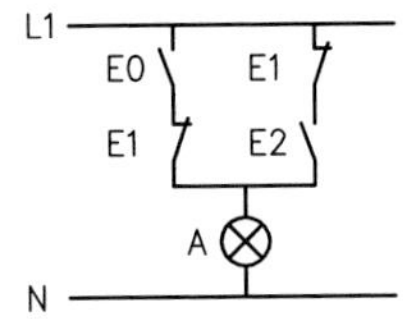

7. a) Welche Funktionsgleichung ergibt sich für den Ausgang A der Schaltung?
   b) Wie lautet die Gleichung nach der Umformung mithilfe der Distributivgesetze, damit der Eingang E0 nur einmal erscheint?
   c) Welche logische Schaltung kann anstelle der Gleichung verwendet werden?

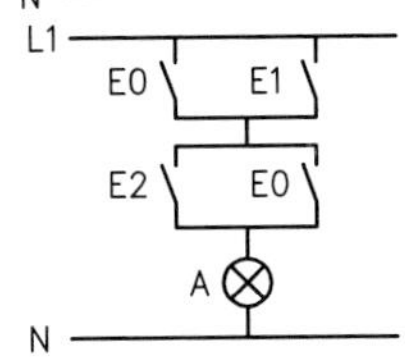

8. Vier Verbraucheranschlüsse sind gegenseitig so zu verriegeln, dass maximal zwei Anschlüsse betrieben werden.
   a) Wie lautet die Funktionsgleichung?
   b) Wie sieht die vereinfachte logische Schaltung aus?

9. Welches Ergebnis hat die unten aufgeführte logische Schaltung für
   a) die Funktionsgleichung,
   b) die mathematisch vereinfachte Gleichung,
   c) den Lösungsweg mit der KV-Tafel,
   d) die vereinfachte logische Schaltung?

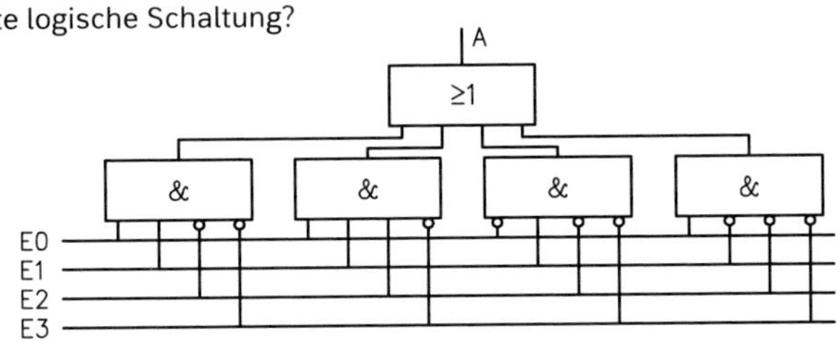

10. Wie lauten die vereinfachten Gleichungen und logischen Schaltungen?
   a) $(E0 \wedge E1) \vee (E0 \wedge \overline{E1}) \vee (\overline{E0} \wedge E1) = A$
   b) $(E0 \wedge E2) \vee (\overline{E0} \wedge E2) \vee E1 = A$
   c) $(E0 \wedge E1 \wedge E2) \vee (E0 \wedge \overline{E1} \wedge \overline{E2}) \vee (\overline{E0} \wedge E1 \wedge E2) \vee (E0 \wedge E1 \wedge \overline{E2}) = A$
   d) $(\overline{E0} \wedge \overline{E1} \wedge \overline{E2}) \vee (E0 \wedge \overline{E1} \wedge \overline{E2}) \vee (\overline{E0} \wedge E1 \wedge \overline{E2}) \vee (E0 \wedge E1 \wedge \overline{E2}) = A$
   e) $(\overline{E0} \wedge E1 \wedge \overline{E2}) \vee (E0 \wedge \overline{E1} \wedge E2) \vee (\overline{E0} \wedge \overline{E1} \wedge E2) \vee (E0 \wedge E1 \wedge \overline{E2}) \vee E1 = A$
   f) $(E0 \wedge E1 \wedge \overline{E2}) \vee (E0 \wedge \overline{E1} \wedge E2) \vee (\overline{E0} \wedge E1 \wedge E2) \vee (E0 \wedge \overline{E1} \wedge E2) \vee E2 = A$

11. Wie lauten die vereinfachte Gleichung und das Ergebnis mit der KV-Tafel?

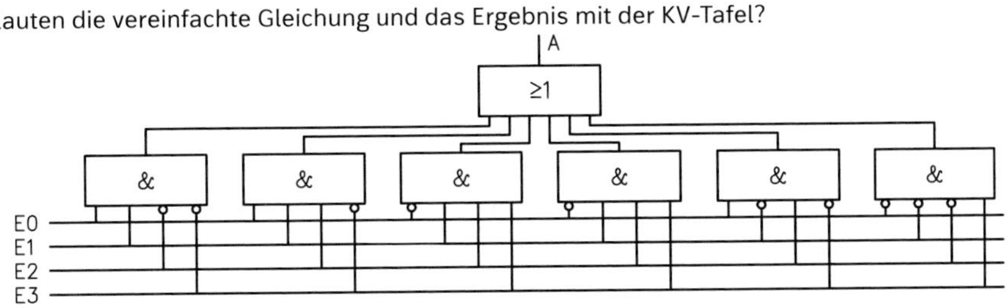

13.2 Regelungstechnik

13.2.1 Sensoren

Druck-Sensoren

z. B. zur Messung des Druckunterschieds zwischen Messdruck und Vakuum:

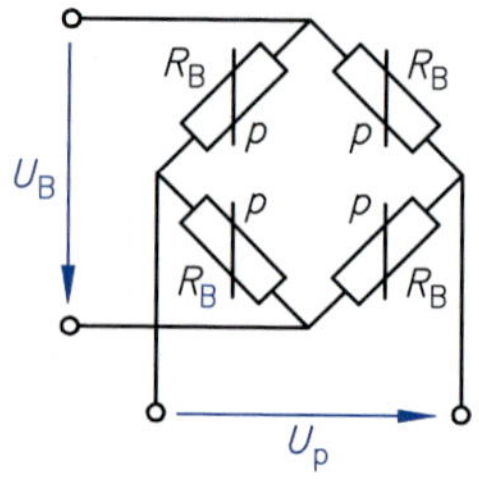

Absolutdruck-Sensor

Druckbereich:
$\Delta p = 0$ bis 10 bar

Druckempfindlichkeit:
4 mV/V bar

Max. zul. Druck:
$P_{max} = 20$ bar

Zul. Betriebspannung:
$U_{Bmax} = 16$ V

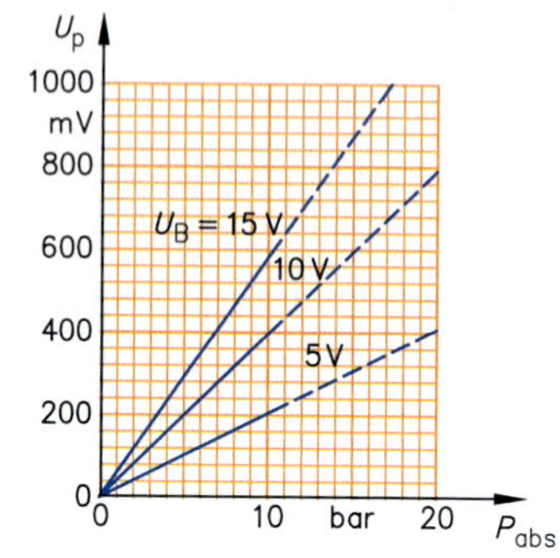

Temperatur-Sensoren

mit positivem Temperaturkoeffizienten

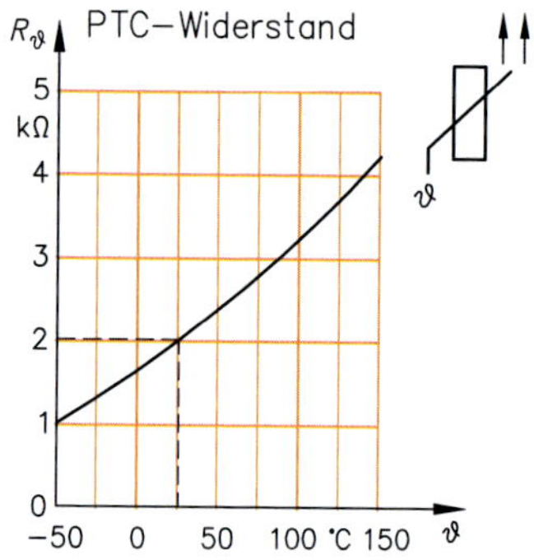

mit negativem Temperaturkoeffizienten

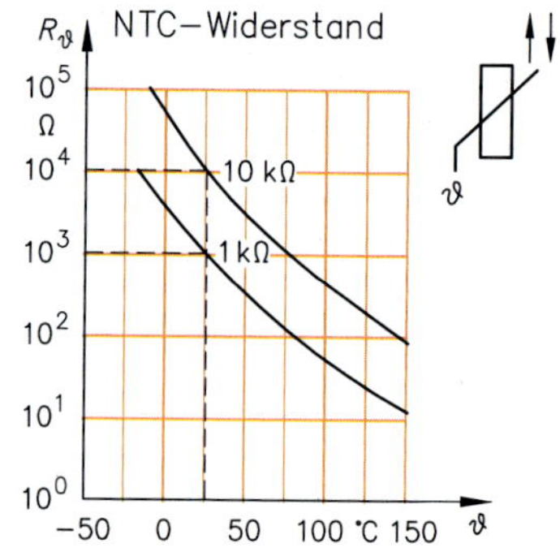

Licht-Sensoren

Der Widerstandswert ändert sich umgekehrt proportional zur Beleuchtungsstärke E_v.

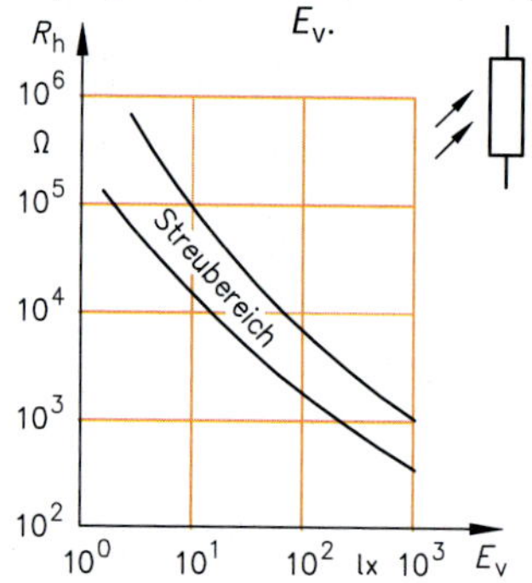

Sensoren mit Feldplatten

Der Widerstandswert ändert sich proportional zur magnetischen Flussdichte *B*.

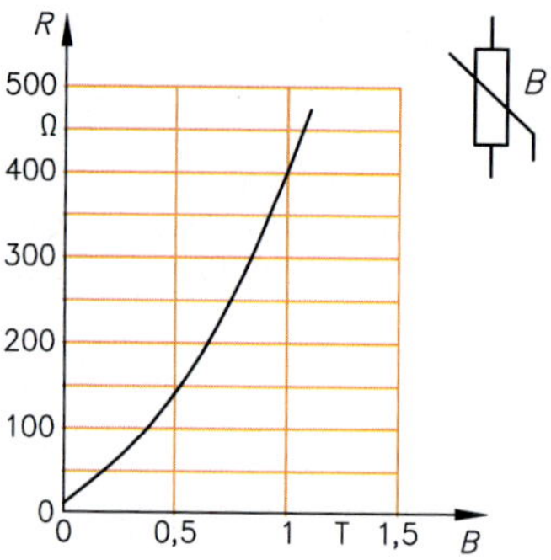

Aufgaben

1. Mit einem Silizium-Druck-Sensor sollen Druckunterschiede zwischen 2,5 bar und 10 bar gemessen werden. Wie groß ist in der vereinfachten Darstellung des Messverstärkers die minimale und maximale Ausgangsspannung U_2 bei einer Betriebsspannung von etwa 10 V?

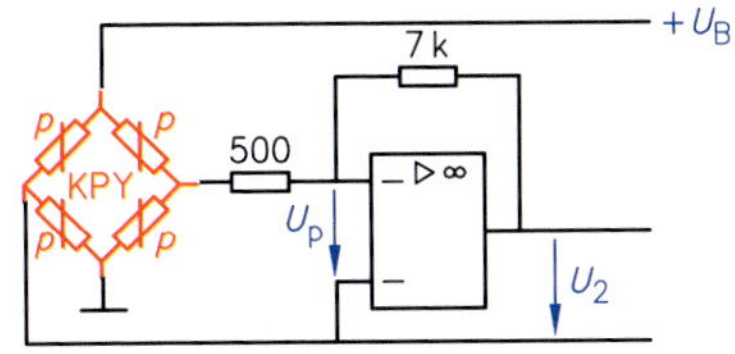

2. Die Abbildung zeigt einen Temperatursensor mit einem Vorwiderstand R1 zur Linearisierung der Kennlinie ohne weitere Beschaltung. Wie groß muss der Vorwiderstand gewählt werden, damit bei 100 °C die Spannung U_ϑ einen Wert von 3 V annimmt?

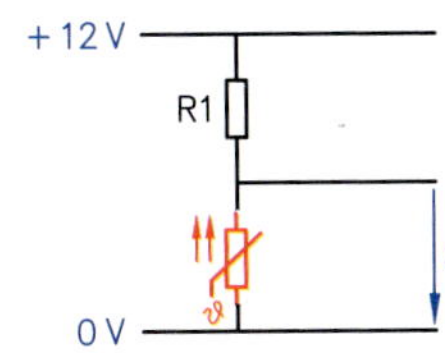

3. Die abgebildete Brückenschaltung mit dem Si-Temperatursensor KTY 10 soll für Temperaturmessungen von +25 °C bis +100 °C verwendet werden. Die Brückenspannung ist gegen die Spannungsabfälle an den Zuleitungswiderständen stabilisiert.

a) Auf welchen Wert ist R_V einzustellen, damit bei 25 °C die Brücke abgeglichen ist?

b) Welche Spannung liefert die Brücke bei 100 °C?

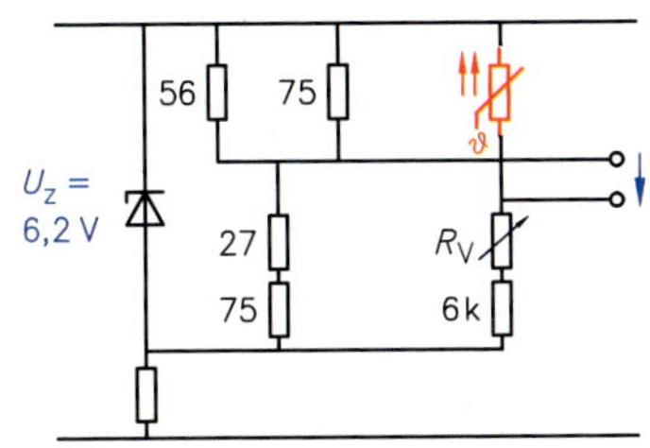

4. In der abgebildeten Grundschaltung wird der NTC-Widerstand mit $R_{25} = 1\ \text{k}\Omega$ als Temperaturfühler eingesetzt. Der in Reihe geschaltete Widerstand R1 hat einen Wert von 500 Ω, die Betriebsspannung beträgt 12 V.

a) Wie ändern sich die Spannungsanteile bei einer Umgebungs- und Fühlertemperatur von 75 °C?

b) Kann die Schaltung für Temperaturen bis 100 °C eingesetzt werden, wenn der lineare Bereich der Eigenerwärmung bei $P = 0{,}1$ W endet?

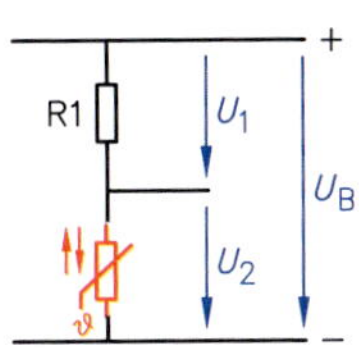

5. Die Abbildung zeigt den an einen Transistor angekoppelten Fotowiderstand. Die Betriebsspannung beträgt 12 V. Welcher Vorwiderstand ist zu wählen, wenn der Transistor bei einer Beleuchtungsstärke von 50 lx sicher durchschalten soll?

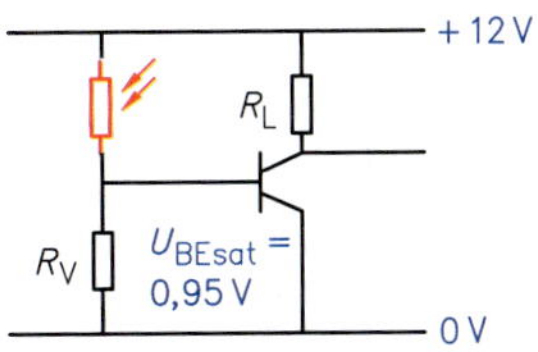

6. Die Feldplatte ist Teil einer Brückenschaltung für eine Wegmessung.

a) Auf welchen Wert muss R1 eingestellt werden, damit die Brücke bei einer Vormagnetisierung auf 0,2 T abgeglichen ist?

b) Auf welchen Wert ändert sich der Widerstand der Feldplatte bei einer Vergrößerung der Flussdichte auf 1 T? Welche Spannung liegt dann zwischen A und B an?

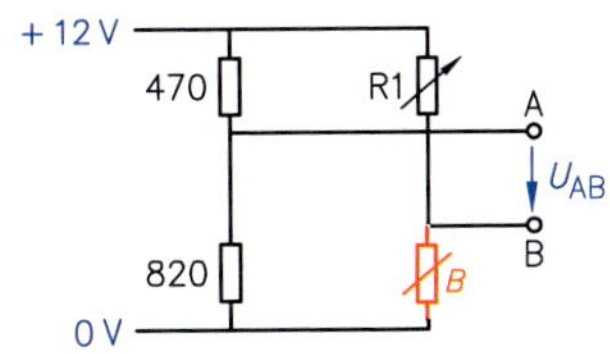

7. Zwei Dehnungsmessstreifen sind nach nebenstehender Skizze in einer Brückenschaltung eingebaut. Bei Dehnung der Messstreifen nimmt ihr Widerstandswert um das Doppelte der Dehnung zu.
Wie groß wird die Brückenspannung U_{AB}, wenn beide Dehnungsmessstreifen um 1 % gedehnt werden?

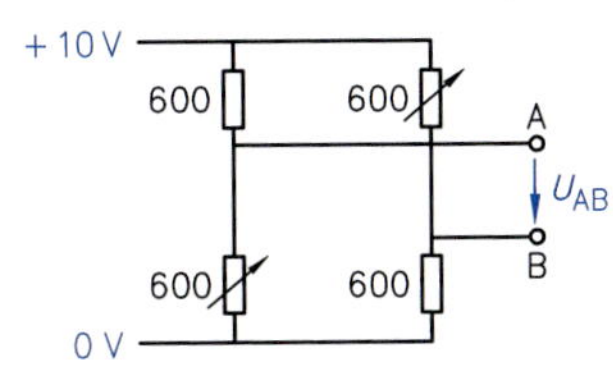

13.2.2 Impulstechnik

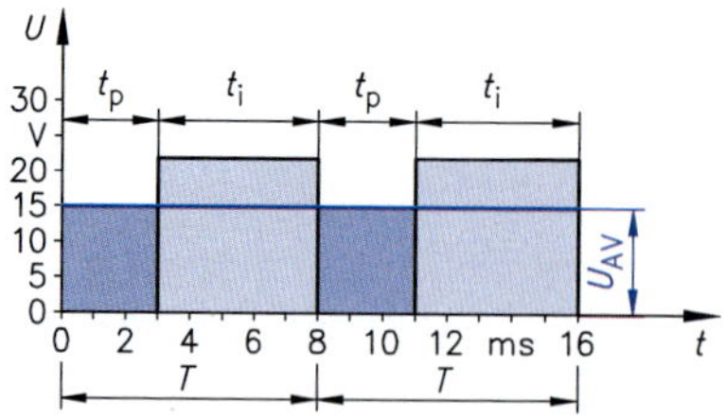

U_{AV} = Impulsmittelwert
t_i = Impulsdauer
t_p = Impulspause
T = Pulsperiodendauer
f = Pulsfrequenz
g = Tastgrad

$$T = t_i + t_p$$

$$f = \frac{1}{T}$$

$$g = \frac{t_i}{T}$$

$$U_{AV} = U \cdot g$$

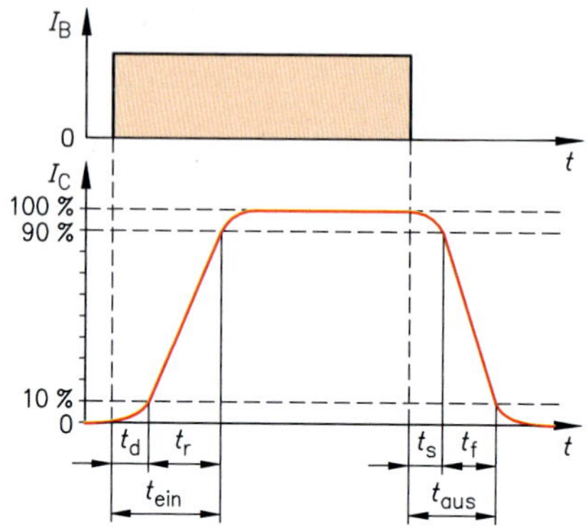

t_d = Verzögerungszeit (delay time)
t_r = Anstiegszeit (rise time)
t_s = Speicherzeit (storage time)
t_f = Abfallzeit (fall time)

$$t_{ein} = t_d + t_r$$

$$t_{aus} = t_s + t_f$$

$$f_{max} = \frac{1}{t_{ein} + t_{aus}}$$

Aufgaben

Beispiel 1: Rechteckige Spannungsimpulse von 50 V sollen für die Dauer von jeweils 20 ms anstehen. Die Impulspausen betragen 5 ms.

a) Wie groß ist die Pulsperiodendauer?
b) Welche Pulsfrequenz ergibt sich aus dieser Pulsperiodendauer?
c) Wie hoch ist der Tastgrad?
d) Welche zeichnerische Lösung ergibt sich für die Pulsperiodendauer und den Impulsmittelwert zweier Pulsperioden?

Gegeben: $t_i = 20\,ms$; $t_p = 5\,ms$; $U = 50\,V$

Gesucht: T; f; U_M

Lösung:

a) $T = t_i + t_p = 20\,ms + 5\,ms = \mathbf{25\,ms}$

b) $f = \frac{1}{T} = \frac{1}{25\,ms} = \mathbf{40\,Hz}$

c) $g = \frac{t_i}{T} = \frac{20\,ms}{25\,ms} = \mathbf{0{,}8}$

d)

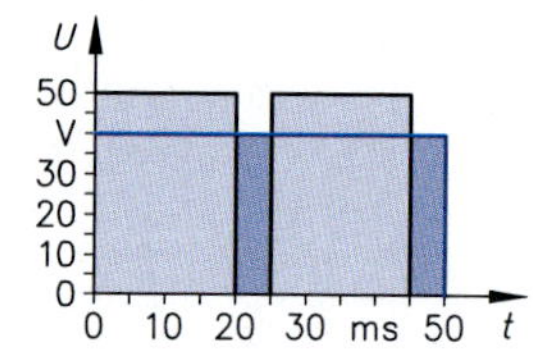

Beispiel 2: Mit einem Differenzierglied soll eine Impulsformung erreicht werden. Das rechteckige Eingangssignal hat eine Frequenz von 4 kHz bei einem Impuls-Pausen-Verhältnis $t_i / t_p = 4$.

a) Welche Pulsperiodendauer haben die Signale?
b) Wie lang sind die Impuls- und Pausenzeiten?
c) Welche Kapazität besitzt der Kondensator, wenn $t_i / \tau = 8$ und der Widerstand des Differenziergliedes 5,2 kΩ beträgt?

Gegeben: $t_i / t_p = 4$; $t_i / \tau = 8$; $f = 4\,kHz$; $R = 5{,}2\,k\Omega$

Gesucht: T; t_i; t_p; C

Lösung: **a)** $T = \frac{1}{T} = \frac{1}{4\,\text{kHz}} = \mathbf{250\,\mu s}$

b) $\frac{t_i}{t_p} = 4 \quad t_i = \mathbf{200\,\mu s} \quad t_p = \mathbf{50\,\mu s}$

c) $\tau = \frac{t_i}{8} = \frac{200\,\text{ms}}{8} = \mathbf{25\,ms}$

d) $C = \frac{\tau}{R} = \frac{25\,\mu s}{5{,}2\,\text{k}\Omega} = \mathbf{4{,}81\,nF}$

1. In einer Schaltung liegen Rechtecksignale mit Spannungsimpulsen von 10 ms und Impulspausen von 2 ms an. Wie groß sind Pulsperiodendauer, Pulsfrequenz und Tastgrad?

2. Ein Rechtecksignal mit einer Pulsfrequenz von 5 kHz hat ein Impuls-Pausen-Verhältnis von 4 : 1.

a) Wie groß ist die Pulsperiodendauer?

b) Welche zeitliche Länge haben die Impulse und die Impulspausen?

3. Ein Schalttransistor hat folgende Schaltzeiten: Verzögerungszeit 12 ns, Anstiegszeit 8 ns, Speicherzeit 100 ns und Abfallzeit 30 ns.

a) Welche Ein- und Ausschaltzeiten hat der Transistor?

b) Wie groß ist die höchste Schaltfrequenz?

4. Aus den nebenstehenden Rechtecksignalen sind folgende Größen zu bestimmen:

a) Pulsperiodendauer,

b) Pulsfrequenz,

c) Tastgrad,

d) rechnerische und zeichnerische Darstellung des Impulsmittelwertes.

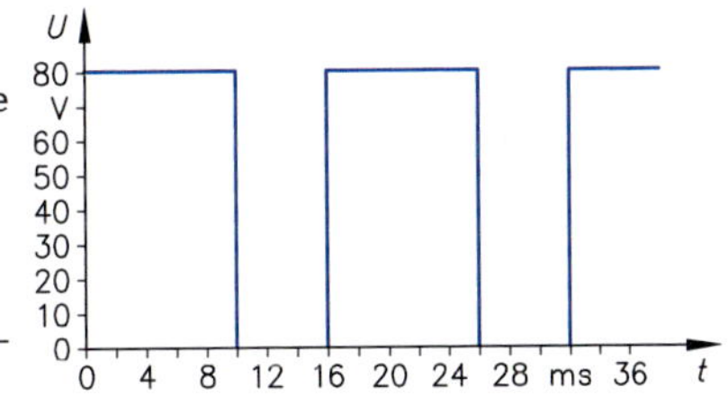

5. Mit einem Schalttransistor soll eine Schaltfrequenz von 4 MHz erreicht werden. Für die Einschaltzeit dürfen 60 ns verstreichen. Die Abfallzeit beträgt 15 ns. Welche Speicherzeit besitzt der Transistor?

6. Ein Rechtecksignal hat eine Pulsperiodendauer von 100 µs und eine Pausendauer von 35 µs.

a) Wie groß ist das Impuls-Pausen-Verhältnis?

b) Welche Pulsfrequenz besitzt das Signal?

c) Wie hoch ist der Tastgrad?

7. Bei einem Tastgrad von 0,75 beträgt der Spannungsmittelwert 30 V. Der Spannungsimpuls hat jeweils eine Dauer von 3 ms.

a) Wie groß ist die Impulspause?

b) Welche Pulsperiodendauer hat ein Signal?

c) Wie hoch ist die Pulsfrequenz?

d) Welcher Spannungsimpuls wirkt als Eingangssignal?

8. Ein Rechtecksignal hat einen Impulsmittelwert von 20 V. Bei einer Pulsfrequenz von 8 kHz beträgt das Impuls-Pausen-Verhältnis 4.

a) Wie groß ist die Pulsperiodendauer?

b) Welche zeitliche Länge haben die Impulse und Pausen?

c) Wie hoch ist der Tastgrad?

d) Welche Spannungsimpulse sind erforderlich?

9. Zur Impulsformung mit einem Differenzierglied hat das rechteckige Eingangssignal eine Pulsfrequenz von 2 kHz. Die Impulspause dauert 0,1 ms.

a) Welche Pulsperiodendauer hat das Signal?

b) Wie lang ist die Pulsdauer?

c) Welche Kapazität ist erforderlich, wenn bei $t_i/\tau = 5$ der Wirkwiderstand des Differenziergliedes 40 kΩ beträgt?

10. Der Impulsmittelwert einer rechteckigen Signalspannung beträgt 40 V bei einem Tastgrad von 0,8 und einer Impulsdauer von 16 ms.

a) Wie hoch sind die Spannungsimpulse während der Impulsdauer?

b) Welche Pulsperiodendauer ist vorhanden?

c) Wie lange sind die Impulspausen?

d) Welche Pulsfrequenz besteht?

13.2.3 Verhalten von Regelstrecken

13.2.3.1 P-Verhalten

Regelstrecke: 0. Ordnung

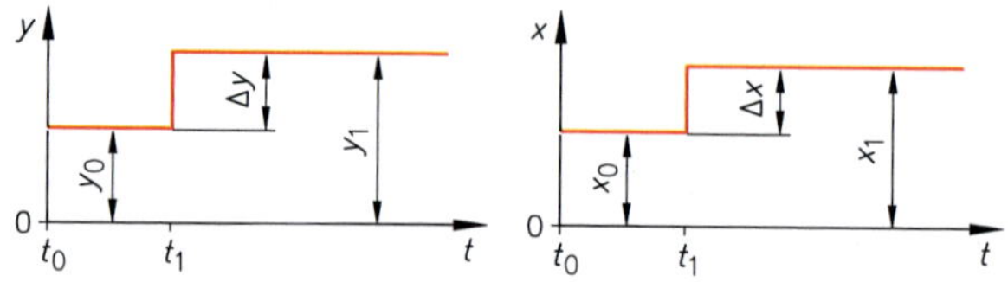

Verstärkung K *)

$$K_s = \frac{\Delta x}{\Delta y} = \frac{1}{Q}$$

Q Ausgleichswert

Regler

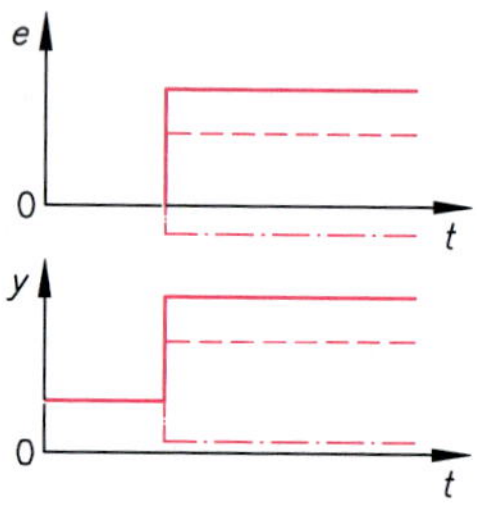

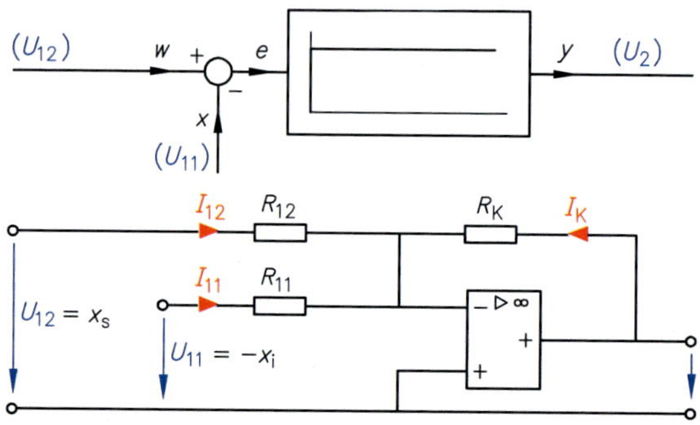

P-Bereich X_p

$$K_P = \frac{\Delta y}{e}$$

$$X_P = \frac{1}{K_P} \cdot 100\,\%$$

$$-\frac{U_2}{R_K} = \frac{U_{11}}{R_{11}} + \frac{U_{12}}{R_{12}} \Rightarrow -U_2 = \frac{R_K}{R_{11}} \cdot U_{11} + \frac{R_K}{R_{12}} \cdot U_{12}$$

Summierverstärker siehe Seite 194.

Aufgaben

Beispiel: Bei einer Erhöhung des Gaszuflusses um 30 cm³ innerhalb 1 h steigt die Temperatur in einem Glühofen um 85 K.

a) Wie groß ist der Proportionalkoeffizient (Verstärkung)?
b) Welchem Ausgleichswert Q entspricht dieser Wert?
c) Wie lautet die Funktionsgleichung für x bei konstanter Verstärkung?

Gegeben: $\Delta y = 30\frac{\text{cm}^3}{\text{h}}$; $\Delta x = 85\,\text{K}$

Gesucht: K_s; Q; $y = f(x)$

Lösung:

a) $K_s = \frac{\Delta x}{\Delta y} = \frac{85\,\text{K}}{30\frac{\text{cm}^3}{\text{h}}} = \mathbf{2{,}8\overline{3}\,\frac{K \cdot h}{cm^3}}$

b) $Q = \frac{1}{K_s} = \frac{1}{2{,}8\overline{3}\frac{\text{K}\cdot\text{h}}{\text{cm}^3}} = \mathbf{0{,}353\,\frac{cm^3}{K \cdot h}}$

c) $x = K_s \cdot y = \mathbf{2{,}8\overline{3}\,\frac{K \cdot h}{cm^3} \cdot y}$

*) auch Proportionalkoeffizient (K_s Regelstreckenverstärkung, K_P Reglerverstärkung)

1. Bei einer Durchflussregelstrecke wird durch eine Änderung der Schieberstellung von 4 mm die Durchflussmenge von 5 m^3/h auf 11 m^3/h vergrößert.

a) Welchen Proportionalkoeffizienten besitzt die Regelstrecke?

b) Wie lautet die Funktionsgleichung bei gleichbleibender Verstärkung?

2. Das nebenstehende Diagramm einer Sprungfunktion zeigt das Verhalten einer Durchflussregelstrecke.

a) Wie sieht die Sprungantwort aus, wenn der Proportionalkoeffizient 2 $m^3/mm \cdot h$ und der Ausgangswert x_0 = 10 m^3/h beträgt?

b) Welche Sprungantwort ergibt sich für $K_s = 5\,m^3/mm \cdot h$ und $x_0 = 5\,m^3/h$?

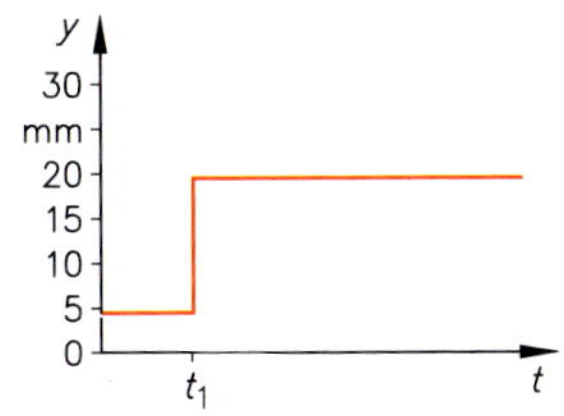

3. Der Ausgleichswert einer Regelstrecke beträgt 1,2 mm · h/m^3. Welche Ventiländerung ist notwendig, damit eine Erhöhung des Durchflusses von 20 m^3/h auf 28 m^3/h erfolgt?

4. Bei der dargestellten Füllstandsregelung ist durch einen geringeren Abfluss die Füllstandshöhe von dem vorgegebenen Sollwert von 200 cm auf einen Istwert von 202 cm angestiegen. Bei normalem Abfluss wird der Zufluss durch eine Schieberstellung von 25 mm erreicht. Die Hebellängen betragen l_1 = 60 cm und l_2 = 15 cm.

a) Wie groß sind Regel- und Stellgrößenänderung?

b) Welche Verstärkung besitzt die Regelstrecke?

c) Wie groß ist die Schieberöffnung?

d) Welcher P-Bereich kennzeichnet den Regler?

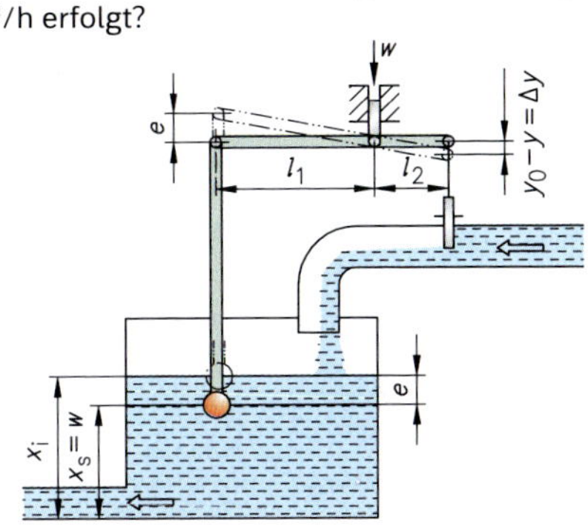

5. Die Temperatur eines Glühofens wird durch Änderung des Gaszuflusses gesteuert. Bei einem Anstieg um 80 cm^3/h erhöht sich die Temperatur um 160 K.

a) Wie groß ist der Proportionalkoeffizient?

b) Welchem Ausgleichswert entspricht diese Verstärkung?

c) Wie lautet bei gleichbleibender Verstärkung $y = f(x)$?

6. Wie groß sind die aus dem gegebenen Diagramm zu bestimmenden Größen:

a) Regeldifferenz e,

b) Stellgrößenänderung Δy,

c) Proportionalkoeffizient K_P,

d) P-Bereich X_P?

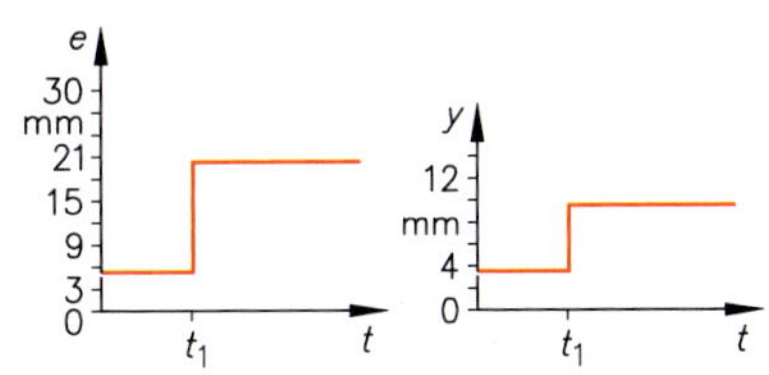

7. Ein Summierverstärker mit den Eingangsspannungen U_{11} = 8 V und U_{12} = 9 V haben die Eingangswiderstände $R_{11} = R_{12}$ = 15 kΩ. Der Rückkopplungswiderstand beträgt 60 kΩ. Wie groß sind Regeldifferenz, Stellgrößenänderung, Verstärkung und der P-Bereich?

8. Die nebenstehende Stellgrößenänderung bewirkt ein X_P = 100 %. Welche Stellgrößenänderungen ergeben sich für die nachfolgenden Werte?

a) X_P = 200 %

b) X_P = 60 %

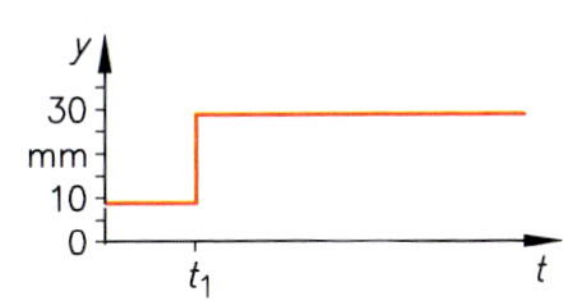

9. Die Auswertung zum Verhalten einer Regelstrecke nullter Ordnung zeigte für eine Durchflussstrecke eine Änderung von 10 mm auf 35 mm (Sprungfunktion).

a) Welche Sprungantwort erfolgt, wenn der Proportionalkoeffizient 3 $m^3/mm \cdot h$, der Ausgangswert x_0 = 8 m^3/h beträgt?

b) Welche Sprungantwort ergibt sich für K_s = 4 $m^3/mm \cdot h$ und x_0 = 4 m^3/h?

10. Bei der Veränderung des Wasserzuflusses um 1,5 m^3/0,1 h steigt der Wasserspiegel eines Schwimmbades um 1 cm.

a) Wie groß ist die Verstärkung?

b) Welchem Ausgleichswert Q entspricht dieser Wert?

c) Wie lautet die Funktionsgleichung für x bei konstanter Verstärkung?

13.2.3.2 Dynamisches Verhalten von Regelstrecken 1. Ordnung

Regelstrecke 1. Ordnung (verzögerte Regelstrecken)

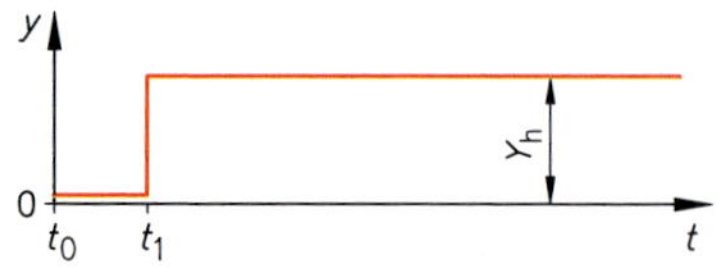

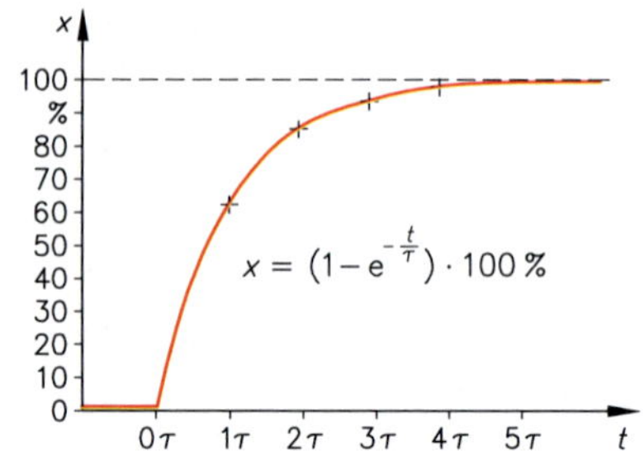

$$K_s = \frac{\Delta x}{\Delta y} = \frac{1}{Q}$$

$$x = K_s \cdot y \cdot \left(1 - e^{-\frac{1}{\tau}}\right)$$

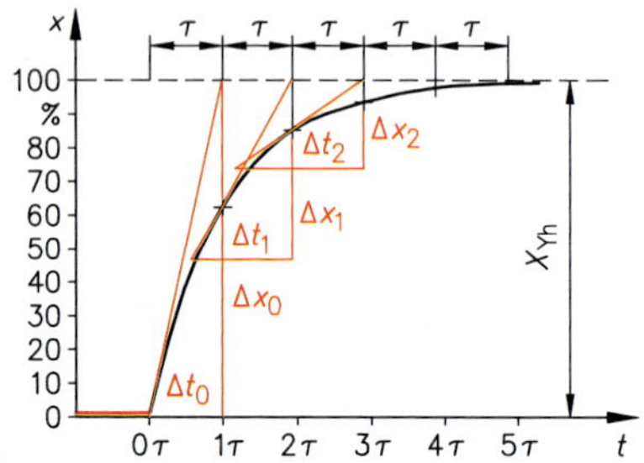

Anlaufwert *A* für $Y_h = \Delta y$ gilt:

$$A = \frac{\Delta t}{\Delta x} \cdot \frac{\Delta y}{Y_h}$$

$$A = \frac{\Delta t}{\Delta x} = \frac{1}{\tan\alpha}$$

Änderungsgeschwindigkeit *v*

$$v = \frac{1}{A} = \frac{\Delta x}{\Delta t}$$

Aufgaben

Beispiel: Eine Flüssigkeitsregelstrecke wird durch ein Magnetventil geregelt. Innerhalb 20 s steigt die Flüssigkeit um 100 mm.

a) Wie groß ist der Anlaufwert?

b) Welche Änderungsgeschwindigkeiten ergeben sich für $t = 0\,\tau, 1\,\tau, 2\,\tau, 3\,\tau$ und $4\,\tau$?

Gegeben: $\Delta x = 100$ mm; $\Delta t = 20$ s

Gesucht: A; v_0; v_1; v_2; v_3; v_4

Lösung:

a) $A = \frac{\Delta t}{\Delta x} = \frac{20\,\text{s}}{100\,\text{mm}} = 0{,}2\,\frac{\text{s}}{\text{mm}}$

b) $v = \frac{\Delta x}{\Delta t}$ Die Werte für x und t sind der Kennlinie entnommen.

τ	Δx mm	Δt s	v mm/s
0	100	20	5
1	70	40	1,75
2	37	60	0,61
3	20	80	0,25
4	9	100	0,09

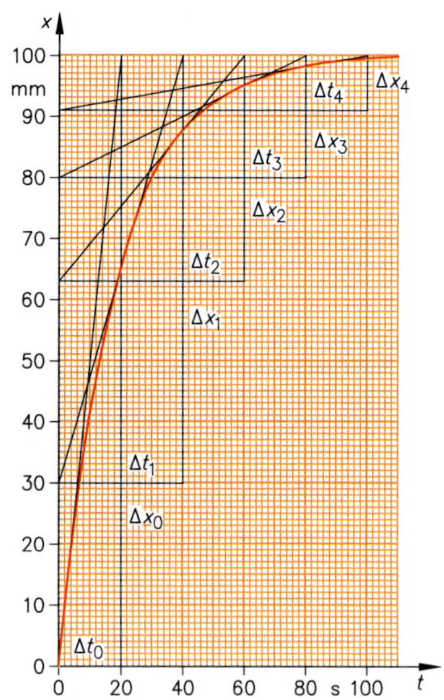

1. Mithilfe der Gleichung $x = \left(1 - e^{-\frac{1}{\tau}}\right)$ sollen die Prozentwerte zwischen $0\,\tau$ und $5\,\tau$, in Schritten von $0{,}5\,\tau$, berechnet und in einem Diagramm dargestellt werden.

2. Bei einer Behälterstandsregelung wird durch Erhöhung des Wasserzuflusses um 4 m^3/h der Wasserstand in 3 min um 30 cm ansteigen. Bei voller Öffnung des Zuflussventils fließen 12 m^3/h.

a) Wie groß ist der Anlaufwert?

b) Welche Änderungsgeschwindigkeiten ergeben sich für die Zeitpunkte $t_1 = 1\,\tau$; $t_2 = 2\,\tau$; $t_3 = 3\,\tau$; $t_4 = 4\,\tau$, wenn eine Sollhöhe von 90 cm besteht?

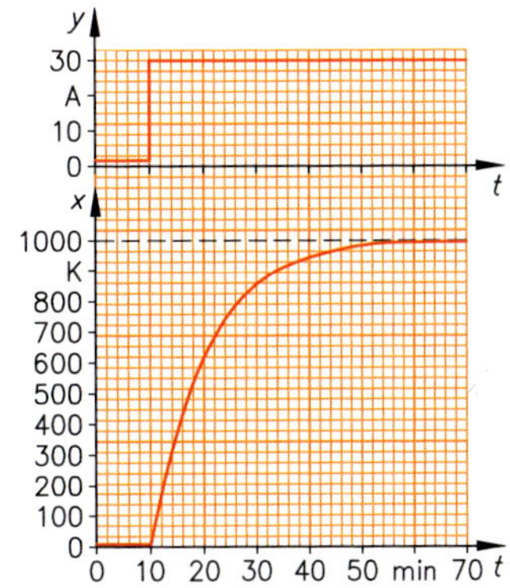

3. Die nebenstehenden Kennlinien geben die Werte einer Temperaturregelstrecke wieder. Durch Verstellen eines Schiebewiderstandes wird der Strom und damit die Temperatur beeinflusst.

a) Welche Temperaturwerte ergeben sich für die Punkte $t = 1\,\tau, 2\,\tau, 3\,\tau, 4\,\tau$ und $5\,\tau$?

b) Welche Änderungsgeschwindigkeiten können für diese Punkte errechnet werden?

c) Wie groß ist der Anlaufwert?

4. Wird das Ruder eines Schiffes um 5° gedreht, dann ändert sich der Kurs des Schiffes innerhalb von 3 min um 45°.

a) Wie groß ist der Anlaufwert, wenn der gesamte Stellbereich 90° beträgt?

b) Welcher Änderungsgeschwindigkeit entspricht dieser Wert?

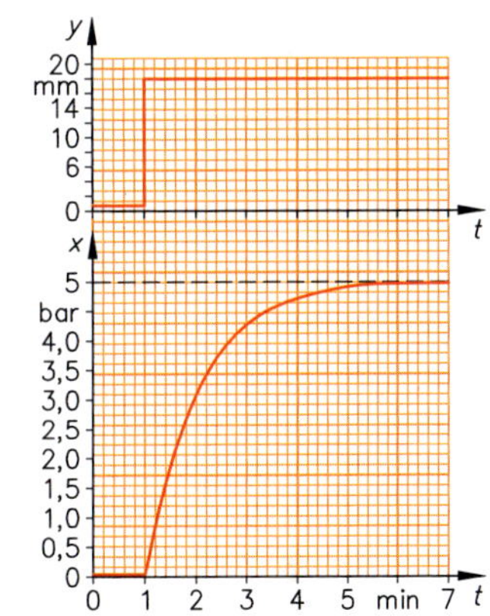

5. Die abgebildeten Diagramme stellen eine Druckregelstrecke dar.

a) Welche Druckwerte ergeben sich für die Punkte $t = 1\,\tau$, $2\,\tau, 3\,\tau, 4\,\tau$ und $5\,\tau$?

b) Welche Änderungsgeschwindigkeiten können für diese Punkte errechnet werden?

6. Bei einer Druckregelstrecke erfolgt durch Verändern der Ventilöffnung um 4 mm eine Erhöhung des Druckes um 6 bar innerhalb von 20 min.

a) Welche Verstärkung besitzt die Regelstrecke?

b) Wie groß ist der Anlaufwert, wenn der maximale Stellbereich 10 mm beträgt?

c) Welche Änderungsgeschwindigkeiten ergeben sich für die Zeitpunkte $t_1 = 1\,\tau$, $t_2 = 2\,\tau$, $t_3 = 3\,\tau$, $t_4 = 4\,\tau$ bei maximaler Änderung des Stellbereiches?

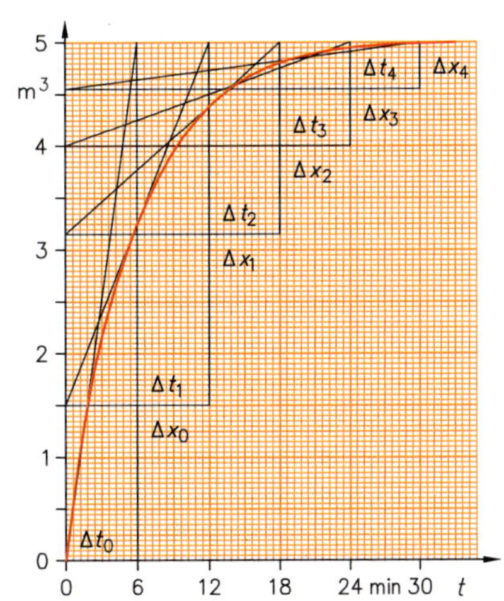

7. Die Füllung eines Fesselballons mit Helium erfolgt durch ein Magnetventil. Innerhalb von 30 Minuten erfolgt die Füllung mit dem Gas von 5 m^3.

a) Wie groß ist der Anlaufwert?

b) Welche Änderungsgeschwindigkeiten ergeben sich für $t = 0\,\tau$, $t = 1\,\tau$, $t = 2\,\tau$, $t = 3\,\tau$ und $t = 4\,\tau$?

8. Die Temperaturregelstrecke eines Brennofens wird über einen Stellwiderstand verändert. Die Verstärkung beträgt 30 °C/A. Maximal kann ein Strom von 35 A fließen.

a) Welche Temperatur kann höchstens erreicht werden?

b) Wie groß ist der Anlaufwert bei 1 h Aufheizzeit?

13.2.3.3 Dynamisches Verhalten von Regelstrecken 2. und höherer Ordnung

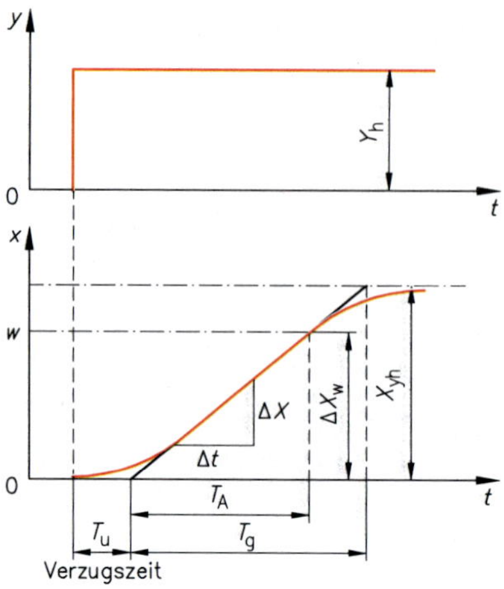

$$K_s = \frac{\Delta x}{\Delta t} = \frac{X_{Yh}}{Y_h}$$

$$A = \frac{\Delta t}{\Delta x} = \frac{T_A}{W} = \frac{T_g}{X_{Yh}}$$

Anlaufzeit T_A

$$T_A = A \cdot \Delta x_W = A \cdot w$$

Ausgleichszeit T_g

$$T_g = A \cdot X_{Yh} = \frac{X_{Yh} \cdot T_A}{w} = K_s \cdot A \cdot Y_h$$

Schwierigkeitsgrad $S_o = T_u / T_A$	0–0,1	0,1–0,2	0,2–0,4	0,4 – 0,8	> 0,8
Regelbarkeit	sehr gut	gut	noch	schlecht	kaum noch

Aufgaben

Beispiel: Dargestellt ist die Sprungantwort einer Temperaturregelstrecke nach dem sprunghaften Einschalten der vollen Heizleistung von 4 kW. Der Sollwert beträgt 22 °C. Wie groß sind folgende Größen:

a) Verstärkung und Anlaufwert,
b) Anlauf-, Verzugs- und Ausgleichszeit,
c) Schwierigkeitsgrad und Regelbarkeit?

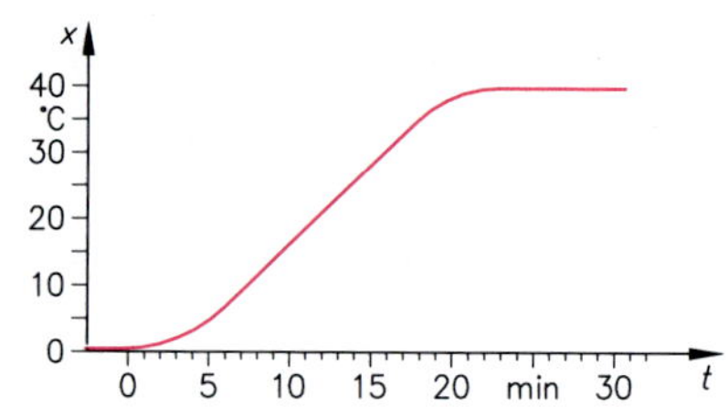

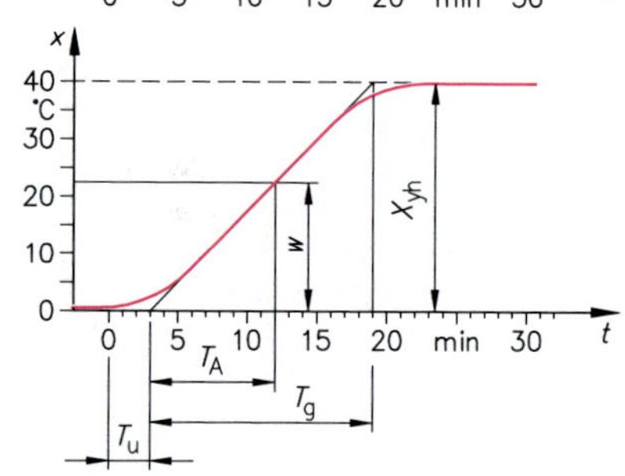

Gegeben: $Y_h = 4$ kW; $w = 22$ °C; $X_{Yh} = 40$ °C

Gesucht: K_s; A; T_A; T_u; T_g; S_o; Regelbarkeit

Lösung: **a)** $K_s = \frac{X_{Yh}}{Y_h} = \frac{40\,°C}{4\,kW} = 10\,\frac{°C}{kW}$

$A = \frac{T_A}{w} = \frac{9\,min}{22\,°C} = 0{,}41\,\frac{min}{°C}$

b) Aus Kennlinie abgelesen:

$T_A = 9$ min; $T_u = 3$ min; $T_g = 16$ min

c) $S_o = \frac{T_u}{T_A} = \frac{3\,min}{9\,min} = 0{,}\overline{3}$ ⇒ Die Strecke ist noch regelbar.

1. Die nebenstehende Sprungantwort ergibt sich bei Änderung des Stellgliedes um den halben Stellbereich. Der Sollwert der Temperatur beträgt 25 °C.

a) Wie groß ist der Anlaufwert?
b) Welche Anlaufzeit hat die Regelstrecke?
c) Wie groß ist die Ausgleichszeit?
d) Welchen Übertragungsbeiwert hat die Strecke?
e) Wie gut ist die Strecke regelbar?

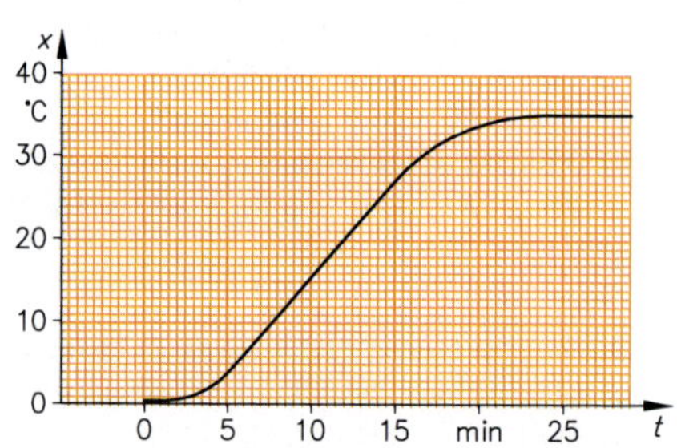

2. Die gegebene Sprungantwort einer Druckregelstrecke ergibt sich nach voller Öffnung des Stellgliedes. Der Sollwert soll 6 bar betragen. Wie groß sind
   a) Anlaufwert,
   b) Übertragungsbeiwert,
   c) Anlaufzeit,
   d) Ausgleichszeit und
   e) Regelbarkeit der Strecke?

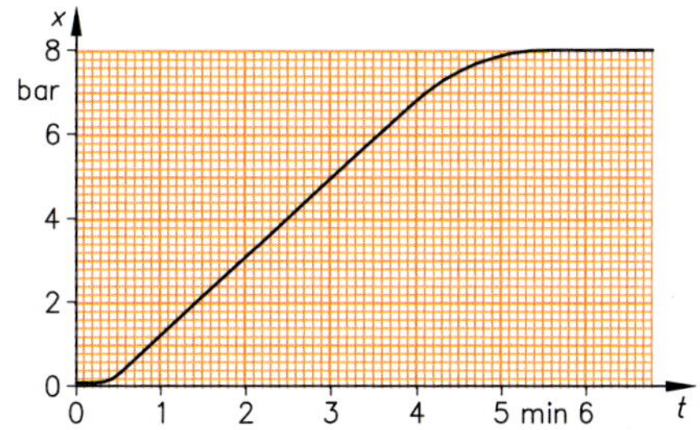

3. Die nebenstehende Kennlinie ist die Sprungantwort der Temperaturregelstrecke auf eine 70%-Öffnung des Stellgliedes. Der Sollwert beträgt 25 °C.
   a) Wie groß sind die Werte der dynamischen Kenngrößen K_S, T_u, A, T_A, T_g und S_o?
   b) Welche Kennlinie ergibt sich bei voller Öffnung des Stellgliedes, wenn die Verzugszeit unverändert bleibt?

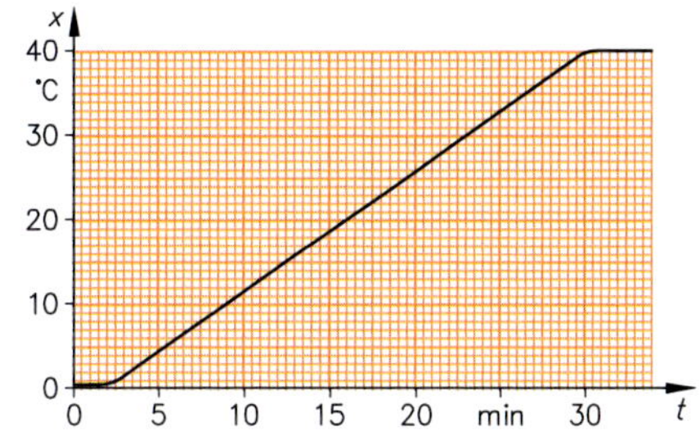

4. Die nachfolgende Tabelle zeigt zeitabhängig ermittelte Größen der Sprungantwort eines Druckregelkreises nach voller Öffnung des Stellgliedes.

t in min	1	2	3	5	7	10	15	20	22	24	26	28	30
x in bar	0,05	0,1	0,2	0,7	1,4	2,8	5,2	7,6	8,5	9,3	9,7	9,9	10

Wie groß sind die aus der zu zeichnenden Kennlinie entnommenen Werte:
   a) Anlaufwert,
   b) Ausgleichszeit,
   c) Verzugszeit,
   d) Anlaufzeit für den Sollwert 5 bar,
   e) Anlaufzeit für den Sollwert 9 bar?
   f) Wie ist die Regelbarkeit der Strecken für die beiden Sollwerte?

5. Die dargestellte Kennlinie zeigt die Sprungantwort einer Temperaturregelstrecke nach voller Öffnung des Stellgliedes.
   a) Wie groß ist der Anlaufwert?
   b) Welche Ausgleichszeit wird benötigt?
   c) Wie groß ist die Anlaufzeit für w_1 = 50 °C und w_2 = 70 °C?
   d) Welche Regelbarkeit ergibt sich aus den errechneten Werten?

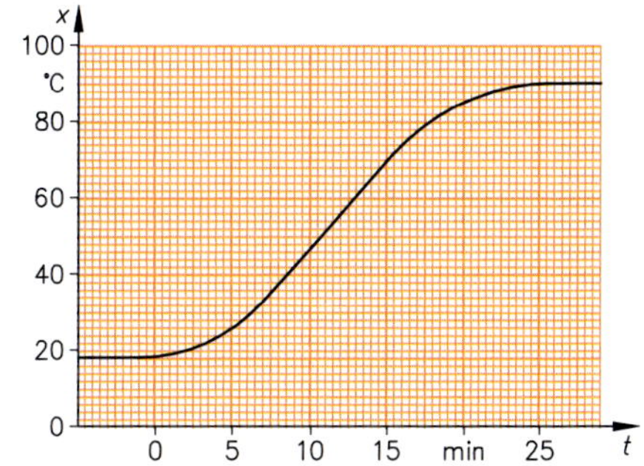

6. Die gegebene Sprungantwort einer Temperaturregelstrecke entstand nach dem Einschalten der vollen Heizleistung von 3 kW. Der Sollwert beträgt 2°C.
   a) Wie groß ist die Verstärkung?
   b) Welcher Anlaufwert ist vorhanden?
   c) Wie groß sind Anlauf-, Verzugs- und Ausgleichzeit?
   d) Ist die Strecke regelbar?

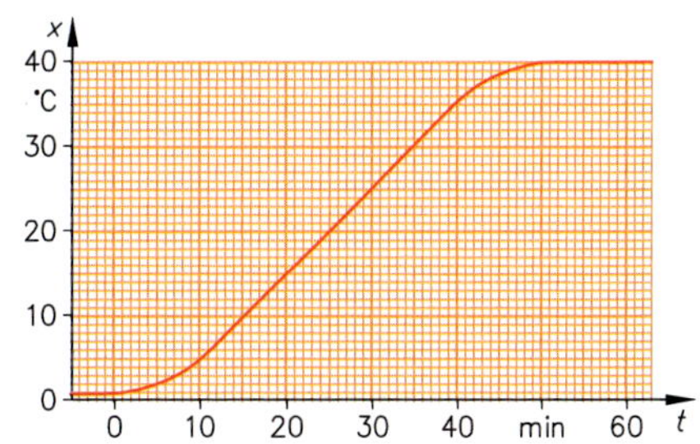

14 Verstärker

14.1 Bipolare Transistoren

14.1.1 Kennlinien/Statische Kennwerte

NPN-Transistor in Emitterschaltung

$$I_E = I_B + I_C$$

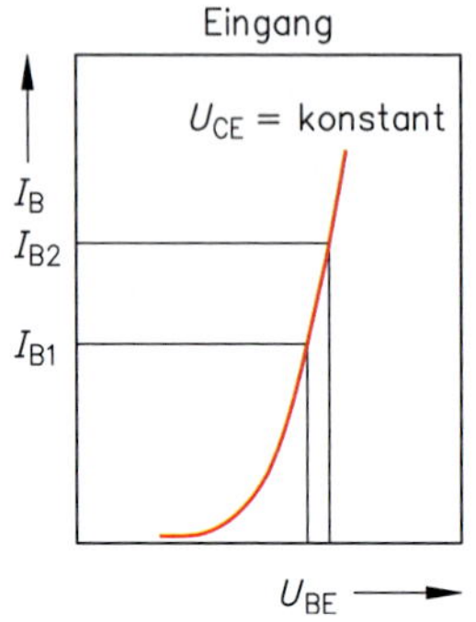

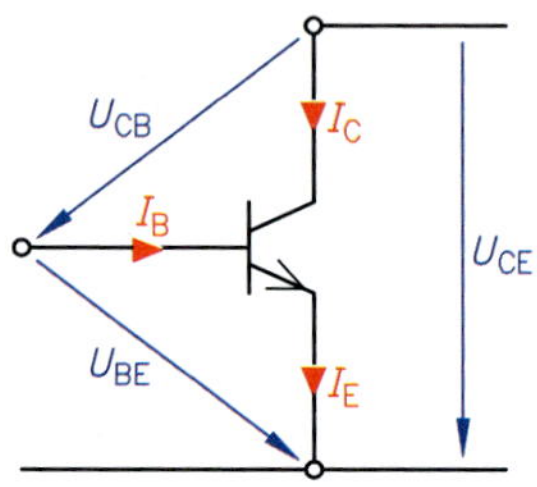

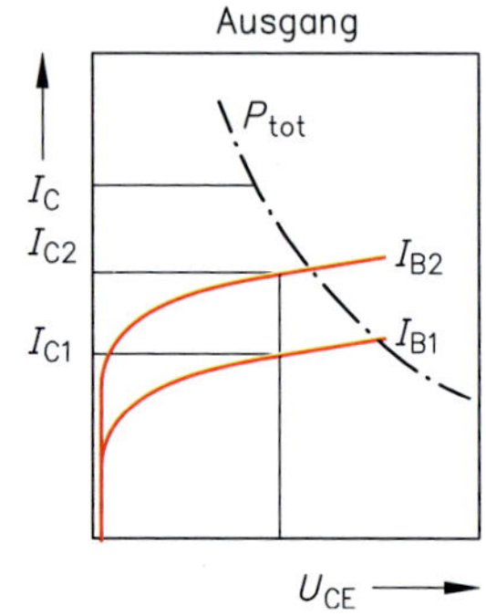

$$U_{CE} = U_{CB} + U_{BE}$$

Gleichstrom-Verstärkungsfaktor *B*

$$B = \frac{I_C}{I_B}$$

Gesamt-Verlustleistung P_{tot}

$$P_{tot} \approx U_{CE} \cdot I_C$$

Kennlinien NPN-Si-Transistor BC 107

Eingangskennlinie
Emitterschaltung
$I_B = f(U_{BE})$

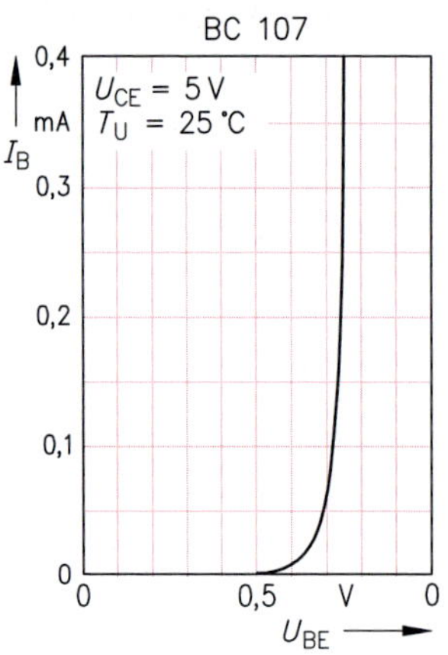

Ausgangskennlinien
Emitterschaltung
$I_C = f(U_{CE})$, I_B = Parameter

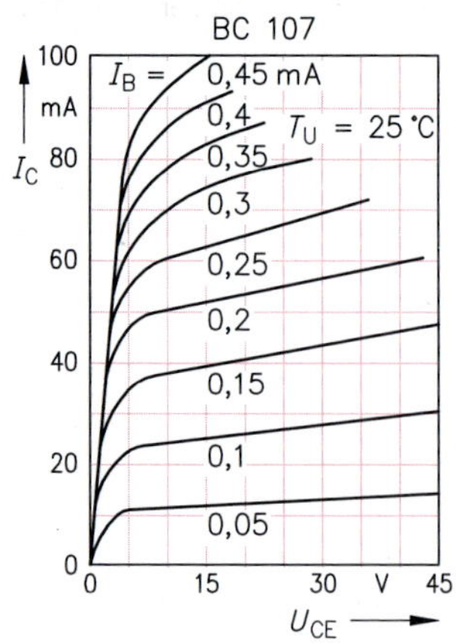

Zulässige Verlustleistung in Abhängigkeit von der Umgebungstemperatur
$P_{tot} = f(T_U)$

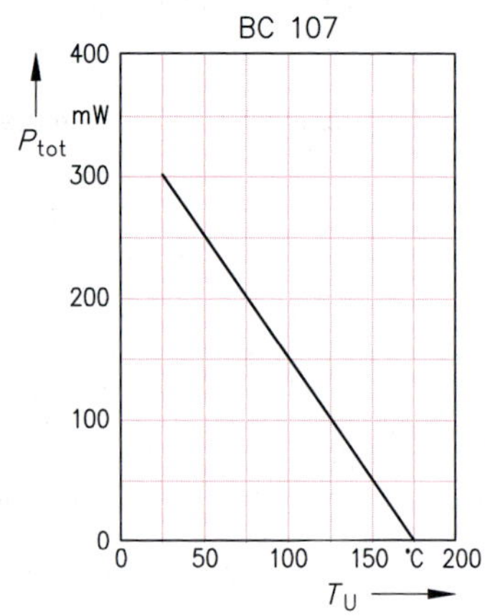

Aufgaben

Beispiel: An einem Transistor BC 107 werden zwischen Basis und Emitter 0,71 V, zwischen Kollektor und Emitter 5 V gemessen.

a) Wie groß sind Basis- und Kollektorstrom?
b) Mit welcher Gleichstromverstärkung arbeitet der Transistor?
c) Welche Verlustleistung nimmt der Transistor auf?

Gegeben: $U_{BE} = 0{,}71\,V$; $U_{CE} = 5\,V$

Gesucht: I_B; I_C; B; P_{tot}

Lösung: **a)** Aus Kennlinie abgelesen: $I_B = \mathbf{0{,}1\,mA}$; $I_C = \mathbf{24\,mA}$

b) $B = \frac{I_C}{I_B} = \frac{24\,mA}{0{,}1\,mA} = \mathbf{240}$

c) $P_{tot} = U_{CE} \cdot I_C = 5\,V \cdot 24\,mA = \mathbf{120\,mW}$

1. Wie groß ist der Basisstrom eines Transistors, wenn 73,8 mA Emitterstrom und 73,2 mA Kollektorstrom fließen?

2. Bei einem Gleichstrom-Verstärkungsfaktor von 180 fließt ein Basisstrom von 50 µA. Wie groß ist der Kollektorstrom?

3. Welche Verlustleistung darf der Transistor BC 107 bei 50 °C Umgebungstemperatur aufnehmen?

4. Welcher Kollektorstrom darf bei 15 V Kollektor-Emitter-Spannung durch den Transistor BC 107 ohne zusätzliche Kühlkörper bei Raumtemperatur fließen?

5. Der Transistor BC 107 nimmt bei einer Kollektor-Emitter-Spannung von 5 V einen Basisstrom von 75 µA auf. Wie groß ist die Basis-Emitter-Spannung?

6. Die Kollektor-Emitter-Spannung an einem Transistor BC 107 beträgt 5 V. Zwischen Basis und Emitter liegen 0,75 V an. Wie groß ist der Basisstrom?

7. Der NPN-Transistor BC 107 nimmt bei 100 µA Basisstrom einen Kollektorstrom von 25 mA auf. Wie groß ist die Kollektor-Emitter-Spannung?

8. Bei 20 V Kollektor-Emitter-Spannung fließt beim Transistor BC 107 ein Kollektorstrom von 13 mA. Wie groß ist der Basisstrom?

9. Bei 0,2 mA Basisstrom beträgt bei einem Transistor BC 107 der Kollektorstrom 50 mA. Welche Spannung liegt an der Kollektor-Emitter-Strecke an?

10. Zwischen Kollektor und Basis eines Transistors BC 107 liegen 4,25 V an. Die Basis-Emitter-Spannung beträgt 0,75 V.
a) Wie groß ist die Kollektor-Emitter-Spannung?
b) Wie groß sind Basis- und Kollektorstrom?
c) Mit welchem Gleichstrom-Verstärkungsfaktor arbeitet der Transistor?
d) Welche Verlustleistung nimmt der Transistor auf?

11. Der Transistor BC 107 arbeitet mit einem Gleichstromverstärkungsfaktor von 280. Der Kollektorstrom beträgt 70 mA.
a) Wie groß ist der Basisstrom?
b) Wie groß ist die Kollektor-Emitter-Spannung?
c) Ist die zulässige Verlustleistung im Arbeitspunkt überschritten?

12. Bei 0,1 mA Basisstrom liegt am Transistor BC 107 die Kollektor-Emitter-Spannung 10 V an.
a) Wie groß ist der Kollektorstrom?
b) Wie groß ist der Gleichstromverstärkungsfaktor?

13. Der NPN-Si-Transistor BC 107 liegt an einer Basis-Emitter-Spannung von 0,71 V. Über den Emitter fließt dabei ein Strom von 30,1 mA.
a) Welcher Basisstrom kann gemessen werden?
b) Wie groß ist der Kollektorstrom?
c) Welche Kollektor-Emitter-Spannung liegt am Transistor an?
d) Wie hoch ist die Gleichstromverstärkung?
e) Ist die Verlustleistung bei einer Umgebungstemperatur von 25 °C zulässig?

14.1.2 Kennlinienfeld/Kleinsignalverstärkung

Verstärkung des Kleinsignals: $u = \hat{u} \cdot \sin(\omega t)$

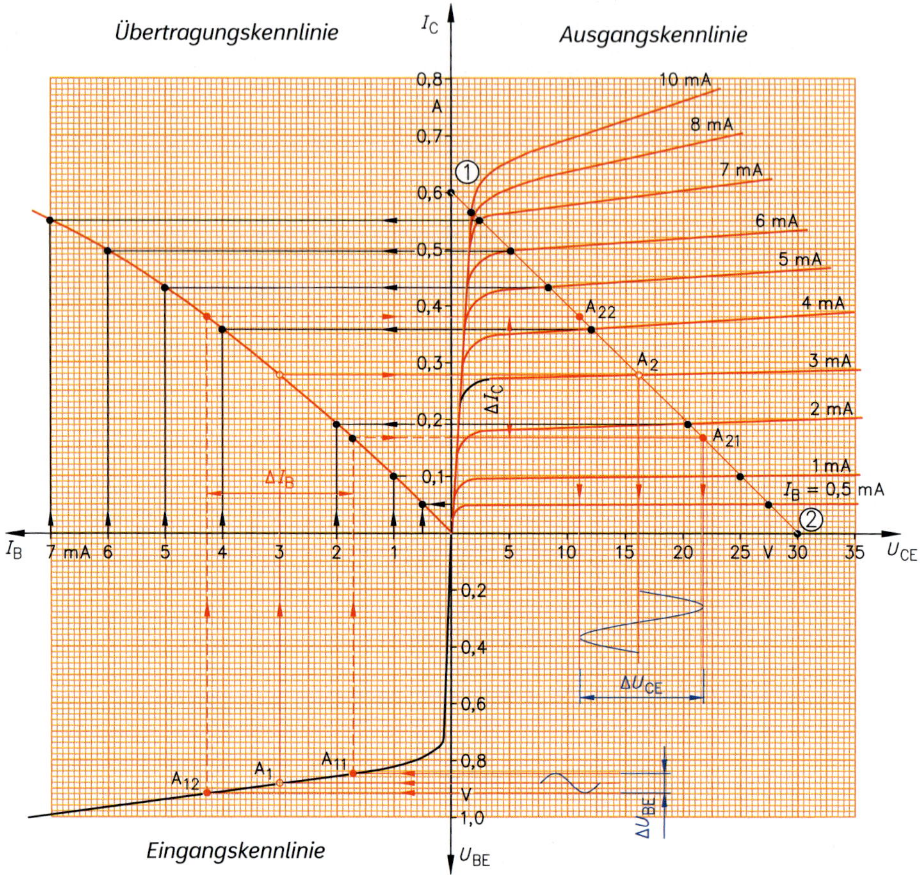

Spannungsverstärkung V_U

$$V_U = \frac{\Delta U_{CE}}{\Delta U_{BE}}$$

⇒

Leistungsverstärkung V_P

$$V_P = V_U \cdot V_I$$

⇐

Stromverstärkung V_I

$$V_I = \frac{\Delta I_C}{\Delta I_B}$$

Aufgaben

Beispiel: Von der nebenstehenden Schaltung soll ein Wechselspannungskleinsignal mit 0,04 V Scheitelwert verstärkt werden. Die Kondensatoren dienen zur Entkopplung des Wechselspannungssignals. Der Basisspannungsteiler stellt die Basisvorspannung auf 0,86 V ein.

a) Wie groß ist die Spannungsverstärkung?

b) Welche Stromverstärkung ist für die gegebene Schaltung vorhanden?

c) Wie groß ist die Leistungsverstärkung?

d) Welchen Gleichstromverstärkungsfaktor besitzt die Schaltung?

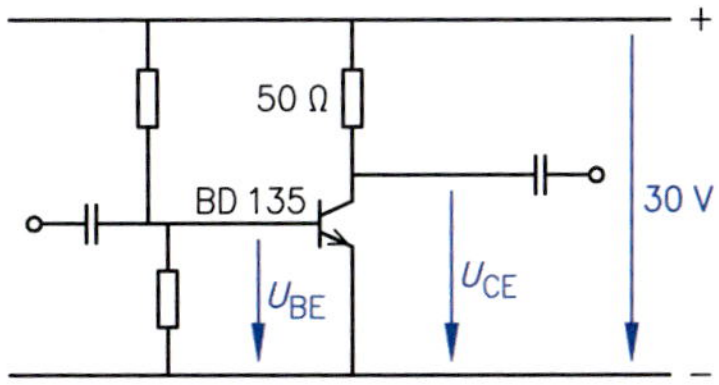

Gegeben: $\hat{u}$ = 0,04 V; U_{BE} = 0,86 V; U_b = 30 V; R_C = 50 Ω; Eingangs- und Ausgangskennlinien des NPN-Transistors auf Seite 182.

Gesucht: V_P

Lösung: Schritt 1: **Konstruktion der Arbeitsgeraden** (Seite 184)

Punkt ①: $U_{CE} = 0\,V$; $I_C = \dfrac{U_b}{R_C} = \dfrac{30\,V}{50\,\Omega} = 0{,}6\,A$

Punkt ②: $I_C = 0\,A$; $U_{CE} = U_b = 30\,V$

Schritt 2: **Konstruktion der Übertragungskennlinie für R_C = 50 Ω und U_b = 30 V**

Die Arbeitsgerade schneidet die Ausgangskennlinien. Die I_C-Werte werden bei den entsprechenden I_B-Werten zur Übertragungskennlinie verbunden.

Schritt 3: **Ermittlung der Gleichstromarbeitspunkte A_1 und A_2**

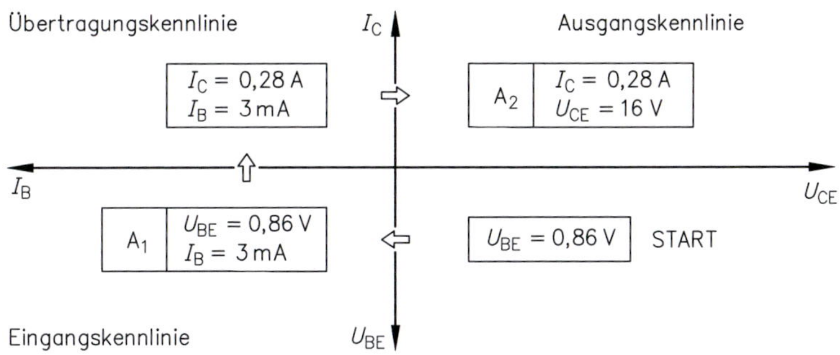

Schritt 4: **Ermittlung der Wechselstrom-Arbeitspunkte**

Schritt 3 wird wiederholt:

für $U_{BE1} = U_{BE} - \hat{u} = 0{,}86\,V - 0{,}04\,V = 0{,}82\,V \Rightarrow A_{11} \Rightarrow A_{21}$

für $U_{BE2} = U_{BE} + \hat{u} = 0{,}86\,V + 0{,}04\,V = 0{,}9\,V \Rightarrow A_{12} \Rightarrow A_{22}$

Schritt 5: **Berechnung der Leistungsverstärkung**

Abgelesene Werte: $\Delta U_{CE} = 11\,V$; $\Delta I_C = 0{,}21\,A$; $\Delta U_{BE} = 0{,}08\,V$; $\Delta I_B = 2{,}5\,mA$

a) $V_U = \dfrac{\Delta U_{CE}}{\Delta U_{BE}} = \dfrac{11\,V}{0{,}08\,V} = \mathbf{137{,}5}$

b) $V_I = \dfrac{\Delta I_C}{\Delta I_B} = \dfrac{210\,mA}{2{,}5\,mA} = \mathbf{84}$

c) $V_P = V_U \cdot V_I = 137{,}5 \cdot 84 = \mathbf{11550}$

d) $B = \dfrac{I_C}{I_B} = \dfrac{280\,mA}{3\,mA} = \mathbf{93{,}3}$

Kennlinie und Schaltung für die Aufgaben

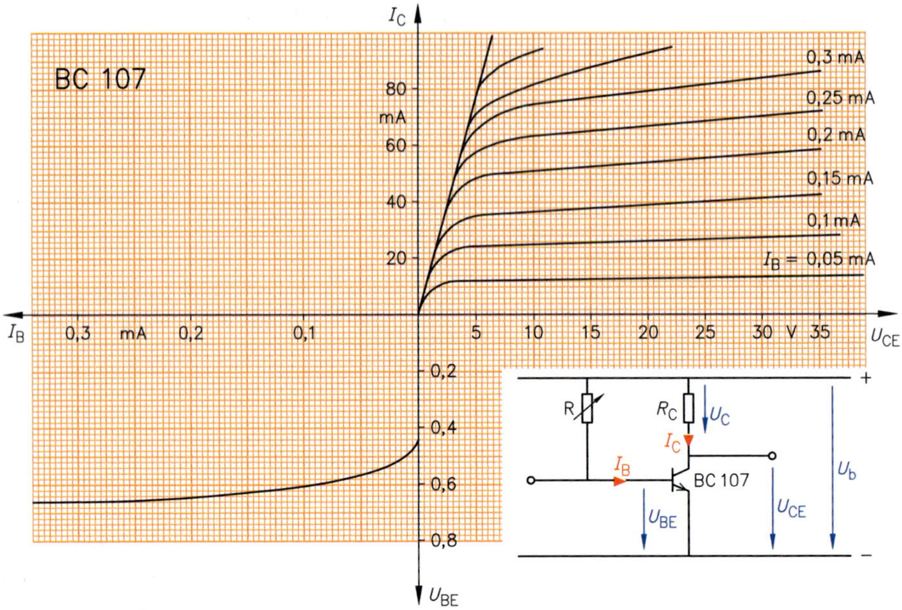

1. Ein Transistor BC 107 liegt mit einem Kollektorwiderstand von 250 Ω an der Betriebsspannung 20 V. Durch einen Basisvorwiderstand *R* wird der Basisstrom auf 0,1 mA begrenzt. Wie groß ist der Gleichstromverstärkungsfaktor?

2. Ein Transistor BC 107 mit einem 300-Ω-Kollektorwiderstand liegt an 30 V Betriebsspannung. Der Basisstrom ist auf 0,15 mA eingestellt. Die Ansteuerung des Transistors erfolgt mit einer Basisstromänderung von ±50 µA.

a) Welchen Verlauf hat die Übertragungskennlinie?

b) Welche Verlustleistung nimmt der Transistor im Gleichstromarbeitspunkt auf?

c) Wie groß sind Strom-, Spannungs- und Leistungsverstärkung?

3. Mit einem Transistor BC 107 wird ein 500-Ω-Widerstand geschaltet. Die Betriebsspannung beträgt 30 V.

a) Wie groß ist die Kollektor-Emitter-Sättigungsspannung?

b) Wie groß ist der Basisstrom, wenn der Transistor zweifach übersteuert ist?

4. Die Verstärkerstufe mit einem Transistor BC 107 soll Eingangsstromänderungen von ±100 µA verstärken. Als Betriebsspannung stehen 40 V zur Verfügung. Durch einen Basisvorwiderstand wird der Basisstrom auf 150 µA eingestellt. Der Gleichstromarbeitspunkt soll so festgelegt werden, dass die halbe Betriebsspannung am Kollektorwiderstand abfällt.

a) Welchen Verlauf haben Arbeitsgerade und Übertragungskennlinie?

b) Wie groß sind Basisvorwiderstand und Kollektorwiderstand?

c) Wie groß ist die Spannungsverstärkung?

5. Bei 20 V Betriebsspannung soll ein Transistor BC 107 Eingangsstromänderungen von ±50 µA verstärken. Im Gleichstromarbeitspunkt soll am 240-Ω-Kollektorwiderstand die halbe Betriebsspannung abfallen.

a) Welchen Verlauf haben Arbeitsgerade und Übertragungskennlinie?

b) Wie groß ist der Gleichstrom-Verstärkungsfaktor?

c) Wie groß ist die Basisvorspannung?

d) Mit welchem Basisvorwiderstand lässt sich der Gleichstromarbeitspunkt einstellen?

e) Welche Verlustleistung nimmt der Transistor im Gleichstromarbeitspunkt auf?

f) Wie groß ist die Leistungsverstärkung?

6. Der Transistor BC 107 mit einem Kollektorwiderstand von 350 Ω liegt an 35-V-Betriebsspannung. Der Basisstrom wurde auf 0,2 mA eingestellt und die Ansteuerung des Transistors erfolgt mit einer Basisstromänderung von ±100 µA.

a) Wie groß ist die Verlustleistung, die der Transistor im Gleichstromarbeitspunkt aufnimmt?

b) Welche Strom-, Spannungs- und Leistungsverstärkung ergibt sich aus den ermittelten Arbeitspunkten?

Kennlinien für die Aufgaben

Eingangskennlinien
Emitterschaltung
$I_B = f(U_{BE})$, T_j = Parameter

Ausgangskennlinien
Emitterschaltung
$I_C = f(U_{CE})$, I_B = Parameter

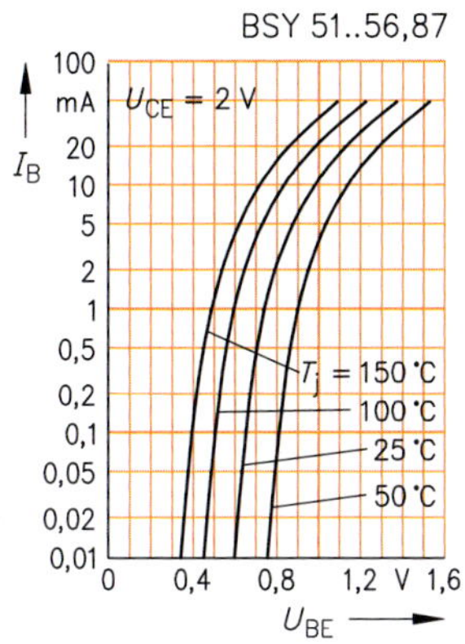

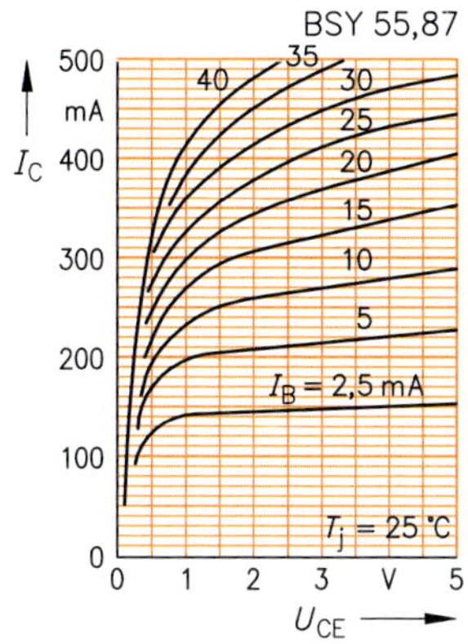

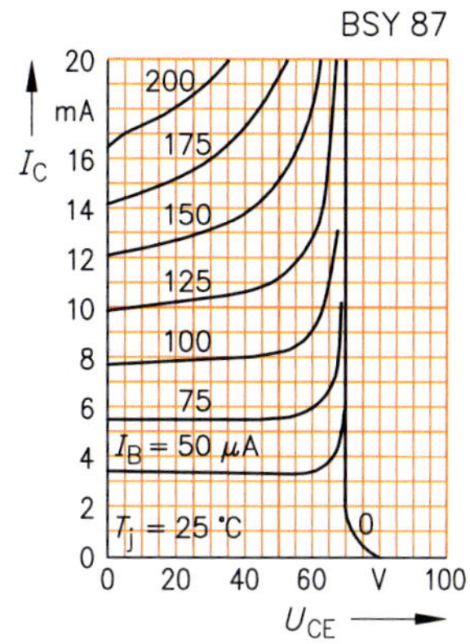

7. Der Arbeitspunkt eines Transistors BSY 87 bei Raumtemperatur 25 °C ist durch 0,1 mA Basisstrom und 20 V Kollektor-Emitter-Spannung festgelegt. Die Betriebsspannung beträgt 40 V.

a) Wie groß sind Kollektor- und Basisvorwiderstand?

b) Wie ändert sich die Spannung am Kollektorwiderstand, wenn sich der Basisstrom auf 150 µA erhöht?

8. In der nebenstehenden Schaltung wird der Transistor als Schaltverstärker eingesetzt. Das Relais hat einen Widerstand von 20 Ω und benötigt einen Anzugsstrom von 200 mA. Die Betriebsspannung der Schaltung beträgt 5 V.

a) Ab welchem Basisstrom zieht das Relais an?

b) Bei welchem Basisstrom hat der Transistor durchgeschaltet?

c) Welche Spannung liegt am Relais an?

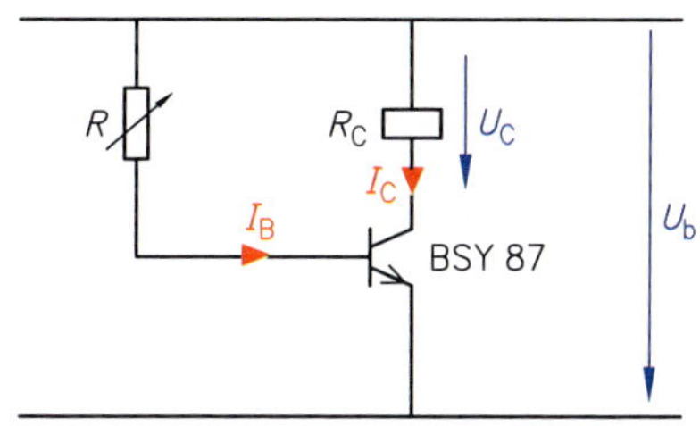

9. In einer Wechselspannungs-Verstärkerstufe mit dem Transistor BSY 87 mit Stromgegenkopplung beträgt der Emitterwiderstand 1 Ω und der Kollektorwiderstand 9 Ω. Im Gleichstromarbeitspunkt soll die Kollektor-Emitter-Spannung 2 V betragen. Als Betriebsspannung stehen 4 V zur Verfügung.

a) Welcher Basisstrom muss über den Basisspannungsteiler eingestellt werden?

b) Wie groß ist die Basisvorspannung?

c) Wie groß ist der Gleichstromverstärkungsfaktor?

d) Wie ändert sich die Kollektor-Emitter-Spannung, wenn sich die Basisvorspannung durch Anschluss einer Wechselspannung um ±0,02 V ändert?

10. Der Gleichstromarbeitspunkt des Transistors BSY 87 soll bei 30 V Kollektor-Emitter-Spannung und 75 µA Basisstrom liegen. Die Betriebsspannung der Schaltung beträgt 60 V.

a) Mit welchem Kollektorwiderstand der Reihe E 12 (Seite 214) lässt sich der gewünschte Arbeitspunkt am besten erreichen?

b) Mit welchem Basisvorwiderstand der Reihe E 12 lässt sich der Basisstrom am besten einstellen?

c) Wie groß ist der Gleichstromverstärkungsfaktor nach Realisierung der Schaltung?

d) Wie ändert sich die Kollektor-Emitter-Spannung, wenn sich der Basisstrom durch Anschluss einer Wechselspannung um ±25 µA ändert?

e) Wie groß sind Spannungsverstärkung, Stromverstärkung und Leistungsverstärkung?

11. In der gegebenen Schaltung wird der Transistor als Schaltverstärker eingesetzt. Das Relais benötigt einen Anzugsstrom von 15 mA.

a) Ab welchem Basisstromwert zieht das Relais an?

b) Wie hoch ist in diesem Fall die Spannung, die an dem Relais liegt?

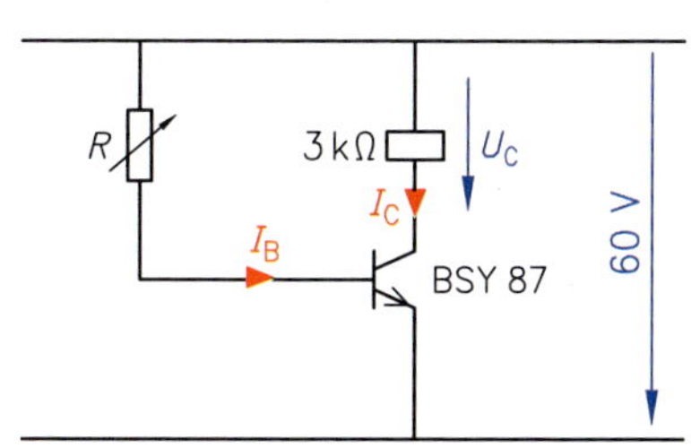

14.1.3 Dimensionierung von Transistorschaltungen

$$R_2 = \frac{U_2}{I_B + I_q}$$

$$q = \frac{I_q}{I_B}$$

$$R_1 = \frac{U_1}{I_q}$$

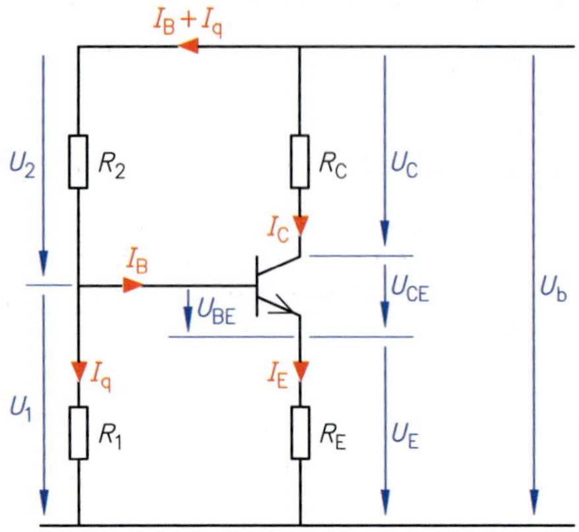

$$U_2 = U_b - U_1$$

$$U_b = U_C + U_{CE} + U_E$$

$$U_1 = U_{BE} + U_E$$

Basis-Spannungsteiler

$$R_1 = \frac{U_{BE} + U_E}{I_q} \qquad R_2 = \frac{U_b - U_1}{I_B + I_q}$$

Aufgaben

Beispiel: Die oben abgebildete Verstärkerschaltung liegt an 9 V Betriebsspannung. Am Emitterwiderstand liegen 2 V, am Kollektorwiderstand 6 V und an der Basis-Emitter-Strecke 0,7 V. Bei einem Querstromverhältnis von 10 soll ein Basisstrom von 1,5 mA fließen. Die Schaltung hat eine Gleichstromverstärkung von 50. Wie groß sind die Widerstände der Schaltung?

Gegeben: $U_b = 9\,V$; $U_E = 2\,V$; $U_C = 6\,V$; $U_{BE} = 0{,}7\,V$; $q = 10$; $I_B = 1{,}5\,mA$; $B = 50$

Gesucht: R_1; R_2; R_C; R_E

Lösung:

$U_1 = U_E + U_{BE} = 2\,V + 0{,}7\,V = 2{,}7\,V$

$I_q = q \cdot I_B = 10 \cdot 1{,}5\,mA = 15\,mA$

$I_C = B \cdot I_B = 50 \cdot 1{,}5\,mA = 75\,mA$

$$R_1 = \frac{U_1}{I_q} = \frac{2{,}7\,V}{15\,mA} = \mathbf{180\,\Omega}$$

$$R_C = \frac{U_C}{I_C} = \frac{6\,V}{75\,mA} = \mathbf{80\,\Omega}$$

$U_2 = U_b - U_1 = 9\,V - 2{,}7\,V = 6{,}3\,V$

$I_B + I_q = 11 \cdot I_B = 11 \cdot 1{,}5\,mA = 16{,}5\,mA$

$I_E = I_C + I_B = 75\,mA + 1{,}5\,mA = 76{,}5\,mA$

$$R_2 = \frac{U_2}{I_B + I_q} = \frac{6{,}3\,V}{16{,}5\,mA} = \mathbf{381{,}8\,\Omega}$$

$$R_E = \frac{U_E}{I_E} = \frac{2\,V}{76{,}5\,mA} = \mathbf{26{,}1\,\Omega}$$

1. In einer Schaltung ohne Emitterwiderstand wird eine Kollektor-Emitter-Spannung von 3 V gemessen. Wie groß ist der Kollektorwiderstand, wenn bei 12 V Betriebsspannung ein Kollektorstrom von 90 mA fließt?

2. Bei einer Transistorverstärkerstufe für 24 V Betriebsspannung ist der Kollektorwiderstand fünfmal größer als der Emitterwiderstand. Bei einer Kollektor-Emitter-Spannung von 12 V beträgt der Kollektorstrom 100 mA. Wie groß ist der Kollektorwiderstand? (Wegen der hohen Stromverstärkung kann der Basisstrom vernachlässigt werden.)

3. Bei einer Transistorschaltung an 24 V wird ein Basisstrom von 1 mA und ein Kollektorstrom von 250 mA gemessen. Die Basis-Emitter-Spannung beträgt 0,85 V und der Transistor ist durchgesteuert. Der Kollektorwiderstand beträgt 92 Ω. Wie groß sind die Stromverstärkung und der Basisvorwiderstand?

4. Für den Transistor BC 107 ergibt sich aus den Kennlinien folgender Arbeitspunkt: Kollektorstrom 35 mA, Kollektor-Emitter-Spannung 5 V, Basisstrom 150 µA und Basis-Emitter-Spannung 0,73 V. Der Kollektorwiderstand beträgt 200 Ω.

a) Bei welcher Betriebsspannung arbeitet die Schaltung ohne Emitterwiderstand im genannten Arbeitspunkt?

b) Wie groß muss der Basisvorwiderstand sein?

c) Welche Verlustleistung nimmt der Transistor auf?

5. Bei 0,8 V Basisvorspannung fließt in nebenstehender Schaltung ein Basisstrom von 120 µA. An 9 V Betriebsspannung fließt ein Kollektorstrom von 5 mA. Die Kollektor-Emitter-Spannung beträgt 4 V.

a) Wie groß ist die Gleichstromverstärkung?

b) Wie muss der Spannungsteiler bei einem Querstromverhältnis von 10 bemessen werden?

c) Welche Verlustleistung nimmt der Transistor auf?

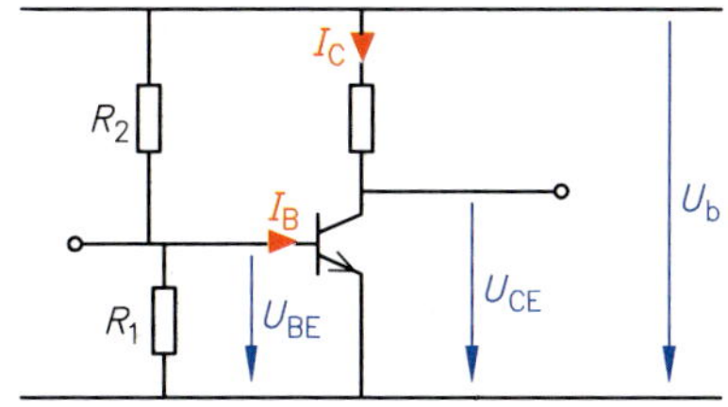

6. Die Basisvorspannung 0,68 V wird bei einer Transistorverstärkerstufe mit Stromgegenkopplung durch einen Spannungsteiler eingestellt. Bei 1 mA Basisstrom fließt ein Kollektorstrom von 100 mA. Der Kollektorwiderstand beträgt 100 Ω, der Emitterwiderstand 10 Ω. Zwischen Kollektor und Emitter liegt eine Spannung von 3,99 V an. Wie groß sind die Basisspannungsteiler-Widerstände, wenn der Querstrom achtmal größer als der Basisstrom ist?

7. In der nebenstehenden Schaltung bestehen die Potenziale: Kollektor 9 V, Basis 2,7 V und Emitter 2 V gegen Masse. Die Betriebsspannung beträgt 24 V.

a) Wie groß sind Kollektor-Emitter- und Basis-Emitter-Spannung?

b) Wie groß ist der Emitterwiderstand?

c) Wie groß ist der Gleichstromverstärkungsfaktor?

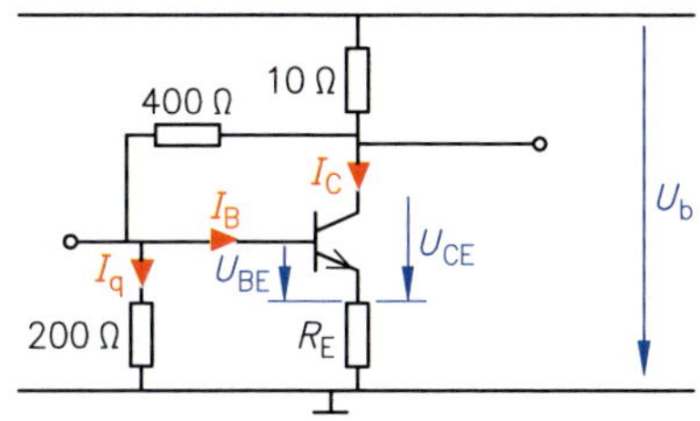

8. Die nebenstehende Verstärkerschaltung hat eine Basis-Emitter-Spannung von 0,8 V. Am Emitterwiderstand wird ein Spannungswert von 3 V und am Kollektorwiderstand eine Spannung von 10 V ermittelt. Bei einem Querstromverhältnis von 15 soll ein Basisstrom von 2 mA fließen. Die Schaltung verfügt über eine Gleichstromverstärkung von 60.

a) Wie groß sind die Widerstandswerte der Schaltung?

b) Welche Verlustleistung nimmt der Transistor auf?

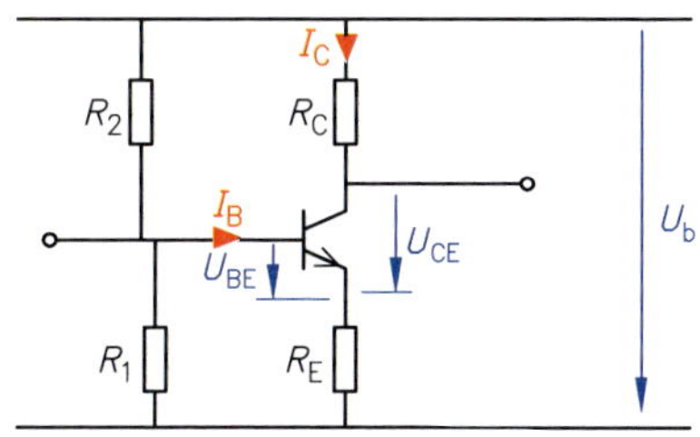

9. Für die abgebildete Stabilisierungsschaltung wurde ein Transistor mit folgendem Arbeitspunkt ausgewählt: Basisstrom 1 mA, Kollektorstrom 99 mA, Basis-Emitter-Spannung 0,8 V, Kollektor-Emitter-Spannung 10,8 V.

a) Welche Spannung liegt am Emitterwiderstand an?

b) Mit welchen Widerständen lässt sich der Arbeitspunkt einstellen?

c) Welche Verlustleistungen nehmen jeweils Z-Diode und Transistor auf?

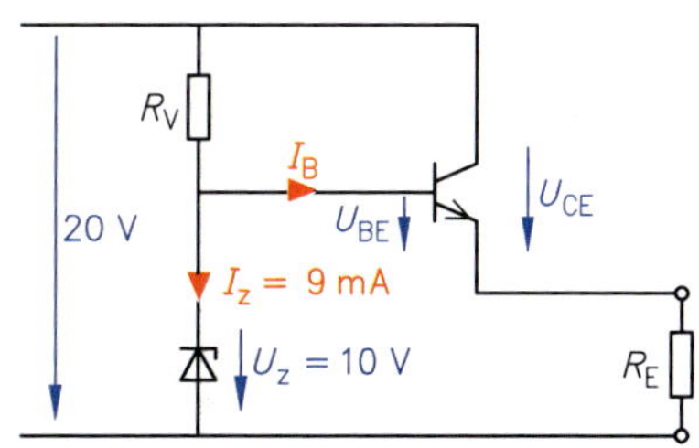

10. Eine Transistor-Verstärkerschaltung liegt an 15 V Betriebsspannung. Die Basis-Emitter-Spannung beträgt 15 V, die Kollektor-Emitter-Spannung 7,5 V. Der Basisstrom wurde bei einem Querstromverhältnis von 28 mit 0,15 mA gemessen. Der Kollektorstrom beträgt 12 mA. Die Spannung am Kollektorwiderstand hat den vierfachen Wert gegenüber der Spannung am Emitterwiderstand.

a) Wie groß sind Querstrom und Emitterstrom?

b) Welche Spannungen liegen an den Widerständen an?

c) Wie groß sind die Widerstandswerte der Schaltung?

d) Welche Verlustleistung entsteht durch den Transistor?

11. Der Transistor im nebenstehenden Kleinsignal-Verstärker arbeitet mit Kollektor-Emitter-Spannung 12 V, Basis-Emitter-Spannung 0,7 V, Basisstrom 0,1 mA, Kollektorstrom 10 mA. Das Querstromverhältnis soll 10 sein. Der Kollektorwiderstand soll achtmal größer als der Emitterwiderstand sein. Durch den Emitterkondensator soll die kleinste übertragbare Frequenz auf 100 Hz begrenzt werden ($X_{CE} = 0{,}1 \cdot R_E$). Mit welchen Widerständen und mit welchem Kondensator lässt sich der Transistorarbeitspunkt einstellen?

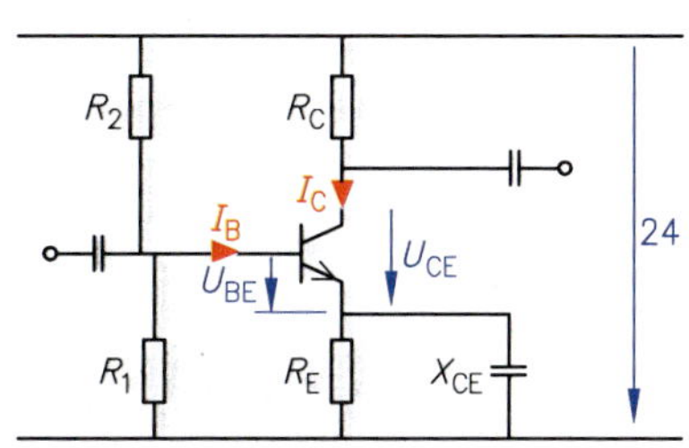

14.2 Operationsverstärker

14.2.1 Allgemeine Kenngrößen

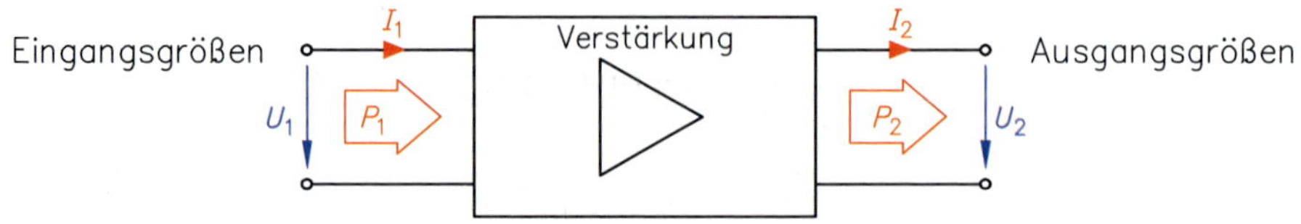

Verstärkungsfaktoren

Spannung	Leistung	Strom
$V_U = \frac{U_2}{U_1}$	$\frac{P_2}{P_1} = V_P = V_U \cdot V_I$	$V_I = \frac{I_2}{I_1}$

Zehnerlogarithmen

$\log_{10} a = b$ „Der Logarithmus von a zur Basis 10 ist gleich b" $10^b = a$

Kurzschreibweise für den Zehnerlogarithmus: $\lg a = b$

Berechnen des Zehnerlogarithmus mit dem Taschenrechner, *z. B.*: lg 100 = ?

[100] [lg] [=] 2, also lg 100 = 2 oder $10^2 = 100$

Regeln für das Rechnen mit Zehnerlogarithmen:

$\lg(a \cdot b) = \lg a + \lg b$ | $\lg(a : b) = \lg a - \lg b$ | $\lg a^b = b \cdot \lg a$

Verstärkungsmaße

$v_u = 20 \cdot \lg V_U$	$v_p = 10 \cdot \lg V_P$	$v_i = 20 \cdot \lg V_I$

$[v]$ = dB (Dezibel)
Eine weitere Einheit ist Np (Neper).
10 dB = 1,151 Np

Aufgaben

Beispiel: Bei einem Spannungsverstärkungsfaktor von 150 beträgt die Ausgangsspannung eines Verstärkers 6 V. Der Eingangsstrom 2 A bewirkt den Ausgangsstrom 0,8 mA.

a) An welche Eingangsspannung ist der Verstärker angeschlossen?
b) Wie groß ist der Stromverstärkungsfaktor?
c) Welche Leistungsverstärkung liegt vor?
d) Wie groß ist das Leistungsverstärkungsmaß?

Gegeben: $V_U = 150$; $U_2 = 6$ V; $I_1 = 2 \cdot 10^{-6}$ A; $I_2 = 8 \cdot 10^{-4}$ A

Gesucht: U_1; V_I; V_P; v_P

Lösung:

a) $U_1 = \frac{U_2}{V_U} = \frac{6\text{ V}}{150} = \mathbf{40\text{ mV}}$

b) $V_I = \frac{I_2}{I_1} = \frac{8 \cdot 10^{-4}\text{ A}}{2 \cdot 10^{-6}\text{ A}} = \mathbf{400}$

c) $V_P = V_U \cdot V_1 = 150 \cdot 400 = \mathbf{6 \cdot 10^4}$

d) $v_p = 10 \cdot \lg V_P = 10 \cdot \lg(6 \cdot 10^4) = \mathbf{47{,}78\text{ dB}}$

1. Bei 250-facher Spannungsverstärkung werden am Verstärkerausgang 7,5 V gemessen.
   a) Welche Eingangsspannung hat der Verstärker?
   b) Wie groß ist das Spannungsverstärkungsmaß?
2. Bei 4 µA Eingangsstrom fließen am Verstärkerausgang 2 mA.
   a) Welcher Stromverstärkungsfaktor liegt vor?
   b) Wie groß ist das Stromverstärkungsmaß?
3. Bei einem Stromverstärkungsfaktor von 150 fließt am Ausgang eines Verstärkers ein Strom von 20 µA. Wie groß sind Eingangsstrom und Stromverstärkungsmaß?
4. Ein Verstärker mit 5 mV Eingangsspannung hat eine Ausgangsspannung von 4,25 V. Fließt eingangsseitig ein Strom von 12 µA, werden am Ausgang 6 mA gemessen.
   a) Welche Eingangs- und Ausgangsleistung hat der Verstärker?
   b) Wie groß sind Strom-, Spannungs- und Leistungsverstärkungsfaktor?
5. Ein Verstärker liefert am Ausgang die Spannung 7 V/50 Hz und einen Strom von 0,9 mA. Die Stromverstärkung beträgt 400, die Spannungsverstärkung 300.
   a) Wie groß ist der Effektivwert der sinusförmigen Eingangsspannung?
   b) Welchen Scheitelwert hat der Eingangsstrom?
6. Ein Verstärker hat bei Ausgangsspannung 6 V das Spannungsverstärkungsmaß 32 dB.
   a) Wie groß ist der Spannungsverstärkungsfaktor?
   b) Welche Eingangsspannung liegt an?
7. Das Spannungsverstärkungsmaß 42 dB bewirkt am Verstärkerausgang eine Spannung von 8 V. Der Eingangsstrom beträgt 2,5 µA, das Stromverstärkungsmaß 35 dB.
   a) Wie groß sind Eingangsspannung und Ausgangsstrom?
   b) Welche Leistungsverstärkung wird maximal erreicht?
8. Wie groß sind die fehlenden Werte eines Verstärkers?

	a)	b)	c)	d)	e)	f)	g)
I_1	2 µA	50 µA	?	80 µA	?	?	2 mA
I_2	4 mA	?	0,8 mA	?	0,8 A	0,5 A	25 mA
U_1	5 mV	7,5 mV	15 mV	?	15 mV	?	?
U_2	1,5 V	?	?	6 V	?	12 V	?
P_1	?	?	?	24 µW	?	?	2,4 µW
P_2	?	?	?	36 mW	?	?	?
V_I	?	1500	?	?	800	?	?
V_U	?	750	?	?	1200	?	850
V_P	?	?	?	?	?	?	?
v_i	?	?	54 dB	?	?	35 dB	?
v_u	?	?	45 dB	?	?	60 dB	?
v_p	?	?	?	?	?	?	?

9. Bei einer Spannungsverstärkung von 350 beträgt die Ausgangsspannung eines Verstärkers 15 V. Der Eingangsstrom von 4,5 µA bewirkt einen Ausgangsstrom von 0,25 mA.
   a) An welche Spannung war der Verstärker angeschlossen?
   b) Wie groß ist der Stromverstärkungsfaktor?
   c) Welche Verstärkungsmaße liegen bei Strom und Spannung vor?
   d) Wie groß ist der Leistungsverstärkungsfaktor?
   e) Welchem Leistungsverstärkungsmaß entspricht dieser Wert?
10. Bei einer Eingangsspannung von 10 mV fließt am Eingang eines Verstärkers ein Strom von 5 µA. Am Ausgang des Verstärkers soll eine Spannung von 5 V und ein Verstärkungsmaß von 50 dB erreicht werden.
    a) Welchen Leistungsverstärkungsfaktor hat der Verstärker?
    b) Wie groß sind Eingangs- und Ausgangsleistung?
    c) Welcher Strom kann am Ausgang des Verstärkers gemessen werden?
    d) Wie groß ist der Spannungs- und Stromverstärkungsfaktor?
    e) Welches Strom- und Spannungsverstärkungsmaß besitzt der Verstärker?

14.2.2 Schaltungen mit Operationsverstärkern

14.2.2.1 Invertierer

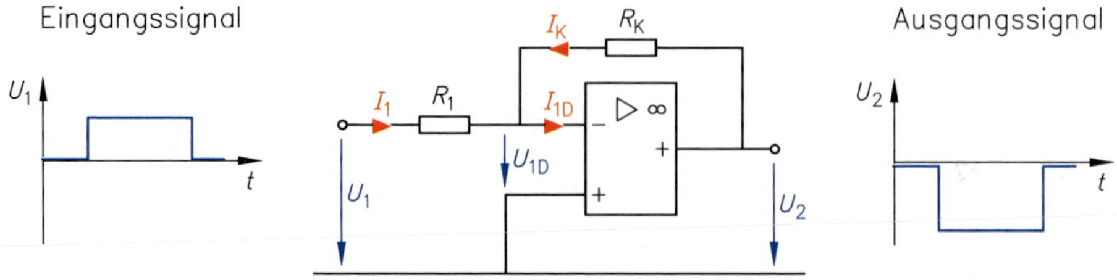

Mit der Vereinfachung $U_{1D} \approx 0$ und $I_{1D} \approx 0$:

$$U_2 = I_k \cdot R_k \text{ und } U_1 = I_1 \cdot R_1$$

$$\frac{U_2}{U_1} = \frac{I_k \cdot R_k}{I_1 \cdot R_1} \xrightarrow{I_K = -I_1} \frac{U_2}{U_1} = -\frac{-R_k}{R_1}$$

$$\frac{U_2}{U_1} = V_U = -\frac{R_k}{R_1}$$

Aufgaben

Beispiel: Der dargestellte Operationsverstärker mit 10 mV Eingangsspannung hat das Spannungsverstärkungsmaß 60 dB. Der Rückkopplungswiderstand beträgt 51 kΩ.

a) Wie groß ist der Spannungsverstärkungsfaktor?
b) Welche Ausgangsspannung hat der Operationsverstärker?
c) Wie groß ist der Eingangswiderstand?

Gegeben: $U_1 = 10\,\text{mV}$; $v_u = 60\,\text{dB}$; $R_k = 51\,\text{k}\Omega$

Gesucht: V_U; U_2; R_1

Lösung:

a) $v_u = 20 \cdot \lg V_U \Rightarrow V_U = 10^{\frac{Vu}{20}} = 10^{\frac{60}{20}} = 1000^{\text{invertiert}} \Rightarrow V_U = -1000$

b) $U_2 = V_U \cdot U_1 = -1000 \cdot 0{,}01\,\text{V} = \mathbf{-10\,V}$

c) $R_1 = -\frac{R_k}{V_U} = -\frac{51000\,\Omega}{-1000} = \mathbf{51\,\Omega}$

1. Ein invertierender Operationsverstärker hat ein Spannungsverstärkungsmaß von 40 dB.
a) Wie groß ist der Spannungsverstärkungsfaktor?
b) Welcher Rückkopplungswiderstand ist bei dem Eingangswiderstand 30 Ω erforderlich?

2. Ein invertierender Operationsverstärker hat den Eingangswiderstand 7,5 kΩ und den Rückkopplungswiderstand 125 kΩ. Die Ausgangsspannung darf maximal –15 V betragen.
a) Wie groß ist der Spannungsverstärkungsfaktor?
b) Welche Eingangsspannung ist noch zulässig?
c) Wie hoch darf der Eingangsstrom maximal sein?

3. Ein Operationsverstärker ist mit den dargestellten Widerständen beschaltet. Am Eingang liegt die Spannung 10 mV (Rechtecksignal) an.
a) Wie groß ist die Spannungsverstärkung?
b) Welche Spannung kann am Ausgang gemessen werden?
c) Wie verlaufen die Spannungsdiagramme (Eingang: 5 mV ≙ 1 cm, Ausgang: 50 mV ≙ 1 cm)?

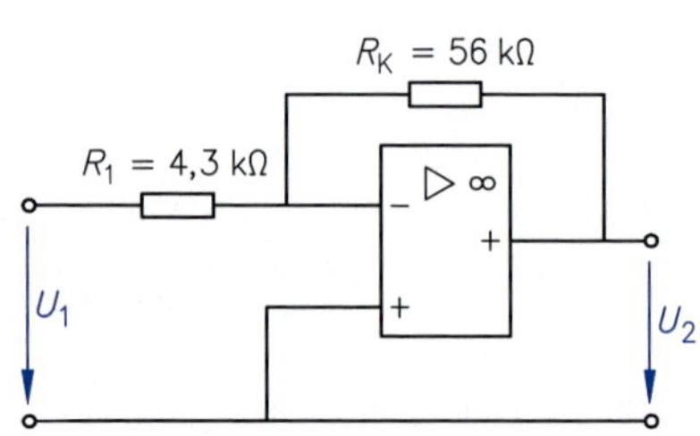

4. Wie groß sind die fehlenden Werte eines invertierenden Operationsverstärkers?

	a)	b)	c)	d)	e)	f)	g)
U_1	?	10 mV	20 mV	?	0,25 V	?	75 mV
U_2	−18 V	?	−10 V	−12 V	?	−3 V	−15 V
R_1	300 Ω	0,5 kΩ	?	120 Ω	500 Ω	?	?
R_K	54 kΩ	?	40 kΩ	?	10 kΩ	30 kΩ	0,4 kΩ
$-V_U$	?	200	?	150	?	600	?

5. Liegt am Ausgang eines invertierenden Verstärkers die Spannung −12 V, fließt ein Strom von 40 mA durch den Rückkopplungswiderstand. Der Spannungsverstärkungsfaktor beträgt 450.

a) Wie groß ist der Rückkopplungswiderstand?

b) Welche Spannung liegt am Verstärkereingang an?

c) Wie groß ist der Eingangswiderstand?

6. Am Ausgang des abgebildeten Operationsverstärkers wurde die Ausgangsspannung −1,5 V gemessen.

a) Wie groß ist der Eingangswiderstand?

b) Welche Ströme fließen durch den Eingangs- und durch den Rückkopplungswiderstand?

c) Wie groß ist das Spannungsverstärkungsmaß?

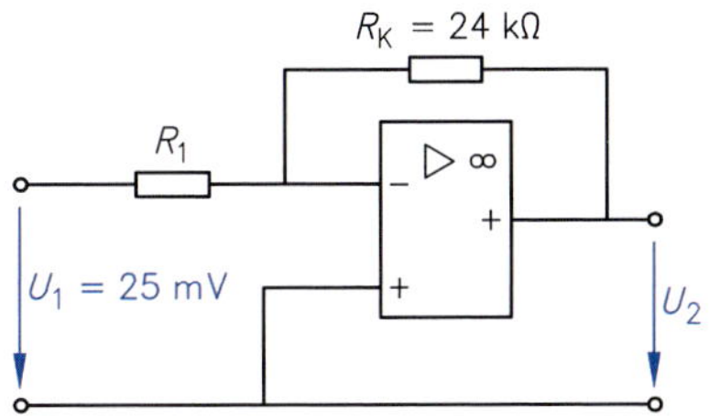

7. Die Ausgangsspannung −12 V eines invertierenden Operationsverstärkers wird durch eine Eingangsspannung von 25 mV bewirkt. Der Eingangswiderstand beträgt 1,5 kΩ.

a) Wie groß ist das Spannungsverstärkungsmaß?

b) Welcher Rückkopplungswiderstand ist erforderlich?

c) Wie hoch ist der Strom durch den Rückkopplungswiderstand?

8. Der nebenstehende Operationsverstärker hat die sinusförmige Ausgangsspannung mit einem Scheitelwert von −2,4 V.

a) Wie groß ist die Spannungsverstärkung?

b) Welche Eingangsspannung liegt vor?

c) Wie groß sind die Ströme I_1 und I_K?

d) Welchen Verlauf hat die Ausgangsspannung (1 V ≙ 1 cm) und die Eingangsspannung (40 mV ≙ 1 cm)?

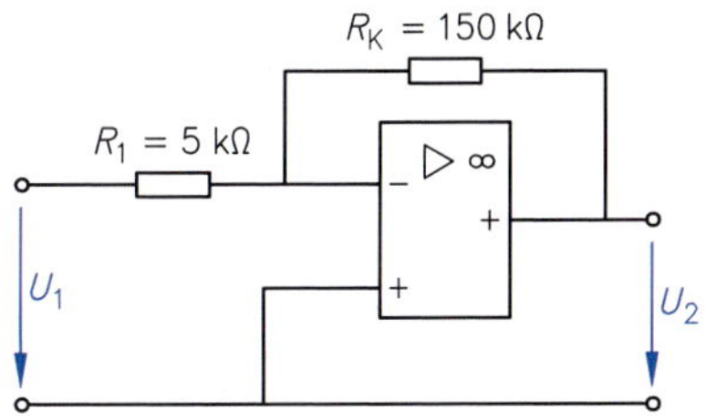

9. Die Ausgangsspannung 10 V eines invertierenden Operationsverstärkers wird durch ein Spannungsverstärkungsmaß von 48 dB bewirkt. Der Eingangswiderstand beträgt 5 kΩ.

a) Wie groß ist die Spannungsverstärkung?

b) Welcher Rückkopplungswiderstand ist erforderlich?

c) Wie hoch ist der Strom durch den Rückkopplungswiderstand?

10. Ein invertierender Operationsverstärker hat ein Spannungsverstärkungsmaß von 73 dB. Die rechteckige Ausgangsspannung wurde mit −15 V gemessen. Der Eingangswiderstand beträgt 50 Ω.

a) Wie groß ist die Spannungsverstärkung?

b) An welche Eingangsspannung wurde der OP angeschlossen?

c) Wie groß ist der Eingangsstrom?

d) Welchen Wert besitzt der Rückkopplungswiderstand?

11. Bei einer Eingangsspannung von 25 mV fließen 0,2 mA in den nebenstehenden Invertierer. Es wird für die zu betreibende Anlage eine Ausgangsspannung von −10 V gefordert.

a) Wie groß sind Spannungsverstärkungsfaktor und Spannungsverstärkungsmaß?

b) Welche Widerstände sind für die Schaltung erforderlich?

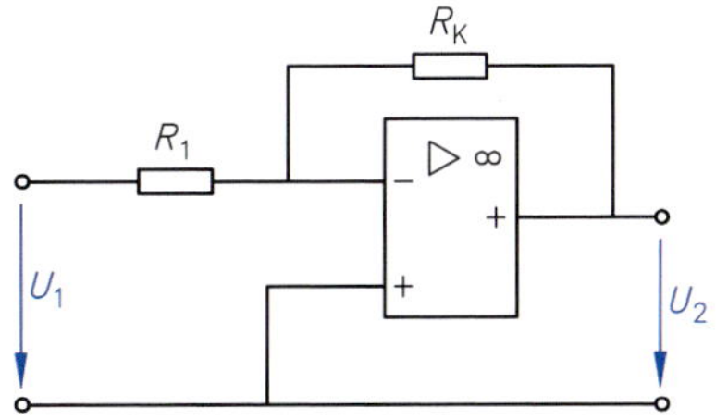

14.2.2.2 Summierverstärker

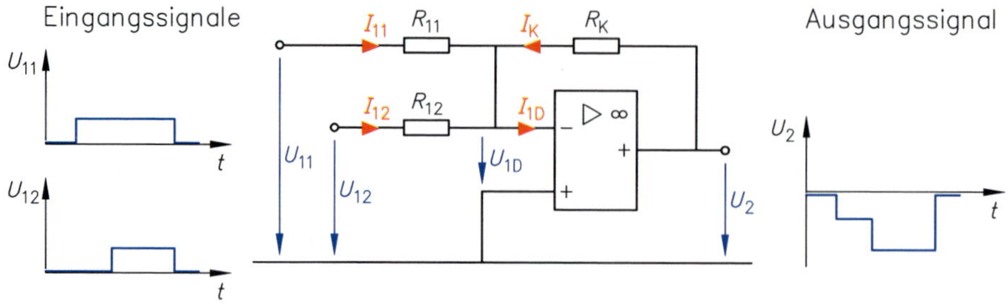

Mit der Vereinfachung $U_{1D} \approx 0$ und $I_{1D} \approx 0$:

$$I_{11} + I_{12} + I_K = 0$$

$$\frac{U_{11}}{R_{11}} + \frac{U_{12}}{R_{12}} + \frac{U_2}{R_K} = 0 \quad \Rightarrow \quad U_2 = \underbrace{\boxed{-\frac{R_K}{R_{11}}}}_{V_{U1}} \cdot U_{11} \; \underbrace{\boxed{-\frac{R_K}{R_{12}}}}_{V_{U2}} \cdot U_{12}$$

$$U_2 = V_{U1} \cdot U_{11} + V_{U2} \cdot U_{12}$$

Aufgaben

Beispiel: Der oben abgebildete Summierverstärker mit den nebenstehenden Ein- und Ausgangssignalen hat den Rückkopplungswiderstand 150 kΩ

a) Welche Spannungsverstärkungsfaktoren hat die Schaltung?

b) Wie groß sind die Eingangswiderstände?

c) Wie groß sind die Eingangsströme?

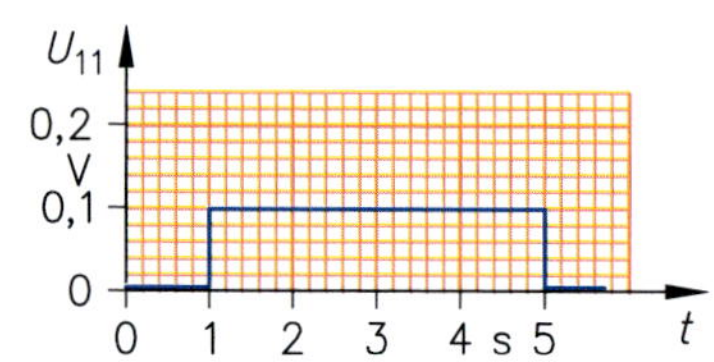

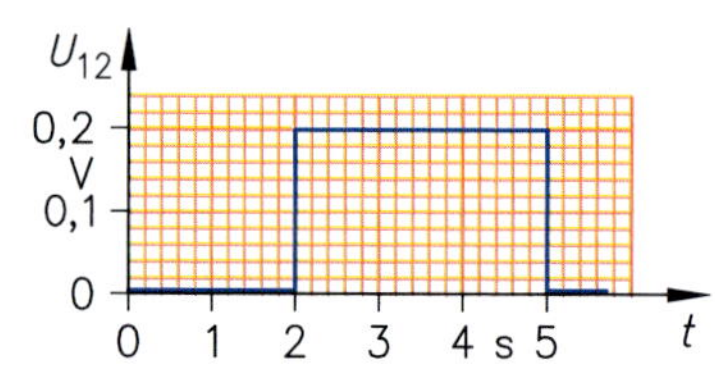

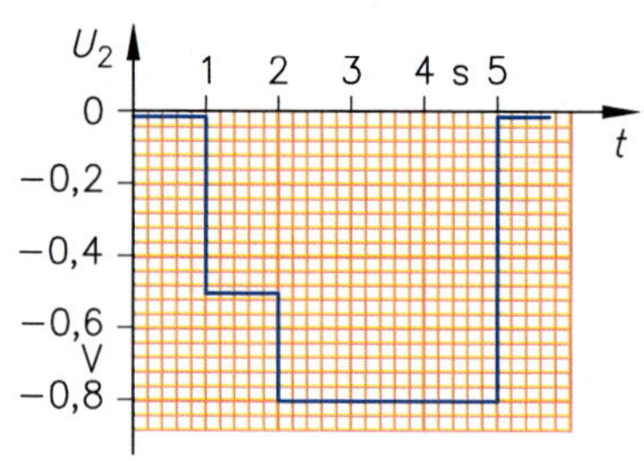

Gegeben: $U_{11} = 0{,}1\,\text{V}$; $U_{12} = 0{,}2\,\text{V}$; $R_K = 150\,\text{k}\Omega$

für $1\,\text{s} \leq t < 2\,\text{s}$: $U_2 = -0{,}5\,\text{V}$

für $2\,\text{s} \leq t < 5\,\text{s}$: $U_2 = -0{,}8\,\text{V}$

Gesucht: V_{U1}; V_{U2}; R_{11}; R_{12}; I_K; I_{11}; I_{12}

Lösung: **a)** für $1\,\text{s} \leq t < 2\,\text{s}$: $U_{12} = 0\,\text{V}$

$$V_{U1} \frac{U_2}{U_{11}} = \frac{-0{,}5\,\text{V}}{0{,}1\,\text{V}} = \mathbf{-5}$$

für $2\,\text{s} \leq t < 5\,\text{s}$:

$$V_{U2} = \frac{U_2 - V_{U1} \cdot U_{11}}{U_{12}}$$

$$V_{U2} = \frac{-0{,}8\,\text{V} - (-5) \cdot 0{,}1\,\text{V}}{0{,}2\,\text{V}} = \mathbf{-1{,}5}$$

b) $R_{11} = \frac{-R_K}{V_{U1}} = \frac{-150\,\text{k}\Omega}{-5} = \mathbf{30\,k\Omega}$

$$R_{12} = \frac{-R_K}{V_{U_2}} = \frac{-150\,\text{k}\Omega}{-1{,}5} = \mathbf{100\,k\Omega}$$

c) $I_{11} = \frac{U_{11}}{R_{11}} = \frac{0{,}1\,\text{V}}{30\,000\,\Omega} = \mathbf{3{,}33\,\mu A}$

$$I_{12} = \frac{U_{12}}{R_{12}} = \frac{0{,}2\,\text{V}}{1 \cdot 10^5\,\Omega} = \mathbf{2\mu A}$$

1. Ein Summierverstärker mit zwei Eingängen verstärkt die Eingangsspannungen U_{11} = 50 MV und U_{12} = 0,2 V. Die Widerstände haben die Werte: R_{11} = 1,5 kΩ, R_{12} = 7,5 kΩ und R_K = 150 kΩ.

a) Welche Spannungsverstärkungsfaktoren liegen vor?

b) Wie groß ist die Ausgangsspannung?

2. Die Eingangsspannungen U_{11} = 25 mV und U_{12} = 30 mV werden mit der nebenstehenden Schaltung verstärkt.

a) Wie groß sind die Spannungsverstärkungsfaktoren?

b) Welche Ausgangsspannung liegt an?

c) Wie groß sind die Eingangsströme?

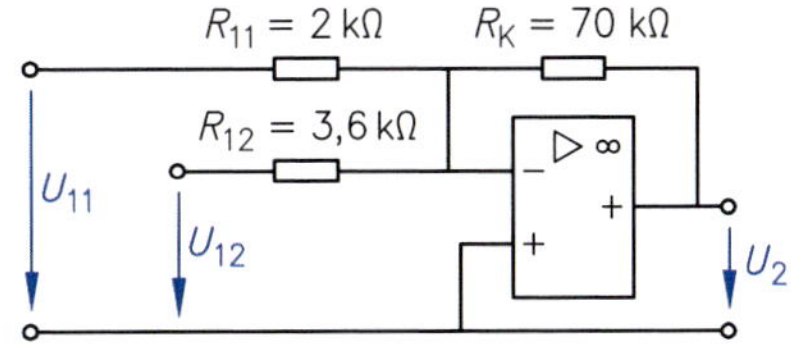

3. An dem dargestellten Summierverstärker werden die Spannungen U_{11} = 250 mV, U_{12} = 400 mV und U_2 = –6 V gemessen.

a) Wie groß sind die Spannungsverstärkungsfaktoren?

b) Welchen Wert hat der Eingangswiderstand R_{12}?

c) Wie groß sind die Ströme in der Schaltung?

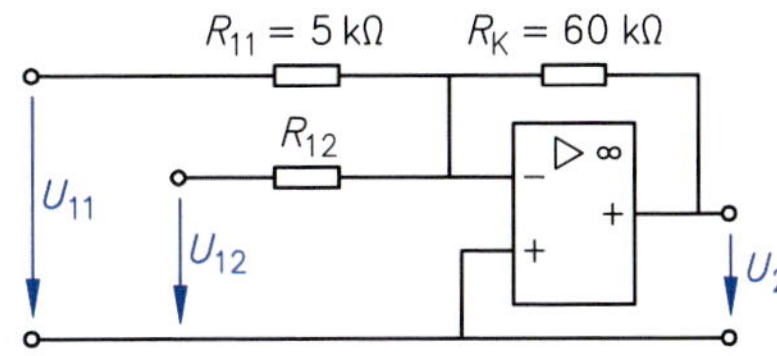

4. Ein Summierverstärker mit drei Eingängen hat die Eingangsspannungen U_{11} = 50 mV, U_{12} = 80 mV, U_{13} = 120 mV und die Verstärkungsfaktoren V_{U1} = 15, V_{U2} = 20, V_{U3} = 30. Der Rückkopplungswiderstand beträgt 150 kΩ.

a) Welche Ausgangsspannung steht zur Verfügung?

b) Wie groß sind die Eingangswiderstände?

5. Liegen an einem Summierverstärker die Eingangsspannungen U_{11} = 0,1 V und U_{12} = 0,3 V an, wird die Ausgangsspannung –0,8 V gemessen. Die Eingangswiderstände betragen R_{11} = 4 kΩ und R_{12} = 5 kΩ.

a) Wie groß ist der Rückkopplungswiderstand?

b) Welche Spannungsverstärkungsfaktoren hat die Schaltung?

6. Der Rückkopplungswiderstand des nebenstehenden Verstärkers beträgt 50 kΩ.

a) Wie groß sind die Spannungsverstärkungsfaktoren?

b) Welche Ausgangsspannung steht zur Verfügung?

c) Wie groß sind die Ströme in der Schaltung?

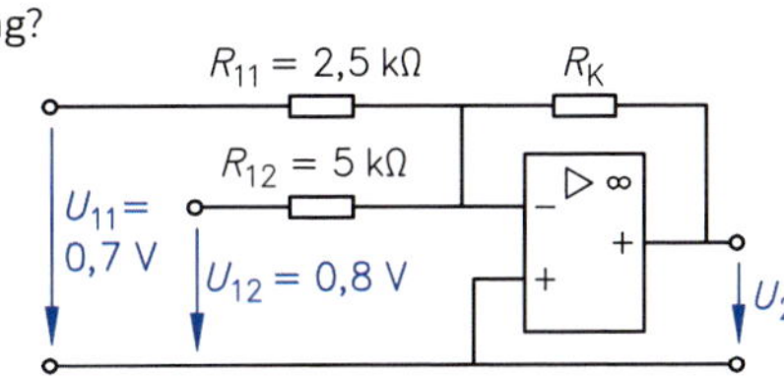

7. Wie lauten die fehlenden Werte des Summierverstärkers?

	a)	b)	c)	d)	e)	f)	g)
R_{11}	500 Ω	?	2 kΩ	1,5 kΩ	?	250 Ω	?
R_{12}	800 Ω	?	3 kΩ	?	600 Ω	600 Ω	?
R_K	80 kΩ	100 kΩ	?	60 kΩ	?	25 kΩ	0,25 MΩ
U_{11}	40 mV	40 mV	10 mV	0,15 V	28 mV	0,07 V	?
U_{12}	60 mV	?	25 mV	?	?	0,1 V	160 mV
U_2	?	–15 V	?	–11,5 V	–9 V	?	–18 V
$-V_{U1}$	?	200	120	?	250	?	50
$-V_{U2}$	?	150	?	20	180	?	40

8. Ein Summierverstärker mit den gegebenen Ein- und Ausgangssignalen hat einen Rückkopplungswiderstand von 60 kΩ.

a) Wie groß sind die Spannungsverstärkungsfaktoren?

b) Welche Eingangsströme fließen in der Schaltung?

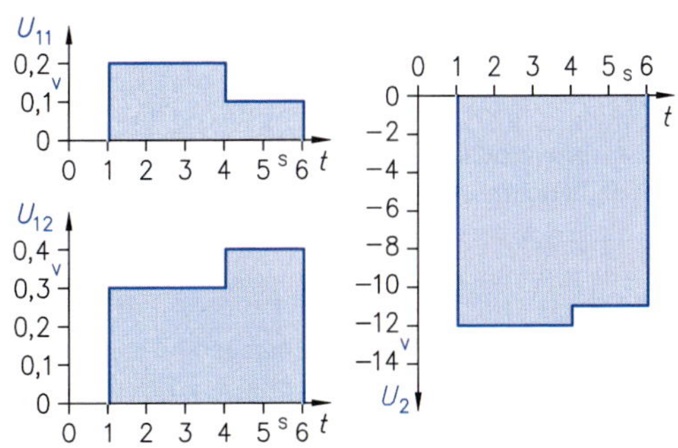

14.2.2.3 Nichtinvertierer

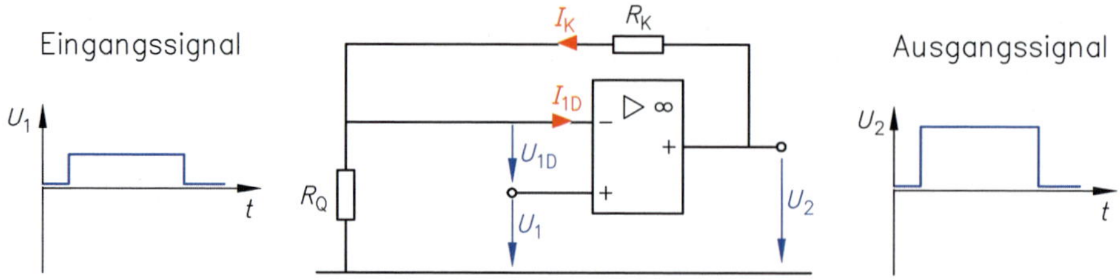

Mit der Vereinfachung $U_{1D} \approx 0$ und $I_{1D} \approx 0$:

$$U_2 = I_K \cdot (R_K + R_Q) \quad \text{und} \quad U_1 = I_K \cdot R_Q$$

$$\frac{U_2}{U_1} = \frac{I_K \cdot (R_K + R_Q)}{I_{12} \cdot R_Q} \quad \Rightarrow \quad \frac{U_2}{U_1} = 1 + \frac{R_K}{R_Q}$$

$$V_U = 1 + \frac{R_K}{R_Q}$$

Aufgaben

Beispiel: Die Eingangsspannung des im Bild dargestellten nichtinvertierenden Operationsverstärkers ist so zu wählen, dass die Spannung am Ausgang 9 V beträgt.

a) Wie groß ist der Spannungsverstärkungsfaktor?
b) Welche Eingangsspannung ist angeschlossen?
c) Wie groß ist das Spannungsverstärkungsmaß?

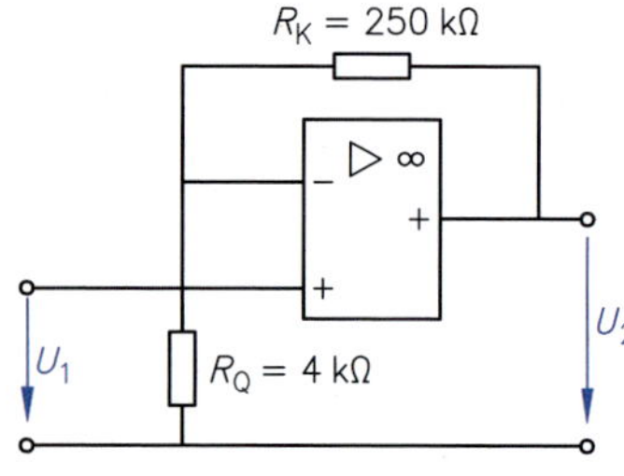

Gegeben: $R_Q = 4\,k\Omega$; $R_K = 250\,k\Omega$; $U_2 = 9\,V$

Gesucht: V_U; U_1; v_u

Lösung:

a) $V_U = 1 + \frac{R_K}{R_Q} = 1 + \frac{250\,k\Omega}{4\,k\Omega} = \mathbf{63{,}5}$

b) $U_1 = \frac{U_2}{V_U} = \frac{9\,V}{63{,}5} = \mathbf{141{,}17\,mV}$

c) $v_u = 20 \cdot \lg V_U = 20 \cdot \lg 63{,}5 = \mathbf{36{,}06\,dB}$

1. Bei einem nichtinvertierenden Verstärker mit der Ausgangsspannung 5 V beträgt der Rückkopplungswiderstand 90 kΩ. Der Spannungsverstärkungsfaktor beträgt 80.
a) Wie groß ist der Querwiderstand?
b) Wie hoch ist die Eingangsspannung?

2. Der Querwiderstand eines nichtinvertierenden Operationsverstärkers beträgt 20 kΩ.
a) Wie groß ist der Rückkopplungswiderstand bei dem Verstärkungsmaß 40 dB?
b) Welche Ausgangsspannung ist bei 5 mV Eingangsspannung vorhanden?

3. Ein Operationsverstärker verstärkt die sinusförmige Eingangsspannung 0,5 V phasengleich auf die Spannung 10 V. Der Rückkopplungswiderstand beträgt 120 kΩ.
a) Wie groß ist das Spannungsverstärkungsmaß?
b) Welcher Querwiderstand ist erforderlich?
c) Wie groß ist der Strom durch den Rückkopplungswiderstand?

4. Die Ausgangsspannung des gegebenen Operationsverstärkers beträgt 11,8 V.
a) Wie groß ist die Spannungsverstärkung?
b) Welche Eingangsspannung ist vorhanden?
c) Wie groß sind die Ströme?

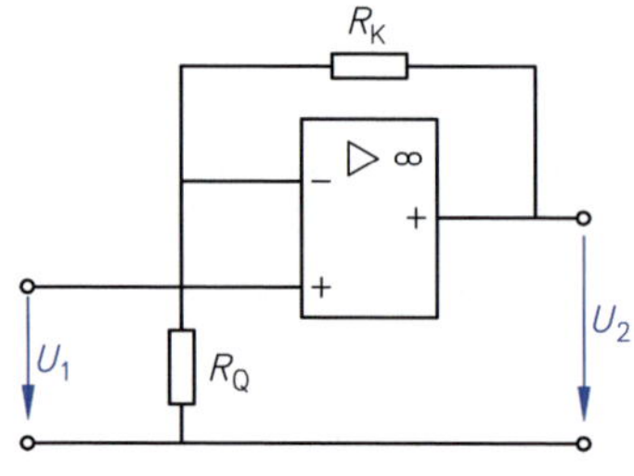

5. Wie groß sind die fehlenden Werte für einen nichtinvertierenden Operationsverstärker?

	a)	b)	c)	d)	e)	f)	g)
I_K	?	1 mA	2,5 mA	10 mA	?	1,5 mA	?
R_K	5 kΩ	?	?	1,5 kΩ	1,2 kΩ	?	10 kΩ
R_Q	250 Ω	?	?	?	300 Ω	0,5 kΩ	?
U_1	?	0,2 V	0,4 V	1,5 V	?	?	0,8 V
U_2	12 V	?	9 V	?	18 V	?	?
V_U	?	50	?	?	?	31	26

6. Am abgebildeten Operationsverstärker liegt eine Eingangsspannung von 0,4 V an. Der Rückkopplungswiderstand beträgt 60 kΩ.
   a) Welche Spannungsverstärkung wird erreicht?
   b) Welches Spannungsverstärkungsmaß besitzt der Operationsverstärker?
   c) Wie groß ist die Ausgangsspannung?

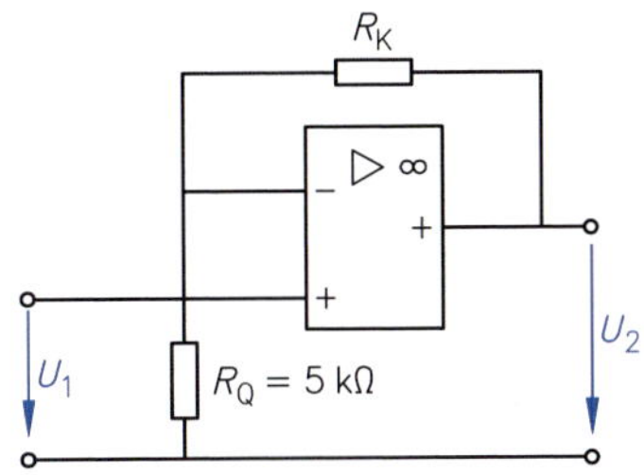

7. Ein nichtinvertierender Operationsverstärker mit einer Eingangsspannung von 0,4 V hat das Verstärkungsmaß 31 dB. Der Strom durch den Rückkopplungswiderstand beträgt 0,02 A.
   a) Welcher Verstärkungsfaktor bestimmt die Schaltung?
   b) Wie hoch ist die Ausgangsspannung?
   c) Welcher Querwiderstand wurde verwendet?
   d) Wie groß ist der Rückkopplungswiderstand?

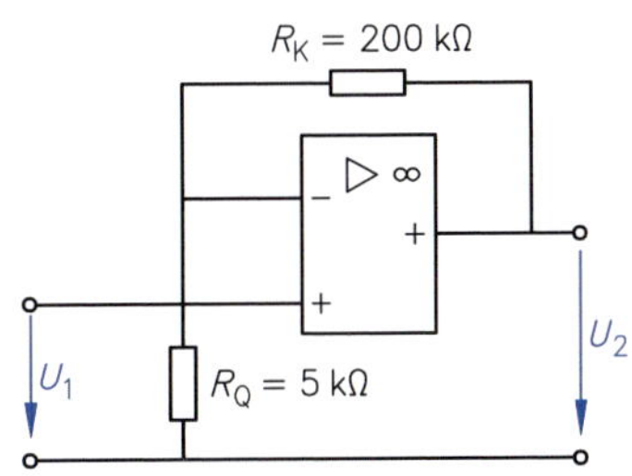

8. Am Ausgang des dargestellten Operationsverstärkers darf eine Scheitelspannung von höchstens 10 V auftreten.
   a) Wie groß darf der Spannungsverstärkungsfaktor maximal sein?
   b) Wie groß ist das Spannungsverstärkungsmaß?
   c) Welcher Strom darf eingangsseitig fließen?

9. Ein nichtinvertierender Operationsverstärker hat einen Querwiderstand von 8 kΩ. Die Ausgangsspannung 14 V wird durch eine Eingangsspannung von 0,2 V hervorgerufen.
   a) Wie groß ist der Spannungsverstärkungsfaktor?
   b) Welcher Rückkopplungswiderstand ist erforderlich?
   c) Auf welchen Wert ändert sich die Ausgangsspannung, wenn versehentlich der Querwiderstand 55,2 kΩ eingebaut wurde?

10. Ein nichtinvertierender Operationsverstärker mit einem Rückkopplungswiderstand von 62 kΩ hat das nebenstehende Ein- und Ausgangssignal.
   a) Welche Spannungsverstärkung hat die Schaltung?
   b) Wie groß ist das Spannungsverstärkungsmaß?
   c) Welchen Querwiderstand hat die Schaltung?
   d) Welche Ströme fließen durch die Widerstände?

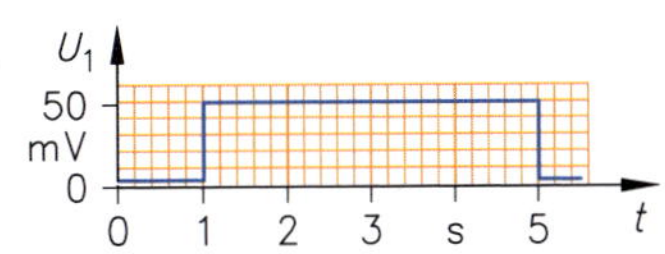

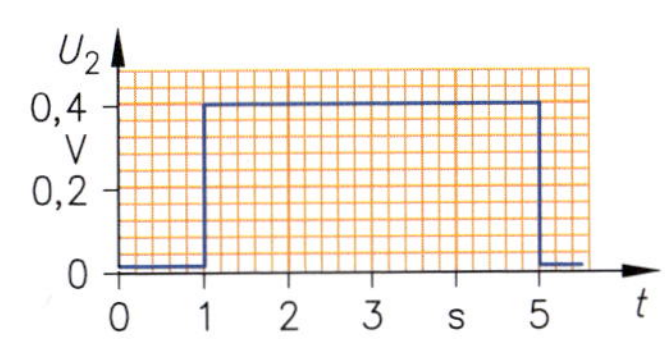

11. Der Strom von 1,2 mA bewirkt bei einem nichtinvertierenden Operationsverstärker eine Ausgangsspannung von 14 V. Der Rückkopplungswiderstand hat das 50-Fache des Querwiderstandes.
   a) Wie groß ist der Querwiderstand?
   b) Welcher Widerstandswert wurde als Rückkopplungswiderstand verwendet?
   c) Welche Eingangsspannung kann gemessen werden?
   d) Welches Verstärkungsmaß besitzt die Schaltung?

14.2.2.4 Differenzverstärker

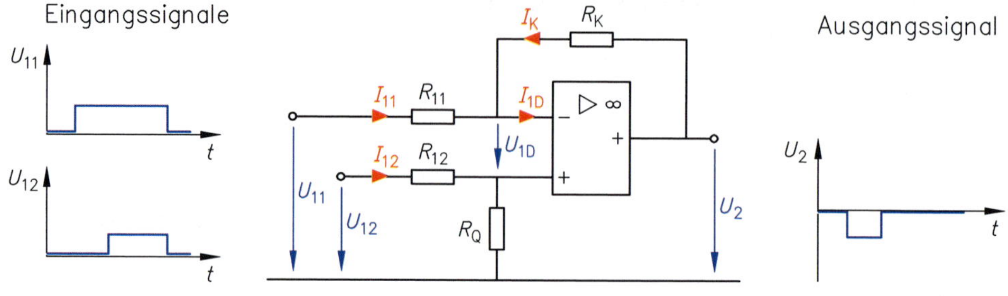

Mit der Vereinfachung $U_{1D} \approx 0$ und $I_{1D} \approx 0$:

$$U_{11} - U_{12} + I_{12} \cdot R_{12} - I_{11} \cdot R_{11} = 0$$

$$\text{mit } I_{11} = \frac{U_{11} - U_2}{R_{11} + R_K} \text{ und } I_{12} = \frac{U_{12}}{R_{12} + R_Q}$$

$$\Rightarrow U_2 = \frac{U_Q \cdot (R_{11} + R_K)}{R_{11} \cdot (R_{12} + R_Q)} \cdot U_{12} - \frac{R_K}{R_{11}} \cdot U_{11}$$

$$U_2 = \underbrace{\boxed{\frac{1 + R_K/R_{11}}{1 + R_{12}/R_Q}}}_{V_{U2}} \cdot U_{12} - \underbrace{\boxed{\frac{R_K}{R_{11}}}}_{V_{U1}} \cdot U_{11}$$

$$U_2 = V_{U2} \cdot U_{12} - V_{U1} \cdot U_{11}$$

Aufgaben

Beispiel: Der oben abgebildete Differenzverstärker mit den nebenstehenden Ein- und Ausgangssignalen hat einen Rückkopplungswiderstand von 80 kΩ und den Querwiderstand 25 kΩ.

a) Welche Spannungsverstärkung hat die Schaltung?

b) Wie groß sind die Eingangswiderstände?

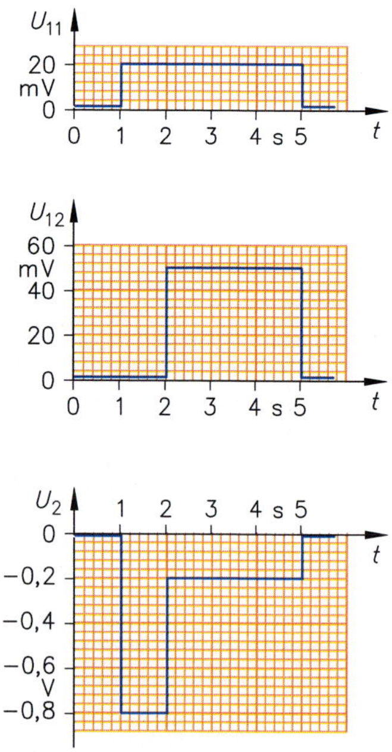

Gegeben: $U_{11} = 20\,\text{mV}$; $U_{12} = 50\,\text{mV}$; $R_K = 80\,\text{k}\Omega$; $R_Q = 25\,\text{k}\Omega$

für $1\,\text{s} \le t < 2\,\text{s}$: $U_2 = -0{,}8\,\text{V}$

für $2\,\text{s} \le t < 5\,\text{s}$: $U_2 = -0{,}2\,\text{V}$

Gesucht: V_{U1}; V_{U2}; R_{11}; R_{12}

Lösung: **a)** für $1\,\text{s} \le t < 2\,\text{s}$: $U_{12} = 0\,\text{V}$

$$V_{U1} = \frac{U_2}{U_{11}} = \frac{-0{,}8\text{V}}{20\,\text{mV}} = \mathbf{-40}$$

für $2\,\text{s} \le t < 5\,\text{s}$: $U_{12} = 50\,\text{mV}$

$$V_{U2} = \frac{U_2 - V_{U1} \cdot U_{11}}{U_{12}} = \frac{-0{,}2\,\text{V} + 40 \cdot 20\,\text{mV}}{50\,\text{mV}} = \mathbf{12}$$

b) $$R_{11} = \frac{R_K}{V_{U1}} = \frac{80\,\text{k}\Omega}{40} = \mathbf{2\,k\Omega}$$

$$R_{12} = \frac{(R_{11} + R_K - R_{11} \cdot V_{U2}) \cdot R_Q}{V_{U2} \cdot R_{11}} = \frac{(2\,\text{k}\Omega + 80\,\text{k}\Omega - 2\,\text{k}\Omega \cdot 12) \cdot 25\,\text{k}\Omega}{12 \cdot 2\,\text{k}\Omega} = \mathbf{60{,}42\,k\Omega}$$

1. Der abgebildete Differenzverstärker hat die Eingangsspannungen $U_{11} = 1{,}5\,V$ und $U_{12} = 0{,}8\,V$.

a) Wie groß ist der Rückkopplungswiderstand bei der Verstärkung $V_{U1} = -8$?

b) Welchen Verstärkungsfaktor V_{U2} hat der Operationsverstärker?

c) Wie hoch ist die Ausgangsspannung?

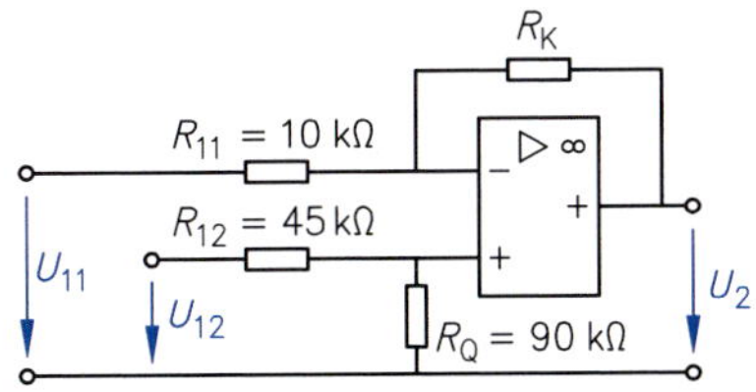

2. Ein Differenzverstärker mit den Eingangswiderständen $R_{11} = 30\,k\Omega$ und $R_{12} = 20\,k\Omega$ hat den Rückkopplungswiderstand 180 kΩ und den Querwiderstand 50 kΩ. Die Eingangsspannungen betragen $U_{11} = 0{,}8\,V$ und $U_{12} = 1{,}5\,V$. Welche Ausgangsspannung und Verstärkungsfaktoren hat der Operationsverstärker?

3. Werden an den dargestellten Operationsverstärker die Spannungen $U_{11} = 2{,}8\,V$ und $U_{12} = 5\,V$ angeschlossen, so beträgt die Ausgangsspannung −4 V.

a) Welche Verstärkung V_{U1} ist vorhanden?

b) Wie groß ist der Verstärkungsfaktor V_{U2}?

c) Welchen Querwiderstand hat der Verstärker?

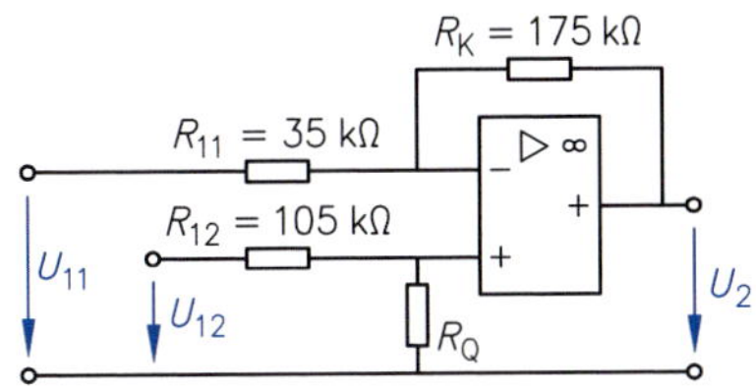

4. An einem Differenzverstärker mit der Ausgangsspannung −6 V liegen die Eingangsspannungen $U_{11} = 1{,}5\,V$ und $U_{12} = 2\,V$. Von den Widerständen sind $R_K = 240\,k\Omega$, $R_Q = 50\,k\Omega$ und $R_{11} = 20\,k\Omega$ bekannt.

a) Wie groß sind die Verstärkungsfaktoren?

b) Welchen Wert hat der zweite Eingangswiderstand?

5. Für den gegebenen Differenzverstärker mit 12,67 µA Rückkopplungsstrom sollen folgende Werte ermittelt werden:

a) die Spannungsverstärkungen,

b) die Eingangswiderstände,

c) die Ströme der Schaltung.

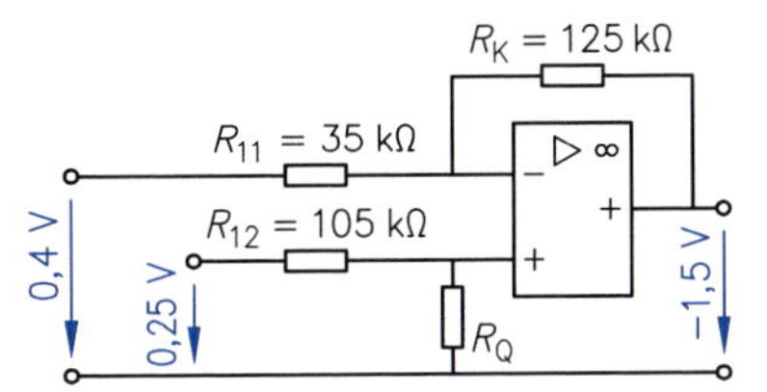

6. Der nebenstehende Differenzverstärker mit den nachfolgenden Ein- und Ausgangssignalen hat den Eingangswiderstand $R_{11} = 5\,k\Omega$.

a) Welche Spannungsverstärkungsfaktoren sind in der Schaltung vorhanden?

b) Wie groß ist der Rückkopplungswiderstand?

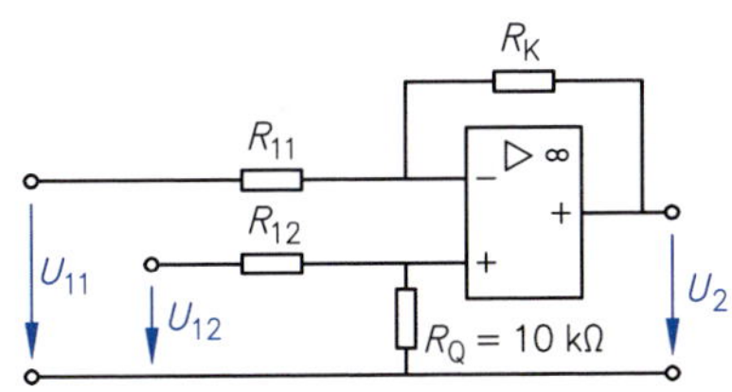

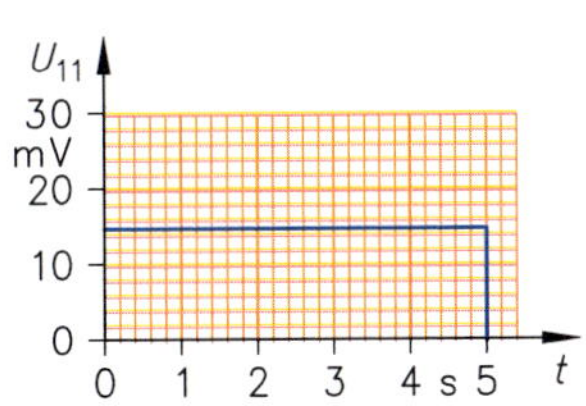

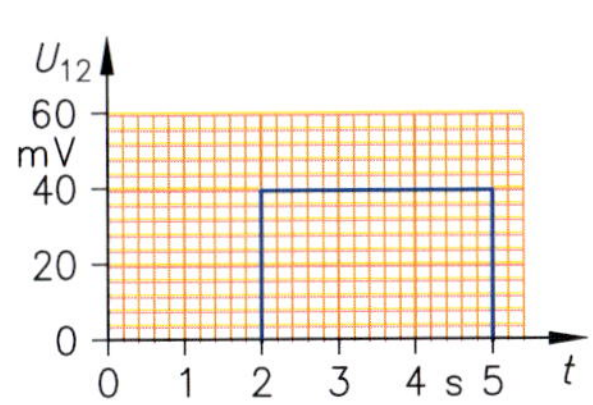

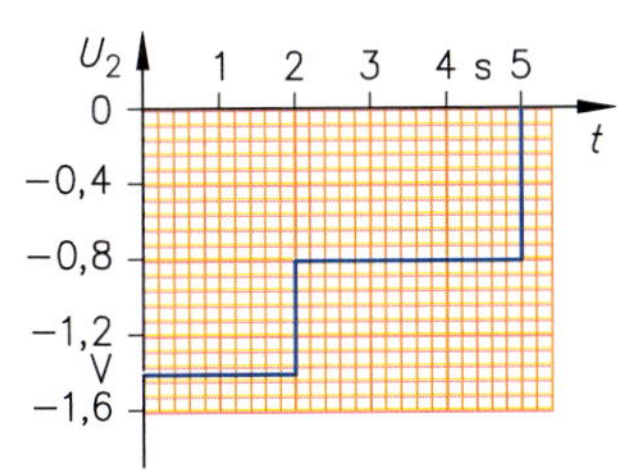

7. Wie erfolgt die Herleitung der Formel $U_2 = \frac{1 + R_K/R_{11}}{1 + R_{12}/R_Q} \cdot U_{12} - \frac{R_K}{R_{11}} \cdot U_{11}$, wenn die Bedingungen

$I_{11} = \frac{U_{11} - U_2}{R_{11} + R_K}$ und $I_{12} = \frac{U_{12}}{R_{12} + R_Q}$ gegeben sind?

15 Projektaufgaben

1. Eine 2000-W-Kochplatte für 230 V mit 7-Takt-Schalter bleibt auf der Schaltstufe 1 kalt. Die Fehlersuche soll ohne Ausbauten und aufwendige Messungen erfolgen. Eine Leistungsmessung mithilfe des Zählers (Zählerkonstante c_z = 78 Umdrehungen pro kWh) und einer Stoppuhr ergab folgende Werte:

Schalterstellung:

Schaltung:

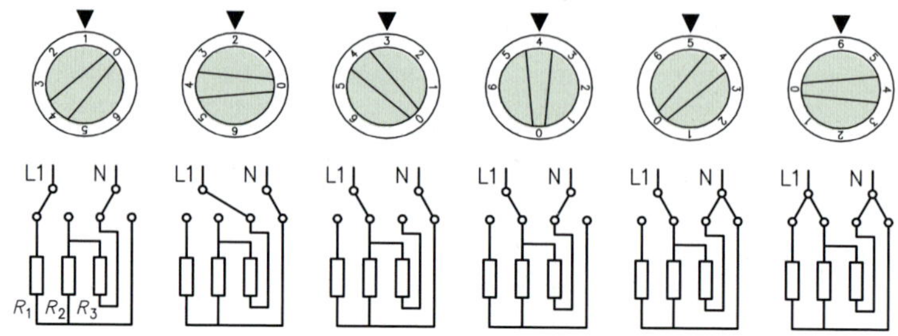

Leistung laut Betriebsanleitung:	200 W	305 W	450 W	950 W	1400 W	2000 W
Messwerte:						
Umdrehungen:	keine	4-mal	3-mal	11-mal	9-mal	9-mal
Zeit:	–	10 Minuten	5 Minuten	9 Minuten	5 Minuten	5 Minuten

a) Wie groß sind die Leistungen, die die defekte Kochplatte aus dem Netz aufnimmt?
b) Welcher Widerstand ist unterbrochen?
c) Wie groß sind die Widerstandswerte der intakten Heizwendel aufgrund der Bemessungsdaten bei einer Betriebstemperatur von 450 °C?
d) Welchen Widerstandswert muss der zu ersetzende Heizwendel bei Raumtemperatur besitzen, wenn er aus Konstantan gefertigt wird?
e) Wie viele Meter eines Konstantandrahtes mit 0,4 mm Durchmesser werden zur Herstellung des Heizwendels benötigt?
f) Bei Öffnung der Kochplatte zeigt sich, dass der Heizdraht an einem Ende gebrochen ist. Durch Kürzung des Drahtes um ca. 10 % wäre ein weiterer Betrieb der Platte möglich. Welche Leistung würde die verkürzte Heizspirale aufnehmen?
g) Wie groß wären dann die Leistungen bei den einzelnen Schaltstufen?
h) Um 1 l Wasser von 15 °C zum Kochen zu bringen, benötigt man mit der vorletzten Stufe 5 min und 5 s. Wie groß ist der Wärmewirkungsgrad?
i) Wie lange benötigt man, wenn das Wasser auf der ordnungsgemäß reparierten Platte bei Stufe 6 gekocht wird?
j) Wie lange dauert die Erwärmung des Wassers, wenn sich die Netzspannung auf 240 V erhöht?

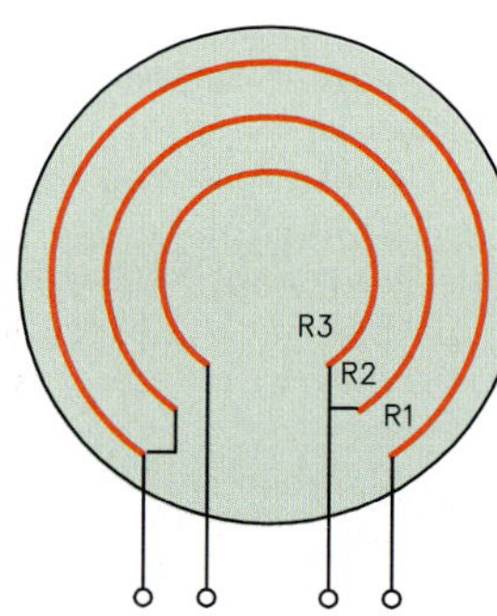

Ergebnisse:
a) 0 W; 308 W; 462 W; 940 W; 1384 W; 1384 W
b) R1
c) 88,2 Ω; 1217,6 Ω; 55,7 Ω
d) 87,62 Ω
e) 22,02 m
f) 666 W
g) 209 W; 305 W; 450 W; 950 W; 1400 W; 2066 W
h) 84 %
i) 3 min, 34 s
j) 3 min, 16 s

2. In einem Krankenhaus sind zwei Gebäude durch einen 70 m langen Tunnel miteinander verbunden. Die hauptsächlich für den Transport von Mahlzeiten und Wäsche konzipierte Verbindung soll für den Besucherverkehr freigegeben werden. Dazu soll die bestehende Beleuchtung durch ein durchgehendes Leuchtstofflampenband ersetzt werden. Die 25 vorhandenen Leuchten haben laut Hersteller einen Leuchten-Wirkungsgrad von 80 % und sind mit 60-W-Standard-Glühlampen (730 lm) bestückt. Eine Messung der Beleuchtungsstärke ergab im Mittel 15 lx.

Die neuen Leuchten sind 1550 mm lang und lassen sich mit speziellen Verbindern abstandsfrei verbinden. Das verwendete Vorschaltgerät nimmt 15 W auf. Die Leuchten haben durch Einzelkompensation einen Leistungsfaktor von 0,9 induktiv. Die interne Verdrahtung in den Leuchten erfolgt mit einem Kupferquerschnitt von 1,5 mm². Die Leuchten mit 75 % Wirkungsgrad werden mit einer 65-W-Standard-Leuchtstofflampe (5100 lm) bestückt.

Die Entfernung vom Verteilerkasten bis zur ersten Leuchte beträgt 8,50 m.

a) Welchen Lichtstrom liefert die vorhandene Anlage?
b) Wie groß ist der Raumwirkungsgrad?
c) Wie viele der Leuchtstoffleuchten lassen sich im Tunnel abstandsfrei montieren?
d) Mit welcher Beleuchtungsstärke kann man nach der Installation der Leuchtstofflampen rechnen?
e) Wie viele Leuchten müssen zu einem Band verbunden werden, wenn die Last auf die drei Außenleitern verteilt werden soll?
f) Welcher Strom fließt am Anfang eines jeden Leuchtenbandes?
g) Wie groß ist der Spannungsabfall innerhalb eines Leuchtenbandes?
h) Wie groß darf jeweils der Spannungsfall zwischen Verteilerkasten und Leuchtenband sein?
i) Welchen Kupferquerschnitt müssen die Zuleitungen zu den Leuchtenbändern mindestens besitzen?
j) Schalten die vorgeschalteten 16-A-Leitungsschutzschalter mit der Charakteristik B bei Körperschluss noch rechtzeitig ab?

Ergebnisse:
a) 18250 lm
b) 0,36
c) 45
d) 142 lx
e) 15
f) 5,8 A
g) 1,35 V
h) 5,55 V
i) 1,5 mm²; 1,5 mm²; 2,5 mm²
j) ja

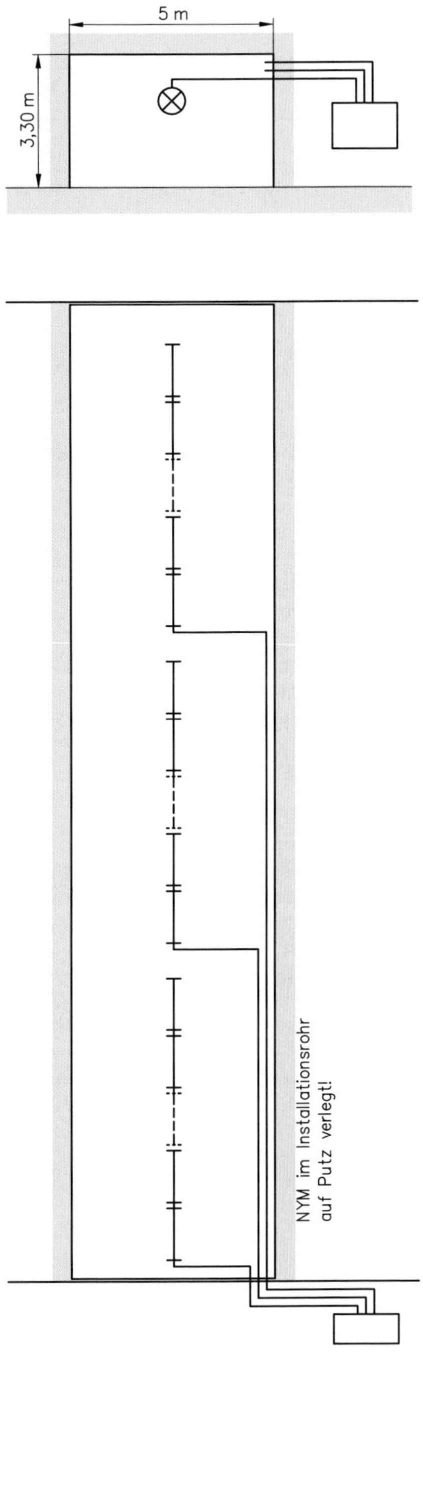

3. In einem Betrieb wird das veraltete 440-V-Gleichstromnetz stillgelegt. Ein einzelner Gleichstromantrieb mit nebenstehendem Leistungsschild soll jedoch weiterbetrieben werden. Eine elektronische Drehfrequenzsteuerung soll Anlasser und Feldsteller ersetzen. Durch Widerstandsmessung wurde bei 20 °C ein Ankerkreiswiderstand von 0,134 Ω ermittelt. Der Anlasserwiderstand beträgt 4 Ω und der Feldstellerwiderstand 100 Ω. Die Energieversorgung erfolgt von einer 20 m entfernten 400-V Niederspannungsverteilung aus. Der Schaltschrank für den Gleichstromantrieb befindet sich direkt neben dem Motor. Der Motor ist über einen Riementrieb mit der Last verbunden. Der Durchmesser des Treibrades beträgt 250 mm, der des angetriebenen Rades 380 mm.

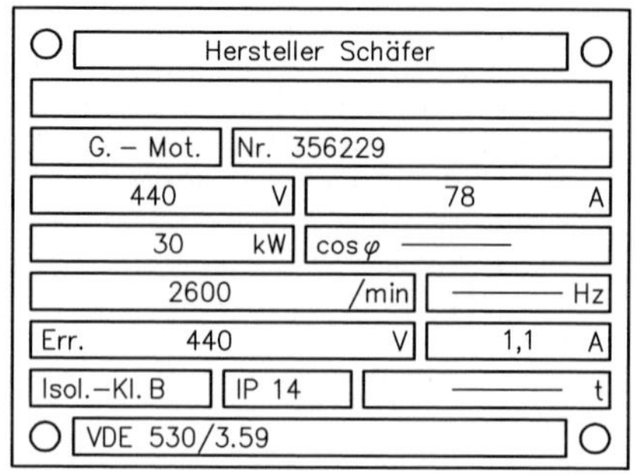

Als Alternative soll ein Drehstrom-Antrieb mit Frequenzumrichter überprüft werden.

a) Wie groß ist der Ankerkreiswiderstand bei 70 °C Betriebstemperatur?
b) Welche Drehfrequenzen lassen sich mit den installierten Widerständen einstellen?
c) In welchen Drehfrequenzbereichen wird die Last betrieben?
d) Wie groß ist das übertragene Drehmoment im Bemessungsbetrieb des Motors?
e) Welche Bemessungsdaten muss ein Drehstromtransformator besitzen, wenn der Ankerkreis über eine halbgesteuerte Brückenschaltung an das 400-V Niederspannungsnetz angeschlossen wird?
f) Welche Bemessungsdaten benötigt ein Einphasentransformator, der die Erregerwicklung über eine ebenfalls halbgesteuerte Brückenschaltung mit Energie versorgt?
g) Bei welchen Steuerwinkeln der Drehstrombrückenschaltung wird die minimale Drehfrequenz des alten Gleichstromantriebes erreicht?
h) Bei welchem Steuerwinkel der Wechselstrombrückenschaltung wird die maximale Drehfrequenz des alten Gleichstromantriebes erreicht?
i) Welcher Kupferquerschnitt ist für die Drehstromzuleitung bei Verlegung im Installationsrohr auf der Wand zu verlegen, wenn ca. 2 kW für Steuerung und Beleuchtung berücksichtigt werden?
j) Welchen Durchmesser muss das Treibrad am zweipoligen Drehstrom-Asynchronmotor besitzen, wenn die maximale Antriebsdrehfrequenz bei Bemessungsbetrieb ($s_N = 3\,\%$) des Motors erreicht werden soll?
k) Welche Frequenz und welche Spannung muss ein Frequenzumrichter liefern, damit der Antrieb mit der kleinen Drehfrequenz läuft? (Wegen der magnetischen Verhältnisse im Motor müssen Frequenz und Spannungshöhe im gleichen Maße verändert werden.)

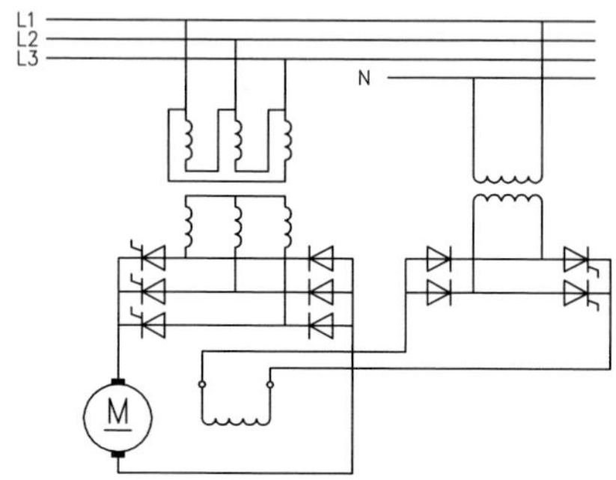

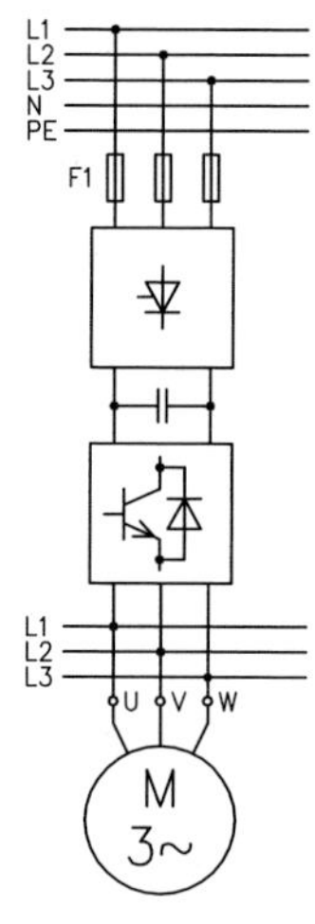

Ergebnisse:

a) 0,16 Ω
b) 702 min^{-1}; 3250 min^{-1}
c) 464 min^{-1}; 2138 min^{-1}
d) 110 Nm
e) 50 kVA (46,2 kVA); 400 V/330 V
f) 600 VA (595 VA); 230 V/490 V
g) 114,7°
h) 53,1°
i) 35 mm^2
j) 279 mm
k) 10,8 Hz; 86,8 V

4. In einem vom Grundwasser bedrohten Wohngebiet ist ein Brunnen zur Grundwasserabsenkung gebohrt worden. Eine Tauchpumpe soll bei Grundwasseranstieg das Wasser in die örtliche Kanalisation pumpen. Der Betrieb der Pumpe erfolgt automatisch über die Schwimmerschaltung S0 und S1, wobei S0 den Ein- und S1 den Ausschaltbefehl gibt. Mithilfe der Schwimmerschalter S2 und S3, dem Motorschützkontakt K1 und einem Auslösekontakt des thermischen Überstromauslösers F1 soll eine Warnmeldung (Stroboskop-Blitzer) erfolgen

- wenn der Motor wegen Überlastung steht,
- wenn die Pumpe trockenzulaufen droht und
- wenn die Pumpenleistung nicht mehr ausreicht, das steigende Grundwasser zu senken.

Die Meldespannung der Anlage wird aus einem gepufferten 6-V-Bleiakkumulator mit einer Ladeschlussspannung von 7,2 V bezogen, sodass auch bei Netzausfall eine Meldung erfolgen kann. Der 6-V-Stroboskop-Blitzer wird über ein Relais an den Akkumulator angeschlossen.

a) Wie lautet die Wahrheitstabelle für die Meldeanlage?

b) Welche Funktionsgleichung ergibt sich nach der Vereinfachung mithilfe der KV-Tafel?

c) Welche logischen Grundelemente werden für die Störungsauslösung benötigt?

d) Wie sieht die Schaltung aus, wenn sie nur mit NAND-Elementen realisiert wird?

e) Zwischen welchen Werten kann die Batteriespannung schwanken?

f) Die logischen Schaltglieder benötigen eine Betriebsspannung von 5 V und nehmen jeweils 10 mW auf. Das 5-V-Relais nimmt bei Ansteuerung 200 mW auf. Zwischen welchen Werten schwankt der Laststrom?

g) Welchen Widerstandwert muss der Vorwiderstand der Spannungsstabilisierung haben? (Z-Dioden-Daten, siehe Seite 155.)

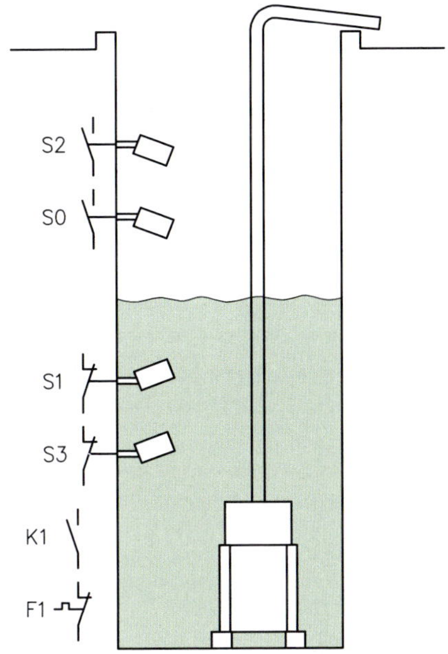

Die Skizze zeigt die Stellungen der Kontakte im aktuellen Betriebszustand: Die Pumpe ist ausgeschaltet und das Wasser steigt an.

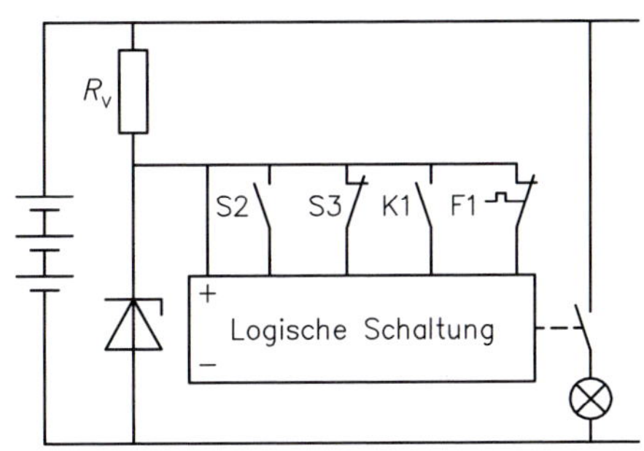

Ergebnisse:

a) Ausgänge mit A = 0

S2	S3	K1	F1	A
0	0	0	1	0
0	1	0	1	0
0	1	1	1	0

b) $S2 \vee \overline{F1} \vee (\overline{S3} \wedge K1) = A$

c) eine UND-Funktion, eine ODER-Funktion mit mind. 3 Eingängen und zwei NICHT-Funktionen

d)

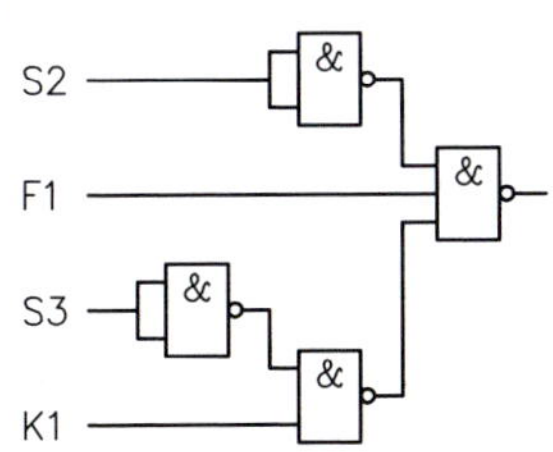

e) 6 V...7,2 V

f) 8 mA...48 mA

g) 22 Ω

5. Der Drehstromasynchronmotor der Ständerbohrmaschine in einer Bauschlosserei ist ausgefallen und muss so schnell wie möglich ersetzt werden. Der Originalmotor muss jedoch bestellt werden, während sich zwei Motoren gleicher Baugröße, aber unterschiedlicher Leistung und Polzahl auf Lager befinden.

	P_{ab}	n_n	$\cos\varphi$	η	I_A/I_n	M_{Anlauf}/M_n	M_{Kipp}/M_n
Motor 1	0,75 kW	700 min^{-1}	0,68	0,67	3,5	2	2
Originalmotor	1,5 kW	940 min^{-1}	0,7	0,73	4	2,1	2,5
Motor 2	2,2 kW	1405 min^{-1}	0,82	0,8	5,5	2,4	2,8

Die Drehfrequenz der Bohrspindel ist über ein Riemengetriebe von 160 min^{-1} bis 3025 min^{-1} in 16 Stufen einstellbar. Wegen der umständlichen Bedienung steht das Getriebe immer auf Stufe 10, was einer Drehfrequenz von 700 min^{-1} entspricht.

Der zur Bohrmaschine zugehörige Maschinenschraubstock hat eine Spindellänge von ca. 30 cm, die in etwa dem Hebelarm beim Festhalten des Werkstückes entspricht.

a) Welches Drehmoment gibt der Originalmotor an seiner Welle im Bemessungsbetrieb ab?

b) Wie groß ist dann das Drehmoment an der Bohrspindel (Getriebestufe 10)?

c) Welche Kraft muss ein Arbeiter am Maschinenschraubstock aufwenden, damit sich das Werkstück nicht mitdreht?

d) Wie groß ist diese Kraft, wenn der Bohrer während des Bohrens bzw. gleich zu Beginn des Bohrens hakt?

e) Wie groß sind diese Kräfte bei kleinster und größter Drehfrequenzeinstellung am Getriebe?

f) Welche Getriebestellung muss eingestellt werden, damit sich die Bohrspindel bei Einbau des stärkeren Motors mit etwa 700 min^{-1} dreht? Wie groß ist jetzt die Drehfrequenz der Bohrspindel?

g) Welche Kräfte muss ein Arbeiter jetzt beim Haken des Bohrers aufbringen?

h) Ab welcher Spindeldrehfrequenz könnte jetzt ein Arbeiter mit einem Kraftaufwand von 200 N ein Mitdrehen des Werkstückes in jedem Fall verhindern? Mit welcher Getriebeeinstellung ist dies möglich?

i) Welche Getriebestellung muss eingestellt werden, damit die Bohrspindel bei Einbau des schwächeren Motors mit etwa 700 min^{-1} dreht? Wie groß ist dann die tatsächliche Drehspindelfrequenz?

j) Welche Kraft muss ein Arbeiter jetzt beim Haken des Bohrers aufwenden?

k) Wegen der hohen Drehmomente beim stärkeren Motor wird der schwächere Motor eingebaut. Auf welchen Strom muss der Motorschutzschalter eingestellt werden?

Getriebeeinstellung

1 = 160	5 = 415	9 = 650	13 = 1600
2 = 250	6 = 450	10 = 700	14 = 1925
3 = 290	7 = 580	11 = 1000	15 = 2600
4 = 395	8 = 625	12 = 1415	16 = 3025

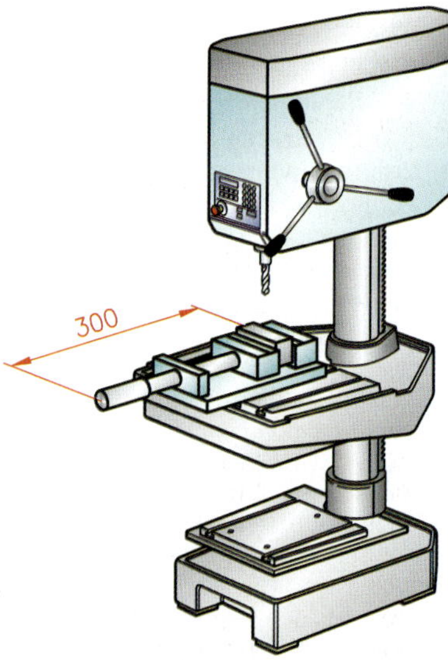

Ergebnisse:

a) 15,24 Nm
b) 20,46 Nm
c) 68,2 N
d) 170,5 N; 143,2 N
e) 746,1 N; 626,8 N; 39,5 N; 33,2 N
f) Stufe 6; 672,8 min^{-1}
g) 291,4 N; 249,8 N
h) 980,3 min^{-1}; ab Stufe 9(655,8 min^{-1})
i) Stufe 11; 744,7 min^{-1}
j) 64,1 N
k) 2,38 A

6. Ein Sportverein bietet beim jährlichen Kirchweihfest frisch gebackene Crêpes und verschiedene Getränke an. Zu diesem Zweck wird eine transportable Verkaufsbude gebaut, die folgende Wechselstromverbraucher enthalten soll:

2 Crêpes-Backplatten mit je 3200 W (im Prinzip Kochplatten hoher Leistung)	6400 W
1 Doppelherdplatte mit 1500 W und 1000 W	2500 W
1 Warmwasserboiler	1800 W
1 Warmwasserkocher	1000 W
1 Küchenmaschine	750 W
2 Kühlschränke mit je 160 W	320 W
1 Beleuchtung	250 W

Da alle Wärmegeräte und auch die Kühlschränke mit Zweipunktreglern ausgestattet sind, ist ein gleichzeitiger Betrieb aller Elektrogeräte unwahrscheinlich, aber für kürzere Zeit möglich.

Der Verteilerkasten mit LS-Schaltern, RCD-Schalter und Vorsicherungen wird in der Verkaufsbude angebracht. Die im Schnitt 8 m langen Leitungen zu den Verbrauchern werden mit NYM-J 3 × 1,5 mm² ausgeführt. Zum Anschluss der Verteilung an den von der Gemeinde gestellten Baustromverteiler dient eine 25 m lange Gummischlauchleitung. Der Baustellenverteiler besitzt 16-A-, 35-A- und 63-A-Steckdosen. Der Baustromverteiler ist während der Kirchweih abgeschlossen, sodass dort ein Auslösen der Sicherungen unbedingt zu verhindern ist!

a) Wie groß ist der gesamte Leistungsbedarf?

b) Wie groß ist der Strom in den jeweiligen Außenleitern, wenn die Last möglichst gleichmäßig auf die Außenleiter verteilt wird?

c) Welche Leitungsschutzsicherungen gL müssen als Vorsicherung in den Verteilerkasten eingebaut werden, damit Selektivität bis zum Baustromverteiler gewährleistet ist? An welcher Steckdose muss dann der Verteilerkasten der Verkaufsbude angeschlossen werden?

d) Welcher Kupferquerschnitt ist dann aufgrund der Absicherung für die Gummischlauchleitung zu verlegen?

e) Welche Leistung lässt sich bei Erhaltung der Selektivität noch zusätzlich installieren?

f) Welche (selektive) Vorsicherung ist vorzusehen, wenn der Verteilerkasten der Verkaufsbude an der 35-A-Drehstromsteckdose angeschlossen wird? Welcher Kupferquerschnitt der Gummischlauchleitung ist in Bezug auf Strombelastbarkeit und Spannungsfall ausreichend?

g) Besteht jetzt noch Selektivität zwischen den LS-Schaltern und der Vorsicherung? Kann die Sicherung im Baustellenverteiler auslösen, wenn ein 16-A-LS-Schalter anspricht?

h) Wie hoch ist die Spannung an den Crêpes-Platten, wenn alle Verbraucher eingeschaltet sind?

i) Bei den zum Teil älteren Wärmegeräten waren Ableitströme (Fehlerströme) bis zu 7 mA erlaubt. Welche Ableitströme können im Schutzleiter in Abhängigkeit vom Betrieb der Wärmegeräte auftreten?

j) Welche Nennauslöseströme sollten die RCD-Schalter in der Verkaufsbude und im Baustellenverteiler haben, damit Selektivität gewährleistet ist?

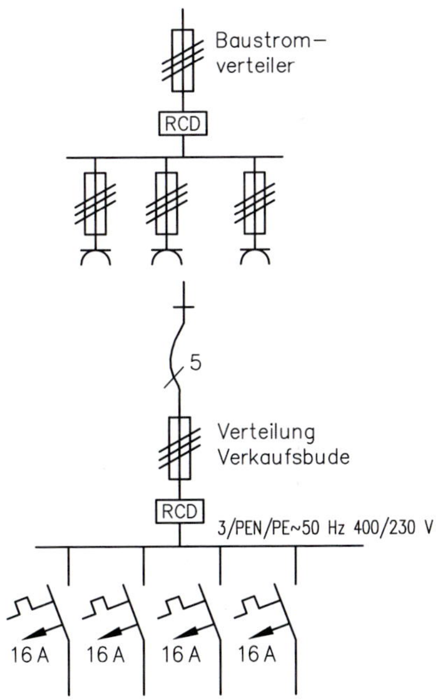

Ergebnisse:

a) 13020 W
b) 19 A; 19 A; 18,7 A
c) 25 A oder 35 A; 63-A-Steckdose
d) 10 mm²
e) 11,23 kW 20 A; 4 mm²
f) 20 A; 4 mm²
g) Nein; ja
h) 223,17 V
i) 0 mA; 7 mA; 14 mA
j) 30 mA; 100 mA

7. Der abgebildete Schrägaufzug wird von einer Elektroseilwinde angetrieben. Im Prospekt des Herstellers wird eine Tragfähigkeit von 250 kg bei einer Seilgeschwindigkeit von 7 m/min angegeben. Als Motor wird ein 400-V-Drehstrombremsmotor mit den folgenden Bemessungsdaten verwendet:

P_n = 370 W
n_n = 1350 min^{-1}
$\cos\varphi$ = 0,72
η = 0,7

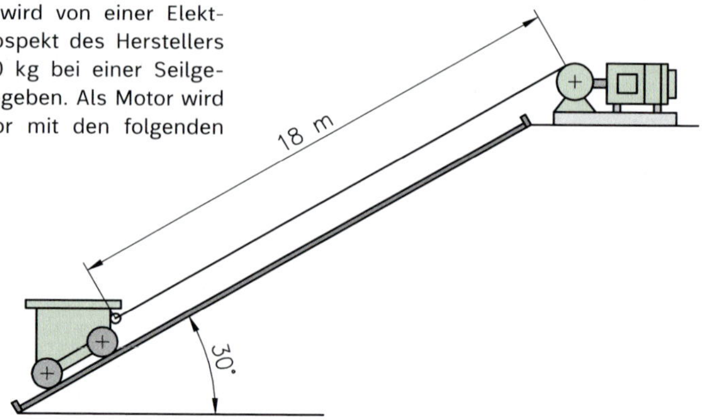

Der Wagen besitzt eine Masse von 50 kg. Die Kraft, die zur Überwindung der Reibung aufgewendet werden muss, wird mit konstant 10 N angenommen. Bei einer Steigung von 30° wird das Zugseil nur mit der Hälfte der Gewichtskraft belastet.

Kennlinien des Drehstrom-Asynchronmotors

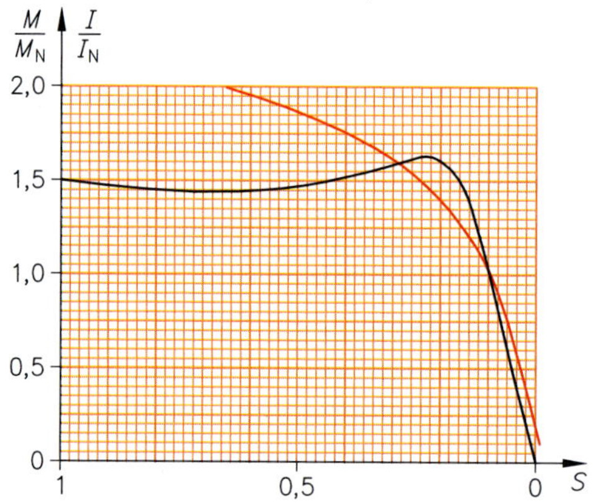

a) Wie groß ist der Bemessungsstrom des Motors?
b) Welche Leistung wird im Bemessungsbetrieb der Seilwinde über das Seil übertragen?
c) Wie groß ist die Seilkraft, wenn der Wagen leer nach oben fährt?
d) Welche Masse kann zugeladen werden, damit die Seilwinde im Bemessungsbetrieb arbeitet?
e) Wie groß ist der Wirkungsgrad der gesamten Anlage?
f) Welche Zeit benötigt der Aufzug, um eine 18-m-Strecke zu bewältigen?
g) Welche Drehfrequenz erreicht der Antriebsmotor bei leerem Wagen?
h) Wie groß ist dann die Geschwindigkeit des Schrägaufzuges?
i) Welche Last ist zugeladen worden, wenn der Aufzug nur eine Geschwindigkeit von 6,77 m/min erreicht?
j) Wie groß ist jetzt der Strom in der Zuleitung?

Ergebnisse:
a) 1,06 A
b) 286,1 W
c) 255,3 N
d) 448 kg
e) 0,485
f) 2 min, 34 s
g) 1485 min^{-1}
h) 7,7 m/min
i) 598 kg
j) 1,27 A

8. Ein chemischer Prozess wird durch Temperatursensoren T1, T2 und T3, wie in der nebenstehenden Schaltung dargestellt, überwacht. An den Ausgängen der Sensoren liegen bei Überschreiten einer kritischen Temperatur jeweils 1-Signale an. Diese drei Eingangssignale E0, E1 und E2 sollen mit Logikbausteinen (UND/ODER) so verknüpft werden, dass die Lampe am Ausgang A0 leuchtet, sobald ein Eingangssignal anliegt. Die Lampe am Ausgang A1 soll dann leuchten, wenn mindestens zwei Eingangssignale anliegen.

a) Welche Funktionstabelle erhält man für die Eingänge E0, E1 und E2 sowie für die beiden Ausgänge A0 und A1?

b) Mithilfe der KV-Tafel ist eine vereinfachte Funktionsgleichung zu erstellen.

c) Wie sieht die dazugehörende logische Schaltung mit UND/ODER-Elementen aus?

d) Für die vorgegebenen Eingangssignale sind die Ausgangssignale einzutragen.

e) In dem Betrieb stehen nur IC's in NAND-Ausführung zur Verfügung. Wie sieht die logische Schaltung damit aus?

f) Wie verändern sich Funktionstabelle, Logikschaltung, Signalplan und Schaltung, wenn verhindert werden soll, dass alle Eingänge 1-Signale haben. Bei diesem Zustand soll durch eine zusätzlich installierte Hupe ein Alarmsignal ertönen und eine Abschaltung der Anlage erfolgen.

g) Die logische Schaltung soll mit NOR-Elementen realisiert werden!

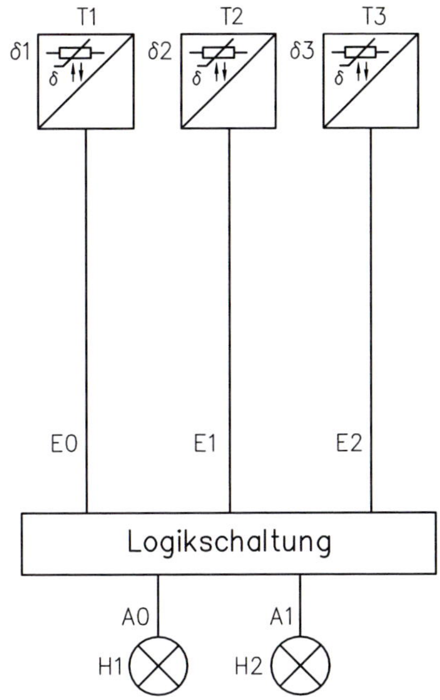

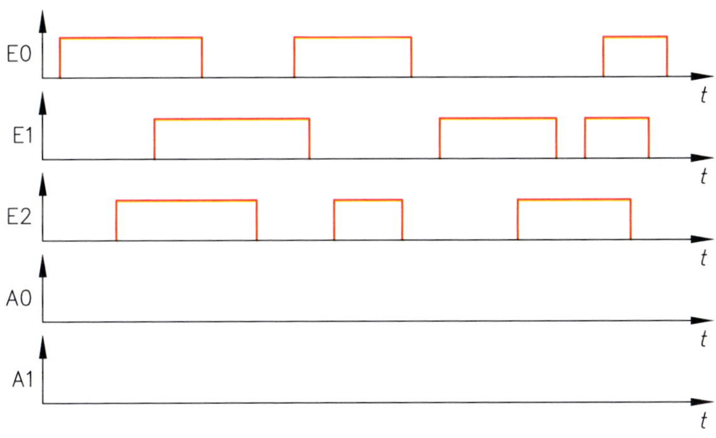

Ergebnisse auf Seite 208

a)

E0	E1	E2	A0	A1
0	0	0	0	0
0	0	1	1	0
0	1	0	1	0
0	1	1	1	1
1	0	0	1	0
1	0	1	1	1
1	1	0	1	1
1	1	1	1	1

b)

	E1	E1	$\overline{E1}$	$\overline{E1}$
E0	1	1	1	1
$\overline{E0}$	1	1	0	1
	E2	$\overline{E2}$	$\overline{E2}$	E2

$A0 = E0 \vee E1 \vee E2$

	E1	E1	$\overline{E1}$	$\overline{E1}$
E0	1	1	0	1
$\overline{E0}$	1	0	0	0
	E2	$\overline{E2}$	$\overline{E2}$	E2

$A1 = (E0 \wedge E1) \vee (E0 \wedge E2) \vee (E1 \wedge E2)$

c)

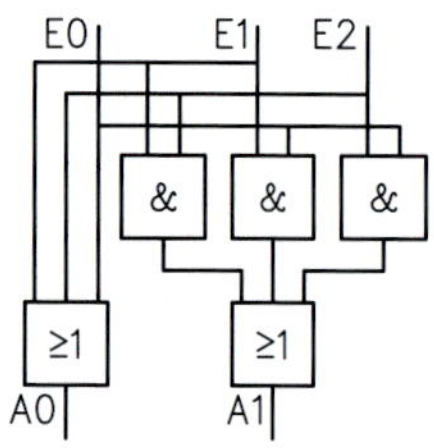

d)

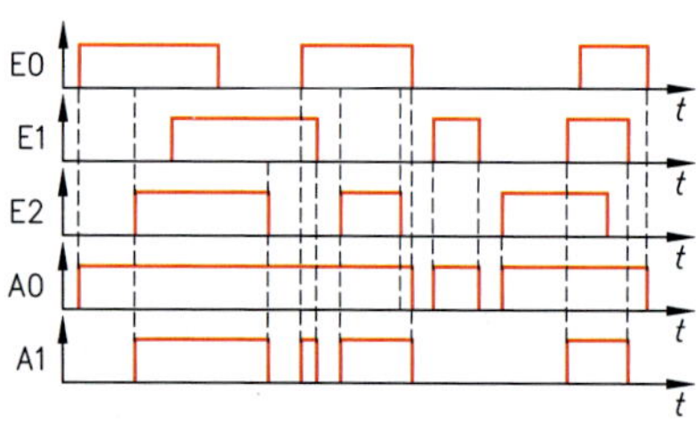

e)

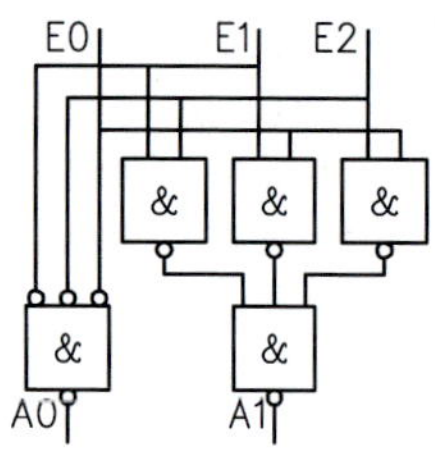

f)

E0	E1	E2	A0	A1	A2
0	0	0	0	0	0
0	0	1	1	0	0
0	1	0	1	0	0
0	1	1	1	1	0
1	0	0	1	0	0
1	0	1	1	1	0
1	1	0	1	1	0
1	1	1	1	1	1

Ausgänge E0 und E1 wie bei Lösung b)

	E1	E1	$\overline{E1}$	$\overline{E1}$
E0	1	0	0	0
$\overline{E0}$	0	0	0	0
	E2	$\overline{E2}$	$\overline{E2}$	E2

$A2 = E0 \wedge E1 \wedge E2$

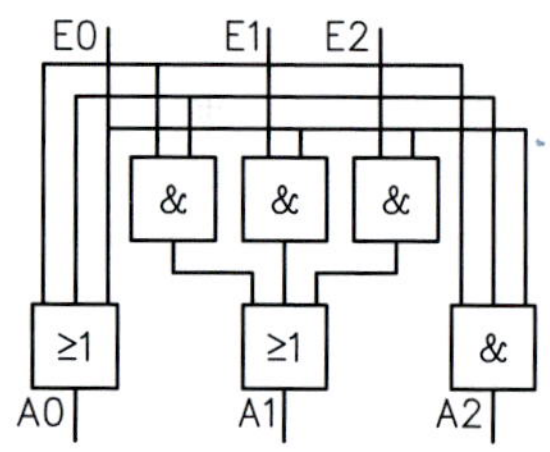

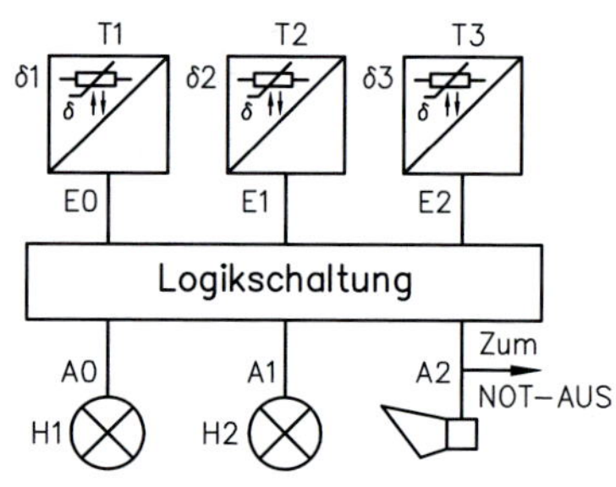

g)

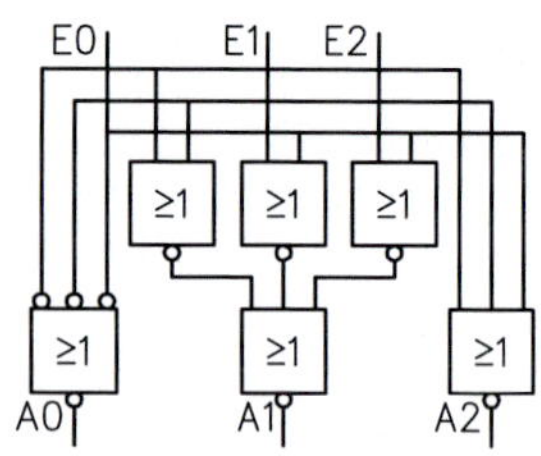

9. Der Sportplatz einer Gemeinde soll mit einer Flutlichtanlage ausgestattet werden. Hierzu sind vier 16 m hohe Stahlmasten, die insgesamt 12 Planflächenstrahler tragen, zu errichten. Als Leuchtmittel dienen 2000-W-Metallhalogendampf-Lampen mit einem Bemessungsstrom von 9,6 A. Die Lampen nehmen an 400 V/50 Hz, einschließlich dem Vorschaltgerät, 2040 W auf. Das Vorschaltgerät wird als elektrische Einheit mit den Kondensatoren geliefert, die den Wirkleistungsfaktor auf 0,9 verbessern. Das Zündgerät befindet sich an der Leuchte.
Es ist zu klären, ob man diese elektrischen Einheiten in Schaltkästen oben an den Masten oder besser in einem gemeinsamen Schaltschrank im Kassenhäuschen anbringt. Um besonders flexibel zu sein, soll jede Leuchte einzeln von der Hauptverteilung aus schaltbar sein.

a) An welcher Spannung liegt das Leuchtmittel im Nennbetrieb?
b) Wie groß ist der Wirkleistungsfaktor der Lampenschaltung ohne Kompensation?
c) Welche Kapazität hat der Kondensator in der Vorschalteinheit?
d) Welchen Strom nimmt die kompensierte Lampe auf?
e) Wie groß sind Wirk- und Blindwiderstand der Drossel im Vorschaltgerät?

Variante: *Vorschaltgeräte an den Masten*
f) Welchen Querschnitt muss die längste Leitung mindestens haben, damit ein Spannungsfall von 1,5 % nicht überschritten wird?
g) Welcher Querschnitt ist für die kürzeste Leitung ausreichend?
h) Wie groß ist dann jeweils die Spannung am Vorschaltgerät?
i) An welchen Spannungen liegen die Vorschaltgeräte, wenn eine Phase der Drehstromeinspeisung ausfällt?

Variante: *Vorschaltgeräte in der Verteilung*
j) Welche Spannung liegt am Leuchtmittel an, wenn der Spannungsfall maximal 1,5 % betragen darf?
k) Welchen Wirkwiderstand darf die Zuleitung noch haben, damit die Spannung am Leuchtmittel nicht zu klein wird?
l) Welche Querschnitte sind für die Leitungen zu verlegen?
m) Wie viel kg Kupfer müssen bei der zweiten Variante (3-adrige Leitungen) mehr verlegt werden?

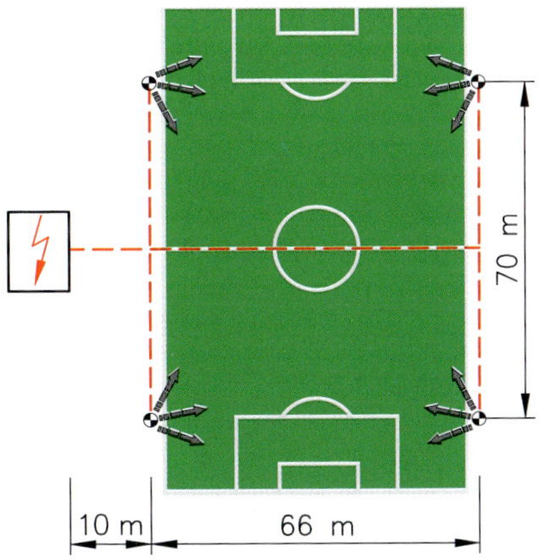

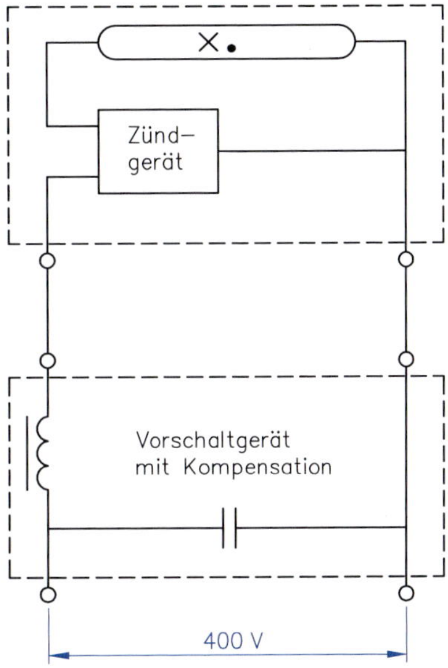

Ergebnisse:
a) 208,3 V
b) 0,531
c) 45,1 µF
d) 5,67 A
e) 22,135 Ω; 35,3 Ω
f) 3,86 mm²; 4 mm²
g) 1,85 mm²; 2,5 mm²
h) 394,2 V; 395,6 V
i) 400 V; 200 V
j) 205,21 V
k) 0,326 Ω
l) 16 mm²; 10mm²
m) 316,6 kg

10. Im Nebengebäude eines älteren Anwesens ist ein elektrischer Durchlauferhitzer installiert, der eine Dusche mit warmem Wasser versorgt. Während der Umbaumaßnahmen am Hauptgebäude ist die Dusche oft genutzt worden und soll bei der Renovierung des Nebengebäudes erhalten werden. Allerdings weist die Warmwasserversorgung einige Mängel auf: Das Duschwasser könnte etwas wärmer sein und nach längerem Duschen löst immer wieder ein Leitungsschutzschalter aus. Danach wird das Wasser nur noch minimal erwärmt. Die Installation einer neuen Leitung ist zu aufwendig, da sie teilweise durch die frisch renovierten Räume verlegt werden müsste. Durch Leistungsmessungen mittels Zählers versuchen Sie, den Fehler zu finden. Dazu schalten Sie die LS-Schalter (25A B-Charakteristik) in der circa 30 m entfernten Verteilung nach der nachstehenden Tabelle.

Messung	L1	L2	L3	Zeit pro 5 Umdrehungen
1	0	0	0	–
2	0	0	1	–
3	0	1	0	–
4	0	1	1	28 s
5	1	0	0	–
6	1	0	1	28 s
7	1	1	0	56 s
8	1	1	1	14 s

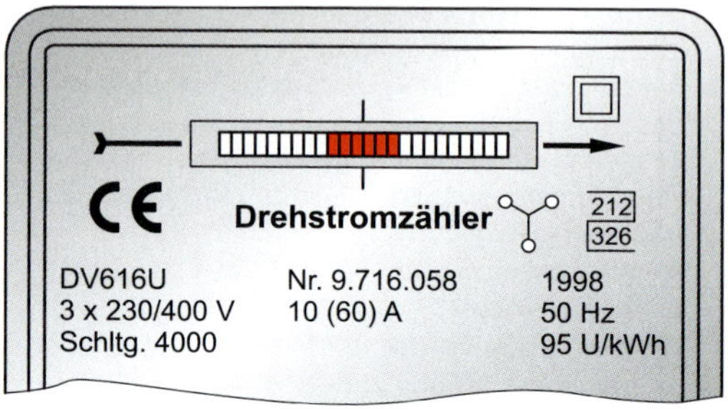

a) Welche Leistungen ergeben die Messungen?
b) Die Heizwiderstände können in Dreieck, in Stern mit Neutralleiter oder ohne Neutralleiter geschaltet sein. Welche Schaltungen und Fehler scheiden aufgrund der Messungen aus?
c) Wie sind die Heizwiderstände geschaltet und welcher Fehler besteht?
d) Welche Bemessungsleistung besitzt der Durchlauferhitzer, wenn man berücksichtigt, dass die Zuleitung (NYM-J 3 × 2,5 mm²) recht lang ist? (Übliche Werte: 12 kW, 15 kW, 18 kW, 21 kW.)
e) Wie groß sind alle Leistungs-, Strom- und Widerstandswerte für den fehlerfreien Bemessungsbetrieb?
f) Welcher Leitungsschutzschalter (siehe Seite 121) löst nach welcher Betriebszeit immer wieder aus?
g) Welche Temperatur erreicht das Duschwasser im Fehlerfall vor und nach dem Auslösen des Leitungsschutzschalters, wenn 8 l pro Minute entnommen werden und die Kaltwassertemperatur 14 °C beträgt? (Angenommener Wärmenutzungsgrad = 0,95.)
h) Welche Bemessungsleistung darf ein neuer Durchlauferhitzer besitzen, der die Zuleitung nicht überlastet?
i) Wie viel Liter 39 °C warmes Wasser können mit dem neuen Durchlauferhitzer pro Minute entnommen werden?
j) Wie groß ist die exakte Leistungsabgabe des Durchlauferhitzers, wenn der Widerstand der Zuleitung berücksichtigt wird?

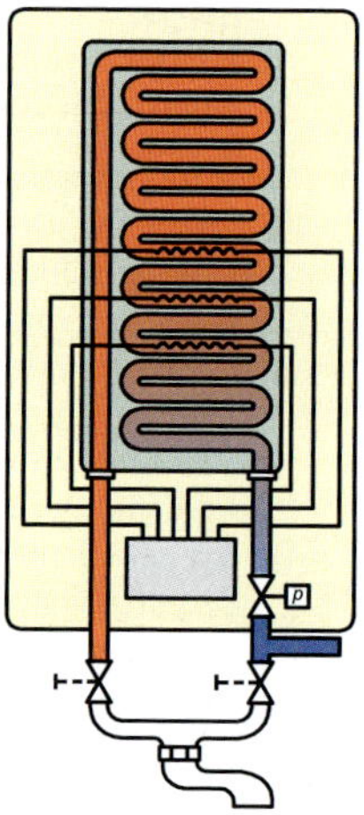

Ergebnisse:
a) Messung 4 und 6 → 6,77 kW; Messung 7 → 3,38 kW; Messung 8 → 13,53 kW
b) Messung 2, 3, 5 → kein Neutralleiter; Messung 4, 6, 7 → keine Sternschaltung
c) Dreieckschaltung, Heizwiderstand R_2 zwischen L1 und L2 defekt
d) 21 kW
e) 7 kW; 17,5 A; 30,31 A; 22,86 Ω
f) LS-Schalter für L3; ca. 10 min
g) 36 °C; 19,8 °C
h) 15 kW
i) 8,1 l
j) 14,71 kW

11. Die abgebildete Halle soll mit zwei oder drei durchgehenden Lichtbändern beleuchtet werden. Da keine Zwischendecke angebracht wird, muss überprüft werden, wie sich ein Anstrich des Deckenbereiches mit weißer oder schwarzer Farbe auf die Anzahl der Leuchten auswirkt. Als Leuchten stehen doppellampige Freistrahler oder doppellampige Spiegelreflektorleuchten, beide mit elektronischem Vorschaltgerät mit 3 W Verlustleistung pro Lampe, zur Verfügung. Sie können mit 54- oder 80-W-Dreibandenleuchtstofflampen (Sockel G5) bestückt werden. Die gewünschte Beleuchtungsstärke soll einen Meter über dem Fußboden 400 lx erreichen. Wegen normaler Verschmutzung kann mit einem Wartungsfaktor von 0,8 gerechnet werden. Die Beleuchtungsanlage ist jährlich etwa 3000 Stunden in Betrieb.

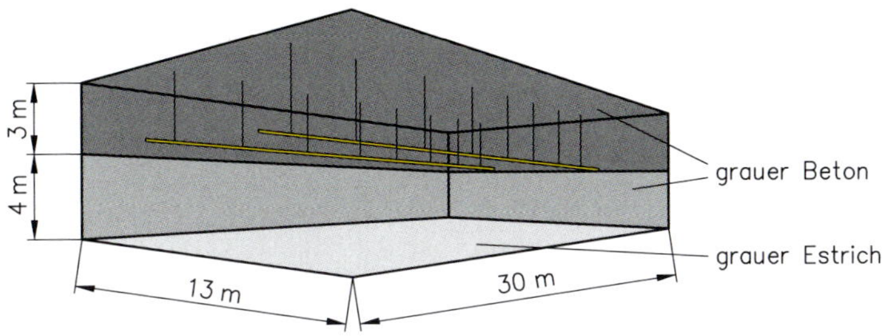

a) Wie viele Leuchten passen der Länge nach in den Raum, wenn eine Leuchte 1580 mm lang ist?
b) Wie groß ist der Raumindex der abgebildeten Halle?
c) Welchen Lichtstrom liefert die 54-W- bzw. 80-W-Dreibandenleuchtstofflampe?
d) Wie groß ist der Beleuchtungswirkungsgrad bei weißer Decke und Verwendung der freistrahlenden Leuchten?
e) Wie groß muss der gesamte Lichtstrom sein, um 400 lx zu erreichen?
f) Wie viele 54-W-Lampen sind dazu erforderlich und wie verteilen sie sich auf die Lichtbänder?
g) Wie groß ist der erforderliche Lichtstrom, um bei schwarzer Decke mit freistrahlenden Leuchten eine Beleuchtungsstärke von 400 lx zu erreichen?
h) Wie viele 54- oder 80-W-Lampen sind dazu erforderlich?
i) Welche elektrische Leistung wird bei Verwendung von 54-W-Lampen benötigt, um die Absorption durch den schwarzen Anstrich auszugleichen? Welche Verbrauchskosten entstehen dadurch jährlich?
j) Wie viele Spiegelreflektorleuchten mit 54-W-Lampen werden bei schwarzem Deckenanstrich benötigt, um eine Beleuchtungsstärke von 400 lx zu erreichen?
k) Welche Beleuchtungsstärke wird mit 36 Spiegelreflektorleuchten in der Halle erzielt, wenn auf einen Anstrich des Deckenbereiches verzichtet wird und die Leuchten mit 54-W-Lampen bestückt werden?
l) Wie groß sind die jährlichen Energiekosten bei einem Betrieb von 72 54-W-Leuchtstofflampen, wenn die Kilowattstunde 0,19 € kostet?

freistrahlende Leuchte

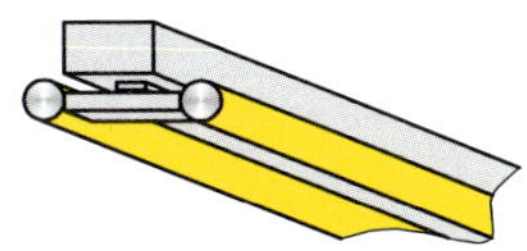

Spiegelreflektorleuchte

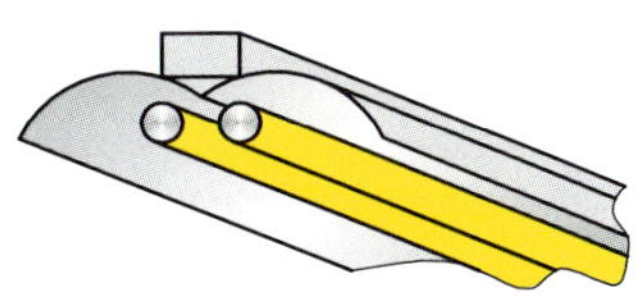

Ergebnisse:
a) 18
b) 3
c) 4100 lm; 6150 lm
d) 0,693
e) 281385 lm
f) 69; 2 Lichtbänder mit 18 Leuchten
g) 460993 lm
h) 113; 75
i) 2,497 kW; 1423, 39 €
j) 71; 2 Lichtbänder mit 18 Leuchten
k) 417,8 lx
l) 2339, 28 €

12. Das abgebildete Rolltor ist schwer beschädigt worden, da ein LKW-Fahrer schon einfahren wollte, bevor das Tor vollständig geöffnet war. Dies war möglich, weil das Tor nach Betätigung des AUF-Tasters selbstständig in die obere Endlage fährt und niemand den Vorgang überwachen muss. Die Sicherheitsleiste (B3) bietet dagegen keinen Schutz, da sie das Rolltor bei Auslösung nur in den AUF-Betrieb schaltet. Die Steuerung soll deshalb so umprogrammiert werden, dass Torbewegungen immer von einer Person überwacht werden!

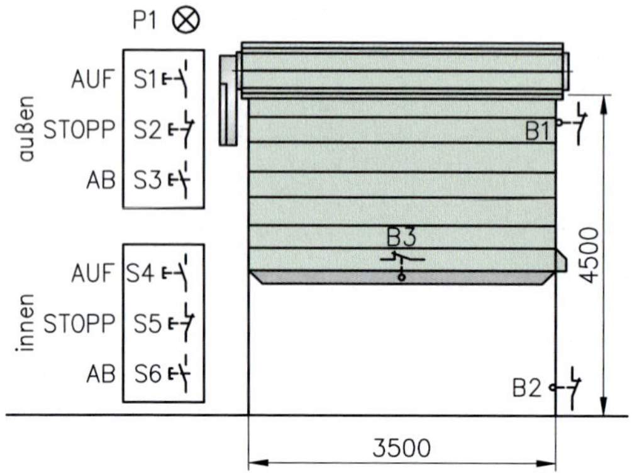

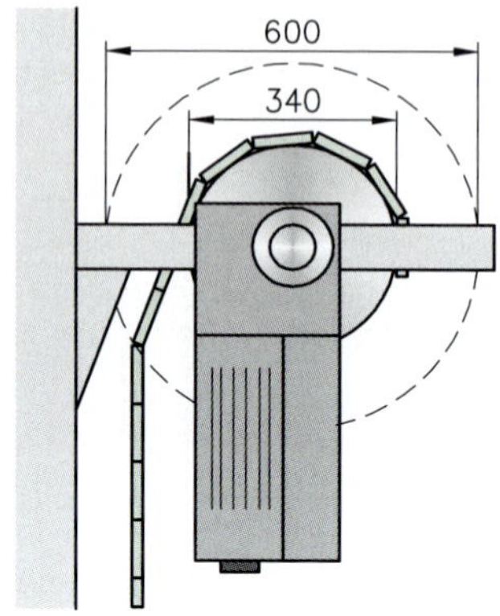

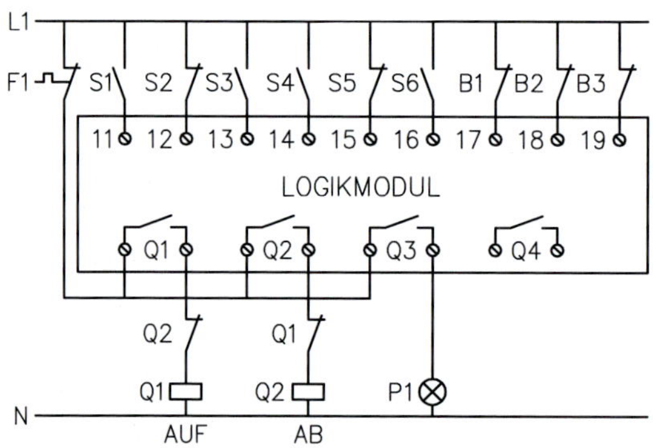

Leistungsschild

230 V Δ/400 V Y
4,87 A/2,8 A
$\cos\phi = 0{,}81$
$P_1 = 1{,}1$ kW
$n_1 = 1400\ \text{min}^{-1}$
$P_2 = 0{,}8$ kW
$n_2 = 11{,}2\ \text{min}^{-1}$

a) Wie groß sind aufgenommene Leistung und Drehmoment des Motors im Bemessungsbetrieb?
b) Wie groß ist der Wirkungsgrad des Motors und des Schneckengetriebes?
c) Wie groß ist das Übersetzungsverhältnis des Getriebes?
d) Wie groß ist der Schlupf bei Bemessungsdrehfrequenz?
e) Welches Drehmoment wird zu Beginn der Aufwärtsbewegung vom Motor gefordert, wenn der Quadratmeter des Rolltorprofils eine Masse von 19,4 kg besitzt?
f) Mit welcher Geschwindigkeit wird das Tor geöffnet, wenn die Aufwickelrolle noch leer ist und der Motor mit 1430 min^{-1} dreht?
g) Wie groß ist die Geschwindigkeit am Ende der Aufwärtsbewegung, wenn der Motor mit 1445 min^{-1} dreht und das Rolltorprofil aufgewickelt ist?
h) Wie lautet die logische Funktion für die Warnleuchte P1, die bei Torbewegungen leuchten soll?
i) Wie lauten die logischen Funktionen für den AUF- und den AB-Betrieb, wenn ein Umschalten zwischen AUF und AB nur über AUS möglich sein soll?
j) Wie lauten die logischen Funktionen für den AUF- und den AB-Betrieb, wenn ein Umschalten zwischen AUF und AB direkt möglich sein soll?
k) Wie lauten die logischen Funktionen für den AUF- und den AB-Betrieb, wenn das Tor nur im Tipp-Betrieb zu bedienen ist, ohne die Funktion der Sicherheitsleiste zu ändern?

Ergebnisse:

a) 1,57 kW; 7,5 Nm
b) 0,7; 0,73
c) 125
d) 6,67 %
e) 4,08 Nm
f) 0,2 m/s
g) 0,36 m/s

h) $Q3 = Q1 \vee Q2$
i) $Q1 = (I1 \vee I4 \vee \overline{I9} \vee Q1) \wedge I2 \wedge I5 \wedge I7 \wedge \overline{Q2}$
$Q2 = (I3 \vee I6 \vee Q2) \wedge I2 \wedge I5 \wedge I8 \wedge I9 \wedge \overline{Q1}$
j) $Q1 = (I1 \vee I4 \vee \overline{I9} \vee Q1) \wedge I2 \wedge I3 \wedge I5 \wedge I6 \wedge I7 \wedge \overline{Q2}$
$Q2 = (I3 \vee I6 \vee Q2) \wedge \overline{I1} \wedge I2 \wedge \overline{I4} \wedge I5 \wedge I8 \wedge I9 \wedge \overline{Q1}$
k) $Q4 = (\overline{I9} \vee Q4) \wedge I7$; $Q1 = (((I1 \vee I4) \wedge I2 \wedge \overline{I3} \wedge I5 \wedge \overline{I6}) \vee Q4) \wedge I7$
$Q2 = (I3 \vee I6) \wedge \overline{I1} \wedge I2 \wedge \overline{I4} \wedge I5 \wedge I8 \wedge I9 \wedge \overline{Q1}$

13. Mit der abgebildeten Schaltung werden Dehnungen an einem Eisenträger gemessen. Dazu werden zwei Dehnungsmessstreifen (DMS) R_3 und R_6 auf den Eisenträger geklebt. Bei einer Dehnung von einem Prozent nimmt ihr Widerstandswert (1 kΩ) um 2,2 Prozent zu. Der Spannungsmesser mit 10 kΩ Innenwiderstand soll bei einer Dehnung von einem Prozent etwa 10 V anzeigen. Die Versorgungsspannung schwankt zwischen 17,5 V und 18 V. Sie soll auf ±15 V stabilisiert werden. Die Operationsverstärker nehmen im Leerlauf bei dieser Versorgungsspannung jeweils 5 mA auf.

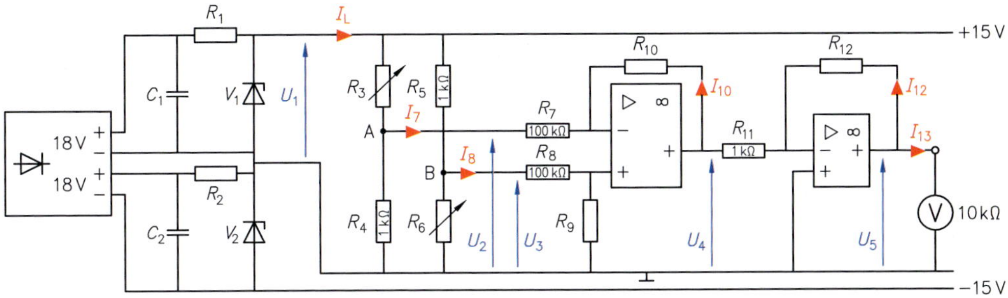

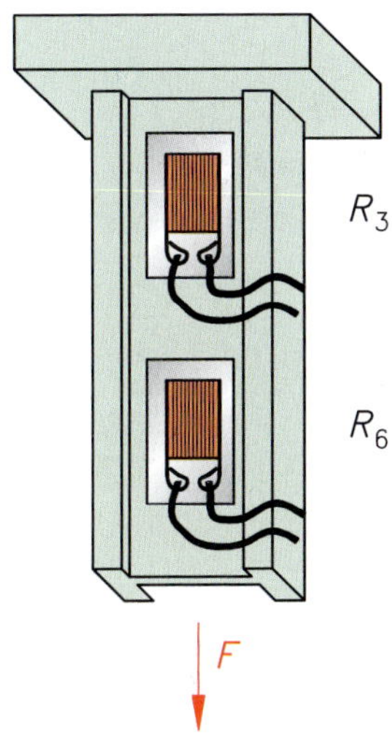

a) Wie groß ist die Stromaufnahme der abgeglichenen Messbrücke (R_3–R_6)?

b) Mit welchem Strom werden die Verstärker belastet, wenn der Spannungsmesser 10 V misst?

c) Wie groß sind die Spannungen U_2 und U_3, wenn die DMS (R_3 und R_6) um 1 % gedehnt werden?

d) Wie groß ist der Spannungsunterschied A–B an der Messbrücke?

e) Wie groß müssen R_9 und R_{10} sein, damit U_4 doppelt so groß wird wie U_2–U_3?

f) Wie groß ist die Spannung U_4 und die Ströme I_7, I_8, I_{10}?

g) Wie groß muss der Spannungsverstärkungsfaktor des zweiten Operationsverstärkers sein, damit das Messgerät jetzt 10 V anzeigt?

h) Mit welchem Widerstand (R_{12}) der Reihe E48 lässt sich diese Verstärkung am besten erreichen?

i) Wie groß ist I_{12}?

j) Zwischen welchen Werten ändert sich die Stromstärke I_L zwischen keiner Dehnung und einem Prozent Dehnung?

k) Zwischen welchen Werten können die Widerstände R_1 bzw. R_2 ausgewählt werden, damit die Spannung U_1 auf 15 V stabilisiert wird?

Ergebnisse:

a) 15 mA
b) 1 mA
c) 7,4184 V; 7,5816 V
d) −163,6 mV
e) 200 kΩ; 200 kΩ
f) −327,2 mV; 25,82 µA; 25, 27 µA; 25,82 µA
g) −30,56
h) 30,1 kΩ
i) −327,2 µA
j) 25 mA; 26mA
k) 60 Ω; 86 Ω

16 Anhang

16.1 Werkstoffe

		ϱ Spezifischer Widerstand bei 20 °C? in $\frac{\Omega\,mm^2}{m}$	γ Leitfähigkeit bei 20 °C in $\frac{m}{\Omega\,mm^2}$	α_{20} Temperatur-koeffizient bei 20 °C in $\frac{1}{K}$	c Spezifische Wärme-kapazität in $\frac{kJ}{kg\,K}$	ϱ Dichte in $\frac{kg}{dm^3}$
Aldrey	AlMgSi	0,0328	30,4878	0,00360	–	2,700
Aluminium	Al	0,0274	36,4964	0,00397	0,9105	2,700
Blei	Pb	0,2075	4,8193	0,00421	0,1297	11,340
Bronzedraht	CuSn 6	0,1110	9,0090	0,00650	0,3700	8,800
Chrom	Cr	0,1293	7,7340	0,00300	0,4500	7,165
Chromnickel	80Ni20Cr	0,1290	7,7519	0,00002	–	8,400
Eisen	Fe	0,1000	10,0000	0,00609	0,4565	7,840
Gold	Au	0,0220	45,4545	0,00399	0,1290	19,310
Kohlenstoff	C	66,6700	0,0150	–0,00048	0,7090	1,400
Konstantan	CuNi44	0,4900	2,0408	0,00004	0,4100	8,900
Kupfer	Cu	0,0179	55,8659	0,00390	0,3870	8,910
Magnesium	Mg	0,0440	22,7273	0,00405	1,0335	1,739
Manganin	CuMn12 NiAl	0,4300	2,3256	0,00001	0,4060	8,400
Messing	CuZn37	0,0672	14,8810	0,00140	0,3810	8,400
Nickel	Ni	0,0825	12,1212	0,00495	0,4505	8,879
Nickelin	CuNi30 Mn	0,4000	2,5000	0,00015	0,3915	8,800
Platin	Pt	0,1025	9,7561	0,00390	0,1320	21,475
Quecksilber	Hg	0,9503	1,0523	0,00091	0,1340	13,523
Silber	Ag	0,0162	61,7284	0,00390	0,2330	10,495
Titan	Ti	0,4460	2,2422	0,00380	0,5300	4,504
Wismut	Bi	1,0850	0,9217	0,00455	0,1240	9,795
Wolfram	W	0,0540	18,5185	0,00440	0,1360	19,275
Zink	Zn	0,0606	16,5017	0,00403	0,3920	7,140
Zinn	Sn	0,1130	8,8496	0,00461	0,2270	7,295

Die angegebenen Werte sind Mittelwerte der unterschiedlichen Angaben von Herstellern. Ursache dafür sind verschiedene Reinheitsgrade bzw. Prozentanteile.

16.2 Vorzugsreihen für Bemessungswerte von Widerständen und Kondensatoren nach DIN IEC 60063

E6 ± 20%	10				15				22				33				47				68			
E12 ± 10%	10		12		15		18		22		27		33		39		47		56		68		82	
E24 ± 5%	10	11	12	13	15	16	18	20	22	24	27	30	33	36	39	43	47	51	56	62	68	75	82	91

E48 ± 2%	10	10,5	11	11,5	12,1	12,7	13,3	14	14,7	15,4	16,2	16,9	17,8	18,7	19,6
	20,5	21,5	22,6	23,7	24,9	26,1	27,4	28,7		30,1	31,6	33,2	34,8	36,5	38,3
	40,2	42,2	44,2	46,4	48,7			51,1	53,6	56,2	59		61,9	64,9	68,1
	71,5	75	78,7			82,5	86,6			90,9	95,3				

16.3 Verlegearten von Kabeln und Leitungen (DIN VDE 0298/Teil 4)

B1	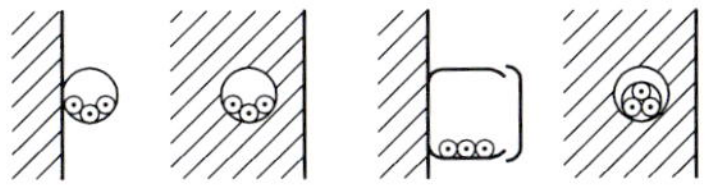	Auf der Wand oder im Mauerwerk – in Elektroinstallationsrohren oder -kanälen
B2		Auf der Wand oder auf dem Fußboden – in Elektroinstallationsrohren oder -kanälen
C	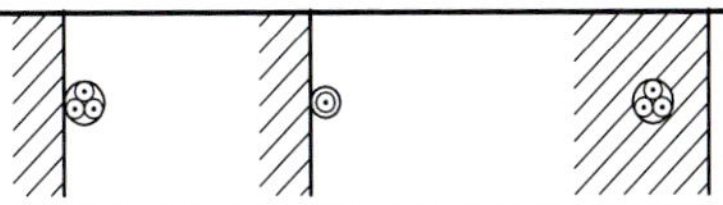	Auf oder in Wänden oder unter Putz – direkt verlegt

16.4 Höchstzulässige Strombelastbarkeit I_z in A (nach DIN VDE 0298/Teil 4) und Bemessungsstrom I_n der zugeordneten Überstrom-Schutzorgane in A

Gilt für Dauerbetrieb bei Umgebungstemperatur 30 °C

Verlegungsart:	Gruppe B1				Gruppe B2				Gruppe C				bei abweichenden Temperaturen ϑ_1		bei Häufung in Rohren und Kanälen	
Belastete Adern:	2 Adern		3 Adern		2 Adern		3 Adern		2 Adern		3 Adern					
Nennquerschnitt Kupferleiter mm²	I_r	I_n	I_r	I_n	I_r	I_n	I_r	I_n	I_r	I_n	I_z	I_n	Korrekturfaktor f_1		Korrekturfaktor f_2	
1,5	17,5	16	15,5	13	16,5	16	15	13	19,5	16	17,5	16	10 °C	**1,22**	2	**0,80**
2,5	24	20	21	20	23	20	20	20	27	25	24	20	15 °C	**1,17**	3	**0,70**
4	32	32	28	25	30	25	27	25	36	35	32	32	20 °C	**1,12**	4	**0,65**
6	41	40	36	35	38	35	34	32	46	40	41	40	25 °C	**1,06**	5	**0,60**
10	57	50	50	50	52	50	46	40	63	63	57	50	35 °C	**0,94**	6	**0,57**
16	76	63	68	63	69	63	62	50	85	80	76	63	40 °C	**0,87**	7	**0,54**
25	101	100	89	80	90	80	80	80	112	100	96	80	50 °C	**0,71**	8	**0,52**
35	125	125	110	100	111	100	99	80	138	125	119	100	60 °C	**0,50**	9	**0,50**

Bei abweichenden Temperaturen oder Häufung der Leitungen ergibt sich $I_z = I_r \cdot f_1 \cdot f_2$.

Zuordnung von Leitungsschaltern nach DIN VDE 0641 der Auslösecharakteristik B, die $I_f \leq 1,45 \cdot I_n$ entsprechen.

16.5 Bemessungsdaten von Drehstrom-Kurzschlussläufermotoren für 400 V/50 Hz

P [kW]	n [min^{-1}]	I [A]	M [Nm]	η [%]	cos φ	I_A/I_n	M_A/M_n
			n_d = 3000 min⁻¹				2-polig
7,5	2930	14,6	24,7	87,1	0,83	8,5	3
11	2940	19,9	35,9	88	0,9	8	2,1
15	2940	26,8	48,8	89	0,9	8	2,1
18,5	2940	32,2	60,3	90	0,9	8,2	2,1
22	2950	38,3	71,2	90,5	0,9	8,2	2,1
			n_d = 1500 min^{-1}				4-polig
7,5	1450	15	49,4	87,6	0,84	7	2,2
11	1470	20,6	72	88	0,85	7,7	2,1
15	1475	28	98	89	0,85	7,7	2,1
18,5	1475	33,5	120	90,5	0,86	7,7	2,1
22	1480	39,8	142	91	0,86	7,7	2,1
			n_d = 1000 min^{-1}				6-polig
7,5	970	15	74	86	0,77	7	1,9
11	970	22	108	87,5	0,78	7	1,9
15	980	29	146	89	0,8	7	1,9
18,5	980	35	180	90	0,81	7	1,9
22	980	40	214	90	0,81	7	1,9

16.6 Lampenwerte (Auswahl)

Energiesparlampen 230 V							
Lampenform: Röhre, Kugel				Lampenform: Reflektor			
Leistungs-aufnahme in W	vergleichbar mit Glüh-lampe	Lichtstrom in lm	Sockel	Leistungs-aufnahme in W	vergleichbar mit Glüh-lampe	Lichtstrom in lm	Sockel
8,9	40	ca. 430	E27	15	80	908	E27
11,13	60	ca. 600		20	120	1180	
18	75	900		7	35		GU10
20,24, 25	100	ca. 1200		11	50		

Leuchtstofflampen 230 V, Stabform						
Lampenleis-tung in W	Lampenart Besonderheiten	Farbwieder-gabe-Index	Lichtstrom in lm	Durchmesser in mm	Länge in mm	Sockel
36	Dreibanden	80 ... 89	3300	26 (T8)	1200	G13
58	Dreibanden	80 ... 89	5200	26 (T8)	1500	G13
35	Dreibanden	80 ... 89	3300	16 (T5)	1449	G5
54	Dreibanden	80 ... 89	4100	16 (T5)	1449	G5
80	Dreibanden	80 ... 89	6150	16 (T5)	1449	G5

16.7 Lichtstärkeverteilungskurven, Betriebswirkungsgrade

Beleuchtungsart	Lichtstärkenverteilungs-kurve (bei 1000 lm)	Leuchtentyp		Leuchtenbetriebs-wirkungsgrad η_{LB}
direkt, stark gerichtet	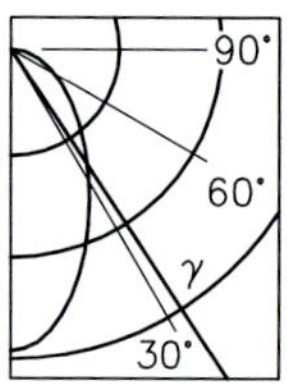	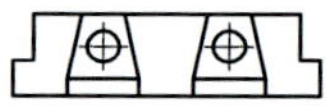	Spiegelraster, engstrahlend	60 %
		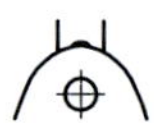	Spiegelreflektor, einlampig	80 %
			Rundreflektor (Strahler, Fluter)	75 %
direkt, tief strahlend	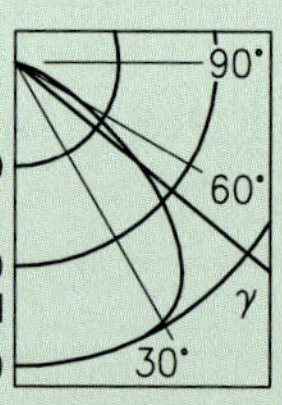	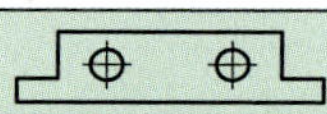	Wanne, prismatisch	65 %
		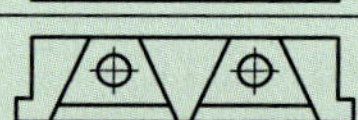	Spiegelraster, breit strahlend	60 %
		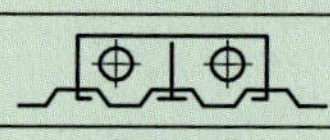	Paneele, prismatisch	45 %
			Spiegelreflektor, mehrlampig	75 %
vorwiegend direkt, breit strahlend	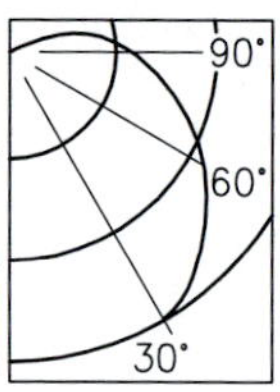	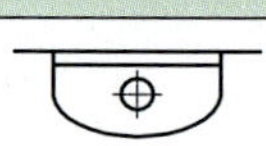	Glasleuchte (Glühlampe)	70 %
		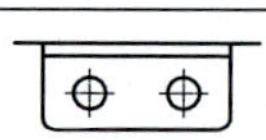	Wanne, prismatisch	65 %
		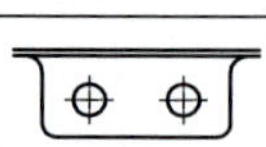	Wanne, opal	50 %
gleichförmig, allseitig strahlend	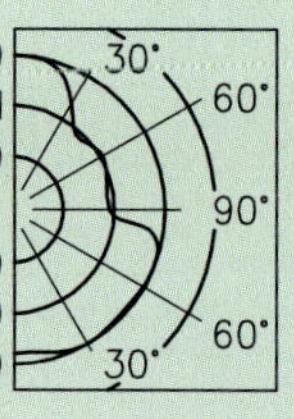	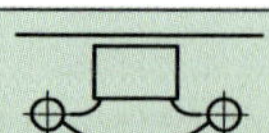	frei strahlend	90 %
		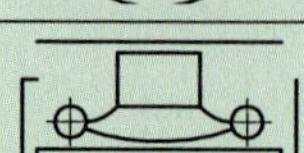	Lamellenraster	82 %
			Opalglas (Glühlampe)	80 %

16.8 Reflexionsgrade

Der Raumwirkungsgrad η_R wird mithilfe des Raumindex k (Berechnung S. 130) und der Reflexionsgrad ϱ (s. nachstehende Tabelle) ermittelt.					
Reflexionsgrade ϱ verschiedener Stoffe und Farben					
Stoff	ϱ in %	Stoff/Farbe	ϱ in %	Farbe	ϱ in %
Aluminium, poliert	70 ... 75	Sandstein	20 ... 40	Hellgrün, Rosa	45 ... 50
Al. matt; Holz, hell	50 ... 55	Marmor, weiß	65 ... 80	Hellblau, Hellgrau	40 ... 55
Kalkstein	45 ... 55	Ziegel, gelb	30 ... 40	Mittelgrau, Orange	25 ... 30
Beton/Estrich	30 ... 35	Ziegel, dunkel	15 ... 20	Dunkelrot, -grün	10 ... 20
Holz, dunkel	10 ... 20	Weiß	75 ... 85	Dunkelblau	5 ... 20
Mörtel, hell	40 ... 50	Hellgelb	50 ... 60	Schwarz	4

16.9 Raumwirkungsgrade bei unterschiedlicher Beleuchtung

Raumwirkungsgrade η_R													
Decke ϱ_1	0,8	0,8	0,8	0,8	0,5	0,5	0,5	0,5	0,3	0,3	0,1	0,1	0
Wände ϱ_2	0,5	0,5	0,3	0,3	0,5	0,5	0,3	0,3	0,3	0,3	0,3	0,3	0
Boden ϱ_3	0,3	0,1	0,3	0,1	0,3	0,1	0,3	0,1	0,3	0,1	0,3	0,1	0
Raumindex k	η_R bei direkter Beleuchtung (stark gerichtet, wie z. B. eng strahlende Spiegelrasterleuchte, einlampige Spiegelreflektorleuchte, Rundreflektorleuchte)												
0,6	61	58	54	52	59	57	53	51	53	51	51	50	46
1,0	80	75	73	69	76	73	70	68	69	67	68	67	62
1,5	95	86	88	82	90	84	84	80	83	79	82	78	75
2,0	102	91	96	87	95	89	91	86	89	84	87	85	80
3,0	111	97	106	95	103	95	99	92	98	91	97	88	87
Raumindex k	η_R bei abgedeckter direkter Beleuchtung (tiefstrahlend, wie z. B. prismatische Wannenleuchte, breitstrahlende Spiegelrasterleuchte, mehrlampiger Spiegelreflektor)												
0,6	52	49	43	42	49	48	42	41	42	41	42	40	35
1,0	73	67	64	60	69	65	61	59	60	58	59	58	52
1,5	89	81	81	75	83	78	77	73	76	72	75	71	66
2,0	97	86	89	81	90	83	84	79	82	78	81	77	73
3,0	107	94	101	90	99	91	94	88	92	86	90	86	81
Raumindex k	η_R bei vorwiegend direkter Beleuchtung (breit strahlend, wie z. B. opale und prismatische Wannenleuchte, Glasleuchte)												
0,6	41	39	31	30	37	35	29	28	28	27	27	26	20
1,0	59	55	49	46	52	50	44	43	42	41	40	40	32
1,5	74	67	64	60	66	61	58	55	55	52	52	50	43
2,0	83	74	73	67	73	68	66	62	63	59	60	57	50
3,0	95	83	87	77	83	76	77	71	74	68	71	65	59
Raumindex k	η_R bei gleichförmiger und teilweise indirekter Beleuchtung (allseitig strahlend, z. B. frei strahlende Leuchte ohne oder mit Lamellenraster, Opalglasleuchte)												
0,6	36	34	27	26	29	28	23	22	20	19	19	18	11
1,0	52	48	43	40	41	39	35	33	31	29	27	26	19
1,5	65	59	56	52	52	49	45	43	40	38	35	34	26
2,0	74	66	65	59	58	54	52	49	46	43	40	39	30
3,0	84	74	77	68	66	61	61	57	54	50	47	46	36

16.10 Sonderfälle der Schaltalgebra

UND-Verknüpfungen (Konjunktionen)

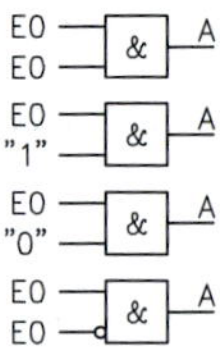

$E0 \wedge E0 = A = E0$

$E0 \wedge 1 = A = E0$

$E0 \wedge 0 = A = 0$

$E0 \wedge \overline{E0} = A = 0$

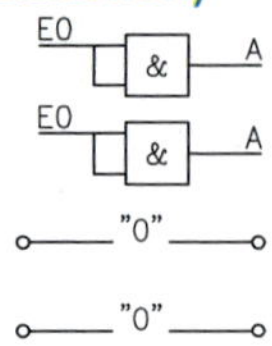

ODER-Verknüpfungen (Disjunktionen)

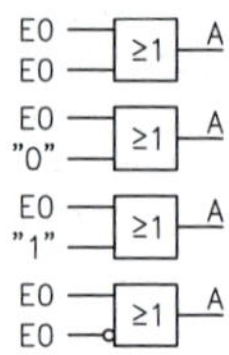

$E0 \vee E0 = A = E0$

$E0 \vee 0 = A = E0$

$E0 \vee 1 = A = 1$

$E0 \vee \overline{E0} = A = 1$

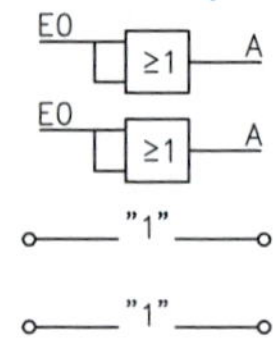

UND- mit ODER-Verknüpfungen

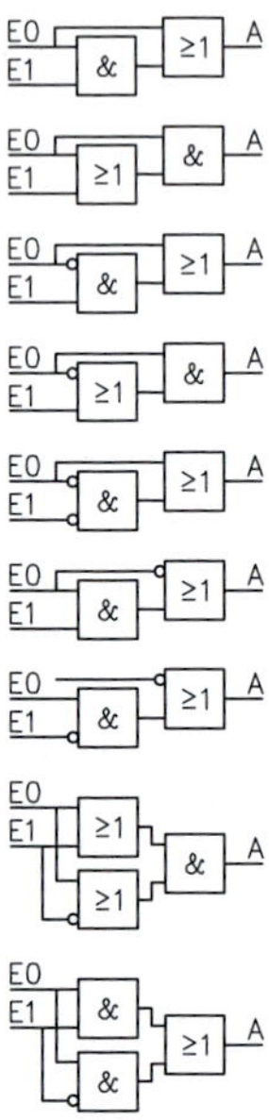

$E0 \vee (E0 \wedge E1) = A = E0$

$E0 \wedge (E0 \vee E1) = A = E0$

$E0 \vee (\overline{E0} \wedge E1) = A = E0 \vee E1$

$E0 \wedge (\overline{E0} \vee E1) = A = E0 \wedge E1$

$E0 \vee (\overline{E0} \wedge \overline{E1}) = A = E0 \vee \overline{E1}$

$\overline{E0} \vee (E0 \wedge E1) = A = \overline{E0} \vee E1$

$\overline{E0} \vee (E0 \wedge \overline{E1}) = A = \overline{E0} \vee \overline{E1}$

$(E0 \vee E1) \wedge E0 \vee \overline{E1} = A = E0$

$(E0 \wedge E1) \vee E0 \wedge \overline{E1} = A = E0$

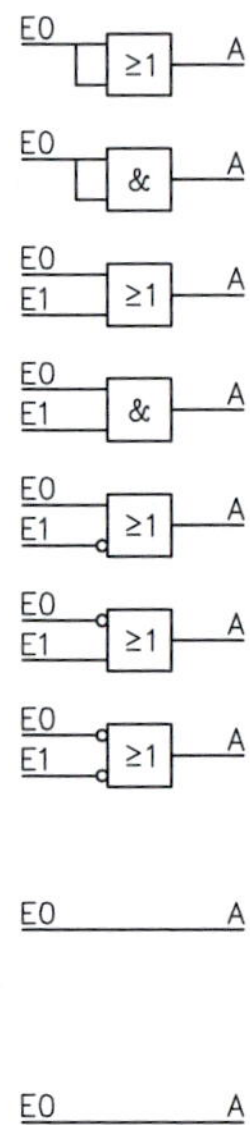

Kommutativgesetze (Vertauschungsgesetze)

$(E0 \wedge E1) \vee E2 = (E1 \wedge E0) \vee E2 = E2 \vee (E0 \wedge E1) = E2 \vee (E1 \wedge E0)$

$(E0 \vee E1) \wedge E2 = (E1 \vee E0) \wedge E2 = E2 \wedge (E0 \vee E1) = E2 \wedge (E1 \vee E0)$

Distributivgesetze (Verteilungsgesetze)

$(E0 \wedge E1) \vee (E0 \wedge E2) = E0 \wedge (E1 \vee E2)$

$(E0 \vee E1) \wedge (E0 \vee E2) = E0 \vee (E1 \wedge E2)$

Assoziativgesetze (Verbindungsgesetze)

$E0 \wedge E1 \wedge E2 = (E1 \wedge E0) \wedge E2 = E0 \wedge (E1 \wedge E2) = E1 \wedge (E0 \wedge E2)$

$E0 \vee E1 \vee E2 = (E1 \vee E0) \vee E2 = E0 \vee (E1 \vee E2) = E1 \vee (E0 \vee E2)$

Sachwortverzeichnis

Bildquellenverzeichnis

|Di Gaspare, Michele (Bild und Technik Agentur für technische Grafik und Visualisierung), Bergheim: 19.1, 20.1, 20.2, 20.3, 20.4, 20.5, 21.1, 21.2, 21.3, 21.4, 21.5, 22.1, 22.2, 22.3, 23.1, 23.2, 23.3, 23.4, 25.1, 25.2, 26.1, 26.2, 26.3, 26.4, 27.1, 27.2, 27.3, 28.1, 29.1, 29.2, 30.1, 30.2, 31.1, 31.2, 32.1, 33.1, 34.1, 35.1, 35.2, 36.1, 37.1, 37.2, 37.3, 37.4, 38.1, 39.1, 39.2, 39.3, 39.4, 40.1, 41.1, 41.2, 41.3, 41.4, 41.5, 41.6, 41.7, 41.8, 42.1, 42.2, 42.3, 42.4, 43.1, 43.2, 43.3, 44.1, 44.2, 44.3, 45.1, 45.2, 46.1, 47.1, 47.2, 47.3, 48.1, 48.2, 49.1, 49.2, 50.1, 50.2, 51.1, 51.2, 51.3, 51.4, 51.5, 52.1, 52.2, 52.3, 52.4, 53.1, 53.2, 53.3, 53.4, 53.5, 54.1, 54.2, 55.1, 55.2, 55.3, 55.4, 55.5, 55.6, 55.7, 55.8, 55.9, 56.1, 56.2, 56.3, 57.1, 57.2, 57.3, 57.4, 59.1, 60.1, 63.1, 64.1, 64.2, 64.3, 65.1, 65.2, 66.1, 66.2, 66.3, 67.1, 67.2, 67.3, 67.4, 67.5, 68.1, 68.2, 69.1, 69.2, 69.3, 70.1, 70.2, 71.1, 71.2, 71.3, 71.4, 72.1, 72.2, 73.1, 73.2, 73.3, 73.4, 74.1, 75.1, 75.2, 76.1, 77.1, 77.2, 77.3, 78.1, 78.2, 78.3, 79.1, 79.2, 79.3, 79.4, 80.1, 80.2, 81.1, 81.2, 81.3, 81.4, 83.1, 83.2, 83.3, 83.4, 83.5, 83.6, 84.1, 85.1, 85.2, 85.3, 86.1, 86.2, 87.1, 88.1, 88.2, 89.1, 89.2, 89.3, 90.1, 91.1, 91.2, 91.3, 92.1, 92.2, 92.3, 92.4, 93.1, 93.2, 93.3, 94.1, 95.1, 95.2, 95.3, 95.4, 96.1, 97.1, 97.2, 97.3, 98.1, 98.2, 99.1, 99.2, 99.3, 100.1, 100.2, 100.3, 100.4, 100.5, 100.6, 101.1, 101.2, 101.3, 102.1, 102.2, 102.3, 102.4, 102.5, 102.6, 103.1, 103.2, 103.3, 104.1, 104.2, 104.3, 104.4, 105.1, 105.2, 105.3, 105.4, 106.2, 106.3, 106.4, 106.5, 106.6, 107.1, 107.2, 107.3, 108.2, 108.3, 108.4, 108.5, 108.6, 109.1, 109.2, 109.3, 110.2, 110.3, 111.1, 111.2, 111.3, 112.1, 113.1, 113.2, 114.1, 115.1, 115.2, 115.3, 115.4, 115.5, 115.6, 115.7, 116.1, 116.2, 117.1, 117.2, 118.1, 118.2, 119.1, 119.2, 119.3, 120.1, 120.2, 121.1, 121.2, 122.1, 123.1, 123.2, 124.1, 125.1, 126.1, 127.1, 127.2, 127.3, 127.4, 127.5, 127.6, 128.1, 129.1, 129.2, 129.3, 129.4, 129.5, 131.1, 132.1, 132.2, 132.3, 132.4, 132.5, 134.1, 134.2, 136.1, 136.2, 136.3, 137.1, 137.2, 137.3, 137.4, 137.5, 137.6, 137.7, 137.8, 138.1, 138.2, 138.3, 139.1, 139.2, 139.3, 139.4, 140.1, 141.1, 142.1, 142.2, 144.1, 145.1, 146.1, 148.1, 149.1, 149.2, 150.1, 150.2, 151.1, 151.2, 151.3, 151.4, 151.5, 152.1, 152.2, 152.3, 152.4, 152.5, 152.6, 152.7, 153.1, 154.1, 154.2, 155.1, 155.2, 155.3, 155.4, 156.1, 156.2, 157.1, 157.2, 157.3, 157.4, 157.5, 157.6, 157.7, 158.1, 158.2, 158.3, 158.4, 158.5, 158.6, 160.1, 160.2, 160.3, 160.4, 164.1, 164.2, 164.3, 164.4, 164.5, 164.6, 164.7, 164.8, 165.1, 165.2, 165.3, 166.1, 166.2, 166.3, 166.4, 166.5, 166.6, 166.7, 166.8, 166.9, 166.10, 166.11, 167.1, 167.2, 167.3, 167.4, 167.5, 167.6, 167.7, 167.8, 168.1, 168.2, 168.3, 168.4, 168.5, 168.6, 169.1, 169.2, 169.3, 169.4, 169.5, 169.6, 169.7, 169.8, 169.9, 169.10, 170.1, 170.2, 170.3, 170.4, 170.5, 171.1, 171.2, 171.3, 171.4, 171.5, 172.1, 172.2, 172.3, 172.4, 172.5, 172.6, 173.1, 173.2, 173.3, 173.4, 173.5, 173.6, 173.7, 174.1, 174.2, 174.3, 175.1, 176.1, 176.2, 176.3, 177.1, 177.2, 177.3, 177.4, 178.1, 178.2, 178.3, 178.4, 179.1, 179.2, 179.3, 180.1, 180.2, 180.3, 180.4, 181.1, 181.2, 181.3, 181.4, 182.1, 182.2, 184.1, 185.1, 185.2, 186.1, 187.1, 187.2, 187.3, 187.4, 187.5, 188.1, 189.1, 189.2, 189.3, 189.4, 189.5, 190.1, 192.1, 192.2, 192.3, 192.4, 193.1, 193.2, 193.3, 194.1, 194.2, 194.3, 194.4, 194.5, 194.6, 195.1, 195.2, 195.3, 195.4, 196.1, 196.2, 196.3, 196.4, 196.5, 197.1, 197.2, 197.3, 197.4, 198.1, 198.2, 198.3, 198.4, 198.5, 198.6, 199.1, 199.2, 199.3, 199.4, 199.5, 199.6, 199.7, 200.1, 200.2, 201.1, 202.1, 202.2, 202.3, 203.1, 203.2, 203.3, 204.1, 205.1, 206.1, 206.2, 207.1, 207.2, 207.3, 207.4, 208.1, 208.2, 209.1, 209.2, 210.1, 210.2, 211.1, 211.2, 211.3, 212.1, 212.2, 212.3, 212.4, 212.5, 212.6, 213.1, 213.2, 214.1, 215.1, 215.2, 215.3, 216.1, 216.2, 216.3, 216.4, 216.5, 216.6, 216.7, 216.8, 216.9, 216.10, 216.11, 216.12, 216.13, 216.14, 216.15, 216.16, 216.17, 218.1, 218.2, 218.3. |Lithos, Wolfenbüttel: 106.1, 108.1, 110.1, 164.9, 164.10.

ullstein

HELENE BOCKHORST ist Comedienne und Autorin. Im Januar 2018 gewann sie den Hamburger Comedy Pokal – als erste Frau in der Geschichte des Wettbewerbs. Ihre Soloprogramme liefen erfolgreich in Kleinkunsttheatern im gesamten deutschsprachigen Raum und wurden fürs TV aufgezeichnet. Im März 2020 erschien ihr Debütroman *Die beste Depression der Welt* im Ullstein Verlag. Für ihre Kurzgeschichten wurde sie zuvor bereits mit mehreren Literaturpreisen ausgezeichnet und als Stipendiatin des Literatur Labor Wolfenbüttel ausgewählt.